广东省社会科学院

广东海洋史研究中心　主　办

【第九辑】

海洋史研究

Studies of Maritime History Vol.9

李庆新/主编

社会科学文献出版社
SOCIAL SCIENCES ACADEMIC PRESS (CHINA)

《海洋史研究》学术委员会

目　录

专题论文

世界史上的太平洋时代 …………… 贝卡·科尔霍宁（Pekka Korhonen）/ 3

1640～1667 年间澳门与望加锡之贸易 ……… 普塔克（Roderich Ptak）/ 32

巴达维亚的中国洋船及华商：以瓷器贸易为中心

…………………………………… 包乐史（Leonard Blussé）/ 48

东南亚的中式火器：以考古资料为中心 ……………… 孙来臣 / 63

越南广南国政区的形成与发展：兼论其圈层结构问题 ……… 韩周敬 / 101

会安历史 ……………………………………………… 陈荆和 / 125

《耶鲁藏山形水势图》的误读与商榷 ……………… 郑永常 / 175

西班牙海军博物馆所藏武吉斯海图研究

　——以马来半岛为例 ……………… 李毓中　吕子肇 / 193

中国海盗与料罗湾海战 ……………………………… 甘颖轩 / 212

明清鼎革之际投郑荷兵雨果·罗珊事略 ……………… 郑维中 / 230

17 世纪明清鼎革中的广东海盗 …………………… 杭　行 / 247

杨彦迪：1644～1684 年中越海域边界的海盗、

　　反叛者及英雄 ………………… 安乐博（Antony Robert）/ 261

倭寇与海防：明代山东都司、沿海卫所与巡检司 ………… 马　光 / 282

北宋外国非官方人士入贡问题探析

　　——以大食商人和天竺僧侣为中心 …………………… 陈少丰 / 326

明代漳州府"南门桥杀人"的地学真相与"先儒尝言"

　　——基于明代九龙江口洪灾的认知史考察 …………… 李智君 / 337

关于清代香山基层建置的属性

　　——兼向刘桂奇、郭声波两先生请教 ……………… 邱　捷 / 359

学术述评

《正德〈琼台志·禽之属〉译注》阅后感言 ……………… 金国平 / 373

卜正民《塞尔登的中国地图——重返东方大航海时代》

　　评述 ……………………………………………………… 张丽玲 / 377

中国周边国家历史研究

　　——第五届全国社会科学院世界历史研究联席

　　研讨会综述 …………………………………………… 王一娜 / 394

后　记 ………………………………………………………… / 401

征稿启事 ……………………………………………………… / 404

Manuscripts ………………………………………………… / 406

专题论文

海洋史研究（第九辑）
2016 年 7 月　第 3～31 页

世界史上的太平洋时代

贝卡·科尔霍宁（Pekka Korhonen）*

最早使用太平洋时代（Pacific Age）一词的是一位日本政治经济学家稻垣满次郎（Inagaki Manjirō）①。稻垣在 19 世纪 80 年代末入读剑桥大学，其

---

* 作者贝卡·科尔霍宁（Pekka Korhonen）系芬兰于韦斯屈莱大学（University of Jyväskylä）社会科学哲学研究所世界政治学教授，日本东京大学、早稻田大学、京都大学，香港岭南大学及中国人民大学访问学者。译者陈冠华系香港理工大学中国文化学系博士，陈博翼系美国圣路易斯华盛顿大学（Washington University in St. Louis）历史系博士候选人，浙江师范大学环东海与边疆研究院特聘研究员，《清史研究国际通讯》海外编委。
本文系浙江师范大学环东海与边疆研究院"16～19 世纪东南海域与社会经济研究"课题阶段性研究成果。
原文刊于 *Journal of World History* 7. 1（1996），pp. 41～70。译者按：本文最早翻译于 2006年，当时美国夏威夷大学本特利（Jerry H. Bentley）教授慷慨授权刊出一批《世界历史学刊》的论文，中山大学历史系徐坚教授着意将其引进国内，其后因故未出版。2014 年我们重拾旧译之际，正值北京举办 APEC 峰会，中方在会上首次倡导成立亚太自由贸易区，共建亚太伙伴关系。此文虽属旧作，但在梳理近百年来东、西方人士对亚太地区政治、军事、经济关系之构设的思想史、观念史上，仍具重要的学术参考价值和现实意义。原文作者贝卡·科尔霍宁先生获知中文译本行将出版，专门为此撰写了致中国读者的后记以补充其对亚太事务的最新见解。最后，衷心感谢《世界历史学刊》主编拉扎罗（Fabio López Lázaro）教授重新慷慨授予版权，及该刊助理编辑塔赫科（Brandon Tachco）先生、克丽芙（Rebecca Clifford）女士的热情协助。
① 渡边昭夫（Watanabe Akio）：《アジア・太平洋の国際関係と日本》（*Ajia - Taiheiyō no kokusai kankei to Nihon*），東京大学出版会，1992，第 98～102 页。我非常感谢 1994 年 2 月与渡边在东京的青山学院大学（Aoyama Gakuin University）的一次交谈。同样我也得益于1994 年 3 月在早稻田大学与山冈道男（Yamaoka Michio）的交谈及其对此问题的研究。山冈道男：《アジア太平洋時代に向けて：その前史としての太平洋問題調査会と太平洋会議》（*Ajia - Taiheiyō jidai ni mukete—sono zenshi toshite no Taiheiyō mondai chōsakai*（转下页注）

间师从英国历史学家西莱（John Robert Seeley），在其指导下研究大不列颠帝国对外扩张政策的历史。西莱曾受德国地理学家卡尔·李特尔（Carl Ritter）的影响。经由稻垣，某种带有19世纪欧洲理想主义色彩的语辞，被引入有关太平洋地区之未来的讨论当中。这过程本身已耐人寻味，那种因不同语境间概念之转化所导致的观察视角之切换似乎更引人入胜。

西莱的语辞风格是基于一些大词语（big words）的运用。这些词语中第一个是"海洋"（ocean）。西莱一定程度上援引了李特尔的视野来看待欧洲的历史进程。李特尔有一种看法：把水看作交流媒介（a medium of communication），将之与文明进程的观念联系起来①，从而发展出一套"文明三阶段"（three stages of civilization）的理论。人类文明发展的第一个阶段是大河（potamic）文明阶段，其间人类社会倚河流聚居。第二个阶段是内海（thalassic）文明阶段，此间人类社会繁衍于内海沿岸，如地中海地区及波罗的海沿岸。第三个阶段，亦即文明发展的最高阶段是海洋（ocean）文明阶段。大河文明和内海文明的兴盛是全球性的，唯独欧洲推动人类社会迈向海洋文明的阶段，从此商业和文化波及世界各大洋②。

西莱运用的第二个词是"进步"（progress）。这是一个带有浪漫色彩的词语。它的论证结构（the structure of the argument）跟一个穷小子因娶了公主而继承王位的神话相似。在李特尔那里，欧洲就是那个穷小子，海上航线则代表了那位公主，而整个世界则是神话里的王国。正如李特尔所强调的，欧洲大陆是所有大陆中最小的③。在更早的时期，其他文明的进步程度，如中国、印度、波斯及阿拉伯早已远高于欧洲的水准。然而人类进入19世纪

（接上页注①）to Taiheiyō kaigi），北樹出版，1991。我也要感谢澳大利亚国立大学的赤見友子（Akami Tomoko），她允许我引用她的两份文稿，其中一份为其论文的一章：The Liberal Dilemma: New Liberals and Internationalism at the Institute of Pacific Relations, 1925 – 1930, Canberra: Australian National University, Pacific Studies Centre, 1995；另一份是"The Rise and Fall of a 'Pacific Sense': Experiment of the Institute of Pacific Relations, 1925 – 1930"，《渋沢研究》（Shibusawa kenkyu）第7期，1994，第2～37页。我的文章也同样受德里克（Arif Dirlik）的启发："The Asia – Pacific Idea: Reality and Representation in the Invention of a Regional Structure," Journal of World History 3 (1992), pp. 55 – 79。

① Die Vorhalle Europaischer Volkergeschichten vor Herodotus, um den Kaukasus und an den Gestaden des Pontus. Eine Abhandlung zur Alterthumskunde, Berlin: Georg Reimer, 1820.

② J. R. Seeley, The Expansion of England: Two Courses of Lectures (London: Macmillan, 1883), pp. 87 – 90.

③ Carl Ritter, Europa. Vorlesungen an der Universitat zu Berlin (Berlin: Georg Reimer, 1863), p. 1.

以后，这种情形改变了："欧洲成为世界文明与教化的中心……它是人类精神的核心，是地球的燃点和焦点，所有的光束集中于此，并由此重新反射回去。"① 到 19 世纪中期，欧洲已经成为世界最先进的地区、商业和政治的中心、世界文化的绝对领导者。此前世界从未出现过这样的中心。这就是为何在欧洲从来不需要唤起一种类似"大西洋时代"这样的概念，那太狭隘了。在 19 世纪，欧洲人的宏大理想可不仅局限在一片海洋，而且要拥抱全世界。李特尔使用诸如"全球的""地球的""海洋的"的词语来描述这个新世纪。

在西莱那里，那个穷小子即是人口稀少、土地贫瘠的孤岛英格兰，大海则是那位公主，而大不列颠帝国便是那个王国。英格兰是一个积极进取的国家。大部分欧洲以外的世界看起来像停滞的，甚至欧洲早前的进步国家，比如葡萄牙、西班牙、荷兰、瑞典、德国和法国也都停滞了。自 19 世纪 80 年代开始，世界上只剩下三群上进者：英国人、美国人和俄国人。他们引领世界历史向前迈进。

西莱第三个词是"经济"（economics）。西莱并不钟情于战争或军事英雄主义。对他而言，进步与经济扩张是紧密关联的。海洋的世纪意味着探索世界范围内之链接，有助于商业和工业的成长。他用轻蔑的眼光看待大陆型国家，因为它们把资源浪费在彼此间无足轻重的征战当中，这正是它们发展停滞的缘故。唯英国足具智慧，几个世纪以来置身于欧陆战争之外。西莱以一种广为人知的说法指出英国此战略的效果："我们似乎……不经意间就征服并殖民了半个世界。"②

"未来"（future）是第四个词。时间是以世纪为单位来衡量的，因为就文明之规模而言，进步与否难以在比这更短的时段内区分出来。在一定意义上，西莱是一位独特的历史学家，他不注重客观历史知识，而是把它当作一种谋划未来的工具。因此，他是一个政策主导型（policy‐oriented）的社会科学家，大不列颠未来的繁荣是其至上关注之所在。大不列颠拥有超过千万的人口，届时英文将风行世界。随着他们丰富资源的开采，英国人口将迅猛增长。基于此，西莱预计 50 年后（即至 1930 年）英国人口将超过 1 亿。只要英国维持政治稳定，她的殖民属地就不会像美国那样脱离宗主国之控制，

---

① Ritter, *Europa*, pp. 7, 23.
② Seeley, *The Expansion of England*, p. 8.

各种资源也就不必耗费于军事冒险之中，未来英格兰的领导地位将会得到长久保障。① 这样的世界里有活力的经济主导型大国将迈向繁荣的未来，将来一切会以宏大的海洋性术语（oceanic terms）为衡量标准。

西莱的弟子稻垣满次郎继承了业师的表述，但用在一个不同的语境里。在稻垣心目中，日本也是一个穷小伙：一个狭小贫穷的岛国栖身于强权不断扩张的世界当中。然而，他把他的国家看作跟英国一样有相似的起点。不列颠既然能走向繁荣，那日本当然也可以。西莱所教授的成功秘诀——拓展商业与工业及避免高耗费的军事行动——同样适用于日本。稻垣当真乐观，他坚信他的国家有能力跻身一流的工业大国之列，虽然当时日本只是一个出口矿产、生丝、茶叶和大米的国家。② 稻垣的乐观很大程度上源于他主要从经济视野观察世界。古典经济学直接考虑正和游戏（positive-sum-game）的情形——所有人都能同时获利；而从军事及领土的角度思考，则会迫使讨论者落入零和游戏（zero-sum-game）的争论中——每个参与者不是赢家便是输家。换言之，经济上，世界被描绘成充满繁荣富足；而军事上，世界充满危机。

世界仅剩下一个仍有可能供大规模扩张的区域——太平洋地区。西莱所认定的进步国家因此将会挟武力进入太平洋。英格兰将从南面远涉重洋而来。俄国则利用当时正在兴建的西伯利亚铁路由北向南扩张。③ 覆盖中国的铁路网建设也正在商讨之中。加拿大 1887 年已完成了跨越国境的太平洋铁路的修筑。稻垣认为人类已经进入一个文明新阶段——"铁路加海洋"（railway-oceanic）的阶段，它将打开内陆地区的大规模商业贸易。1889 年美国也着手在尼加拉瓜开凿一条运河。而法国则自 1879 年开始在巴拿马开展类似的工程。德国在 1884 年吞并新几内亚时已经从商业及殖民上扩张至太平洋地区。

欧洲国家从四面八方涌向太平洋。稻垣并不将此视作威胁，他自信日本在日英结盟下足以独力维护自身利益。他愈加认为这是一个难得的机遇。欧洲的商品通过各种途径输入太平洋地区，日本亦可借此把自己的产品运往欧洲。欧洲扩张为日本打开了一片广阔的世界市场。日本将作为各主要贸易路

---

① Seeley, *The Expansion of England*, pp. 10 – 16.

② 稻垣满次郎（Inagaki Manjirō）, *Japan and the Pacific*：*A Japanese View of the Eastern Question*（London：T. Fisher Unwin, 1890）, pp. 54 – 56.

③ Inagaki, *Japan and the Pacific*, p. 40.

线的中心，它的商业远景将得以确立。① 像符拉迪沃斯托克（海参崴）、温哥华和新南威尔士也很有可能发展成为商业中心，当地也会受惠于相互合作。稻垣特别感兴趣于与澳大利亚的联系。② 这可能是首个要求建立泛太平洋合作组织以对抗欧洲阴谋的倡议之一。

基于这种欧洲扩张及地方回应的预见，稻垣本可以声称太平洋地区最终也会进入地球化时代（telluric age），但是他没有这样说。他的最大贡献之一就是放弃这种欧式词语，创设了一个新词。他声言 21 世纪将属于太平洋时代（Pacific Age）。③ 世界的驱动力中心将从欧洲转移到太平洋。欧洲是一个稳定而成熟的地区，无法指望将来发生伟大的变动。"铁路加海洋"文明阶段、欧洲资本及贸易经验的传播以及太平洋地区丰富的资源意味着历史舞台的中心将转移至太平洋。稻垣把 19 世纪视为大西洋时代（*Taiseiyō jidai*）也就符合逻辑了。因此，欧洲伟大在概念上只局限于一个海洋、一个世纪。极可能李特尔和西莱两人都会为这一想法感到震惊。稻垣所言预示着欧洲达致最强盛之际，即是其被抛离、落后之时。④

稻垣命名了这个新时代。但他绝对不是首先发起这一讨论的人。部分根源可追溯至 17、18 世纪欧洲人对中国和日本的乌托邦式的描述。⑤ 在澳大利亚文献中关于太平洋时代这一想法，柯普兰（Henry Copeland）在 1882 年满怀想象地描绘太平洋时已有提及。⑥ 在美国文献里，后来担任美国总统林肯国务秘书的参议员西华（William H. Seward）被认为于 19 世纪 50 年代加利福尼亚淘金热时期写下了以下的预言："欧洲思想、欧洲商业及欧洲企业，尽管它们的实力在增长，欧洲国家间的联系尽管越来越紧密，但是欧洲的重要性将来会相对下降，因为太平洋地区凭借其海岸线，星罗棋布的岛屿

① Inagaki, *Japan and the Pacific*, p. 47.

② Inagaki, *Japan and the Pacific*, p. 57.

③ 稻垣满次郎（Inagaki Manjirō）：《東方策·結論草案》（*Tōhō saku ketsuron sōan*），哲学書院，1892，第 1 页。

④ 更多稻垣的论述，见渡辺昭夫《アジア·太平洋の国際関係と日本》；*Pekka Korhonen*, "The Dimension of Dreams: The Discussion of the Pacific Age in Japan 1890 – 1994," in *Japan's Socioeconomic Evolution: Continuity and Change*, ed. Sarah Merzger-Court and Werner Pascha, Curzon Press: Japan Library, 1995.

⑤ Carl Steenstrup, "A Gustavian Swede in Tanuma Okitsugu's Japan: Marginal Notes to Carl Peter Thunberg's Travelogue," *Journal of Intercultural Studies* 6 (1979), pp. 20 – 42.

⑥ C. Brunsdon Fletcher, *The New Pacific: British Policy and German Aims* (London: Macmillan, 1917), p. 39.

及相互接壤的领土，此后将会成为世界人类历史活动的主要舞台。"① 西华以及美国海军准将佩里（Mathew Perry）代表着一群热衷于扩张的美国人。1854 年日本被迫开放正是这帮人努力的结果。然而，由于美国向国内荒芜地带开疆拓土及美国内战消耗了大部分资源，扩张政策实质上难以获得美国政府支持，直至 19 世纪末为止。进一步来说，当时美国的对外政策主要集中在贸易上，美国商人依仗英国的霸权保证海上商路畅通无阻。西华的预言已经被遗忘了。直到 20 世纪初，他的言语为其后世同道重新发掘出来作为争论的历史根据。

美国政治中的太平洋时代

太平洋时代的概念被真正引入美国公众议论和美国政治，得益于两个人的亲密合作——海军上校马汉（Alfred Thayer Mahan）和美国总统西奥多·罗斯福（Theodore Roosevelt）。马汉的代表作《海权对历史的影响：1660 ~ 1783》② （*The Influence of Sea Power upon History*）为 19 世纪末美国海军的近代化和对外扩张提供了思想基础，而马汉也成了当时美国国家海上战略的权威。他影响渐增部分是由于一位正在崛起的政治家西奥多·罗斯福钟情于他的理论。他们成了私人朋友，一个思想家与一个实干家合作无间，型塑了美利坚合众国的远大前景。时任美国海军副部长的罗斯福对美国于 1898 年夺取菲律宾的战略产生了重要的影响，他积极地运作美国政治支持兼并这些岛屿。美国总统威廉·麦金莱（William McKinley）决定实施这一举措，随着领土扩张至西太平洋地区，美国成为一个殖民大国。这一事件比 1898 年和平兼并夏威夷群岛更具深远意义。两次兼并展示了一种新的美洲扩张精神。美国动用战争从老牌殖民强国西班牙手中夺得菲律宾。争夺菲律宾的战争以及美国的新兼并，一蹴而就地提升了美国的国际地位。拓展殖民地使美国成为一个可与欧洲的帝国强权匹敌的力量。帝国主义一词在 19 世纪末不具负面含义，相反它是一个带有积极意义的词：

---

① 　Homer Lea, *The Valor of Ignorance* （New York and London: Harper and Brothers, 1909）, p. 168; Nicholas Roosevelt, *The Restless Pacific* （New York and London: Charles Scribner's Sons, 1928）, p. 3.

② 　Alfred Thayer Mahan, *The Influence of Sea Power upon History*, London: Sampson Low, Marston, 1890.

拥有殖民地的一流强国。另外如其他词语用法，持有殖民地是一种地位的象征，就好比当今拥有核武库一样。日本也采取同样的策略来提升其国际地位，1895 年吞并中国台湾作为其殖民地而非待其如日本本土。① 美国于1899 年完成它的扩张版图，当时美国跟德国在柏林会议上瓜分了萨摩亚群岛。

罗斯福1900 年出任美国副总统，其后新总统麦金莱遇刺，1901 年他突然继任美国总统。麦金莱的外交政策摇摆于扩张主义与孤立主义之间，而罗斯福则有明确的远见，他要让美国成为公认的世界强国。他对一项修建铁路贯通美国中部峡谷的计划怀有极大兴趣。1903 年他放弃了在尼加拉瓜进展不顺的"工作"，转而策动巴拿马脱离哥伦比亚，接替法国公司要求加速开凿运河。美国海军的力量在罗斯福治下急剧扩张。1907 年他命令大白舰队（Great White Fleet）进行从大西洋到太平洋的环球航行，自此美国被确认为海上强国。罗斯福的系列举措、美国在太平洋的利益已不仅主要停留在经济层面上，还加入了明显的军事维度。②

马汉和罗斯福的著作在 19 世纪末因其经世想法而激动人心。与此相关的是一种典型的 19 世纪末积极进步的氛围：一个"物质与精神富足，繁荣无限"的辉煌时代行将结束，③ 一个新世纪、一个新时代即将开启。它将比那些透过竞争赢取的利益带来多得多的富足。竞争中并非每个人都是赢家。像许多当代作者一样，马汉和罗斯福明白国际竞争是种族及文明的竞争，而非经济上的。两人的军事背景使其更倾向于认为世界是冲突而非和谐的。毫无疑问，争夺太平洋的胜利者将是"斯堪的纳维亚旅鼠"（lemmings of Scandinavia）④ 般的欧洲人，在"盲目外向的冲动"（blind outward impluse）⑤之驱使下征服世界，为落后民族带去基督福音。罗斯福1899 年在一次演讲中也表达了同样的情绪，他敦促美国国民过一种奋发进取的生活，因为"肩负起人类大命运的 20 世纪即将降临到我们面前"，届时将决定哪个国家

① Pekka Korhonen, "Japanin ekspansio 1854 – 1945 ja nationalismin nousu lantisen Tyynenmeren alueella," *Rauhantutkimus* 3 (1990), pp. 34 – 67.

② George E. Mowry, *The Era of Theodore Roosevelt*, 1900 – 1912, New York：Harper and Brothers, 1958.

③ Alfred Thayer Mahan, *The Interest of America in Sea Power*, *Present and Future* (London：Sampson Low, Marston, 1897), p. 264.

④ Mahan, *Interest of America in Sea Power*, p. 251.

⑤ Mahan, *Interest of America in Sea Power*, p. 264.

有勇气和能力足以"赢取世界的支配权"①。在同年发表的一篇文章中，罗斯福继续讨论这一主题："文明的传播有助于推进和平。换言之，一个伟大文明力量的每一步扩展都意味着法律、秩序和正义的胜利……无数事实证明，野蛮人或消退或被征服，和平随之而至……透过扩张，强大的开化种族逐渐为那些处在野蛮族群控制下的蛮荒之地带去和平。"②

世纪之交，种族是分析世界政治常用的概念。正如马汉在 1900 年描述的那样，进取的条顿种族（Teutonic race），特别是三个伟大的条顿国家——德国、英国和美国，在"本世纪之初"将肩负起推广基督文明的重任。这将主要跟曾代表古老文明而此时已僵化停滞的亚洲民族发生碰撞。日本是个例外。日本是一个海上强国，它跟那些条顿国家意气相投，热衷于维护海上贸易，并迅速学习吸收了工业文明，以至于马汉认为日本是欧洲列强旁支，就好像美国是欧洲联邦一员一样。1000 年前条顿部落继承了罗马文明的历史，也同等适用于正向条顿文明学习的日本。③

罗斯福总统有时候被认为是使用"太平洋时代"或相关词语的先驱。这当然无法从文献上求证。即便是煞费苦心编撰的厚重的《罗斯福百科事典》（*Theodore Roosevelt Cyclopedia*），亦完全忽略了这一表述。④ 然而据调查，他在 1898 年论及兼并菲律宾议题以及在 1905 年俄日战争结束的演说上，使用了太平洋时代之黎明（a dawning of Pacific era）的说法。同样，美国国务卿海约翰（John Hay）也用过这样的表述。⑤ 马汉则确实提过太平洋将代替大西洋成为未来世界利益与斗争的中心。⑥ 在世纪之交，这似乎属于

① Theodore Roosevelt, "The Strenuous Life," in *The Strenuous Life: Essays and Addresses: The Works of Theodore Roosevelt* (New York: Charles Scribner's Sons, 1906), 20, pp. 3 – 22.

② Theodore Roosevelt, "Expansion and Peace," in *The Strenuous Life*, 20, pp. 23 – 38. 这种简单的自以为是的看法，在小西奥多·罗斯福那里表现得更为明显。小西奥多·罗斯福作为总统的儿子在前任菲律宾兼波多黎各总督离任之后就 19 世纪末的世界局势作了以下评论："不证自明的是，白种人国家将无可匹敌。对有色人种国家的战争犹如远征狩猎一般，是危险而激动人心的。白种人似乎命定地要统治整个世界。"详见 *Colonial Policies of the United States* (New York: Doubleday, 1937), p. 66。

③ Alfred Thayer Mahan, *The Problem of Asia and Its Effect upon International Politics* (London: Sampson Low, Marston, 1900), pp. 147 – 150.

④ Albert Bushnell Hart and Herbert Ronald Ferleger eds., *Theodore Roosevelt Cyclopedia*, Westport: Theodore Roosevelt Association, 1989.

⑤ Hadi Soesastro, "The Role of the Pacific Basin in the International Political Economy," *Foreign Relations Journal* 4 (1989), pp. 65 – 66.

⑥ Mahan, *The Problem of Asia*, pp. 131, 192.

一个常用的政治词语，至少在罗斯福的圈子里是如此。

1904～1905 年的俄日战争一举改变了太平洋地区的战略格局和讨论气氛。战前太平洋地区的海上强权分别是大不列颠、俄国和日本，而美国才刚刚开始扩充其海军力量。1902 年英日结盟后，大不列颠鉴于德国海军力量的崛起，已逐步减少其在太平洋地区的军事力量，把战舰集结在大西洋水域。当日本在太平洋歼灭了俄国海军时，它一跃成为该地区最强大的海军力量。这里面包含着一种心理上的冲击：一个亚洲国家毫无悬念地战胜了一个在几十年以来一直被认为是强大的热衷于扩张的欧洲国家。①

排亚（Anti-Asian）观念

日本战胜俄国，导致那些希望争夺太平洋地区主导权的国家间的势力重构。富庶的太平洋的想象黯然失色，贫乏成为讨论议题：资源稀缺，食物匮乏，空间狭小，市场竞争激烈和失业率骤增。从军事层面看，即将到来的争夺会空前激烈，种族作为活动主体得到前所未有的清晰强调。威廉二世（Kaiser Wilhelm II）的"黄祸"（die gelbe Gefahr）一词迅速在该地白人国家中传播，并成为排亚作者喜用的概念。

在美国第一个颇具影响的使用者是杰克·伦敦（Jack London）。他在其作品中把社会主义和民主理念跟种族主义连用，浑然不知二者的差异。② 早在 1904 年他到满洲见证日本军队的胜利。他在那里写了一篇文章，告诉读者狂热的日本人正做着拿破仑的旧梦，如果狂热的日本统治了中国，那么四万万勤勉的中国人将成为西方世界的"黄祸"。对西方世界而言，在 20 世纪一个新的"种族大跃进"（great race adventure）似乎正在那种结合中发展。③

---

① 这的确如此，如果我们忽略菲律宾在 1898 年击败西班牙军队而获得胜利的话。问题在于我们如何解读这一例子。事实是西班牙人并没有向菲律宾人投降（如果这是事实的话，对 19 世纪的世界而言，这将是一个奇耻大辱），它是向属于白种人国家的美国屈服了。这要感谢来自菲律宾大学特马里奥 C. 里韦拉（Temario C. Rivera）的提醒。

② 渋沢雅英（Shibusawa Masahide）：《太平洋にかける橋：渋沢栄一の生涯》（*Taiheiyō ni kakeru hashi—Shibusawa Ei'ichi no shōgai*），読売新聞社，1970，第 231～234 页。有关美国的排华、排日活动，见渋沢，第 211～53 页；若槻泰雄（Wakatsuki Yasuo）：《排日の歴史：アメリカにおける日本人移民》（*Hainichi no rekishi: Amerika ni okeru Nihonjin no imin*），中央公論社，1972。

③ Jack London, "The Yellow Peril," in *Revolution and Other Essays* (London: Mill and Boon, 1910), pp. 220–237. 参考同一本文集里面的另一则小故事《歌利亚》（Goliath），它写道狂热的日本袭击美国，并在五分钟之内击溃了美国在日本海域的军事力量，同上注，第 82～85 页。

　　荷马·李（Homer Lea）在 1909 年出版了第一部描绘日美战争的著作——《无知之勇》（*Valor of Ignorance*）。它在美国立刻成为畅销书，其日文版也售出了 4 万册。李不是一个排亚主义者（Anti-Asian）。他倾慕于革命后的新中国，学习中文，并且一度在中国担任军事顾问。[①] 这种经历使他反对日本及其对亚洲大陆的领土野心。因此，李可以被称作温和排外主义者（antiforeign）。他以外国移民会冲淡盎格鲁－撒克逊（Anglo-Saxons）人种的纯洁性、增加美国社会的犯罪率、战略上造成美国在与移民输出国的战争中的软弱为由，反对外国移民进入美国。在这些方面，日本和德国尤为危险，因为这两个国家的经济和军事力量的剧增，使它们变得有威胁性了。相应地，李认为在所有美国移民中，德国移民的犯罪率超过了其他移民的犯罪率的总和。[②] 对于建构敌人的形象而言，这种带有可耻的民族主义的刻画是一种很平常的做法。这里有必要指出的是，这种形象构建不只针对亚洲人，而且还针对所有对美国有威胁的国家。"条顿"一词已不如"盎格鲁－撒克逊"那样普遍适用了，它失去了其早年所蕴含的积极意义，成为德国人的专属了。

　　李郑重其事地预计德国可能会进攻美国[③]，但对他而言大西洋已经不再是一个让人感兴趣的地区了。李显然参与了太平洋时代的讨论，他认为太平洋才是未来世界的最重要部分："不管将来的世界在政治上、经济上或军事上，由哪个国家或联盟来控制，控制太平洋才是关键。"[④] 因此，对世界领导权的争夺将会发生在美国与日本之间。在李的小说中，他虚拟了一场日本武力如何从美国太平洋侧翼登陆并占领它的战争。在战争中，日本在美国中部大草原上轻而易举地击退了试图反击却组织涣散、装备落后的美国军队。美国被迫把富饶的太平洋、美国西海岸、阿拉斯加、夏威夷和菲律宾给了日本，使日本可以轻松地对付该地区的弱国。李书的主旨是抨击美国民众所持的"商业主义"可维持两国和平的观点，这种想法是建立在一种对经济互助互存的幻想与误解的基础之上的。[⑤] 当时类似的观点也在日本出现。比如李就曾经批评日本天皇的私人秘书金子坚太郎男爵（Baron Kaneko Kentarō）

---

①　渋沢雅英：《太平洋にかける橋》，第 236 ~ 246 页。

②　Lea，*The Valor of Ignorance*，p. 131.

③　Lea，*The Valor of Ignorance*，p. 151.

④　Lea，*The Valor of Ignorance*，p. 189.

⑤　Lea，*The Valor of Ignorance*，p. 163.

在一篇文章中提出的看法："如果我们停止向美国出售丝绸，美国妇女将买不到一件丝织品……而且美国人也喝不到茶，如果我们不输出茶叶给他们。美国人是如此地依赖我们的产品。"① 金子坚的论点是一种典型的从经济学的角度来回答当时日美两国间可能发生军事冲突的问题。他还开列了一个清单，展示日本人是如何地依赖美国人的情形。他最后总结道，日本人民将不允许政治家们将他们的国家拖入一场对双方都毫无益处的战争当中。李轻易地驳斥了这种简单的观点。②

　　贯穿于全书，李希望能够为改善美国的陆海军武器装备争取到更多军费，应该由美国而不是日本控制着太平洋，并藉此控制整个世界。太平洋提供了潜在的财富，不过这只能通过军事斗争才能取得。这就是他传达的信息，也是这本书在美国和日本畅销的卖点。需要指出的是，当时美日双方都在启动扩建海军的计划。而这将导致一场军备竞赛。美日之间发生海战的可能性成为以后几十年当中一个长期争论的话题。③

　　一名澳大利亚记者福克斯（Frank Fox）在 1912 年出版了一本书，分析太平洋地区的政治、经济和军事局势。他开篇明确提出了他的观点："太平洋是未来之洋……不管是以战争的方式还是和平的方式，下一场文明之间的竞争将取决于太平洋地区，胜利者的奖励将是世界的霸权，它最终是属于白种人还是黄种人呢？"④ 福克斯认为通过工业和商业的手段，和平竞争是可能的。日本经济迅速发展，中国和印度经济起步，这都为亚洲国家以廉价的手工业产品渗透西方市场，侵蚀其工业基础，提供了可能性。只要自由贸易在太平洋得以推行，亚洲国家是有机会获得成功的。但是，福克斯又宽慰地说："在亚洲没有自由贸易的概念，而且美国、加拿大、新西兰和澳大利亚也会一致地保护她们的国内市场免受来自亚洲国家竞争的破坏。"⑤ 就保护国内市场而言，她们只要通过征收惩罚性关税（hostile tariffs）就可以轻易地做到，而惩罚性关税在任何"白种人的国家"中是可以任意推行的。

---

① Lea, *The Valor of Ignorance*, p. 164；"Japan and the United States—Partners," *North American Review* 184（1907），pp. 631 – 635.

② 李和金子坚在想法上的分歧和矛盾在涩泽雅英的书《太平洋にかける橋》第 250～251 页中有所分析。

③ 关于种族问题及其缘由可参考 Hector 的精彩分析，Hector C. Bywater, *Sea-Power in the Pacific*：*A Study of the American-Japanese Naval Problem*, New York：Arno Press, 1970。

④ Frank Fox, *Problems of the Pacific*（London：Williams and Norgate, 1912），pp. 1 – 2.

⑤ Fox, *Problems of the Pacific*, pp. 235 – 236.

那就只剩下中立的市场了。这包括好几个，中国代表着太平洋地区最大的一个。因此，欧洲主要国家不远万里来到亚洲推行他们的门户开放政策，保障他们对亚洲市场的占有。针对中国市场的"门户开放政策"是由美国总统麦金莱任内的国务卿海约翰于 1899 年提出的。美国藉此防止欧洲国家在中国划分势力范围，保障美国商人可以自由地进出中国市场。因为当时美国在经济上能跟任何国家竞争，但军事上她是一个弱国。美国海军在亚洲的力量仍然弱小。从国内政治而言，美国想要对中国军事征伐仍然存在困难，因为美国正陷入大规模的由埃米利奥·阿奎纳多（Emilio Aguinaldo）领导的菲律宾独立战争当中。① 欧洲国家极不情愿地同意了海约翰的提议，而"门户开放"成了在中立市场中实行自由竞争的代名词（general term）。1910 年代的问题是：自由竞争持续着，而中立市场却逐步变成一个或几个大国的势力范围，其数量正在减少。趋势是明显的，所有的主要工业国家只能依赖于将商品出口到其直接控制的势力范围内。在这种情形之下，所有国家的商业贸易都将直接取决于该国的陆军和海军的影响力。任何国家如果试图扩大市场都会导致军事冲突。②

另外一点令人担心的是，世界人口急剧膨胀。人口增加开始压逼到粮食生产的底线。福克斯预计像澳大利亚这样地广人稀的国家将会成为一些饥饿的亚洲民族侵袭的对象。③ 据此分析，在太平洋地区的竞争还会和平地持续上一段时间，但或早或晚，它都会演变为一场军事斗争。由于日本在自然资源和耕地面积上的匮乏，加上其在军事上的傲慢和工业上的进步，福克斯认为日本将不可避免地卷入这场争夺中，虽然她获胜的概率不大。他用当时流行女性代词断言："她（日本）在走向崛起的道路上陷得太深了，不可能安然于默默无闻，她必须明白这一点（see it through）。"④

几年之后，日本成为太平洋地区的强国。但是到福克斯写作本书的时候止，日本的海军已经是强弩之末。也就在 1912 年过去后的数月（1913 年 10 月 10 日），巴拿马运河开通，1914 年，运河开放商品运输航道。运河开放

---

① Robert D. Schulzinger, *American Diplomacy in the Twentieth Century*（New York and Oxford：Oxford University Press, 1990），pp. 21 – 24.

② Fox, *Problems of the Pacific*, pp. 236 – 237.

③ Fox, *Problems of the Pacific*, pp. 118 – 119.

④ Fox, *Problems of the Pacific*, p. 46. 事实上日本对他们在经济和军事上取得的进步是非常自豪的，他们也不打算隐藏这一事实。请参考 Baron Suyematsu, *The Risen Sun*, London：Archibald Constable, 1905。

后，美国可以调动她的军舰到太平洋地区，而不用顾虑其东海岸会受到来自欧洲的袭击。[1] 此外，英日同盟也出现了冷却的迹象。英国逐步加强其在该地区的力量存在，强化在新加坡和其他地方的海军基地。这两个方面的发展蕴含着英国和美国为争夺对太平洋之控制而发生大战的危机。这是福克斯所能预见的最大危险，而他写作本书的一个要旨就是提供政策建议：终止英日同盟，代之以英美同盟（Anglo-Celtic alliance）来实现双方对太平洋的主导。这个同盟将标志着一种无可匹敌的力量之存在。[2]

两年之后"一战"爆发，英美同盟变为事实，共同对抗德国。另外，一位澳大利亚记者弗莱彻（C. Brunsdon Fletcher）也写了两本跟福克斯调子类似的关于太平洋地区事务的作品。[3] 这两本书是在伦敦出版的，并被认为极大地影响了英国民众对太平洋局势的认识。因此澳大利亚总理休斯（W. M. Hughes）为其中一本书撰写前言，强调太平洋地区将成为世界的中心。[4] 而澳大利亚则处在一个尴尬的位置上。他们拥有富饶的大陆，它的资源足以使他们在太平洋地区有一个美好的未来。但是因为他们的人口只有 500 万，他们觉得非常不安全，就好像一个弱者坐在一箱金子上面，听到院子里面发出令人毛骨悚然的声响。要完全实现他们在太平洋地区的发展潜力，他们需要一个强大的盟友。作为大英帝国的成员和盎格鲁－撒克逊民族，他们有安全感。然而首要的是，他们要让英国和美国维护其在太平洋地区的利益。他们有充分的理由强调太平洋地区的重要性。这也解释了书里尖锐地描绘敌人形象的原因。在"一战"期间，他们的敌人是德国，然而更为长久的威胁来自"大量且饥饿的"亚洲人。

就像日本陆军元帅山县友朋（Field Marshal Yamagata）在 1914～1915 年很有预见地写道，战后欧洲强国将会在太平洋地区重新实行其毫无止境的扩张。

当目前欧洲国家间的大冲突结束，政治和经济秩序恢复以后，各国将再次聚焦关注远东地区，觊觎着从该地撷取的利益与特权。这一天到

---

① Fox, *Problems of the Pacific*, pp. 42 – 43, 265.

② Fox, *Problems of the Pacific*, p. 280.

③ C. Brunsdon Fletcher, *The New Pacific: British Policy and German Aims*, London: Macmillan, 1917; Fletcher, *The Problem of the Pacific*, London: William Heinemann, 1919.

④ Fletcher, *The New Pacific*, pp. xix – xxv.

来之时，白种人和有色人种间的争夺将是残酷的，谁又能保证说白种人不会联合起来对付有色人种呢？……要言之，在"亚洲人的亚洲"的前提之下，我们必须努力解决困扰我们的种种问题。①

同样，所有梦想着在太平洋地区及世界范围内获得繁荣的国家，都不约而同地创造着对手的种族形象。

太平洋时代的第一阶段讨论，开始是在一种相当乐观的探索太平洋地区经济发展可能性的氛围中进行的。军事争夺的可能性在稻垣满次郎的预见中是微乎其微的，甚至在马汉和罗斯福那里也是渺茫的。他们的军事化主要是指在欧洲国家主导世界的格局下，美国如何赢得一席之地，而非针对太平洋地区的某一特定对手。他们不愿跟近乎欧洲强国水平的日本开战，而其他那些太平洋"蛮族"又不足以构成大威胁，也不在美国考虑的范围之内。就世界霸权方面而言，直到日俄战争爆发之前，太平洋的局势是相当稳定的。欧洲显然是世界强权的中心，英国垄断了海上霸权。太平洋地区的活力被认为是欧洲发展动力漫溢到世界上最后一块未开发地区的结果。其拓展前景是如此之广阔，足以容纳每个实力相称的国家，其他国家则够不上。她将是一个富饶的世界。

日俄战争之后，战略格局为之一变。俄国的扩张被阻挡住后，欧洲在亚洲的步伐延缓了。当然这并不影响英国以及其他在太平洋地区实力稍逊的欧洲国家的地位，比如德国和法国。然而当地的主要活动者——日本和美国——双双以强势的姿态走向太平洋幕前。随着新势力加入竞争，世界经济形势变得紧张起来了。仅存的可供开发的免费财富看来比此前预料的少得多。紧缺代替富足成为潜在的共识。这种形势导致更为尖锐的种族和军事争论，而经济的语汇在讨论中被边缘化了。工业化的 20 世纪的乐观图景正在褪色，透过军事手段争夺该地区的财富，乃至统治整个世界的可能性，若隐若现地跃出太平洋时代的地平线。

新太平洋的开启

"一战"大举摧毁了旧有的世界秩序。作为世界中心的欧洲现在成了一

① 引自 Louis M. Allen，"Fujiwara and Suzuki：Patterns of Asian Liberation，" in *Japan in Asia*，ed. William H. Newell（Singapore：Singapore University Press，1981），p. 100。

片废墟的中心。德意志帝国和奥匈帝国消失了，俄国陷入内战，而大不列颠和法国被严重削弱。战争终结了欧洲的全球扩张。欧洲特别是大不列颠，在太平洋地区仍有影响，但现在作为"守成者"，仅能竭力维持在该地区的既有地位。[1] 太平洋地区的重要性在欧洲人的优先次序中降到了次要的地位，而欧洲在太平洋地区未来的影响力也降低了。希望争夺太平洋地区霸权的大国数量急剧减少了。

这一时期极具代表性的著作是奥斯瓦尔德·斯宾格勒（Oswald Spengler）于战争期间完成的《西方的没落》（*Der Untergang des Abendlandes*）。[2] 这虽是两卷本的大部头著作，而且许多地方不易阅读，但是销量很好，尤其是在哲学书籍中。到1926年第一个英文版刊出为止，其德文版已售出了9万册。或许其中最重要的并非书本内容，而是书名本身。在太平洋地区，"西方的没落"意味着人们对传统欧洲强国想象的幻灭。他们发动惨烈的战争把自己拖垮了。[3]

并非所有人都忘记了太平洋，也不是所有人都对欧洲充满失望。战后重建开始了，一些观察家还惦记着战前太平洋时代的美梦。其中一人就是对太平洋时代拥有浓厚兴趣、主修地缘政治学的德国学生卡尔·豪斯霍弗尔（Karl Haushofer）。他的目的是唤醒战败所致的陷入半低迷的德国国民。他强调太平洋正是未来的源泉[4]，希望德国国民铭记于此，这次采用贸易而不再以殖民强权的手段来利用她。他甚至运用日本谚语来提起读者的乐观精神："棄てる神れば，助ける神あり。"（如果一个神灵离你而去，另外有一个也将随之而来）[5]

像一些英国作家如鄂森顿（P. T. Etherton）和赫娑（H. Hessell）指出的那样，"一战"使世界"重心"由北海转移到太平洋。他们鼓动他们的国

① Roosevelt, *The Restless Pacific*, p. 6; Karl Haushofer, Geopolitik des Pazifischen Ozeans: *Studien über die Wechselbeziehungen zwischen Geographie und Geschichte* (Berlin-Grunewald: Kurt Vowinkel, 1924), pp. 20 – 25.

② Oswald Spengler, *Der Untergang des Abendlandes: Umrisse einer Morphologie der Weltgeschichte*, 2 vols., Munich: Oskar Beck, 1918 – 1922; 译文见 *The Decline of the West*, trans. C. F. Atkinson, 2 Vols., New York: Alfred A. Knopf, 1926 – 1928.

③ Guenther Stein, "Through the Eyes of a Japanese Newspaper Reader," *Pacific Affairs* 9 (1936), pp. 177 – 190.

④ Haushofer, *Geopolitik des Pazifischen Ozeans*, p. 123.

⑤ "If One God Leaves You, Another One Will Help," Haushofer, *Geopolitik des Pazifischen Ozeans*, p. 13.

家保持对这一地区的牢固控制。① 他们的著作实质上不过是福克斯要求英美结成盎格鲁－撒克逊同盟以对抗亚洲威胁的论点之再版，而且福克斯就该主题还出版了专书论述。② 鄂森顿和赫娑延续了"黄祸"的论调，除了在战略格局的变动方面有所论述以外，他们的作品缺乏新意。

关于太平洋时代的新一轮讨论出现在 20 世纪 20 年代。经历了惨烈的"一战"，世界范围内都致力于防止战争灾难重演。中心位于欧洲的国际联盟正是这种尝试的最耀眼产物。一套指导国际政治的新办法——广泛参与且公开的国际会议，开始取代旧有而专业的秘密外交。虽然名为政府层级的会议组织，但它主要集中在欧洲，太平洋地区国家极少采用这种外交方式。另一种会议组织——低程度公众政治参与的私人层面的国际会议——似乎更适用于太平洋地区的情形，太平洋地区的国家没有类似于欧洲国家那样的长久的外交传统。③

"二战"前的国际合作也出现了类似的差异：欧洲人倾向于制度性的解决方式（institutional solution），而太平洋地区国家则偏向于实用性的解决方式（functional solution）。最早尝试这种国际合作的实际上是于 1911 年在夏威夷发起的致力于维持国际友好和平关系的环太平洋俱乐部（Hands-Around-the-Pacific Club）。夏威夷有着悠久的国际主义传统，当地领导人和知识分子都强调太平洋地区与国际合作的重要性以及夏威夷在这种合作中的中心地位。这说明太平洋诸岛正在准备迎接太平洋时代的到来。俱乐部的成员包括来自各太平洋地区国家有声望的人士和政治家。1917 年俱乐部更名为泛太平洋联盟（Pan-Pacific-Union）。该联盟成功举办了一系列的国际会议，其中最重要的贡献是发起太平洋学术会议（Pacific Academic Conference）。火奴鲁鲁（Honolulu，檀香山）于 1920 年主办了第一届泛太平洋科学会议（Pan-Pacific Science Conference），该会议催生了太平洋科学协会（Pacific Science Association），该组织在今天仍然很活跃。参与者大部分是没有特别政治企图的自然科学家。这其中最为重要的系列学术会议便是太平洋国际学会（Institute of Pacific Relations）。它存在的 1925～1948 年，聚集了来自太平洋地区和欧洲地区的数千名学者和领导人参加。在某些场

---

① P. T. Etherton and H. Hessell Tiltman, *The Pacific: A Forecast*, London: Ernest Benn, 1928.

② Frank Fox, *The Mastery of the Pacific or the Future of the Pacific*, London: Bodley Head, 1928.

③ Lawrence T. Woods, *Asia-Pacific Diplomacy: Non-governmental Organizations and International Relations*, Vancouver: University of British Columbia Press, 1993.

合，它甚至可以影响许多政府决策。[①]

太平洋关系学会把学术的重要角色带进了太平洋地区的政治事务当中。学术为国际关系提供了一个相对中立的渠道，国家利益在科学的研讨中得到公开表达和讨论；本着友好的精神，学术争论并没有迫使政府做出任何承诺。1925 年在火奴鲁鲁召开第一届太平洋关系学会会议，对外正式宣称太平洋关系学会"是一个所有深切关注太平洋的人们的联系载体，在这里会面和工作的人们并非他们的政府或其他任何组织代表者，他们是一个个致力于提升人类福祉的独立个体"[②]。学会成立之初带有强烈的基督教色彩，因为它早期的推动者大多是基督教青年会（YMCA）的成员。但太平洋关系学会短时间之内便发展为一个囊括主要社会科学家和经济学家，还有一般商人和记者的学者会议组织，其诸多科研项目是为寻求解决各种潜在威胁太平洋地区和平的问题之道，其大部分成员是美国公民，但也有许多来自日本、中国、加拿大、澳大利亚和新西兰的知识分子活跃其间，偶尔也有来自韩国、菲律宾、苏联以及欧洲国家如不列颠、法国、荷兰的代表。国际联盟也派出观察员到该组织。太平洋关系学会是当代知识分子尝试在太平洋地区创建一个和平的国际社会的主要载体。

在太平洋地区诸多问题当中，太平洋关系学会主要研究工业发展、食物供应、国家间及国内政治紧张、人口统计、种族关系和移民问题。该地区的紧张关系在一定程度上是由盎格鲁－撒克逊国家的排亚移民的举措造成的。美国 1924 年通过针对日本的《美国移民限制法案》（The American Immigration Restriction Act）就是一个特别的政治难题，因为它降低了一个既成强权的种族地位。[③] 而排华和排朝则引起较小风波，因为这两个国家都不强大。其他问题有亚洲国家尤其是日本的迅速工业化问题、反殖运动问题、中国内战问题、中日关系问题、美日潜在的军事冲突问题，这一切问题自李

---

① Paul F. Hooper, *Elusive Destiny: The Internationalist Movement in Modern Hawaii* (Honolulu: University of Hawai'i Press, 1980), pp. 65 – 136. 还可参考 Philip F. Rehbock, "Organizing Pacific Science: Local and International Origins of the Pacific Science Association," in *Nature in Its Greatest Extent: Western Science in the Pacific*, eds. Roy MacLeod and Philip F. Rehbock (Honolulu: University of Hawai'i Press, 1988), pp. 195 – 221。

② Paul F. Hooper, as quoted in "A Brief History of the Institute of Pacific Relations," *Shibusawa kenkyu* (1992), pp. 3 – 32.

③ 可参 Viscount Shibusawa（渋沢栄一）, "Peace in the Pacific—Japan and the United States," *Pacific Affairs* 3 (1930), pp. 273 – 277.

的预测性描绘以来正日益浮出水面。太平洋关系学会以开明的方式处理这些问题，呼吁放宽排亚立法，强调亚洲的工业化并不是一个威胁，因为它可以解决亚洲国家面临的人口膨胀问题。学会以经济学的视野看待这些问题，我们也许可以引用一位香港代表的描述来概括。

　　很有可能新生的国家在看待太平洋沿岸国家的时候会带有一种相似的短见和妒忌，正如过去在地中海和大西洋沿岸所出现过的那样。太急于保护他们可能获得的利益，每个国家可能都忽略了财富的总增长多半是有赖互信互助实现的，而不是靠盲目竞争得来的。顺从于一种与自己最好的顾客开战的奇怪欲望，这可能会颠覆历史的经济解释。我们必须明确，通过恰当的渠道，东方的工业和商业发展不会给任何国家带来任何损失，不论是对欧洲还是其他国家。①

　　在太平洋关系学会的刊物上重申的一个主旨是：人类历史从地中海流经大西洋，最后抵达太平洋。欧洲国家因为发动战争而蒙羞，太平洋地区潜在军事冲突的说法犹在，但是太平洋地区也蕴含着一种更为明智的国际政治的可能。这是显而易见的，比如"历史的经济解释"的说法。在上述引文中参与者的政治取向是明显的，他们分别是来自不同国家的具有影响力的知识分子和学者，他们清楚他们的话语具有一定的分量。更进一步说，在那时候这种争论是可行的。世界经济的规模远未达到1913年的水准，很明显一切正朝着美好的方向发展。部分太平洋地区的经济体繁荣了，特别是美国。1923年关东大地震（Kantō earthquake）袭击了日本，但是其重建异常迅速，日本经济继续膨胀。与此同时，国际政治进展顺利。1922年华盛顿海军会议（The Washington naval conference）成功地限制了大不列颠、美国及日本的海军规模，缓和了该地区的军备竞赛。太平洋关系学会承担并鼓励类似的行动。其成员、来自哥伦比亚大学的历史学教授詹姆斯·绍特韦尔（James T. Shotwell）与张伯伦（J. P. Chamberlain）草拟了一份制止战争的协定。协定的措辞在1927年太平

---

① W. J. Hinton, "A Statement on the Effects of the Industrial Development of the Orient on European Industries," in *Problems of the Pacific*: *Proceedings of the Second Conference of the Institute of Pacific Relations*, *Honolulu*, *Hawaii*, *July* 15 *to* 29, 1927, ed. J. B. Condliffe（Chicago：University of Chicago Press, 1928）, p. 391.

洋关系学会会议上得到了广泛的讨论。① 1928 年 6 月，该协定的修订本在国联委员会上被采纳作为白里安 - 凯洛格公约（Briand-Kellogg Pact），得到了 50 个国家和政府的签署。它正式把战争作为国家政策的工具列为非法。世界似乎正在迈向永久和平。太平洋关系学会的成员对此以及学会的参与倍感高兴。② 太平洋关系学会是非常乐观的，它的工作在来自太平洋地区国家的知识分子、自由主义者和国际主义同仁看来，带有学术追求的特色。

1927 年在太平洋关系学会的成员及相关人士中，太平洋时代的讨论重新点燃。同年在火奴鲁鲁举办的第二届学会会议上，日本帝国教育会会长沢柳政太郎（Sawayanagi Masatarō）在开幕致辞中提到"太平洋将日益成为世界的中心"③。英国代表怀德（Frederick Whyte）爵士指出，"近来人们经常提到未来的战争与和平的问题取决于太平洋地区"，他还补充说，"东半球正在挑战西方的统治地位"④。在当时这一观念的最有力的鼓动者可能是美国人，例如《新共和》杂志（New Public）的编辑赫伯特·克罗利（Herbert Croly），他在太平洋关系学会上看到了建立一种未来亚洲各国政府层面共同商讨解决地区问题的国际组织的可能性。他甚至还预见成立太平洋委员会（Pacific Community），以区别于基于欧洲的国联。⑤

另一位具有影响力的美国学者尼格拉斯·罗斯福（Nicholas Roosevelt）继续着马汉 - 罗斯福式的论点，他随意地用太平洋时代的概念来阐述美国在太平洋地区扩张的必要性和必然性。⑥ 他说道："20 世纪最引人注目的事实是，世界事务的舞台已从大西洋转移到太平洋。"⑦ 尼格拉斯·罗斯福可能

① Institute of Pacific Relations, "Diplomatic Relations in the Pacific," in *Problems of the Pacific*, ed. Condliffe, pp. 172 – 177.

② 可参发表在《太平洋事务》（*Pacific Affairs*）第三期（1930）上的几篇文章，其中包括 F. W. Eggleston, "Australia's View of Pacific Problems," p. 12; Lord Hailsham, "Great Britain in the Orient," pp. 17 – 26; Newton W. Rowell, "Canada Looks Westward," pp. 27 – 28。

③ Sawayanagi Masatarō（沢柳政太郎）, "The General Features of Pacific Relations as Viewed by Japan," in *Problems of the Pacific*, ed. Condliffe, pp. 30 – 33.

④ Sir Frederick Whyte, "Opening Statement for the British Group," in *Problems of the Pacific*, ed. Condliffe, pp. 23 – 29.

⑤ Herbert Croly, "The Human Potential in Pacific Politics," in *Problems of the Pacific*, ed. Condliffe, pp. 577 – 590.

⑥ Nicholas Roosevelt, *The Philippines: A Treasury and a Problem* (New York: Sears, 1933), p. 283; Roosevelt, *The Restless Pacific*, pp. 274 – 283.

⑦ Roosevelt, *The Restless Pacific*, p. vii.

是第一个在语法上用过去式来表达这一观点的人。以往所有的讨论都指向未来，对于那种梦幻般的理想，这（用将来式）似乎更符合逻辑，但是罗斯福坚信转变已然发生。

然而，大多数讨论者继续使用将来式表述。除了美国人之外，当时部分日本人亦非常倡导这一观念。日本基督教青年会的秘书长及太平洋关系学会日本委员会委员斉藤惣一（Saitō Sōichi）在日本工业俱乐部（Japanese Industrial Club）上是这样告诉他的听众的：伴随着和平与繁荣，"太平洋时代即将到来"①。斉藤可能不知道三十八年前稻垣的作品。因为他主要参考西华和西奥多·罗斯福的观点。不确切的引用反映出他可能只是听说过这些观点。太平洋关系学会的会议很可能是其信息来源所在。

而另外一些日本学者则似乎做足了功课。守屋栄夫（Moriya Hideo）出版了一部名为《太平洋時代来る》（Taiheiyō jidai kuru）的作品。虽然他没有提到稻垣，但在书中关于文明之进程由大河阶段至内海阶段再到海洋阶段的论述，以及比较大西洋时代与太平洋时代的观点，跟稻垣所提出的如此相似，显示出他可能已注意到稻垣的早期作品。② 参加过 1929 年京都会议的日本杰出自由知识分子新渡户稻造（Nitobe Inazō），提到作为太平洋时代崛起的前身的大西洋内海文明和海洋文明两个阶段。他也提到卡尔·李特尔（Carl Ritter），但误拼作"Carl Richter"。③ 这暗示着他读过稻垣的日文著作，因为在那里面卡尔的名字是用片假名拼写的。太平洋时代的观点在不同来源国家可能也不同，但是它们在 20 世纪 20 年代太平洋关系学会的系列会议中碰撞到一起。

另外两位演讲者同在 1929 年 10 月 28 日的太平洋关系学会会议上提到太平洋时代这一概念：一位是学会的秘书长美国人戴维斯（J. Merle Davis）④，另一位是京都府相模守（Governor Sagami）⑤。他们演讲的时机尤为关键，因为当天美国华尔街国际证券交易所的股票崩盘了。

---

① 斉藤惣一（Saitō Sōichi）：《太平洋時代の到来とその諸問題》（Taiheiyō jidai no tōrai to sono shomondai），《貿易》（Bōeki）1928 年第 28 期，第 18～24 页。

② 守屋栄夫（Moriya Hideo）：《太平洋時代来る》（Taiheiyō jidai kuru），日本評論社，1928，第 6 页。

③ Nitobe Inazō（新渡户稻造），"Opening address at Kyoto," *Pacific Affairs* 2（1929），p. 685.

④ J. Merle Davis, "Will Kyoto Find the Trail?" *Pacific Affairs* 2（1929），pp. 685–688.

⑤ Governor Sagami, "Governor Sagami's Greeting," *Pacific Affairs* 2（1929），pp. 761.

国际形势再现逆转。经济繁荣期结束，转为经济大萧条（the Great Depression）。太平洋关系学会的刊物《太平洋事务》（*Pacific Affairs*）上出现了各种故事：中国叛乱，美国提升关税保护政策，澳大利亚物价下跌，日本限制朝鲜移民，世界各地出现失业。太平洋关系学会是由一群关心经济的知识分子所组成的，伴着自由国际政治的基础之消失，它的影响亦随之迅速下降。布赖恩－克洛格公约在世界范围内的道德舆论才实施了一年，就被人们抛诸脑后了。20 世纪 30 年代成了危机加剧的十年，中日冲突升级，日美关系紧张加剧。人们越来越担心日本会向某个白种人国家发动战争，比如美国[①]、大不列颠[②]或苏联。[③]

军事议题成了人们讨论太平洋事务的中心。他们完全遗忘了谈论太平洋时代时的乐观。在沮丧时期，乐观与狂热很容易被认为是过分天真，虽然它们当中没有任何内容在本质上是幼稚的，只是国际社会的气氛改变罢了。许多经济学家坚持反对关税壁垒而主张利益共享的自由贸易，甚至在 1931 年还有乐观主义者认为"的确，将来很有可能历史学家会记录下此时此刻正在发生的一种必然走向，这基本可以描述为所有太平洋周边国家正转向内向化（a turning inward）"[④]。很不幸，这位匿名作者选择了这一词语作为 1931 年太平洋关系学会会议的主题发言（background paper）。他们用"内向化"意在表示，"一战"后太平洋地区跟欧洲的贸易相对减少，而本地区内的相互贸易迅速增加，最终在 20 世纪 20 年代太平洋地区俨然成为一个独立的经济单位。然而之后历史学家的记录却恰好相反。在经济学上，大萧条是指太平洋区域内贸易大幅下降，而经济上相对发达的欧洲尽管深陷于危机，但还是可以相对地增加其在世界贸易中的份额。[⑤] 在政治层面，1931年日本侵占满洲、国际联盟分裂，及世界范围内独裁趋势加剧。各国纷纷限制进口，从这层意义而言，的确所有国家转向内化。结果是亚洲国

---

①　Hector C. Bywater, *The Great Pacific War: A History of the American-Japanese Campaign of* 1931 – 33, New York: St. Martin's Press, 1991; Arnold J. Toynbee, "The Next War—Europe or Asia?" *Pacific Affairs* 7（1934）: 3 – 13; Robert S. Pickens, *Storm Clouds over Asia*, New York: Funk and Wagnalls, 1934; Nathaniel Peffer, *Must We Fight in Asia?*, New York: Harper and Brothers, 1935.

②　Ishimaru Tōta（石丸藤太）, *Japan Must Fight Britain*, New York: Telegraph Press, 1936.

③　O. Tanin and E. Yohan, *When Japan Goes to War*, New York: Vanguard Press, 1936.

④　Anonymous, "The Development of Pacific Trade," *Pacific Affairs* 4（1931）, pp. 516 – 522.

⑤　William Brandt, "The United States, China, and the World Market," *Pacific Affairs* 13（1940）, pp. 279 – 319.

家走向集权而非经济整合。为工业国家控制市场的区域性帝国的合法性问题成为人们讨论的新议题。①

1931 年之后，学会刊物上几乎找不到任何关于太平洋时代的论述了，尽管学会仍是一个活跃的组织。它在"二战"期间甚至一度变得重要起来，因为它为美国制定亚洲政策提供专业报告和知识。② 当然有可能在某些地方，比如夏威夷，讨论仍在继续。因为在当地知识分子看来，这是合适的。③ 不管怎样，战后"太平洋时代"（*Pacific Era*）一词还在某些讲演中出现，但是其用法看起来多少有点空泛，跟行文不着边际。④ 除了以上的情形，20 世纪是太平洋时代的观点似乎在 1929 年已经湮灭了。在 1941 年一种新的看法出现了，《生活》杂志的出版人兼太平洋关系学会的活跃分子亨利·卢斯（Henry R. Luce）宣称 20 世纪是美国世纪。⑤

21 世纪

20 世纪 60 年代，太平洋时代的讨论再次出现。就好像 19 世纪 80 年代和 20 世纪 20 年代那样，20 世纪 60 年代又是一个乐观的时期，经济发展迅猛。然后，参与讨论的人是带有经济取向的。经济学家垄断整个讨论，至少直到 20 世纪 90 年代，这些讨论多少有些避讳探讨军事议题。

就基本概念本身而言，自西莱和稻垣以来，"太平洋时代"一词的含义鲜有变化。一如既往，在太平洋时代的论域内，经济主导型的国家将领先迈向辉煌的 21 世纪，所有的事物都以宏大海洋语汇来描述。结论是世界经济、政治和文化中心将由大西洋地区转移到太平洋地区。虽然在词义

---

① 可参 Takaki Yasaka（高木八尺），"World Peace Machinery and the Asia Monroe Doctrine," *Pacific Affairs* 5（1932），pp. 941 – 953。

② William Brandt 提及此问题，他对这种可能性持乐观的态度，William Brandt，"The United States，China，and the World Market," p. 319。Kurt Hesse 认为东亚才是世界未来的中心，而不是太平洋，Kurt Hesse，*Die Schicksalstunde der alten Mächte*：*Japan und die Welt*，Hamburg：Hanseatische，1934。

③ Hooper，*Elusive Destiny*.

④ William Wyatt Davenport, ed. , *The Pacific Era*：*A Collection of Speeches and Other Discourse in Conjunction with the Fortieth Anniversary of the Founding of the University of Hawaii*，Honolulu：University of Hawaii Press，1948.

⑤ Donald W. White，"The 'American Century' in World History," *Journal of World History* 3（1992），pp. 105 – 127.

上并没有新意，但是它的语汇、语境和行动者值得我们去研究一番。主要的不同之处是，欧洲作为边缘力量对太平洋地区已经没有任何决定性的影响力了。现在所有动议都掌握在本区域国家手中，它们相互间的关系如何，尤为重要。

1976 年在太平洋地区经济整合的讨论中，太平洋时代的概念复兴了。它是在"太平洋自由贸易区"（PAFTA）概念下，由日本经济学家小岛清（Kojima Kiyoshi）提出的[①]。日本外务省大臣三木武夫（Miki Takeo）把这一理念作为他的主要外交政策平台。在向日本民众和国际观众推销其外交政策的过程中，三木开始启用旧标签太平洋时代。[②] 他把这一标签贴到"21 世纪"上，是因为在那时看来 20 世纪实在太进步了。同时三木在词义上作了另一个改动：谈及亚洲的潜在发展时，他喜欢用"亚太时代"（"アジア - 太平洋時代"）的表述。[③]

1968 年，部分太平洋经济学者在日本外务省的支持下，聚集于东京讨论太平洋地区的区域整合。日本与会者基于 21 世纪太平洋时代的假设，乐观地表述他们的看法。但是美国、加拿大、澳大利亚和新西兰的与会者则忽视这种观点。[④] 这一概念在 1929 年后的几十年里销声匿迹了。在 1960 年代末太平洋自由贸易区（PAFTA）并没有获得太多支持。但是定期召开的太平洋贸易与发展会议（PAFTAD）则开始探讨太平洋地区经济合作的可能性。太平洋贸易与发展会议主要是由经济学家组成的，但是它在许多方面效仿了太平洋学会。它主要研究太平洋地区的经济问题，具有明显的政策主导倾向，为各国政府会面提供安全的讨论空间而避免政治风险。其伙伴组织太平洋地区经济理事会（PBEC）于 1967 年在东京成立。它的目标与太平洋贸易与发展会议（PAFTAD）类似，并且两者也有一定的重叠，但太平洋地区经济理事会是一个专门的商人组织。20 世纪 70 年代，太平

---

① 小岛清（Kojima Kiyoshi）、栗本弘（Kurimoto Hiroshi）：《太平洋共同市場と東南アジア》（*Taiheiyō kyōdō ichiba to Tōnan Ajia*），日本経済研究センター，1965。

② 可参一个有关三木武夫政治辞令的全面分析：Pekka Korhonen, *Japan and the Pacific Free Trade Area* (London and New York: Routledge, 1994), pp. 145 – 153。

③ 见三木的《私のアジア・太平洋構想》（"Watakushi no Ajia-Taiheiyō kōsō"）和其他 1967 年以后的演讲：三木武夫（Miki Takeo）：《議会政治とともに—三木武夫演説・発言集》（*Gikai seiji to tomoni: Miki Takeo enzetsu hatsugen shu*），三木武夫出版記念会，1984。

④ Woods, *Asia-Pacific Diplomacy*; and Kojima Kiyoshi, ed., *Pacific Trade and Development: Papers and Proceedings of a Conference Held by the Japan Economic Research Center in January 1968*, Tokyo: JERC, 1968.

洋时代的观念在这两个组织之间得到交流。虽然当时气氛相当压抑，特别是石油危机以后。

到 20 世纪 80 年代，太平洋时代的讨论变得活跃了。至少有四个方面的事情与之相关。第一，不仅是日本，几乎所有的东亚和东南亚国家追求经济发展的愿景，该地大部分国家都进入了经济繁荣时期，其未来似乎一片光明。第二，经济主义作为一种意识形态，在这些国家中广泛传播，最为明显的例子是中国。中国 20 世纪 70 年代坚决的反帝立场变得不那么鲜明了，改革使国内经济体系开放外贸和投资。① 这两方面为这些国家的高度自尊和乐观情绪的滋长提供了物质和精神的土壤。第三，1978 年美国在太平洋地区的贸易额超过了其在大西洋地区的贸易总额，到 20 世纪 80 年代前期美国跨太平洋贸易总额超过其在大西洋地区的贸易总额。这些事件重要而且具有标志性意义，因为贸易数据是判定世界经济中心的一个首要手段。第四，1980 年在堪培拉发起了太平洋经济合作理事会，即现在的太平洋经济合作委员会（PECC）。最初的参与者有澳大利亚、日本、美国、加拿大、新西兰、韩国、东盟（ASEAN）诸国、新几内亚、斐济和汤加。后来中国大陆、台湾、香港，以及拉丁美洲国家，如墨西哥、秘鲁、智利，纷纷加入。这一组织囊括了大量的国家，把太平洋沿岸大小国家拉到了一起。太平洋经济合作委员会为太平洋地区的经济合作提供了一个半官方组织架构，使之可能成为一个整体。太平洋经济合作委员会的重要性还在于这样一个事实，政治上再次需要兜售这一观念，而基于上述诸多因素，现在一切条件已经成熟了。

太平洋共同体（Pacific Community）的理念出现在先，接着才去推销它。在 20 世纪 70 年代末，一些太平洋地区强国的政治家对这一理念产生兴趣。在美国这一观念的发起是一些美国西岸的政治家。② 在日本，外交大臣大平正芳（ōhira Masayoshi）发起了一个研究小组向政府提供政策指引，因为他像十年前的三木武夫一样，希望开始在太平洋议题上构建

---

① Pekka Korhonen, "The Theory of the Flying Geese Pattern of Development and Its Interpretations," *Journal of Peace Research* 31（1994）, pp. 93 – 108.

② *The Pacific Community Idea: Hearings before the Subcommittee on Asian and Pacific Affairs of the Committee on Foreign Affairs, House of Representatives*, Washington, D. C.: U. S. Government Printing Office, 1979; Congressional Research Service, Library of Congress, *An Asian-Pacific Regional Economic Organization: An Exploratory Concept Paper*, Washington, D. C.: U. S. Government Printing Office, 1979.

其外交政策。① 在澳大利亚，前总理魏德仑（E. Gough Whitlam）积极推广这一观念②，而现任总理弗雷泽（Malcolm Frazer）帮助发起太平洋经济合作委员会。智利也表示了同样的兴趣③。此刻日本人最热衷于兹。大平已经开始应用太平洋时代这一概念了④，但是 1980 年他的猝死使这一计划被迫停止。继续在外交上动议的责任落到了他的继任者铃木善幸（Suzuki Zenko）身上。⑤

虽然大部分讨论者坦言这一预想来自传统强国日本、美国、澳大利亚，但是在 20 世纪 80 年代太平洋时代的说法传播到小国那里。⑥ 太平洋时代的讨论常常带有霸权主义的隐含，然而这一阶段经济共同体与和平合作的梦想是强烈的，以至于许多小国也藉此机会跃跃欲试。作为一个大社群的一员，它们跟其他大国一样感到相同的自豪。欧洲学者对正在地球另一面展开的奇怪且具有潜在威胁的讨论，也显示出持续兴趣。⑦

---

① 環太平洋連帯研究グループ（Kan Taiheiyō Rentai Kenkyū Gurūpu）:《環太平洋連帯の構想》（*Kan Taiheiyō Rentai no Kōsō*），大藏省印刷局，1980。

② E. Gough Whitlam, *A Pacific Community*, Cambridge and London: Australian Studies Endowment, 1981.

③ Francisco Orrego Vicuna, ed., *La Communidad del Pacifico en Perspectiva*, Santiago de Chile: Instituto de Estudios Internacionales de la Universidad de Chile, 1979.

④ 大平正芳回想録刊行会編著（ōhira Masayoshi Kaisōroku Hankōkai）:《大平正芳回想録》（*ōhira Masayoshi kaisōroku*），鹿島出版会，1983，第 570 页。

⑤ 可参铃木 1981 年 1 月在 ASEAN 峰会期间的演讲《鈴木総理大臣のアセアン諸国訪問》（*Suzuki sōri daijin no ASEAN shokoku hōmon*），外務省アジア局，1981；或者他 1982 年 6 月在火奴鲁鲁东西方研究中心的报告："The Coming of the Pacific Age," Pacific Coopera-tion Newsletter 1 (1982), pp. 1 – 4。

⑥ 菲律宾方面的研究见 Jose P. Leviste, Jr., ed., *The Pacific Lake: Philippine Perspectives on a Pacific Community*, Manila: Philippine Council for Foreign Relations, 1986；马来西亚方面的研究见アリフィン・ベイ（Arifin Bey）著、小林路義編《アジア太平洋の時代》（*Ajia-Taiheiyō no jidai*），中央公論社，1987；新加坡方面的研究见 Lau Teik Soon and Leo Suryadinata, eds., *Moving into the Pacific Century*, Singapore: Hei-nemann Asia, 1988；阿根廷方面的研究见 Carlos J. Moneta, *Japon y America Latina en los años Noventa*, Buenos Aires: Planeta, 1991；智利方面的见 School of Social and Economic Development, *A New Oceania: Rediscovering Our Sea of Islands*, Suwa: University of the South Pacific, 1993.

⑦ Institut du Pacifique, *Le Pacifique*, "nouveau centre du monde," Paris: Berger-Levraut, 1983; Michael West Oborne and Nicholas Fourt, *Pacific Basin Economic Cooperation*, Paris: OECD, 1983; Staffan Burenstam Linder, *The Pacific Century: Economic and Political Conse-quences of Asian-Pacific Dynamism*, Stanford: Stanford University Press, 1986；イ・イ・コワレンコ他（I. I. Kova-lenko）編、国際関係研究所訳《アジア＝太平洋共同体論: 構想・プラン・展望》（*Ajia-Taiheiyō kyōdōtai ron—shisō, puran, tenbō*），協同産業出版部，1988。

　　亚洲人跟"盎格鲁－撒克逊"人对太平洋一词的运用有不同之处。在 20
世纪 80 年代前半期，日本讨论者使用太平洋时代（Pacific Age）一词①，而
在美国人的论域里则倾向于使用太平洋世纪（Pacific Century）一词②。两者
差异并不大，在日本文献中"太平洋世纪"（Taiheiyō seiki）的表述随处可见③。

　　自 20 世纪 80 年代后期起，事情发生了变化。这些变化可能是由亚洲国
家日益增长的自豪情绪所致，也可能与美国跟许多亚洲国家的经济冲突加剧
有关。这些主要冲突是缓慢形成的，且这些分歧是否会演变为冲突，尚未明
朗，然而无疑一种追寻新团体认同的诉求正在亚洲国家间形成。自 20 世纪
80 年代中期以来，人们讨论的不再是太平洋时代，而是亚太时代（Asian-
Pacific Age）。④ 这一词似乎是直译自日语的"アジア－太平洋時代"（Ajia-
Taiheiyō jidai），三木最早使用这一词语。亚太在日文"アジア－太平洋地
域"（Ajia-Taiheiyō chi-iki）中被广泛地用作指代这一区域的地理名词，但现
在它也指称一个时代。从术语学的角度而言，亚洲人与欧洲人对此的分歧并
不明显，但时势使然亚洲人更喜欢后者。有趣的是，亚洲用法在人们的讨论
里正逐渐推广开来。在 20 世纪 80 年代几乎所有文献中，听起来自然的英文
表述"Asian-Pacific"已经被更为直白的"Asia-Pacific"所替代。1989 年成
立的最新的太平洋地区国际合作组织——亚太经合组织（APEC）的命名即
使用了这一词汇。

　　这还呈现了一种趋势：人们更多地关注亚洲国家的合作。与此相关且符

---

① 可参斎藤鎮男（Saitō Shizuo）编《太平洋時代：太平洋地域統合の研究》（*Taiheiyō jidai：
Taiheiyō chi-iki tōgō no kenkyū*），新有堂，1983；経済企画庁総合計画局（Keizai kigakuchō
sōgō keikaku kyoku）：《太平洋時代の展望：2000 年に至る太平洋地域の経済発展と課題
（21 世紀の太平洋地域経済構造研究会報告）》（*Taiheiyō jidai no tenbō—2000 nen ni ataru
Taiheiyō chi-iki no keizai hatten to kadai*），大蔵省印刷局，1985。

② William McCord, *The Dawn of the Pacific Century：Implications for Three Worlds of Development*,
New Brunswick, N. J. and London：Transaction, 1991；Frank Gibney, *The Pacific Century：
America and Asia in a Changing World*, New York：Macmillan, 1992；Mark Borthwick, *Pacific
Century：The Emergence of Modern Pacific Asia*, Boulder, Colo. ：West-view, 1992；亦可参见东
京《亚太共同体》（Asia Pacific Community）杂志在 1978～1986 年刊登的诸多文章。

③ 小島清编《續・太平洋経済圏の生成》（*Zoku Taiheiyō keizaiken no seisei*），文眞堂，1990，
第 296～297 页。

④ Hiroharu Seki（関寛治），*The Asian-Pacific in Global Transformation：Bringing the "Nation-State
Japan" Back In*，Tokyo：Institute of Oriental Studies, University of Tokyo, 1987；小池洋次
（Koike Hirotsugu）：《アジア太平洋新論：世界を変える経済ダイナミズム》（*Ajia-Taiheiyō
shinron：Sekai wo kaeru keizai dainamizumu*），日本経済新聞社，1993；山岡道男：《アジア
太平洋時代に向けて》；渡辺昭夫：《アジア・太平洋の国際関係と日本》。

合逻辑的一个新名词——西太平洋时代（Western Pacific Age，西太平洋の時代），这是由日本经济学家渡边利夫（Watanabe Toshio）于 1989 年发明的①。在组织称谓上，这种发展是特别由马来西亚总理拿督斯里马哈蒂尔博士（Datuk Seri Dr. Mahathir Mohamad）推动的，他于 1981 年提出"向东看"（Look East）的政策②，在 1991 年他又提议创立东亚经济集团（East Asia Economic Group），此后更名为东亚经济协议体（East Asia Economic Caucus）。这是"二战"以来首次约略地将大东亚共荣圈（Greater East Asian Coprosperity Sphere，大東亜共栄圏）所涵盖的区域，抽象化地看作一个统一单位，而这是由日本以外的一个亚洲国家完成的。由于马哈蒂尔的提议，这一术语的语义在该区域的运用开始发生变化。"东南亚"一词逐渐为"东亚"替代，大体涵括从韩国到印度尼西亚，有时候还包括澳大利亚的区域。无独有偶，当时还出现了"亚洲文艺复兴"，亚洲成为"人类文明的发源地"，以及亚洲是"二十世纪的经济中心"等说法。③ 在一本由马哈蒂尔和日本民族主义者、国会议员石原慎太郎（Ishihara Shintaro）合著的名为《亚洲可以说不》（"No"と言えるアジア；*The Asia That Can Say "No"*）的书中，运用了亚洲时代（Asia Age；アジアの時代）和亚洲世纪（Asia Century；アジアの世紀）的表述。④ 在美国也有大量跟太平洋东西两岸分歧相关的作品，其中有一本明显是拾荷马·李的牙慧。⑤

　　双方的分歧还没有显得十分尖锐。除了这些概念，太平洋时代的乐观和传统印象仍在广泛传播。例如，一种狂热疾呼出现在香港站的《远东经济评论》（*Far Eastern Economic Review*）1994 年新年号（New Year issue）上："太平洋世纪比预计来得要早，原计划还要再过几年才来临的，显然这一地区按自己的步伐加速发展。"太平洋时代的语词似乎在循环再现。在经济形势乐观的时期，简单的经济决定论并不能解释这种周期性的上升与风行，虽

---

①　渡边利夫（Watanabe Toshio）：《西太平洋の時代：アジア新産業国家の政治経済学》（*Nishi-Taiheiyō no jidai. Ajia shin sangyō kokka no seiji keizaigaku*），文藝春秋，1989。

②　Lim Huang Sing, *Japan's Role in ASEAN: Issues and Prospects*, Singapore: Times, 1994.

③　Commission for a New Asia, *Towards a New Asia*, n. p.: Sasakawa Peace Foundation, 1994.

④　マハティール（Mohamad Mahathir）、石原慎太郎（Ishihara Shintarō）：《「NO」と言えるアジア—対欧米への方策》（*"No" to Ieru Ajia: Tai Oo-Bei he no kaado*），光文社，1995，第 14、237 页。

⑤　George Friedman and Meredith Lebard, *The Coming War with Japan*, New York: St. Martin's Press, 1991; Hector Bywater, *Great Pacific War*, New York: St. Martin's Press, 1991.

然那些时期必有一种狂热的情绪与对未来憧憬相契合。至少还一个因素是必要的：在政治上，他们需要将区域合作的理念兜售给各国或地区的听众们。当经济困难时期来临，这种预见自然会从人们的讨论中消失。它将再次退缩在满布尘埃的古老图书馆的书架之上，直到一位眼光敏锐的新狂热者出现，将其身上的灰尘拂去。

或许这一理念的循环往复充当着时代最敏锐的指示者。因此目前的讨论类似于 20 世纪初那场讨论。相对的经济紧缩开始蔓延，世界各国债台高筑、失业率上升、经济竞争加剧，区域集团正在酝酿。由于现时的实际富裕，形势尚未恶化，相对地说，一切还相当轻松的。公众尚未被教导如何坦然承受一场大战所必然带来的损失，而大量乐观的"太平洋时代"的文献仍层出不穷。但我们不能确定当 21 世纪真正到来时，还能否听到关于太平洋世纪（Pacific Century）的讨论。

补记：致中国读者

本文撰成转眼已二十年。在这期间，太平洋经济和战略图景已发生了剧烈变化。中国已超越日本成为西太平洋的主要强权。与此同时，太平洋的形势也变得更加多极化。日本和澳大利亚仍在，韩国已成为全球主要的贸易国家之一，东盟国家继续其成长和发展，虽然速度较 20 世纪 90 年代早期放慢了些。此外，拉美国家开始活跃在太平洋的舞台上。跨太平洋贸易早在 1995 年便已超过跨大西洋贸易，而时至今日其业已近乎两倍之巨。如今世界正密切注视着中国和美国两个经济体，它们（经济）的活跃或疲乏很大程度上决定着全球经济健康与否。太平洋时代以其 19 世纪末 20 世纪初被想象的形式已经在此实现。

一个世纪以前，因被第一和第二次世界大战打断，关于太平洋时代的讨论经常相当短暂。对未来经济上的乐观的正和观点经常很快被悲观的领土和军事上的零和观点所取代，后者认为一国有所得必然是另一国有所失。我们现在生活的时代已迥然不同于以往了。关于全球经济持续扩展和各国共同发展的正和观点已经持续了半个多世纪。从人类历史看，这不能被认为是理所当然的，然而我们看起来正生活在一个非凡的历史时期。当然，天边总有乌云。俄罗斯一直无法发展经济，并且在其南部及西部边境领土外，它明显地转向一个长期军事游戏——不过，俄罗斯不再是一个非常重要的国家了。欧盟是平和的，并不会主动挑战在太平洋的世界经济力量的聚合。中国跟它的许多邻国也存在领土紧张关系，从印度到韩国，日本是最麻烦的一个，然而最近中日两国相对保持了克制。总的来说，中国领导层近来推动大规模新的经济项目，例如在整个太平洋地区建设覆盖亚太经合组织的亚太自由贸易区、涵括欧亚大陆及周边地区的"一路一带"战略、亚洲基础设施投资银行，中国在连接非洲与世界经济上也扮演着重要角色。显然，中国领导层对未来充满信心，相当愿意开启一场正和经济游戏，他们是当今世界经济中最积极的设计师。美国正按部就班地增强其在太平洋地区的联盟结构。但总体上，它相当大度地允许中国发展自己的经济蓝图。中国一方也相应地对待美国。太平洋地区没有出现严峻的敌对局面，甚至中日间的紧张看来也是可控的，虽然这种关系不会消失。西莱的成功诀窍——工业和商业的扩展伴随着抑制耗费的军事冒险而来——似乎正为各方行为者遵循着。目前，"太平洋时代"的理念重现并活跃起来，似乎正逢其时。

补于 2015 年 4 月 14 日

The Pacific Age in World History

Pekka Korhonen

Abstract：The idea of the world's economic, political, and cultural center moving from Europe to the Pacific region is already more than 100 years old. The term Pacific Age was coined in Japan in 1892, and around the turn of the century the idea was discussed in the United States and Australia. During the 1920s it became a catchword among Pacific liberal intellectuals, but the gloom of the 1930s ended the vision. In 1967 the idea reappeared in connection with the emerging Pacific integration process, and rapid economic development in east Asia has kept the optimistic vision alive since then.

Keywords：Pacific Age; Japan; United States; Pacific Integration Process; East Asia

（执行编辑：周鑫）

海洋史研究（第九辑）
2016 年 7 月　第 32～47 页

1640～1667 年间澳门与望加锡之贸易

普塔克（Roderich Ptak）[*]

1640 年前澳门的经济基本上取决于与日本和中国的贸易，但也与马尼拉、东南亚和果阿的贸易息息相关。葡萄牙人从广州购买大量丝绸，主要运往日本销售。较少量丝绸份额则流向马尼拉和其他地区市场。不管是西班牙人还是日本人，都用中国大量需求的白银购买丝绸。当然，不是所有的丝绸—白银交易都有葡萄牙人的份。在马尼拉与福建港口之间，中国人独揽了丝绸与白银的直接交易。尽管中国实施海禁，但在日本长崎与中国沿海仍存在着活跃的私人贸易。荷兰人同样积极插手丝绸—白银贸易。他们从中国商人手上买入丝绸，或者从被截获的葡萄牙船只或走私者那里弄到丝绸。有部分荷兰人把从日本弄来的白银通过同样的地下渠道带入中国。最终，为数不少的白银由欧洲流入中国。[①]

---

*　作者系德国慕尼黑大学汉学研究所教授。译者为冯令仪。
　　本文原载于德国杂志 *Zeitschrift der Deutschen Morgenländischen Gesellschaft* 139, 1 (1989), p. 208 – 226。
①　关于 1640 年前澳门对日本和中国的外交关系，参见 C. R. Boxer（博克塞），*The Great Ship from Amacon: Annals of Macao and the Old Japan Trade, 1555 – 1640*, Lisbon, 1959; *Fidalgos in the Far East, 1550 – 1770*, Oxford, 1968; Portuguese Commercial Voyages to Japan Three Hundred Years Ago (*1630 – 1639*), *Transactions and Proceedings of the Japan Society of London* 31 (1934), p. 22 – 78; C. F. Moura, Macau e o comércio português com a China e o Japão nos séculos XVI e XVII., *Boletim do Instituto Luís de Camões* 7, 1 (1973), p. 5 – 33; 全汉昇：《明代中叶后澳门的海外贸易》，香港中文大学《中国文化研究所学报》第 5 卷第 1 期，p. 245 – 272; R. Ptak（普塔克），*An Outline of Macao's Economic Development, 1557 – 1640*，载于 T. Grimm 等（编），*Collected Papers of the XXIXth Congress of Chinese Studies*, 10*th* – 15*th* September 1984 (Tübingen, 1988), p. 169 – 181; 同著，*Die Portugiesen in Macau*（转下页注）

　　尽管有多方面的竞争，丝绸和白银生意以及少量的其他货物交易还是为澳门带来了促进城市经济发展的可观利润。新工作岗位产生，人口很快因中国内地人大量涌入而增加。与此同时，澳门对近邻广东的食品输入的依赖性也不断增加。① 当 1639～1640 年与日本及三年后与西属菲律宾的贸易联系彻底中断时，澳门面临深渊。只有对外贸易才能保证获得食品输入所必需的外汇。也只有澳门经济的动力继续在适当的水平上发展，才能养活早已达到 25000 人左右（某些人估计甚至可能达到 40000 人）的人口，何况保持中国内地对澳门继续生存的兴趣也利害攸关。只要广州方面一直从双方的交易中获利，那么在明政府眼里，虽然澳门跟中国内地

（接上页注①）　und Japan：Aufstieg und Niedergang des Fernosthandels，1513 - 1640，载于 Ptak（编），Portugals Wirken in übersee：Atlantik，Afrika，Asien. Beiträge zur Geschichte，Geographie und Landeskunde（Bammental，Heidelberg，1985），p. 171 - 196。关于明代经济与贵金属流通，可参 W. S. Atwell（艾维四），International Bullion Flows and the Chinese Economy Circa 1530 - 1650，Past and Present 95（1982），p. 68 - 90。关于澳门与马尼拉的关系，可参 B. V. Pires（潘日明），A viagem de comércio Macau-Manila，nos séculos XVI a XIX，Boletim do Instituto Luís de Camões 5，1 - 2（1971），p. 5 - 120；P. Chaunu（萧努），Les Philippines et le Pacifique des Ibériques（XVIᵉ，XVIIᵉ，XVIIIᵉ siécles）：Introduction méthodologique et indices d'activité，Paris，1960；全汉昇的三篇文章载于他的《中国经济史论丛》第一册（香港中文大学新亚书院，1972）。关于荷兰人与中国，参见 W. P. Groeneveldt，De Nederlanders in China. Deel 1：De eerste bemoeingen om den handel in China en de vestiging in de Pescadores，1601 - 1624，The Hague，1898；K. Glamann，Dutch-Asiatic Trade，1620 - 1740，The Hague，Kopenhagen，1958；Eiichi Katō，The Japanese-Dutch Trade in the Formative Period of the Seclusion Policy，Particularly on the Raw Silk Trade by the Dutch Factory at Hirado，1620 - 1640，Acta Asiaica 30（1976），p. 34 - 84；O. Nachod，Die Beziehungen der Niederländischen Ostindischen Kompagnie zu Japan im siebzehnten Jahrhundert，Leipzig，1897；J. E. Wills（卫思韩），De VOC en de Chinezen in China，Taiwan en Batavia in den 17 de en de 18 de eeuw，载于 M. A. P. Meilink-Roelofsz（编），De VOC in Azië（Bussum，1976），p. 157 - 192；Pepper，Guns and Parleys：The Dutch East India Company and China，1662 - 1681，Cambridge，Mass.，1974，尤见 p. 17 起；C. R. Boxer，The Dutch Seaborne Empire，New York，1965。关于两个重要概况论点，参见 G.. B. Souza（索萨），The Survival of Empire：Portuguese Trade and Society in China and the South China Sea，1630 - 1754，Cambridge，1986，尤见 p. 46 起；曹永和：《明末中国海外贸易》，载于 Chang Kuei-yung 等（编），International Historians of Asia. Second Biennal Conference Proceedings（台北中国历史学会，1962），第 429～458 页。

① 关于澳门人口发展，参见 Eusébio Arnáiz，Macau，mãe das missões no Extremo Oriente，Macau，1957，p. 36 起；M. Teixeira（文德泉），Os Macaenses，Macau，1965，p. 19 起；A. Lessa，A história e os homens da primeira república democrática do Oriente. Biologia e sociologia de uma ilha cívica，Macau，1974，p. 153 - 154；R. Ptak，The Demography of Old Macao，1555 - 1640，Ming Studies 15（1982），p. 27 - 35；Souza，Survival，p. 31 - 36。

会发生一些小摩擦，但仍有存在的资格。①

因此，澳门正处于困境，它必须开辟新市场，通过其他进口渠道取代因丧失对日本和马尼拉贸易而失之交臂的大量白银贸易。这并非易事。在1640 年后的若干年里发生的多宗事件导致接踵而来的危机。1641 年初，长期被围攻的马六甲落入荷兰人手里。荷兰人在印度洋和马六甲海峡的不断骚扰使几乎无法通行的果阿航线变得更加危险。② 1644 年，清军占领北京。澳门仍站在明朝一边，然而战线正势不可当地向南方推进。1647 年，澳门与日本重新接触的尝试受挫。③ 同年，广州落入清朝手中。令人惊讶的是，澳门的形势似乎暂时还算稳定。尽管有少数葡萄牙炮兵为明朝效命，但南方贸易大都会广州的占领者李成栋却对海外贸易很感兴趣。于是，之前被明朝阻挠的澳门与中国之间的贸易又变得容易起来。然而没过多久，李成栋出人意料地投靠明朝，澳门又面临到底该跟谁合作的难题。1648 年一场灾难性的饥荒横扫中华大地，澳门也在劫难逃。1650 年，广州再度被攻克。澳门只好重新向清朝妥协。④

---

① 关于对日关系破裂，参见 B. V. Pires, *Embaixada mártir*, Macau, 1965；C. R. Boxer, *The Christian Century in Japan, 1549 - 1650*, Berkeley, 1967；A. da Silva Rego, *Macau entre duas crises* (1640 - 1688), *Anais da Academia Portuguesa de História* 24, 2 (1977)。关于澳门与马尼拉关系的发展以及关于澳门的 "复苏"，参见 C. R. Boxer, *Seventeenth Century Macau in Contemporary Documents and Illustrations*, Hong Kong, 1983；Boxer, *Fidalgos*, p. 139；Chaunu, *Les Philippines*, 表格 p. 160 起, 204 起；Pires, *A viagem*, p. 31 起。关于中国与澳门的政治关系，参见 R. Ptak, *Portugal in China: Kurzer Abriß der portugiesisch-chinesischen Beziehungen und der Geschichte Macaus im 16. und beginnenden 17. Jahrhundert*, Bad Boll, 1980；Souza, *Survival*, p. 194 起。

② 关于葡萄牙人在马六甲，参见 M. Dunn, *Kampf um Malakka: Eine wirtschaftsgeschichtliche Studie über den portugiesischen und niederlänischen Kolonialismus in Südostasien*, Wiesbaden, 1984。

③ 关于 1647 年使命，参见 C. R. Boxer, *The Embassy of Captain Gonçalo de Siqueira de Souza to Japan in 1644 - 1647*, Macau, 1938；同著, *Fresh Light on the Embassy of Gonçalo de Siqueira de Souza to Japan in 1644 - 1647*, Transactions and Proceedings of the Japan Society of London 35 (1938), p. 13 - 62；同著, *The Christian Century in Japan*, p. 386 - 388；Silva Rego, *Macau ertre duas crises*, p. 316；A. L. Gomes, *Esboço da história de Macau, 1511 - 1849*, Macau, 1957, p. 153 起。

④ 关于这段时期前后华南政治发展，参见 L. A. Struve, *The Southern Ming, 1644 - 1662*, New Haven, London, 1984, p. 128 - 129, 139 起；J. E. Wills, *Embassies and Illusions. Dutch and Portuguese Envoys to K'ang-hsi, 1666 - 1687*, Cambridge, Mass., 1984, p. 39 起, 83 起；同著, *Pepper*, p. 11 起；C. R. Boxer, *A cidade de Macau e a queda da dinastia Ming (1644 - 1652) ...*, Macau, 1938 (引自 *Boletim Eclesiástico da Diocese de Macau*)；同著, Portuguese Military Expeditions in Aid of the Ming Against the Manchus, *1621 - 1647*, T'ien Hsia Monthly 7, 1 (1938), p. 33 - 35；E. de Colomban, *Resumo da história de Macau*, Macau, 1927, （转下页注）

在一连串危机中看到唯一的一线光明是葡萄牙与荷兰的停战协定。其有效期从 1644 年至 1652 年，名义上有效，暗中摩擦依然不断。尽管形势紧张，但至少澳门同越南的贸易相当顺利。不过，其数额远远无法填补失去日本市场造成的损失。澳门与暹罗之间也有松散的贸易联系。少量葡萄牙船只也偶尔开往苏门答腊和爪哇的港口。① 可失去日本市场、贸易额下降和中方食品供应不定时等问题使澳门病入膏肓。尚存的贸易联系也未能解决物资短缺和社会困境。如果说澳门的人口注定很快因瘟疫、饥饿和迁徙而萎缩的话，那么它在那些年代里还能生存下去，可能很大部分取决于与至今仍然是苏拉威西岛（Sulawesi，旧称西里伯斯岛，Celebes）南部最大城市伊斯兰城市望加锡（Makassar）之间的贸易。

　　澳门与望加锡早在 1640 年前已经有往来。此地离檀香木和苏木产地小巽它群岛（Small Sunda Islands）不远。望加锡是东印度尼西亚产品出

（接上页注④）p. 38；Silva Rego, *Macau ertre duas crises*, p. 317 起；一些资料参见 Fu Lo-shu（傅乐淑），*A Documentary Chronicle of Sino-Western Relations*（1644 – 1820），共 2 册，Tucson，1966，I，p. 6 – 9。关于欧洲有关明清鼎革的报道，参见 E. J. Van Kley, News from China：Seventeenth Century European Notices of the Manchu Conquest, *Journal of Modern History* 45（1973），p. 561 – 582。荷兰资料不时提及澳门的恶劣状况，参见 J. E. Heeres, *Dagh-Register gehouden in't Casteel Batavia*（以下缩略为 DRB），共 31 册，The Hague, Batavia, 1887 – 1931，IX，p. 15，X，p. 57；W. Ph. Coolhaas, *Generale Missiven van Gouverneurs-Generaal en Radan aan Heeren XVII der Vereigde Oostindische Compagnie*（以下缩略为 GM），共 8 册，The Hague, 1960 – 1985，II，p. 391, 519；P. A. Tiele, *Bouwstoffen voor de geschiedenis der Nederlanders in den Maleischen Archipel*（以下缩略为 Bouwstoffen），共 3 册，The Hague, 1886 – 1895，III，p. 341, 455。中国（即使是广东）在 17 世纪 40 年代备受日常生活用品价格高昂之苦，如米价，有关资料参见 Michel Cartier, Les importations de métaux monétaires en Chine：essai sur la conjuncture chinoise, *Annales, économies, Sociétés, Civilistions* 36, 3（1981），p. 457, 464；林仁川：《明末清初私人海上贸易》，华东师范大学出版社，1987，第 391 ~ 392 页。

① 关于葡萄牙与荷兰关系尤其在欧洲的关系，参见 C. van de Haar, *De diplomatieke betrekkingen tussen de Republiek en Portugal, 1640 – 1661*, Groningen, 1961, 尤 p. 15 起。关于澳门对越南、泰国和万丹之关系，参见 M. Teixeira, *Macau e a sua diocese, XIV: As missões portuguesas no Vietnam*, Macau, 1977；*Macau e a sua diocese, XV: Relações comerciais com o Vietnam*, Macau, 1977, p. 27 起，84 – 86, 91；*Portugal na Tailandia*, Macau, 1983, p. 38 – 40, 140 起, 292 起，还见附录；P. Y. Manguin, *Les Portugais sur les cotes du Viêt-Nam et du Campā. étude sur les routes maritimes et les relations commerciales, d'après les sources portugaises*（XVIᵉ, XVIIᵉ, XVIIIᵉ siècles），Paris, 1972, p. 199 – 209, 232 – 233；S. Viraphol, *Tribute and Profit: Sino-Siamese Trade, 1652 – 1853*, Cambridge, Mass., 1977, 尤其该书第三章泰中贸易部分；Souza, Portuguese Society in Macao and Luso-Vietnamese Relations, 1511 – 1751, *Boletim do Instituto Luís de Camões* 15, 1/2（1981），优见 p. 89 起；*Survival*, p. 111 起（越南北部），120 起（万丹，特别 1670 年之后），124（马辰），128 起（巴达维亚）。

口的理想中转站和储存地。而中国数百年来渴求的檀香木自 1625 年前后起便通过望加锡以越来越大的规模运往澳门。还有胡椒、摩鹿加群岛（Moluccas，今译作马鲁古群岛）丁香以及邦达群岛（Banda-Islands）肉豆蔻流入南西里伯斯沿海地区，它们相当一部分由葡萄牙商人带到广州。1640～1641 年之后，一些葡萄牙商人因马六甲事件移居苏拉威西。蒸蒸日上的贸易大都会望加锡更可谓"人强马壮"。1640 年后的危机年月里，很多葡萄牙"港脚商"（country traders）甚至也被允许从澳门前往该地。[①]

如果说澳门在 1640 年前是葡萄牙远东贸易枢纽的话，那么得益于荷兰葡萄牙停战的望加锡已逐渐发展成为葡萄牙东亚贸易往来最重要的中心。这个地方因其地理位置与错综复杂的国际物流网络联结在一起。要了解望加锡与澳门的贸易关系，必须明了望加锡的其他贸易路线。

对于澳门商人来说，把输入运往中国的白银当然放在首位。这一点对中国本身也同样至关重要，因为进口白银锐减逐渐导致广州出现白银短缺。[②] 大概在 1644 年后，虽然一部分进口白银一如既往地通过越南贸易点[③]、与长崎日渐式微的直接货货交易及一直有争议的马尼拉—福建贸易进

---

① 关于望加锡，参见 Souza, *Survival*, p. 88; Boxer, *Fidalgos*, 第三章; M. A. P. Meilink-Roelofsz, *Asian Trade and European Influence in the Indonesian Archipelago between 1500 and about 1630*, The Hague, 1962, p. 163 - 164; John Villiers, Makassar and the Portuguese Connection, 载于他的 *East of Malacca: Three Essays on the Portuguese in the Indonesian Archipelogo in the Sixteenth and Early Seventeenth Centuries* (Bangkok, 1985)。当时的两种德语文件: J. J. Merklein, *Reise nach Java, Vorder-und Hinter-Indien, China und Japan, 1644 - 1653*, The Hague, 1930, p. 96 - 97; J. S. Wurffbain, *Reise nach den Molukken. Bd. 2: 1632 - 1638*, The Hague, 1931, p. 66。另见 W. Foster, *The Journal of John Jourdain, 1608 - 1617. Describing his Experiences in Arabia, India, and the Malay Archipelogo*, Cambridge, 1905, p. 294 - 295。关于檀香贸易见本文下面。

② 关于白银短缺，参见 Atwell, International Bullion Flows, p. 89; Some Observations on the 'Seventeenth Century Crisis' in China and Japan, *Journal of Asian Studies* 45, 2 (1986), p. 229, 234; Notes on Silver, Foreign Trade, and the Late Ming Economy, *Ching-shih wen-t'i* 8, 3 (1977), p. 10 起; 陈春声:《清代广东银钱币价》,《中山大学学报》1986 年第 1 期, 第 99～101 页; H. U. Vogel, Chinese Central Monetary Policy, 1644 - 1800, *Late Imperial China* 8, 2 (1987), p. 1 - 52; 全汉昇, Trade between China, the Philippines and the Americas during the Sixteenth, Seventeenth and Eighteenth Centuries and the Flow of American Silver into China by Way of Manila, 载于 G. . de la Lama（编）, *30th International Congress of Human Sciences in Asia & North Africa 1976, China*, 共 4 册 (Mexiko, 1982), II, p. 383 - 388。

③ 关于在越南的白银贸易，参见 Manguin, *Les Portugais*, p. 238; Souza, *Survival*, p. 111, 114 （表格: 越南葡萄牙船之进出港表）, p. 116 (1640 年后葡萄牙人竭力弄到白银)。

入中国①，但是沿海地区政治形势的发展——明朝支持者仍负隅顽抗，他们掌控着沿海地区大部分贸易并且肯定令为数可观的白银根本进不了中国内地，而是转往其他地区市场——阻碍了数目庞大的进口商品进入内地，尤其是广东。中国丝绸和瓷器出口也受政治形势的破坏，仅有少量商品通过福建港口和广州运往外国。② 进入马尼拉的中国商船数量和西班牙对华贸易销售额也因此下降。③ 马尼拉的美洲白银眼看就要过剩，而澳门却正为如何弄到白银以满足广州方面的需求和自己获利而一筹莫展。于是，他们开始通过望加锡的中介贸易克服 1642 年令双边关系无法继续下去的政权更替。不出所料，葡萄牙商人把中国丝绸带到望加锡，尽管广州方面货源有些阻滞，但他们在 17 世纪 40 年代可能直至 50 年代仍是当地最主要的供货商。他们将丝绸、土茯苓和其他中国商品运抵西里伯斯岛。这样不仅从马尼拉赚取白银，

①　木宫泰彦（Kimiya Yasuhiko）：《日支交通史》，共 2 册，金刺芳流堂，1926，II，第 465，485～486 页；陈荆和：《清初华舶至长崎贸易及日南航运》，《南洋学报》第 13 卷第 1 辑（1957），尤见第 3，9 页；J. Hall, Notes on the Early Ch'ing Copper Trade with Japan, *Harvard Journal of Asiatic Studies* 12（1949），p. 449 - 450，特别注 16；L. Dermigny, *La Chine et l' Occident. Le commerce à Canton au XVIIIe siècle*，1719 - 1833，共 3 册，Paris, 1964, I, p. 137 - 138, Album II. 1。更多关于日本的白银输出资料，参见山脇悌二郎（Yamawaki Teijirō），《長崎のオランダ商館》，中央公論社，1980，第 208 页。关于开往日本之中国船只统计，亦可参见林仁川，《明末清初私人海上贸易》，第 259～261 页。

②　根据岩生成一的观点，在 1640～1644 年中国向日本输出的丝绸仍有增加，参见 Seiichi Iwao, Japanese Foreign Trade in the 16th and 17th Centuries, *Acta Asiatica* 30（1976），p. 13。葡萄牙人在这段时间通过著名的郑芝龙往日本送去丝绸，参阅 *GM*, II, p. 176；C. R. Boxer, The Rise and Fall of Nicholas Iquan, *T'ien Hsia Monthly* 11, 5（1939），p. 401 - 439。后来中国丝绸供应量减少，在澳门出现明显的丝绸匮乏，参见 Dermigny, *La Chine*, I, p. 393 - 394；J. E. Wills, *Pepper*, p. 10；Souza, *Survival*, p. 104；*GM*, II, p. 460。关于中国与马尼拉的丝绸贸易，参见全汉昇，The Chinese Silk Trade with Spanish America from the Late Ming to the Mid Ch'ing Period，载于 L. G. Thompson（编），*Studia Asiatica：Essays in Felicitation of the Seventy - fifth Anniversary of Professor Ch'en Shou - yi*（San Francisco, 1975），p. 99 - 117。关于清初中国瓷器生产和出口锐减，参见 Dermigny, *La Chine*, I, p. 388；Tsing Yüan, The Porcelain Industry at Ching - te - chen, 1550 - 1700, *Ming Studies* 6（1975），尤见 p. 49。关于瓷器贸易，参见 C. J. A. Jörg, *Porcelain and the Dutch China Trade*, The Hague, 1982。鉴于中国沿海地区政治形势的发展，荷兰人试图通过越南市场来满足其对丝绸的需求，参见 Souza, *Survival*, p. 116 - 117；Teijirō Yamawaki（山脇悌二郎），The Great Trading Merchants Cocksinja and His Son, *Acta Asiatica* 30（1976），p. 111 - 112；W. J. M. Buch, La Compagnie des Indes Néerlandaises et l'Indochine, *Bulletin de l' Ecole française d'Extrême - Orient* 36（1936），p. 164，166，169，180；37（1937），p. 121，124，128 - 132。荷兰人赚到的日本白银只有一小部分随即直接返输中国，参见 Glamann, *Dutch - Asiatic Trade*, p. 59。这也对中国的白银短缺起了推波助澜的作用。

③　表格参见 Chaunu, *Les Philippines*, p. 160 起，204 起。

从帝汶购入檀香木，而且还买到大量种类繁多的其他商品。尽管如此，通过望加锡和其他地方直接或间接输入中国的白银数量仍然不足以弥补中国国内经济存在的"银荒"。①

此处主要讨论从澳门输出到望加锡的商品。约在 1644 年后，中国的黄金已经在出口商品之列。② 西里伯斯岛本身也开采黄金。此外，拥有金矿的菲律宾甚至帝汶也有少量黄金流入望加锡。③ 对不管是钱币形式（Mas，马司币）还是金条形式的黄金而言，望加锡都是极受欢迎的转运站。相当一部分在望加锡流通的钱币和金条被来自五湖四海的商人们用以买入其他货品，譬如买入印度的纺织品（下文再阐述之）或者香料。由于 17 世纪 50 年代望加锡的商品输入一直保持高水平，从望加锡流出的黄金很快大大多于市场所能得到的黄金。所以，当地黄金价格在 1658 年前持续上升，即使采

---

① 关于马尼拉—望加锡—澳门之间的三角贸易，参见 Pires, *A viagem*, p. 33; Souza, *Survival*, p. 99 起。关于葡萄牙进出望加锡船只情况，参见同书第 94 ~ 95 页。关于葡萄牙人从澳门到望加锡的丝绸运输和西班牙人从马尼拉到望加锡的白银运输，以及西班牙人在望加锡购买丝绸，参见 *Bouwstoffen*, III, p. 238, 334, 341; D. K. Bassett, English Trade in Celebes, 1613 - 1667, *Journal of the Malayan Branch of the Royal Asiatic Society* 31 (1958), p. 22。关于在马尼拉相应增加的销售额——三角贸易的结果，参见 Chaunu, *Les Philippines*, p. 160 起（表格），204 起。其中也有越南—马尼拉往来的数据，它们表明由于马尼拉—中国贸易处于低潮，西班牙白银中相当部分流向越南。与之相反，澳门在越南贸易中可能只占很少份额，因为据 Souza 的 *Survival* 一书第 114 页表格所示，1640 ~ 1647 年每年只有一艘葡萄牙船抵达该处。然而，可能越南贸易在某种程度上跟望加锡贸易一样，取代了澳门—马尼拉直接贸易。马尼拉—望加锡—巴达维亚贸易变成西班牙人的另一取代联系。对此可参阅 M. P. H. Roessingh, Nederlandse betrekkingen met de Philippijnen, 1600 - 1800, *Bijdragen tot de Taal-, Land-en Volkenkunde* 124 (1968), p. 497。

② 关于从澳门到望加锡的黄金运输，参见 Bassett, English Trade, p. 22; *Bouwstoffen*, III, p. 341, 425, 454; Souza, *Survival*, p. 100, 104, 105。索萨认为，澳门竭力增加往望加锡的黄金输出，但枉费心机；中国人在这项生意上与之竞争，他们自己把黄金带到东南亚；可参见 *DRB*, XI, p. 113。

③ Bassett, *English Trade in Celebes*, p. 22（从菲律宾来的黄金）; N. Gervaise, *An Historical Description of the Kingdom of Macasar in the East Indies*, Westmead etc., 1971, p. 12; L. Y. Andaya, *The Heritage of Arung Palakka: A History of South Sulawesi (Celebes) in the Seventeenth Century*, The Hague, 1981, p. 36（以上二者均与南西里伯斯黄金有关）。C. R. Boxer, *Francisco Vieira de Figueiredo: A Portuguese Merchant-Adventurer in South East Asia*, *1624 - 1667*, The Hague, 1967, p. 96; F. de Vasconcelos, Dois inéditos seiscentistas sobre Timor, ligeiras notas históricas, *Boletim da Agência Geral das Colonias* 5, 54 (1929), p. 80; John Villiers, As derradeiras do mundo: The Dominican Missions and the Sandalwood Trade in the Lesser Sunda Islands in the Sixteenth and Seventeenth Centuries, 载于 L. de Albuquerque 与 I. Guerreiro（编），*II. Seminário Internacional de História Indo-Portuguesa. Actas* (Lisbon, 1985), p. 585。

用了新马司币也无法阻止。到 1662～1663 年，望加锡的黄金市场才重新稳定下来。[1] 正因为如此，对澳门来说，把黄金——因船舱短缺只需极少运费的理想运载物——运往望加锡，非常有吸引力。可是，黄金大量流出中国很快导致中国逐渐出现黄金短缺。何况还有可观的黄金同时也经过其他沿海地区和台湾离开中国，譬如从台湾落入荷兰东印度公司（VOC）手中。显然，这些黄金输出在中国造成的后果要比因白银输入量匮乏产生的"银荒"更为严重。当地金银价值比率有利于黄金外流，[2] 结果黄金在广州越来越贵，澳门葡萄牙人只能从广州市场与望加锡地区间不断减少的黄金差价中赚取微薄的利润。

金、银两种金属在中国身价日升——黄金升得比白银快——可以从当时的铜估价中觉察出来。因为铜相对两者来说变得更便宜。而且，铜与黄金的比价可能要比其与白银的比价掉得更快。实际上，铜价下降不只是因为金银短缺，也因为铜流通量不断上升。这跟越来越多铜从日本运抵中国大有关系。日本在 1640 年前已经是著名的铜生产国，并且大量出口。日本铜的买家跟白银的买家一样，最初是葡萄牙人、中国人和荷兰人，1640 年后就只剩下后两者。[3] 通过各种无法查证的途径——也许绝大多数通过与前明支持者的贸易——相当一部分铜一如既往地流入澳门。在澳门，一部分铜进入普

---

① 关于望加锡的黄金货币，参见 Bassett, English Trade in Celebes, p. 27; Souza, Survival, p. 106。两书均列举黄金评价数据。

② 关于上涨的中国黄金行情（以白银为单位），参见 Yamawaki, The Great Trading Merchants, p. 110; Atwell, International Bullion Flows, p. 82。Souza, Survival, p. 105, 提到澳门黄金荒。荷兰人有部分黄金通过台湾获得，然而不是在跟国姓爷决裂后；参见 Glamann, Dutch-Asiatic Trade, p. 63。至于当时的德文资料，Wurffbain, Reise, II, p. 93。关于在科罗曼德尔市场上从东亚运来的黄金，参见 T. Raychauhuri, Jan Company in Coromandel 1605 - 1690. A Study in the Interrelations of European Commerce and Traditional Economies, The Hague, 1962, p. 188 - 191。关于 1640 年前在远东的黄金，参见 D. M. Brown, The Importation of Gold into Japan by the Portuguese during the Sixteenth Century, The Pacific Historical Review 16, 2 (1947), p. 125 - 133; A. Kobata, The Production and Uses of Gold and Silver in Sixteenth and Seventeenth-Century Japan, The Economic History Review 18, 2 (1965), p. 245 - 266; L. Riess, Die Goldausfuhren aus Japan im 16., 17. und 18. Jahrhundert, Zeitschrift für Sozial-und Wirtschaftsgeschichte 6 (1898), p. 144 - 171。

③ 关于中国黄铜价格下降，见上面注释 xxx 所列资料。关于日本铜输出尤其经荷兰人之手不断增加输出，参见 Dermigny, La Chine, I, p. 411 - 412; Glamann, Dutch-Asiatic Trade, p. 173。关于 1640 年前葡萄牙人在日本购买黄铜，参见 Boxer, The Great Ship, p. 118 - 120, 139 - 140。关于清初铜贸易概况及中国对日本黄铜的依赖性，参见 Hall, Notes on Copper Trade, p. 446。

卡罗（Bocarro）的著名铸炮厂，其他部分用来制造"铜钱（caixas）"，它们常常被当作船只压舱物带到越南去。此外，在越南同样有以日本等地之铜为原料生产武器的葡萄牙火炮生产商。武器产品无论是澳门制造还是越南制造的，在亚洲许多地区包括望加锡在内都大受欢迎。望加锡不单进口澳门制造的大炮，而且同时从外国，如通过在东南亚的英商进口铁和硝。西班牙和其他地之人是这些商品的买家，他们对战争物资需求甚大，尤其在摩鹿加群岛战争时期。①

　　1655 年前后随着停战状态的结束，荷兰东印度公司从日本的铜出口量骤然上升。望加锡市场是否因在东南亚增加了的铜流通量而饱和甚至超饱和，以及达到何种程度，尽管有些荷兰资料提及，但对此未能明确地下定论。但当时葡萄牙人在望加锡铜生意中可能已经没有以前的地位了。②

　　除了火炮和黄金，澳门商人还把众多其他商品带到西里伯斯。有关它们的数量和价格都不详。譬如糖，不仅直接由中国内地和澳门的商人，而且经中国大陆和荷兰的中间商经台湾运至望加锡，但数量不大，相当

---

①　关于在澳门和越南的火炮生产及出口，参见 M. Teixeira, *Relações comerciais*, p. 29 起，65 起，170 起；Silva Rego, *Macau entre duas crises*, p. 317, 319；Boxer, *The Great Ship*（关于 1640 年前火炮出口）；同著者的 Asian Potentates and European Artillery in the 16th – 18th Centuries：A Footnote to Gibson-Hill, *Journal of the Malayan Branch of the Royal Asiatic Society* 88，2（1965），p. 164（关于向望加锡供货）；Joseph Needham, *Science and Civilisation in China*, Vol. VII, Cambridge, 1986, p. 392 起；M. Cooper, *Rodrigues the Interpreter. An Early Jesuit in Japan and China*, New York, Tokyo, 1974, p. 334 起；*GM*, II, p. 359（澳门出口火炮）；Jan Nieuhoff（著），J. Ogilby（译），*An Embassy from the East India Company of the United Provinces to the Grand Tartar Cham Emperor of China*, 重版 Menston（不提年），p. 31（澳门用日本和中国内地的黄铜生产精良的火炮）；屈大均：《广东新语》，香港中华书局，1975，第 442~443 页（关于葡萄牙火炮的质量）；M. Teixeira, *Os Bocarros*, Lisbon, 1961（从 *Actas do Congresso Internacional de História dos Descobrimentos* 选出重版）；M. Teixeira, *Macau e a sua diocese：O culto de Maria em Macau*, Macau, 1969, p. 235；*DRB*, XIV, p. 75（按荷兰人估计，1663 年澳门 200 多门火炮）；Andaya, *The Heritage*, p. 49（望加锡 1660 年前后拥有超过 66 门火炮，相信有部分来自澳门）。关于澳门从中国内地和日本获得黄铜，生产以及输出铜板，亦可见上述论著，还可参见 Souza, *Survival*, p. 116, 118；*GM*, II, p. 635 – 656。关于主要由英格兰向望加锡提供硝和武器及西班牙在该处购买战争物资，可参见 *GM*, 比如 II, p. 359, III, p. 446；*Bouwstoffen*, III, p. 334, 368；Souza, *Survival*, p. 75 – 76；S. D. Quiason, *English Country Trade with the Philippines*, 1644 –1765, Quezon City, 1966, p. 6 起。

②　Glamann, *Dutch-Asiatic Trade*, p. 175；同著, The Dutch East India Company's Trade in Japanese Copper, 1645 – 1736, *The Scandinavian Economic History Review* 1（1953），尤见 p. 52 起，64 起（日本的输出）。1660 年后葡萄牙人逐渐被排挤出越南的黄铜贸易。

多来自马尼拉。① 中国和澳门的另一重要出口商品当数棉织品。② 较之同期英格兰、荷兰、丹麦、印度、马来亚和葡萄牙船只满载印度棉织品涌向望加锡来说，澳门棉织品更值得注意。这里所说的葡萄牙船只大多是那些轮番途经苏门答腊和马六甲往返印度—澳门的船只。在文献中常常可以读到，印度棉花兑换黄金的交易在荷兰与葡萄牙停战期间盛极一时，所有参与者均有利可图。丝绸贸易普遍缺乏货源对此也起了推波助澜的作用。中国向世界市场的丝绸供应包括澳门向望加锡的丝绸供应，可能仍然远远不能满足需求。棉织品便能够逐渐取代价格过于高昂的中国丝绸产品。对这一取代的决定性推动力来自马尼拉，当地继续输出到南美洲的衣料需求缺口尚未能得到填补。③ 印度棉织品在望加锡的利好发展无疑随着葡萄牙与荷兰再次陷入敌对状态而结束。船只损失和封锁使运抵望加锡的棉织品减少，转运至马尼拉销售的数量也自然减少，白银和黄金从菲律宾流入望加锡也相应地减少。④

　　1660 年，葡萄牙和荷兰的再次敌对状态终于在西里伯斯引发了较大规模的军事冲突。葡萄牙人失去了部分船只和大量货物。雪上加霜的是，获胜的荷兰人还要求当地掌权者把葡萄牙人驱逐出望加锡。这一要求即使在 1662 年《葡萄牙—荷兰和平条约》在欧洲正式批准生效后仍继续存在。在某种程度上，这些事件导致望加锡与澳门贸易关系的衰落。全凭手腕灵活且跟望加锡掌权家族有良好关系，葡萄牙人暂时还能坚守在西里伯斯。这多亏

---

① 关于广州的糖输出，参见 Dermigny, *La Chine*, I, p. 428；关于澳门运糖至望加锡，参见 *Bouwstoffen*, III, p. 454。关于荷兰在台湾购买糖，参见 Glamann, *Dutch-Asiatic Trade*, p. 156；Wurffbain, *Reise*, II, p. 93。关于从马尼拉运糖至望加锡，参见 Souza, *Survival*, p. 102。关于英国人在望加锡买糖，参见 Basset, *English Trade*, p. 22。关于明末中国的糖输出，参见曹永和《中国海外贸易》，第 451 页；林仁川：《明末清初私人海上贸易》，第 236～243 页。关于大量输出造成广州糖价不断上升，参见 H. B. Morse（马士），*The Chronicles of the East India Company Trading to China 1635 – 1834*，共 4 册，Oxford, 1926, I, p. 35。

② 关于澳门输出棉织品，参见 Souza, *Survival*, p. 100。关于中国的棉纺织业，参见 D. Craig, *Cotton Manufacture and Trade in China*, ca. 1500 – 1800，博士论文, Chicago, 1970。

③ 关于向东南亚输出印度纺织品，参见 S. P. Sen, The Role of Indian Textiles in Southeast Asian Trade in the Seventeenth Century, *Journal of Southeast Asian History* 3, 2 (1962), 99 起（纺织品种类）。关于从印度输出纺织品尤其以荷兰人角度来看，参见 Raychauhuri, *Jan Company*, p. 96 – 101, 160 – 161, 221 – 222。关于印度纺织品输入望加锡，参见 Souza, *Survival*, p. 100, 104 – 106, 244 注释 63。该处所列资料的补充，参见 *DRB*, IX, p. 45, 53；Bassett, *English Trade*, p. 13 – 14, 20, 21。关于望加锡市场偶尔出现纺织品超饱和，参见 *Bouwstoffen*, III, p. 454。关于葡萄牙人从望加锡输出黄金的目的在于获取印度纺织品，参见 *Bouwstoffen*, III, p. 282。

④ 关于政治形势紧张，参见 Boxer, *Francisco Vieira de Figueiredo*, p. 11, 18。

弗兰西斯科·维埃拉·德·费古雷多（Francisco Vieira de Figueiredo）的介入。他不单作为葡国使节和其他地区的代表者，亦作为望加锡城中大概最富有的外国商人跟各种各样的利益集团保持着紧密的接触。但葡萄牙在望加锡贸易的衰败根本积重难返。不久，一部分商人迫于荷兰人的压力迁到小巽它群岛。1665 年，最终连维埃拉·德·费古雷多也从望加锡撤出。1667 年荷兰人完全占据望加锡，从此结束了葡萄牙在西伯里斯南部的贸易，也结束了澳门跟这个地区的联系。但在这个城市里，说句公道话，葡萄牙人一向很受欢迎。①

　　而在中国，1659 年抗清势力攻打南京失败后，沿海地区的冲突日益加剧。由于对郑成功的坚决打击仍然未能奏效，清廷便决定对沿海地区实行大规模的迁徙。这是一项自 1661～1662 年起非常残暴地实行的措施。② 澳门十分幸运地逃过迁海令，但被严禁跟海外进行与澳门居民福祉攸关的任何贸易。清朝水军舰队为监察贸易禁令的执行，封锁澳门港口长达近四年之久。澳门居民重陷饥饿之中。葡萄牙人想尽办法，才不时用小船从在跟中国舰队保持安全距离的中国外海岛屿间下锚的大船处弄到货物。从 1662 年到 1666 年，因小规模的交战和中方的惩罚行动，就在离城不远处甚至经常就在港口里，澳门会失去一些船只。③ 清朝又禁止天主教传教，教堂被迫关闭。葡萄

---

① 关于望加锡发生的事件，参见 Andaya, *The Heritage*, p. 48 起，59 起，73 起；John Villiers, "Makassar and the Portuguese Connection," p. 49 – 50（1660 年和 1666～1667 年危机）；Boxer, *Francisco Vieira de Figueiredo*, p. 26 起，45（1660 年危机和维埃拉·德·费古雷多离开望加锡）；Bassett, *English Trade*, p. 29 – 30, 32, 36 – 37（危机和维埃拉·德·费古雷多的撤离）；Teixeira, *Relações comerciais*, p. 28, 32（葡萄牙人在望加锡及其撤离）。关于葡萄牙人备受欢迎，参见 Gervaise, *An Historical Description*, p. 34。

② 关于郑成功与清朝之间危机尖锐化以及迁海措施，参见 Struve, *The Southern Ming*, p. 185；J. D. Spence 与 J. E. Wills（编），*From Ming to Ch'ing: Conquest, Region and Continuity in Seventeenth Century China*, New Haven, London, 1979, p. 226 – 228；Wills, *Embassies*, p. 92；Wills, *Pepper*, p. 15 – 17；谢国桢：《清初东南沿海迁界考》，《国学季刊》第 2 卷第 4 号，1930，第 797～826 页；C. A. Montalto de Jesus（徐萨斯），*Historic Macao*，重版 Hong Kong, 1984, p. 116；L. Frédéric, *Kangxi, Grand Khan de Chine et Fils du Ciel*, Paris, 1985, p. 48 – 49；L. D. Kessler, *The Apprenticeship of the K'ang-hsi Emperor, 1661 – 1684*，博士论文，Chicago, 1969, p. 34 起；R. C. Crozier, *Koxinga and Chinese Nationalism: History, Myth, and the Hero*, Cambridge Mass., 1977。

③ 关于葡萄牙船只的损失和中国方面的封锁，参见 Wills, *Embassies*, p. 92；Montalto de Jesus, *Historic Macao*, p. 119；Boxer, *Francisco Vieira de Figueiredo*, p. 46。关于贸易禁令及敌视教会措施的中文资料，参见 Fu Lo-shu, *A Documentary Chronicle of Sino-Western Relations* (1644 – 1820), I, p. 28 – 30, 37 – 38。

牙人由此失去他们最重要的支柱之一。因为他们以往主要通过传教士一再获得中国官吏的好感，而这种好感对保证澳门的生存至关重要。1666～1667年间，澳门的形势变得更加混乱。中方虽然一方面多次表示，只要澳门缴纳适当的款项，贸易禁令可以废除；另一方面又威胁最终要对该城实行至今仍然有效的迁海令，把这个城市消灭。当时的中国官吏们明争暗斗，只关心自己的利益，腐败横行。澳门便通过行贿，最大限度地避免了最糟糕的情况出现。广州官府的普遍腐败还带来一个好处：少量食品可以不时偷偷进入澳门。经过多年封锁，直到 1667 年 6 月中方允许七艘帆船顺利驶入澳门港，形势才开始缓和。①

从上述事件可以看出，在持续三十年的澳门生存危机（1640～1670 年）里，1660～1667 年可算是最艰难的时期。同望加锡的贸易也相应地困难重重。从索萨（Souza）汇总的这一时期船只进出港数量减少可见，澳门到该地的出口量也明显下降。② 由于荷兰人故意造成货源短缺，望加锡的丁香价格早在 1660 年前已经成为天文数字，丁香生意仍处低谷。③ 另外，荷兰东印度公司把葡萄牙人从棉织品市场赶出去的念头一起，就立刻把大量印度棉织品塞进西里伯斯市场。可能因这段时间跟马尼拉的往来遭受重创，只有极少量的棉织品运抵菲律宾。但东印度尼西亚的棉织品价格不断下跌，以致海上运输风险高和运输工具明显短缺的葡萄牙人几乎无法继续在棉织品生意中立足。加上印度棉织品相对于丝绸更便宜，望加锡对较昂贵的中国丝绸的需求锐减，澳门商人再次陷入困境。④ 荷兰东印度公司的做法与从日本不断增

---

① 关于这些事件，参见 Wills, *Embassies*，尤 p. 91；R. B. Oxnam, *Ruling from Horse Back*：*Manchu Politics in the Oboy Regency, 1661 - 1669*, Chicago, 1975, p. 158；Montalto de Jesus, *Historic Macao*, p. 117 起。有一份重要的资料，即 Uma resurreicāo histórica（Páginas inéditas dum visitador dos Jesuitas 1665 - 1671），载于 J. F. Marques Pereira（编），*Ta-Ssi-Yang-Kuo*（大西洋国）（Lisbon, 1899 - 1903），I 与 II。

② 参见 Souza, *Survival*, p. 94 - 95（表格）。资料偶尔出现相互矛盾的数据，令人不容易评估这段时间望加锡与澳门之间的贸易；见 Boxer, *Francisco Vieira de Figueiredo*, p. 41 - 42 和注释 86；还有 *GM*, III, p. 466。

③ 关于丁香及其价格，参见 Bassett, *English Trade*, p. 13 - 17；Boxer, *Francisco Vieira de Figueiredo*, p. 21, 25；Souza, *Survival*, p. 103；K. N. Chaudhuri, *Trade and Civilisation in the Indian Ocean*：*An Economic History from the Rise of Islam to* 1750, Cambridge, 1985, p. 89。

④ 参见 Bassett, *English Trade*, p. 34；Souza, *Survival*, p. 106。必须补充的是，重要的丝绸买主马尼拉在这段时间里越来越多地通过印度支那市场填补需求缺口。关于自 1660 年前后运往望加锡的纺织品，参见 *DRB*, XIII, p. 40, 42, 46, 49, 415；*DRB*, XIV, p. 25, 66, 133, 393, 524。

加铜、黄金出口量如出一辙。日本的白银输出便因短缺而下降，最终 1668
年结束。一如 1660 年之前，可能仍有一部分铜、黄金抵达望加锡地区，使
该地在 1660 年前总体上受到货源短缺困扰的黄金市场稳定下来。黄金价格
相对 1657 年的高水平稍有下降，由于棉织品供大于求和总体上葡萄牙、西
班牙、英格兰市场份额日益减少，对黄金的需求也许停留在 1660 年前的水
平线以下。但受铜流通量不断增加和黄金持续紧缺的影响，此时中国的黄金
价格依然昂贵。因此在 60 年代，把黄金从广州输出到澳门然后再转到望加
锡，几乎不再有利可图。[①]

在日益恶化的政治、经济关系中，澳门和望加锡之间始终存在贸易往
来。其原因如下：澳门必须用它可支配的所有物资进行贸易，无论如何它得
设法继续生存下去；[②] 在东南亚其他市场，对葡萄牙人来说形势更为不妙，
根本不再有可能转移到别的替代市场；在某种程度上，澳门同望加锡贸易还
有两样东西尚有利可图，一种是主要在帝汶砍伐的檀香木，另一种是部分从
马辰（Banjarmasin）运至望加锡的胡椒。中国早在 1660 年前甚至现在对两
者的需求仍然十分巨大。因此常常出现这种情况，澳门船队经过望加锡后继
续前往索洛尔－弗罗里斯－帝汶地区（Solor-Flores-Timor），以便回程时载上
檀香木。在这项贸易中，葡萄牙"港脚商"的竞争者主要是中国人。而荷
兰人开始最多仅在生产地区进行骚扰，向爪哇华侨供货和往印度出口商品。

---

① Souza, *Survival*, p. 106；*GM*, III, p. 468 – 469；*DRB*, XIV, p. 63（望加锡黄金价格下降）；
　GM, III, p. 466；Boxer, *Francisco Vieira de Figueiredo*, p. 33（1660 年后葡萄牙人的黄金运
　输）；Kobata, *The Production*, p. 256（由于白银过量输出改变白银对黄金的价格比率，从日
　本输出黄金成为可能）；Dermigny, *La Chine*, I, p. 417；Glamann, *Dutch-Asiatic Trade*, p. 58
　（荷兰东印度公司从日本输出黄金），p. 58、63（因郑成功与荷兰人之间的危机使后者不再
　从中国获得黄金；为此荷兰公司从日本输出更多黄金做补偿）。一份较不著名的当代德文材
　料论及国姓爷围攻台湾以及有关该处黄金的数据，参见 Albrecht Herport, *Reise nach Java*,
　Formosa, *Vorder-Indien und Ceylon*, *1659 – 1668*, Den Haag, 1930, p. 51 起、59。关于荷兰东
　印度公司从日本输出更多黄铜，参见 Glamann, *Dutch-Asiatic Trade*, p. 175。这些输出 1660
　年后也对越南产生影响，导致葡萄牙人在该处因竞争激烈而逐渐被挤出交易圈，参见
　Souza, *Survival*, p. 119。

② 澳门 1660 年后灾难性的财政、政治和社会形势被相当多的资料所证实，参见 Boxer,
　Francisco Vieira de Figueiredo, p. 41 – 42、85、93；*DRB*, XIV, p. 631；*GM*, III, p. 667。中文资
　料也对此多有报道，参见何长龄编《皇朝经世文编》卷 83，文海出版社，1972，第 2977 ~
　2978、2980 ~2981 页；田明耀：《重修香山县志》卷 8，成文出版社，1968（新修方志丛书
　121），第 531 ~ 532 页。但看来并非所有同时代的人能理解这个城市的苦难，参见 O.
　Dapper, *Gedenkwaerdig Bedryf der Nederlandsche Oost-Indische Maetschappye*, *op de Kuste en in het
　Keizerrijk van Taising of China*, Amsterdam, 1670, p. 385 – 386。

他们相对少有真正参与向中国贩运檀香木的生意，反而在停战时期从葡萄牙人那儿得到少量商品。同时，荷兰人正力图巩固在小巽它群岛上的地位。并且，相当大部分的生意经由维埃拉·德·费古雷多之手进行，然而荷兰人对他的感情是爱恨交加。[①]

目前掌握的数据表明，从帝汶或索洛尔通过望加锡往中国的檀香木贸易有利可图。尽管没有有关 1644～1667 年在中国的檀香木价格表，但以上所述足以说明盈利颇丰。虽然要考虑不少风险因素，却总是值得进行的必要投资。[②] 也许在印度尼西亚的胡椒贸易情况也类似。尽管从马拉巴地区（Malabar）过量输出胡椒造成当时欧洲市场饱和，但澳门以及中国内地还是很合适的销售地区。葡萄牙人和中国人在檀香木、胡椒贸易中所占的运输额及营业额有多大，今天无法确证。不过在顺利的年头，葡萄牙人所占的檀香木份额可能达到总营业额的 50%。胡椒贸易则相反，它是跟巴达维亚荷兰人紧密合作的中国人的领地。[③]

檀香木贸易加上小规模的胡椒贸易实际只能部分装满总是空空如也的澳

---

① 关于 1640 年前檀香木贸易，参见 Villiers, *As derradeiras*；H. Lains e Silva, *Timor e a cultura do café*, Porto, 1956, p. 7 起；R. Ptak, The Transportation of Sandalwood from Timor to China and Macao, c. 1350 – 1600, 载于 Ptak（编），*Aspects of Portuguese Asia*: *Essays in History and Economic History*（Stuttgart, 1987），p. 87 – 109。关于葡萄牙船只从澳门经望加锡到帝汶地区的往返航路，参见 *Bouwstoffen*, III, p. 454；*GM*, II, p. 238；*DRB*, X, p. 106；Villiers, *As derradeiras*, p. 596。关于荷兰人购买檀香木，有时也向葡萄牙人买以及葡萄牙人买木和维埃拉·德·费古雷多的生意，参见 *Bouwstoffen*, III, p. 9 – 11, 341, 369, 418 – 419, 454；*DRB*, IX, p. 89, 151；XII, p. 129, 168, 222；XIII, p. 19, 138, 221, 225, 296, 297, 456；XIV, p. 221, 229, 340, 378, 393, 415, 436 – 437, 460, 496, 505 – 508, 522, 539；*GM*, 比如 II, p. 239, 497；关于后者，亦可参见 C. R. Boxer, Francisco Vieria de Figueiredo e os Portuguêses em Macassar e Timor na época da Restauracão, 1640 – 1688, *Boletim Eclesiástico de Diocese de Macau* 37, 434 (1940), p. 727 – 741；Boxer, *Francisco Vieira de Figueiredo*, p. 7 – 9, 33, 36 – 39, 43, 47, 还有该书所列文献。关于在索洛尔——帝汶地区的一般发展，参见 Boxer, *Fidalgos*, p. 174 起；H. Leitão, *Os Portugueses em Solor e Timor de 1515 a 1702*, Lisbon, 1948, p. 173 起；R. Ptak, Die Portugiesen auf Solor und Timor: Europas Sandelholzposten in Südostasien im 16. und beginnenden 17. Jahrhundert, 载于 Ptak（编），*Portugals Wirken*, p. 207 起。关于中国与巴达维亚之间的贸易，参见 L. Blussé, Chinese Trade to Batavia in the Days of the V. O. C., *Archipel* 18 (1979), 尤 p. 205 – 206；L. Blussé, *Strange Company*: *Chinese Settlers*, *Mestizo Women and the Dutch in VOC Batavia*, Dordrecht, 1986, 尤第 5 和第 6 章。

② 在荷兰资料中有对 1640～1667 年檀香木价格和数量的零散说明，参见 *GM*, II, p. 105, 118, 124, 149, 155, 172, 210, 238, 239, 314, 621；III, p. 415。此外，见上注释，即从 *DRB* 和 *Bouwstoffen* 的引文出处。

③ 关于明末中国胡椒运输，参见曹永和《中国海外贸易》，第 451～453 页；同著（Ts'ao Yung-Ho），Pepper Trade in East Asia, *T'oung Pao* 68, 4 – 5 (1982), p. 244 – 247。（转下页注）

门钱箱。这也适用于 1667 年后即望加锡事件后的时期。当时包括少量苏木贸易在内的木材生意大多通过直接贸易继续——往往事倍功半——进入索洛尔－弗罗里斯－帝汶地区。但是几乎所有其他东南亚商品的交易都不得不转移至爪哇岛、苏门答腊岛诸港。1669 年，尽管跟中国关系稍有好转，澳门的状况还是不妙，以致其觉得有必要向泰国借贷大量的白银。① 不过，曙光终于慢慢在地平线上出现：玛讷撒尔达聂（Manuel de Saldanha）正在出使北京途中，迁海令自 1668 年开始废除，京城则有迹象显示中国人对欧洲人传教的态度渐趋自由。

Trade between Macau and Makassar, 1640 −1667

Roderich Ptak

Abstract：This article, originally published in 1989, in German, summarizes the history of trade between Macau and Makassar during the years 1640 to 1667. At that time Makassar was the most important commercial port in the eastern section of what is now Indonesia. Linked to Timor, Java, Luzon and many other islands, Makassar obtained various products from these regions, many of which reached Macau through the hands of Portuguese traders, besides being channelled to central Guangdong, indirectly or directly, through other groups. For Macau this trade was of vital importance, because the years after 1640 were marked by political crises and Macau was often short of capital urgently needed to enable the survival of its citizens. Towards the end of the Macau-Makassar trade cycle, the good relations between both these places were badly disturbed by the Dutch. This also concerned the trade in sandalwood between Macau and Timor, via Makassar.

（接上页注③）关于 1640~1647 年中国与葡萄牙胡椒贸易，参见 *GM*，II，p. 105，238，284；III，p. 124。关于其后的贸易，参见 *DRB*，X，p. 106，158；XIII，p. 244，436；XIV，p. 285。另见 Bassett，*English Trade*，p. 33（澳门商人急需胡椒）；Glamann，*Dutch-Asiatic Trade*，p. 75，80 − 81（中国在印度尼西亚的胡椒购买以及不稳定的欧洲市场）；Souza，*Survival*，p. 124 − 126（马辰、望加锡、中国的胡椒贸易；葡萄牙的人参）；Morse，*Chronicles*，I，p. 34 − 35（澳门葡萄牙人偶尔从英国人获得胡椒）。

① M. Teixeira，*Portugal na Tailandia*，p. 144 起。

In certain years, sandalwood, which sold profitably in China, constituted one of Macau's principle imports. Further goods of importance used in trade between Macau and Makassar included textiles and metals. The present article describes these and other phenomena, as well as the economic and political forces which shaped commercial exchange between both ports.

Keywords：Macau; Makassar; Timor; Sandalwood; Precious Metals; Ming-Qing Transition and the Seventeenth-century Crisis; Portuguese; Chinese and Dutch Traders

（执行编辑：杨芹）

海洋史研究（第九辑）
2016 年 7 月　第 48～62 页

巴达维亚的中国洋船及华商：
以瓷器贸易为中心[*]

包乐史 （Leonard Blussé）

　　本文关注的重点不是瓷器本身，而是运输瓷器和陶器到荷兰东印度公司（VOC，下文简称荷印公司）亚洲总部巴达维亚的中国商船、船员及其乘客。自从克里斯蒂安·约尔赫（Christiaan Jörg）关于荷印公司瓷器贸易的开拓研究以及 20 世纪 80 年代初迈克尔·哈彻（Michael Hatcher）关于东印度大商船"海尔德马尔森号"（Geldermalsen）的惊人发现公布以来，我们对荷印公司在广州的贸易活动以及把成千上万件瓷器从中国高效运至欧洲的方法已经相当清楚。然而，最近一些船只残骸的发现提醒我们，中国瓷器并不只是通过欧洲东印度商船运到国外。[①] 阿姆斯特丹的克里斯蒂（Christie）拍卖行继拍卖"海尔德马尔森号"上的"南京船货"（Nanking cargo）之后，1992 年又拍卖了"头顿船货"（Vung Tau cargo）这批更加令人振奋的康熙青花瓷。它来自一艘 17 世纪 90 年代在越南沿海着火沉没的中国商船。

---

[*]　作者系荷兰莱顿大学人文学院历史研究所教授、厦门大学南洋研究院客座教授，曾任莱顿大学欧洲扩张史研究中心主任。中译文由广州大学历史系李天贵初译，广州十三行研究中心蔡香玉博士通校。

　　本文原为范·坎彭（van Campen）、J. T. 艾伦（J. T. Eliens）主编《荷兰黄金时代的中国和日本瓷器》（*Chinese and Japanese Porcelain for the Dutch Golden Age*，Zwolle：Waanders Uitgevers，2014）一书第六章，原标题为 "The Batavia Connection：the Chinese Junks and Their Merchants"。

[①]　C. J. A. Jörg, *Porcelain and the Dutch China Trade*, The Hague：M. Nijhoff, 1982；C. J. A. Jörg, *The Geldermalsen：History and Porcelain*, Groningen：Kemper Publishers, 1986.

1999 年，哈彻又在另一艘巨大的中国沉船"泰兴号"（Tek Sing）中发现瓷器。该船是在 1822 年驶往巴达维亚（今雅加达）的途中，于苏门答腊东部的邦加岛附近沉没的。船上 1600 余人遇难，35 万件德化青花瓷散落海底。①而在之前的 1998 年，在印度尼西亚勿里洞岛附近的一艘阿拉伯帆船残骸中发现了更古老的货舱。它向我们展示了瓷器贸易更悠久的历史。从这艘沉船中出水的一只长沙窑瓷碗落款为"（唐）宝历二年七月十六日"，即公元826 年。②

中国历史上最重要的三种出口商品分别是丝绸、瓷器和茶叶。与丝绸和茶叶不同的是，如果处理得当，瓷器可以永久保存。例如，从沉船中打捞上来保存完好的和散落在印尼群岛海底的中国古代瓷器，或成为古玩店里展销售卖的瓷片与整器，或被普通家庭当作传家的宝贝。它们既见证了瓷器的经久不衰，也见证了其在亚洲内部贸易中所占据的重要地位。③ 中国瓷器在荷印公司的东印度总部巴达维亚极其普遍，这可以从荷印公司档案数不清的记录中清楚地看到：在孤儿院、医院以及社会中，从最普通的家庭到巴达维亚总督府的餐桌等，各个层面都能见到日常使用的中国瓷器。确实，中国瓷器的运输、进口、销售和购买也许就是如此普通，以至于从没有人想过要为中国这一重要的商业活动写些什么。

巴达维亚商业中心

中文史料没有太多涉及中国和巴达维亚之间重要的运输联系是如何运作的。这一联系是巴达维亚城内大型华人社区的生命线。而对瓷器如何在巴达维亚销售所知更少。连近年来发现的巴达维亚华人公馆档案（即《公案簿》）也没有提及这一重要的商业活动，除了谈到一条每天都在销售瓷器的"碗街"之外。④ 碗街的存在被一位曾在 18 世纪 30 年代到访过巴达维亚的中国文人程逊我（Cheng Sunwo）所证实。他在对城镇的描述中提到，这条

---

① http：//www. blouinartinfo. com/market-news/article/761872-captain-michael-hatcher-a-real-reallife-indiana-jones-sells-sunken-treasure-ataustralian-auction＿ 'Captain Michael Hatcher a real life Indiana Jones. '

② S. Worrell, "China Made," *National Geographic*, Vol. 215/6, 2009, pp. 112 – 122.

③ 韩槐准：《南洋遗留的中国古外销陶瓷》，新加坡青年书局，1960。

④ L. Blussé and M. Cheng, *the Archives of the Kong Koan of Batavia*, Leiden：Brill, 2003.

位于城市西部的"碗街"，"横直俱唐人所住，贸易者最众"①。

　　然而，如果有人花时间和精力搜集那些分散的荷印公司档案和中文文献，就多少能拼凑出一幅更为连贯的瓷器贸易图景。正如我们所知，不仅实力雄厚的老客伙（queijwijs，客商）会带着瓷器和其他能在这条街上销售的中国珍宝偿付前来巴达维亚的旅费，就连中国的新移民（singkeh，新客）也会如此。我们也知道，这些在"碗街"（荷兰语 Straat van Porceleijn，瓷街）的商人被授予特权。他们不像其他商人那样每日为其活动摊位向税吏缴费，而是每月缴纳 5 荷兰盾。②

　　本文尝试将荷兰档案资料和道光十二年（1832）《厦门志》结合起来进行探讨。道光《厦门志》中载有关于贸易组织的有趣内容。还有两篇给北京雍正皇帝的奏折，事关违法移民的茶商和瓷器商。不过，在把这些内容放入历史情境之前，我们先来看看在荷印公司存在的 200 年间荷兰对中国帆船贸易采取的政策。大多数外国船舶都被荷印公司满怀猜忌地拒于巴达维亚的锚地之外，唯独中国商船不同。这对于理解巴达维亚的独特性和重要性非常关键。荷兰人之所以积极鼓励中国商船驶入巴达维亚，是因为他们根本就离不开这些帆船带来的巨大财富。对于印尼群岛各处的商人而言，中国商品就像一块磁铁。他们反过来又带着自己的热带产品到此销售，把巴达维亚变成一个名副其实的商业中心。每年来此的中国客伙及其所携的丰富多样的商品，从根本上改变了东南亚的商业活动。在巴达维亚，中国商人奠定了镇上主要街道的基调。荷兰对巴达维亚的中国贸易的控制已有详细描述，此处只作简略介绍。③

与中国的航运联系

　　1595 年，第一艘荷兰船抵达爪哇西部的万丹港口。此前很长一段时间

---

① 程逊我：《噶喇吧纪略》，1748。程氏作为塾师在爪哇度过了八年的时间（1729～1736）。译者注：此处译文所据底本为姚楠整理本，见王大海撰、姚楠校注《海岛逸志》附录《噶喇吧纪略》，香港学津书店，1992，第 177 页。

② J. A. van der Chijs, *Nederlandsch-Indisch Plakaatboek*, 1602 - 1811, 17 Vols., Batavia's Lands drukkerij: Nijhoff, 1885 - 1900, Vol. 3, p. 343, 381. 原文为两个 rijksdaalder, rijksdaalder 也称 Silver Ducat, 1 个 rijksdaalder 合 2.5 荷兰盾。

③ L. Blussé, "the VOC and the Junk Trade to Batavia: a Problem in Administrative Control," in L. Blussé, *Strange Company*, *Chinese Settlers*, *Mestizo Women and the Dutch in VOC Batavia*, Dordrecht: Foris Publication, 1988, pp. 97 - 155.

里，中国帆船在印度尼西亚群岛的出现是一个常见的景象。热情好客的华人居民将从荷兰新来的移民安顿在自己家中。正是在万丹，荷兰人见证了中国贸易的巨大潜力。因此，1619 年当他们在万丹以东只有 100 英里处的巴达维亚成立总部时，荷兰人就竭力吸引万丹的华人前来。

由于明朝禁止外商私自来华，接下来的岁月里，所有把荷兰船舶派往中国的努力都以失败告终。1662 年，荷兰人在中国沿海的台湾岛设立贸易商馆以便进一步接近中国市场的努力也因遭到明朝忠臣郑成功（也称作国姓爷）军队的驱逐而化为泡影。[①] T. 沃尔克（T. Volker）在其关于 17 世纪荷印公司瓷器贸易的史料汇编中提供了诸多资料，涉及 40 多年间经由台湾进行的繁忙贸易以及后来与日本之间同样兴盛的贸易。持续至 17 世纪 80 年代的明清易代一度造成中国瓷器出口骤然下降，日本瓷器趁势崛起。[②] 直到 1727 年即荷印公司商船到达亚洲 100 多年后，他们才开始在中国南部港口广州进行正常贸易。但即便如此，此后也花了 30 多年时间中国和荷兰间才建立起可靠的直航贸易。[③]

因此，17 ~ 18 世纪荷印公司和巴达维亚及其数量庞大的华人移民都依赖中国洋船航运的联系，特别是与福建厦门港的联系。巴达维亚华人也主要来自彼岸。如果说直到 18 世纪 20 年代，中国洋船航运提供了巴达维亚和中国唯一的常规化联系，那么之后它就一直是巴达维亚华人社区和他们家乡的生命线。每年成千上万的华人来到这里。富商和小贩在二月初携带他们的商品到来，然后在六月初回去。常年留下来的则是那些在国外寻找新生活的工匠、农民或不熟练的劳工。他们有些一待几年，有些甚至滞留终生。我们从 17 世纪出版的《巴达维亚城日志》的多个条目中知道，除了人们熟知的丝绸、茶叶和瓷器三大宗商品，还有大量的中国日常用品如铁制品（铁锅、铁针、器械）、纸制品（纸伞、书写用纸），各种糖果和美食也都有进口。托马斯·莱佛士（Thomas Stamford Raffles）在 19 世纪初撰写的《爪哇史》

①　T. Andrade（欧阳泰），*Lost Colony：the Untold Story of China's First Great Victory over the West*，Princeton：Princeton University Press，2011.

②　T. Volker，*Porcelain and the Dutch East India Company：As Recorded in the Dagh-registers of Batavia Castle，Those of Hirado and Deshima，and Other Contemporary Papers*，1602 – 1682，Leiden，1954.

③　L. Blussé，"The VOC and the Junk Trade to Batavia：a Problem in Administrative Control"，pp. 128 – 35；Y. Liu，*The Dutch East India Company's Tea Trade with China（1757 – 1781）*，Tanap monographs 6，Leiden：Brill，2007，pp. 2 – 5.

中还提到每年自厦门、广州发往巴达维亚的 8～10 艘中国洋船，"运载茶叶、生丝、软布、漆纸伞、铁锅、粗瓷、蜜饯、南京布（nankeens，即松江土布）、纸张和无数特别适合华人居民的小物品"①。

同时期一份中文史料道光十二年《厦门志》也记道："其出洋货物，则漳之丝绸纱绢、永春窑之瓷器及各处所出雨伞、木屐、布匹、纸扎等物。闽中所产茶、铁，在所严禁。"② 事实上，永春瓷和泉州德化瓷齐名。"泰兴号"出水的瓷碗底部便有与德化瓷相同的砂质痕迹。而从莱佛士的描述判断，严禁茶、铁的禁令并没有起多少作用。

当然，我们永远都无法确知到底有多少这样的货物来自中国。因为与荷印公司卷帙浩繁、内容广泛的船货记录相比，中国方面并没有相关的资料。更严重的问题是，就连巴达维亚档案里也没有关于厦门商船的准确数据。原因很简单。荷兰当局很早就决定不仔细检查中国商船上的进口商品，而是在常规的通行费和停泊税基础上，只就整船货物再征收一个固定的赎回费（redemption fee）。③ 这避免了港务人员检查过关的中国商人的进口商品时所有常见的愤怒和争吵。④ 这些摩擦一定程度上和远道而来的疲惫商人的坏脾气有关，但主要也源自他们的合理担心，即若在雨季高峰期逐一检查商品，将会导致其变质。而且，每年第一艘从厦门来抵的中国帆船可以免征通行费。这表明中国帆船在巴达维亚多么受欢迎。

洋船贸易的兴衰

前往巴达维亚的中国洋船贸易存续了 200 年，随着 1822 年"泰兴号"海难或多或少走到尽头。有趣的是，其间连续经历的形成、繁荣和衰退三个阶段几乎正好反映了荷印公司本身的兴衰。从 1619 年巴达维亚建立到 1683年清朝平定台湾的 60 多年是贸易的形成阶段。这一阶段充满不确定性。时值明清易代，1644 年清军夺取北京。清朝在宣布建立后实行海禁政策，以

---

① T. Stamford Raffles, *a History of Java*, Kuala Lumpur, 1965, Vol. 1, p. 205.

② 周凯：道光《厦门志》第二册，1961，第 167 页。译注：原文所引书籍未能查到，所录史料原文据周凯道光《厦门志》第二册，《台湾方志集成》丛编本，宗青图书出版有限公司，1995，第 177 页。

③ 这一情形不适用于来自长崎的中国帆船。

④ 具体细节参见 L. Blussé, "the VOC and the Junk Trade to Batavia: a Problem in Administrative Control", pp. 143 – 145。

减轻扫除郑成功领导下的明朝势力及其后裔的困难。直至收复台湾，康熙皇帝仍然禁止臣民进行海外航行和贸易，并以组织严密的政策防止他们定居海外。换句话说，虽然可能至少得到沿海省份地方官府的暗中支持，但这60年间中国洋船驶往巴达维亚的做法实际大多有违朝廷的意志。1683年以后，这项半非法的贸易发生巨变，洋船贸易虽仍受到严格限制，但已合法化。

最初，抵达港口的中国商船数量增加，巴达维亚当局对此相当满意。中国商船带来的瓷器和其他商品的价格相对较低，这样暂时就不必向中国寻求更紧密的贸易联系。然而，当中国沿海经济复苏时，大量商船投身长途海外贸易，新一波淘金者离开中国。巴达维亚政府不欢迎这些新来者，称其为"各种不带来商品贸易，只知道欺诈和盗窃的乌合之众（geboeffte）"①。政府采取特殊措施阻止他们到来，并将其遣回来时搭乘的船上。不过，荷兰政府明确声明要小心处理，以免瓷器商被这些严厉的规定所影响，"可以允许一两个没售完瓷器或其他商品的商人留下"，直到下一个贸易季节。②

不过，到18世纪30年代末，巴达维亚当地的经济由于多种原因出现衰退，包括巴达维亚周边地区（ommelanden）的制糖业危机以及接连发生的严重疫病。③一群群亡命的华人在乡村横冲直撞，当抓捕这些闹事者并将其流放到锡兰岛的高压措施失败后，当地情况失控。1740年夏天，巴达维亚乡村发生一场华人暴动，接着华人叛乱分子在城区进行全面的打砸破坏。愤怒的荷兰人和巴达维亚当地土著进行了可怕的报复，结果造成了对叛乱者同胞的大屠杀。一周内接近8000名中国男丁妇孺被砍死。④这一灾难性事件发生之后的几年，中国移民虽又重新开始，但相对于东南亚其他新兴港口，巴达维亚已逐渐失去商业中心的突出地位。除此之外，来自印度、英国人所谓的"港脚商人"（country trader）和中国商人更喜欢驾船驶往他处。此举

---

① J. A. van der Chijs, "Bepalingen nopens de aanvoer en het verblijf van Chinezen te Batavia," in J. A. van der Chijs, *Nederlandsch-Indisch Plakaatboek*, 1602 – 1811, 17 Vols., Batavia's Lands drukkerij: Nijhoff, 1885 – 1900, Vol. 3, p. 262.

② J. A. van der Chijs, *Nederlandsch-Indisch Plakaatboek*, 1602 – 1811, Vol. 3, p. 265.

③ P. van der Brug, *Malaria en malaise De VOC in Batavia in de achttiende eeuw*, Amsterdam, 1994.

④ R. Raben, "Uit de suiker in het geweer. De Chinese oorlog in Batavia in 1740," in J. T. Lindblad and A. Schrikker eds., *Het verre gezicht, politieke en culturele relaties tussen Nederland en Azië, Afrika en Amerika*, Franeker, 2011, pp. 106 – 123.

动摇了荷兰总部在东印度群岛的地位。1795 年法国革命军占领荷兰共和国之后，荷印公司宣布破产并于 1800 年解散。与欧洲的贸易或多或少被切断。这使巴达维亚的经济在接下来的 16 年里急剧下滑。吧城见证了法国主导东印度群岛的短暂期，然后是 1811～1816 年英国主导的过渡期。19 世纪 20 年代，新建立的英属新加坡殖民地超越巴达维亚，成为东南亚首屈一指的商业中心。

公司贸易和私人贸易

中国商船带到巴达维亚的瓷器都销往何处呢？他们只是满足当地的使用需求，还是也被再出口到欧洲？"头顿号"沉船表明，这艘船当时正在把瓷器运往欧洲的途中。《巴达维亚城日志》每月月底有关各岛间航运的资料显示，数量相当可观的中国瓷器被运往群岛的其他港口。正如上文已提到的，从 17 世纪 80 年代起，大量在巴达维亚当地购买的中国瓷器通过荷印公司被运往欧洲。但巴达维亚的公司员工为贪图个人利益，也购买瓷器出口，结果削弱了荷印公司的官方贸易。

所有这些都在 1694 年 1 月变得明朗起来。巴达维亚政府接受十七绅士（Heren Zeventien）的指令，试图禁止自己的员工私自携带瓷器回国，除非他们愿意支付每磅 1 荷兰盾的离谱运价。这引发了公司员工及巴达维亚当地瓷器商的抗议。据统计，巴达维亚每年进口的 200 万件瓷器里，约 120 万即总数的 60% 进入群岛的地方市场，40 万由公司销往欧洲，剩下 20% 为个人拥有。新政策的后果是，倘若私人商贩被迫停止供应瓷器给荷印公司，后者将面临损失 8 万荷兰盾的风险，更不用说"30 位店主和超过 200 名街头小贩会失业"[①]。瓷器商抱怨说，他们"用饱含泪水的眼睛预见到他们的末日了"。因为他们害怕新政策会让他们没办法把商品出售给私人买家。总督威廉·范·奥特霍恩（van Outhoorn）看见新政策的错误，请求十七绅士撤回决议。他撰写了 1694 年的帆船贸易报告，展示了在其他商品之中，就有公

---

① C. J. A. Jörg, "Chinese Porcelain for the Dutch in the Seventeenth Century: Trading Networks and Private Enterprise," in Rosemary E. Scott ed., *the Porcelains of Jingdezhen*, Colloquies on Art & Archaeology in Asian no. 16, London: Percival David Foundation of Chinese Art, 1993, p. 197; L. Blussé, "The VOC and the Junk Trade to Batavia: a Problem in Administrative Control," pp. 124 – 25.

司亲自从帆船商人手中购买的不少于 462309 磅的瓷器。① 中国帆船运到巴达维亚的瓷器数量之巨由此可见一斑。

巴达维亚公案簿（Plakaatboek，即官方公案汇编）告诉我们，私人贸易和公司本身一样古老。在十七绅士给第一任东印度总督皮特·博斯（Pieter Both）的指示里言及，尽管公司全体员工不得不发誓，但基于自身利益，"商人、船长和其他有资格的个人正在走私最好和最精美的瓷器、漆器和其他珍品"②。显然这种私人交易不能被彻底根除，正如公案簿在 1634 年提到的，巴达维亚政府容许荷印公司的高级官员携带价值高达 100 荷兰盾的瓷器或其他货物回国。③ 因公司董事抗议，1644 年 11 月 18 日十七绅士才严格禁止瓷器的私人贸易，但收效甚微。④

1694 年禁令终究实施，但 50 年后的 1744 年 7 月 10 日，巴达维亚政府的政策显然更有弹性。它允许员工只要支付货物价值的 40% 作为运费，就可以在船舱最底层运载瓷器和茶叶。当然，一旦船只漏水，它们会更容易受损或受潮。这一许可在随后几年里多次更新。1757 年后，巴达维亚政府允许使用瓷器和茶叶的专递箱（bestelkistjes）。尽管这一年广州和荷兰本土之间开放直航，公司雇员仍然在巴达维亚购买瓷器并运回国内。荷兰政府明确将此认定为不公平竞争，并向中国帆船的大班发出不具有效力的警告，告诉他们不应运来大批精选的瓷器，以免引起欧洲品味对巴达维亚的注意。⑤

中国洋行和洋船

现在让我们从中国的角度来研究瓷器贸易。在康熙末年到雍正初年即 1717～1727 年中国自由贸易政策被迫中断的十年之后，前往巴达维亚的洋船贸易再度兴盛。1683 年，清朝政府决定建立专门洋行与外国人进行海外贸易。洋行（即领有执照的商人行会）主要设在广州，就地同外国人做生意。但人们常常忘记，在厦门也有类似的洋行存在，他们和"番邦"如马

---

① L. Blussé, "The VOC and the Junk Trade to Batavia: a Problem in Administrative Control", p. 126.

② J. A. van der Chijs, *Nederlandsch-Indisch Plakaatboek*, 1602–1811, Vol. 1, p. 11.

③ J. A. van der Chijs, *Nederlandsch-Indisch Plakaatboek*, 1602–1811, Vol. 1, p. 330.

④ J. A. van der Chijs, *Nederlandsch-Indisch Plakaatboek*, 1602–1811, Vol. 1, p. 105.

⑤ J. A. van der Chijs, *Nederlandsch-Indisch Plakaatboek*, 1602–1811, Vol. 3, p. 70, 2 July, 1751.

尼拉、巴达维亚等进行海外帆船贸易。

　　洋行洋船比通常的洋船要大。这些船只在选定的船厂建造并需要特殊的许可证。为抵御海盗，官府为这些宝贵的商船在其出航前每艘装备2门大炮、8支步枪、10把剑、10套弓箭以及多达30斤的火药。商船归航时，上述武器必须上存官仓。所有出航的海客都必须登记姓名，女性不允许出国，以防止大规模的移民潮。帆船在每年早春离开厦门，在秋初乘南风返回。原则上，每名下番的海客都要在一年之内返回。但现实中，只有那些和海外港口进行常规贸易的海客害怕不被允许再次出海，才会遵守这一规定。

　　洋行为出航的船舶提供保障，并支付海关税费。厦门港口的文武官员在帆船离开之前进行巡查。这些省级官员与海外贸易有直接联系。根据朝廷的规定，福建总督和巡抚必须在春季提供印尼群岛的贡品70斤食用燕窝给朝廷，在秋季军队还必须再提供90斤。洋行也必须每年交付一定量的铅作为给省军械库的贡品以表敬意。全部礼品的总价值估计每年约为2万两。

　　"头顿号"和"泰兴号"沉船的发现地能告诉我们一些有关洋船航路的信息。它们在二月份乘北风离开中国，用几天掠过越南、柬埔寨的海岸；穿过泰国湾时陆地刚从眼前消失，就已掠过马来西亚半岛东海岸，一路南下行到廖内群岛。接着从那里出发向南沿苏门答腊东海岸，在邦加和勿里洞岛之间穿行，最后到达被千岛群岛（Pulau Seribu）包围的终点：巴达维亚港。

　　重约1000吨的"泰兴号"是一艘极其庞大的洋船。大多数洋船或称为艋舡（wangkang），要小得多（大约300吨），有两根到三根可以升起大型蝙蝠翼状帆的桅杆。这些洋船都是相当笨重的船只，船舵巨大，很难驾驭，相当消耗舵手的力量。船上的劳动分工基本如下：船长掌控全局，一名引水员及其一名助手"负责检查速度，测量水深并观测罗盘"；一名压板或称水手长，负责维持船员之间的秩序并操纵大炮。还有几名船员在航行中各司其职：舵手和他的助手驾驶帆船，缆索负责人及其助手看好索具；两名锚手负责沉重的铁木锚；三名桅杆手负责三根桅杆；两人负责拖船或舢板（这是用来在平静的水面或在锚地上操纵帆船）；木匠"修复船舶的破损部分"；搬运工维持船舱和甲板的清洁；一名香主照料海上女神妈祖的祭坛，在罗盘前烧香，并给沿途经过的神圣海岬和海岛献上贡品，如越南南部海岸对出的昆仑岛；最后还有厨师和几十名普通水手。[1]

与船长权威几乎相等的是商人（nakhoda）或大班，他们保护船上的货物和钱财。商人也有义务和责任维持独立旅行的客商（queijwijs，即客伙）间的秩序。这些客商住在商船的后甲板高处。货物则被存放在甲板下的舱室。在整个 3 ~ 4 星期的航程中，还有几百名乘客露宿甲板与少量的个人物品存放在甲板上。据说"泰兴号"搭载了约 1600 名乘客和 200 名船员，而大部分帆船包括全体船员只能搭载 400 ~ 600 人。

荷兰政府总是给予大班特别优待。在抵达时，大班通常会给巴达维亚总督呈上一封厦门船主的信函和若干礼物。[2] 信中通常请求照顾，例如帮助迅速检查并在巴达维亚办理出境手续，不过往往也包含特殊的商务信息。

两位不守规矩的瓷器商人

这些往返航行于中国沿海和巴达维亚的瓷器商人是谁？《雍正朱批谕旨》让我们对此事有更深入的理解。[3] 由于缺乏更多信息，我们只好将就采用以下两个案例。这些是雍正皇帝记录下来用以备忘的，他以每个早晨处理呈献给他的任何奏章而自豪。尽管很难想象天子将决定两个被卷入官僚政治漩涡的瓷器商人的命运，但我们仍应探究这一案例。雍正十一年（1733）腊月，福建总督郝玉麟和巡抚赵国麟联合给雍正上了一道奏章，其中提到非法再入国境的两桩案件。他们的陈述如下：

> 我们认为福建大部分人依靠海外贸易谋生。那些出国经商的人之中

---

[1] 校者注：这段文字原文为："除船主外，船中职务的分配计有：'财副一名司货物钱财，总杆一名分理事件，火长一正一副掌船中更漏及驶船针路，亚班（按掌了望）舵工一正一副，大僚二僚各一管船中僚索，一碇二碇各一司碇，一迁二迁三迁各一司椗索，杉板船一正一副司杉板及头僚，押工一名修理船中器物，择库一名清理船舱，香公一名朝夕焚香楮祀神，总铺一名司火食。'水手的数目依船只大小而定，小者十余名，大者百余名。"（见黄叔璥《台海使槎录》第一卷"海船"条，转引自田汝康《17 ~ 19 世纪中叶中国帆船在东南亚洲》，上海人民出版社，1957，第 27 ~ 28 页）

[2] L. Blussé, "The Vicissitudes of Maritime Trade: Letters from the Ocean Hang Merchant, Li Kunhe, to the Dutch Authori ties in Batavia (1803 – 1809)," in A. Reid ed., *Sojourners and Settlers, Histories of Southeast Asia and the Chinese*, St. Leonards NSW: Allen & Unwin, 1996, pp. 148 – 163.

[3] 聂德宁教授为我指出这些案例，谨致谢忱。

也有一些留在国外。现在，根据漳州（厦门附近）的一份报告，陈魏和杨营两人带着他们的妻子、侍妾、婢女和行李乘帆船（从巴达维亚）返回时被发现并逮捕。在其到达自己的家乡时，他们悄悄租一条小船，在帆船到达时将其搭载回乡。

陈魏如是供述：

　　我最初于康熙五十三年（1714）在广州买茶叶并出发前往巴达维亚开始我的生意。康熙五十五年（1716）我迎娶了杨小姐，她同样来自福建。那年我回到了广东，买了瓷器，并再次离开前往巴达维亚。出售商品后，我得到了一点小利润。随后的康熙五十六年（1717），帆船出海（到巴达维亚）的禁令已经生效。很少有船到海外，所以我不能回来。我本来不想长留国外。（现在在位的）皇帝于雍正七年（1729）解除禁令后，我又回到了家里。我在家住了三年。雍正十年（1732）我在苏州捐了个监生（国子监的学生）的功名，然后再次买了一批茶叶，坐船从广州到巴达维亚。因为我原本是一个商人，我无法停止贸易！每次出国我都买一份许可证，所有事情都由船上的大班（nakhoda）安排。因为母亲和兄弟们都还在家乡，我经常寄钱回来抚养他们。去年春天，我的妻子去世了，留下我们的三个女儿。由于没有儿子，我买了三个当地小妾、两个当地的童仆和四个婢女。所有这些仆役均在有荷兰官员在场的情况下公开购买。我购买了外国大米，带着全家回到家乡以照顾年老母亲，过着守法良民的生活。我没有将违禁商品带回国。离开巴达维亚时，华人甲必丹（华人社区的首领）把我们送到大班郭佩（Guo Bei）的帆船上。① 今年五月我到达（厦门湾）附近的大担（Dadan）岛。因为我这次回来没有许可证，担心港口的调查，我租了一条小船从大担回家。我住在国外是逼不得已。这并不是因为我想继续留在海外。如果我是那种忘记了家园的人，我又何必把整个家庭带回国呢？②

①　这里指的是首领或华人甲必丹，他与其幕僚所管理的华人公馆统辖着巴达维亚的华人社区。See L. Blussé and M. Chong, *the Archives of the Kong Koan of Batavia*, Leiden：Brill, 2003.

②　允禄、鄂尔泰等编《雍正朱批谕旨》第五十五册，点石斋书局，1887，第105页。

杨营的情况同样有趣。他是一名来自厦门附近同安县的商人。① 杨说：

> 雍正六年（1728）一月，我用三百两资金购买了一批茶叶和瓷器，并登上了开往巴达维亚的商船。在那里，我娶了一个华人妇女郭氏。我本来想坐同一艘船返回，但因病不能成行。雍正八年五月，我回到广州，买了货物。雍正九年一月，我再次来到巴达维亚。每次出国我都购买许可证，所有都是由大班安排的。我的哥哥杨课原本在巴达维亚娶了一个妻子，生下了我的两个侄子。但去年，我哥哥死了。我的妻子生下两个男孩和一个女孩，他们还很小，所以我买了一个奶妈（乳母）和三个奴仆，一切按照荷兰官员的规则进行。我在巴达维亚告诉了华人甲必丹，为什么我希望带上我全家，包括妻子和孩子共 11 人。于是他指派了（大班）高凤的商船给我。六月，我们来到大担岛。因为没有授权证书，我害怕（官府的）检查，于是雇佣一艘小渔船从大担回家，但被当地官员逮捕了。我是一个守法的人。由于禁令在雍正五年解除，漳、泉两府民人都获准到海外从事贸易。如果现在人们挣得足够的生活物资，那么我们应该感谢国家。我不敢忘记祖国，所有的海外华人都想回国。因为我愚笨，我这次悄悄违反了规定。我只请求饶恕。

呈递奏章给皇帝的总督郝玉麟和巡抚赵国麟建议对他们宽大处理：

> 这些沿海的愚民最初一直与巴达维亚贸易。因为生意和禁令陈魏不得不留在海外。杨营在禁令解除后出洋，未经允许又悄悄返回，他应当愧疚。

皇帝恢复了海面上的和平与秩序，"圣化覃敷，海洋宁谧"，这对"人稠地瘠，向苦食用不敷"的漳州民人而言是幸运的。这两名高级官员暗示，这两个瓷器商人应该有机会为自己赎罪。如果获准向当地的粮仓捐赠丰厚的物资，他们两人可以保证其管辖的百姓有更好的生活。皇帝点头同意，这两个不幸的商人也因此有了一个圆满的结局（奏折原文见附录）。

这些证词给我们介绍了往返于中国与巴达维亚之间的中国商人很多有趣

---

① 允禄、鄂尔泰等编《雍正朱批谕旨》第五十五册，第 106 页。

的事情。首先，我们这里说的是福建商人，他们喜欢南下前往广州购买茶叶和瓷器，而不是用帆船从厦门出口德化瓷器。他们之所以这样做，或许皆因广州一地拥有最优质的茶叶和景德镇瓷器，这多亏了其连接内陆的道路与河流的便利交通。同样有趣的是，他们两人都不专门买卖茶或瓷中的任何一种，而是选择将两者组合起来。茶叶和瓷器组合装载在荷印公司的商船上，是众所周知的理想装载方式。瓷器用作压舱物，顶上的茶叶则能给其良好的保护。中国帆船上的茶叶被装在芦苇篮子（canassers，或指箩筐）里——而不是像荷印公司的商船装在箱子里——大概这些箩筐和包装好的瓷器组合起来更适合中国帆船的货舱。

尽管陈先生和杨先生都在巴达维亚娶了华人女性，并在那成了家，但他们继续照顾在家乡的亲人，并最终决定回国。考虑到陈先生给自己捐了监生的功名，他应当曾是一个受过良好教育的人。但他内心仍然是一名商人，这由其无法停止做生意可以看出来。这些荷兰和中国史料的零散记载给我们留下联系中国东南沿海省份与巴达维亚之间的"走廊"诱人的一瞥。它们还让人得以了解那些使用这一走廊出口中国瓷器的商人。毫无疑问，进一步研究巴达维亚国家档案馆中很少被使用的公证档案和尚未发表的 18 世纪巴达维亚城日志，也许会对由帆船船主进行的瓷器贸易有更完整的理解。

附录：雍正十一年十二月二十六日谕旨

（福建总督郝玉麟，福建巡抚赵国麟）同日又奏为请旨事。窃照闽省沿海居民多有贩洋为业，往来外域，经营趁息，以致逗留番邦者。兹据（朱批：查获此案人犯之员弁等，当加奖赏，以示鼓励）漳州镇道府县详报：查获陈魏、杨营等犯，携带妻妾仆婢并行李等物，于大担门外，暗雇小船，装载回家。经漳州府讯，据陈魏供称：犯生向在广东贸易，于康熙五十三年，买有茶叶货物，在广搭船往噶喇吧。五十五年，娶了妻室杨氏，原是福建人。本年犯生回至广东，买了磁器等货，复往吧国。卖完了货，又卖布匹，稍有利息。原去的船已回棹了，遂于五十六年奉禁，出洋船只稀少，回来不得，并不是甘心久住番邦。自蒙万岁爷天恩，开了洋禁，雍正七年，才得回到家里住了三年。十年上，在苏州捐了监生，又买茶叶等货，仍在广东搭船到噶喇吧。原是做生意的人，不能歇业。历次往来，上税、照票俱托船户料理的。家中尚有老母、兄弟，常寄银信回家赡养。今年春间，妻室不在了，留下三个女儿。因无子，买了两个番妻、两个小番使女、四个番仆，都是当着荷兰番官，明白买的。带了些番米、行李，同家眷回归故土，侍奉老母，永为盛世良民，并无违禁货物。起身的时节，夷目甲必丹配了郭佩的船，本年五月里，到大担门外。犯生因今次未曾请得牌照，汛口盘诘严谨，为此雇了小船，由大担外洋回家。犯生从前羁留外邦，实非得已，并不是甘心住在番邦的。若忘了故土的人，于今就不挈眷回乡了。只求详察。讯据杨营供称：小的原在同安县做生意。雍正六年正月，在广东将本银三百两，买了些茶叶、磁器，搭船到噶喇吧，娶了妻室郭氏，是中国人。原要随船回家的，小的因染了病，至八年五月里，仍回广东买了货，于九年正月又往吧国。这几次出洋，纳税、照票都是船主代为料理的。小的有个哥子，杨课，原在吧国娶有嫂子，生下两个侄儿。上年哥子不在了，小的取得妻室，生了两个儿子、一个女儿，年纪尚小。又买了一个乳妈、三个番仆，俱系在番官说定身价买的，连嫂子、侄儿共十一口。向番目甲必丹说明搬眷情由，他配给了高凤的船，于今年六月里到了大担门外。因没有照，怕塘汛查验，雇了一只小渔船，由大担外洋到家，就被本县拏了。小的原是守份良民，自雍正五年奉恩旨开了洋禁，漳泉的百姓得到番地做生意。如今家给人足，无不感戴国恩。不但小的不敢忘本，即现在外邦的俱有思归之念。小的因愚蠢无知，这次误犯私渡禁令，只求超释等情，供吐在案，正在叙详间。复据陈魏、杨营为叩求转达下情事：呈称魏等边海愚民，向在吧番贸易，魏因生意牵缠，又因禁洋，以致淹留番地。营自开禁后出洋，不合无照；私渡回家，甘罪何辞。但窃思漳南一带，人稠地瘠，向苦食用不敷。深幸比年以来，圣化覃敷，海洋宁谧。魏等往来生理，获利丰家，实皆皇恩帝泽，沾被无穷。今魏等情愿将所获余资，仿照社仓之例，魏捐谷八千石，营捐谷五千石，并各造仓厂，备赈乡党，稍伸报效，以赎罪愆。乞怜魏等愚蠢无知，宏施祝网，加惠闾阎，仁泽永垂万年等语，将陈魏分别议拟，由司会详前来。臣等伏查雍正六年间，前督臣高其倬疏称，留住噶喇吧吕宋之人，系康熙五十六年定例。以前者定限三年之内准其回籍，如康熙五十六年定例后，私自去者自不应准其回籍等因。会题钦奏谕旨，洋禁初开，禁约不可不严，以免内地人民贪利漂流之渐。其从前逗遛外洋及违禁偷往之人不准回籍，钦此。臣等伏读圣谕，我皇上训诫愚民，不思故土，逗遛外地，并禁其贪利漂流之渐者，实属天心慈爱之深，诚亘古以来所未有也。今查陈魏于康熙五十五年自广东往噶喇吧经营生理，至雍正七年始行回家，系在雍正六年钦奉谕旨，不准回籍之后。虽据供从前因生业牵缠，又缘禁洋船只稀少，欲归不能，并非甘心异地。质讯邻右，金称陈魏实系良民。但该犯今于本年七月间，未有牌照，挈眷偷渡回籍，实属不合。杨营虽系雍正六年奉开洋禁之后往番贸易，但亦无照携带眷口偷渡潜回。查陈魏违禁回籍之处，律无正条，应与杨营均照"偷渡缘边关塞者，杖一百，徒三年"律，应各杖一百，徒三年。船户郭佩、高凤应照"偷渡台湾人等，知而不举"例，各杖一百，徒三年，均属不枉。今据陈魏、杨营呈称，情愿共捐谷一万三千石，建造仓厂，备赈里党，以赎罪愆。臣等备查各该犯携眷回籍情形，依恋故土，与甘心异域者有间。可否仰吁圣慈，准其捐赎，予以自新？船户郭佩等照依牵连人犯例，酌量完结。洪恩出自圣裁，臣等未敢擅便。谨据情恭折具奏，伏祈睿鉴。谨奏。（朱批：念若等依依故土之情，应准其捐赎。但饬行地方有司，时加约束，毋使任意他往）

The Batavia Connection: the Chinese Junks and Their Merchants

Leonard Blussé

Abstract: Ever since the appearance of Christiaan Jörg's pioneering study on the porcelain trade of the VOC, we are quite well informed about the VOC trade at Canton and the efficient way in which millions of pieces of porcelain were shipped from China to Europe by European East Indiamen. Nevertheless, the remarkably well-preserved Chinese porcelain from the recently-discovered wrecks, the omnipresence of antique Chinese ceramics throughout the Indonesian archipelago, witness the transport, import, sale, and purchase of Chinese porcelain in Batavia via the junks and merchants coming from Amoy. This paper is not so much about porcelain perse, rather than the Chinese trading junks and crews and passengers that carried Chinese porcelain and earthenware to Batavia, the headquarters of the Dutch East India Company (VOC) in Asia.

Keywords: Batavia; Chinese Junks; Chinese Merchants; Amoy

（责任编辑：罗燚英）

海洋史研究（第九辑）
2016 年 7 月　第 63～100 页

东南亚的中式火器：以考古资料为中心

孙来臣[*]

器尚惟新。

——黎圣宗 1464 年敕令[①]

其婚姻之礼，则男子先至女家，成亲三日后迎其妇。男家则打铜鼓铜锣，吹椰壳筒，及打竹筒鼓并放火铳。

——马欢：《瀛涯胜览》[②]

笔者在以前的研究中已讨论过 14 世纪末至 16 世纪初中国火器技术在东

---

[*]　作者系美国加利福尼亚州立大学富乐屯分校历史系教授。译者周鑫系广东省社会科学院历史与孙中山研究所、广东海洋史研究中心副研究员，任希娇系广东省社会科学院中国古代史专业研究生。译者在翻译过程中得到洛阳外国语学院孙衍峰教授、复旦大学郑继永教授、云南大学李晨阳教授、北京大学金勇教授的帮助，全文亦经孙来臣教授亲校，谨致谢忱。

　　原文题为 "Chinese Style Gunpowder Weapons in Southeast Asia: Focusing on Archeological Evidence"，发表于 Michael Arthur Aung-Thwin & Kenneth R. Hall eds., *New Perspectives on the History and Historiography of Southeast Asia*, NY: Routledge, 2011, pp. 75－111.

[①]　陈荆和编校《大越史记全书》（Đại Việt sử ký toàn thư）卷十，东京大学东洋文化研究所，1984，第 650 页。

[②]　J. V. G. Mills, trans., *Ying-ya sheng-lan: The Overall Survey of the Ocean Shores* [1433], Cambridge, England: The Hakluyt Society, 1970, p. 95；马欢著、冯承钧注《瀛涯胜览校注》，台湾商务印书馆，1970，第 13 页；巩珍：《西洋番国志》，中华书局，1982，第 9 页。米尔斯（J. V. G. Mills）将 "火铳" 误译为 "鞭炮"（firecrackers）。

南亚大陆特别是越南北部的传播及其影响。① 尽管利用过些许考古资料和实例，但迄今为止主要使用的史料仍是历史文献。因此，很想知道这些考古资料是否与文献记载相一致。换句话说，如果越南是从中国学习的火器技术，那么如何利用遗存的火器来证明；如果中式或中国的火器技术影响东南亚大陆特别是越南这些国家的历史，那么它们到底是何样式，是否存留至今。

　　本文第一部分将不仅回答这些问题，而且还尝试估算出 15 世纪中后期越南士兵装备火器的比例。研究拟结合相关的历史文献，以考古资料为中心展开。这些考古资料主要是今越南境内出土的火器。它们或是由公共博物馆和私人收藏家庋藏，或是仍在古玩市场售卖。笔者主要挑选一些代表性器物，讨论其类型、尺寸、铭文、日期及同中国火器原型的关系等。由于可利用的资料有限，只能得出初步结论。尽管如此，这些文物仍然可以证明 15 ~ 16 世纪越南制造出大量中式火器。

　　第二部分则主要讨论东南亚海域水下考古发现的中国或中式火器。人们常常注目东南亚水下沉船的遗物，尤其是瓷器，却对其中的火器熟视无睹。笔者拟在此着手研究这些考古资料，以加深人们对中国及中式火器技术的理解。

　　第一部分使用的考古资料主要得益于笔者 2003 年、2008 年两次越南河内之旅和 2008 年中国广西南宁之行，也获益于一些颇有善缘的古玩商人与私人藏家。他们不仅邀请笔者研究其手中的器物，而且分享其掌握的信息。值得一提的是，越南的其他地方如清化省、胡志明市、高平省等应该还遗有更多的中式火器。第二节的写作则主要受益于已故的罗克珊娜·M. 布朗（Roxanna M. Brown）。她将笔者领入陌生但迷人的海洋考古的水下世界。就东南亚海域的中式火器而言，如果陆地出土甚少的话，那么海底出水的文物或将有助于填补历史文献的空白。东南亚早期军事文物的研究目前仍处在起步阶段，本文关注的文物也只是非常有限的样本。而据考古学家相告，菲律宾、文莱、印尼等国的博物馆还藏有诸多的火器文物。它们都是笔者继续研究的对象。

---

① Sun Laichen, "Chinese Gunpowder Technology and Dai Viet: c. 1390 – 1497," in Nhung Tuyet Tran and Anthony Reid eds., *Viet Nam: Borderless Histories*, Madison, Wisconsin: University of Wisconsin Press, 2006, pp. 72 – 120; Sun Laichen, "Chinese Military Technology Transfers and the Emergence of Northern Mainland Southeast Asia, c. 1390 – 1527," *Journal of Southeast Asian Studies* 34: 3 (2003), pp. 495 – 517. 译者注：前篇中译文见孙来臣著《1390 ~ 1479 年间中国的火器技术与越南》，周鑫、程淑娟译，《海洋史研究》第 7 辑，社会科学文献出版社，2015，第 21 ~ 57 页。

一　越南的中式火器

（一）背景

有关 15 世纪越南火药技术的背景，笔者在 2006 年发表文章中已有详细论述。作为后续研究，笔者在这里将更加细致地检视越南的历史文献。15世纪是中式火药技术在越南发展最重要的时期。两位越南君主对此贡献最大。尽管他们行事各异，但都特别重视越南军事技术的提升，包括火药的使用。第一位叫黎利或黎太祖（1428～1433）。他领导越南抗明，创建黎朝（1428～1788）。在明军撤退前后，黎利多次下令缮修器械（武器和战船），训练水陆士卒，并以《武经七书》《法令》《奇书》等中、越兵书考试武官。[①] 结果越南人制造和俘获大量明军火器，以致在明朝最终撤出之前，越南人已理直气壮地自夸"铳箭堆积，火药仓充"[②]。

黎利之后的黎太宗（1434～1442）、黎仁宗（1443～1459）也很有作为。他们屡次诏命诸军点阅习艺，并亲征西边的盆蛮、老挝及南方的占人。[③] 继位的黎圣宗（1460～1497）更是越南"千古一帝"。他在位期间励精图治，其中一件重要治事便是建造越南史上最强大的兵工厂。这一时期称得上是越南国家建设的"黄金时代"。

黎圣宗终朝之世目睹了军事对国家的重要性。1460 年 7 月（译者注：文中所列月日皆为农历，下同），即其登基的当月，他就下旨宣称："凡有国家，必有武备。"[④] 五年后的 1465 年 11 月，黎圣宗再次重申"凡有国家，必有武备"的谕旨，下令"常于农闲之时，听依官颁图阵于本卫土分，整饬队伍，教以坐作进退之法，听其号令金鼓之声，使士卒谙习弓箭，不忘武

---

① 作者补注：《武经七书》包括自战国时期至唐朝的七部兵书，即《孙子兵法》《吴子兵法》《六韬》《司马法》《三略》《尉缭子》《李卫公问对》，自北宋起被作为武举的必读书籍。《法令》应该指有关军事行动的一系列规定与条文，这从中国戚继光《纪效新书》十八卷本的第五卷（教官兵法令禁约篇）就可以看出来。《奇书》应属"奇门遁甲"之类的书籍，说明至少在 15 世纪初中国的这类书籍已经传到越南并对越南的战争产生了影响。

② 《大越史记全书》卷十，第 525、532～533、540、557、558、561 页；Sun，"Chinese Gunpowder Technology"，pp. 84－89, 115 n. 89.

③ 《大越史记全书》卷十一，第 570、574、583、584、586、589、590、591、593、594、599、600、604、605、610、612、625 页。

④ 《大越史记全书》卷十二，第 641 页。

备"，"若某官不能用心教戒，练习士卒，敢有杂扰，以贬罢论"。同时，他还颁阅习水步阵图法，"其水阵图法则有中虚、常山蛇、满天星、雁行、联珠、鱼队、三才、横七门、偃月等图法，其步阵图法则有张箕、相击、奇兵等图法"，又颁水阵军令三十一条、象阵军令二十二条、马阵军令二十七条、京卫步阵四十二条。①

随后一系列与军事有关的事件也载诸越南史籍。1466 年夏，黎圣宗依照文官制度重定军制，改五道军为五府，即中军府、东军府、南军府、西军府、北军府。每府六卫，每卫五至六所。其中有三卫的火器遗存至今，值得我们关注。它们分别是中军府下的震威卫、东军府下的奋威卫及西军府下的雷威卫。②

1467 年 4 月，黎圣宗命教 "骁勇兵马等军读书"。1467 年 5 月 10 日，"令五府军造战器样。既而又改别样。军人有咨嗟者，威雷卫军人文庐上疏。其略曰：'臣窃见本年正月陛下既出新样，遣诸将造战器。今又改为别样，是政令之不常有也。'"圣宗立即否认，"令吏部谕庐曰：'战器是同一样，尔所言乃妄尔。'"从军中的抱怨及其回应至少可以看出，黎圣宗非常

---

① 《大越史记全书》卷十二，第 654 页。
② 《大越史记全书》卷十二，第 656 页；《天南余暇集》（Thiên Nam Dư Hạ Tập）卷一，汉喃研究院抄本，编号 A334，第 37 页上 ~ 41 页上；潘辉注（Phan Huy Chú）：《历代宪章类志》（Lịch triều hiến chương loại chi）卷三十九《兵制志》，东洋文库藏本，编号 X - 2 - 38，第 39 页；《钦定越史通鉴纲目》（Khâm định Việt sử Thông giám cương mục）卷二十，第 2 页上 ~ 6 页上；《本朝官制典例》（Bản triều quan chế điển lệ）卷五，汉喃研究院抄本，编号 A56，第 115 ~ 119 页。《历代宪章类志》所举略有不同。相关研究可参 John K. Whitmore, *The Development of Le Government in Fifteenth Century Vietnam*, PhD dissertation, Ithaca, NY: Cornell University, 1968, pp. 184 - 185；考古学院（Viện khảo cổ học）编《昇龙皇城》（Hoàng thành Thăng Long: Thăng Long Imperial Citadel），文化通讯出版社，2006，第 154 ~ 155 页。有关每卫士兵的数量，诸书出入颇大。《天南余暇集》和《本朝官制典例》皆称，每卫士兵 12000 人，每所 2400 人，总兵力为 315000 人。但《钦定越史通鉴纲目》记载每所 400 人，400 当为 2400 之误。《昇龙皇城》作者可能系传抄《钦定越史通鉴纲目》之讹，以每所 600 人估定中军府士兵 12400 人。《天南余暇集》是当时的史料，其每卫 2400 人的说法当更为可靠。越南史料也记载道，1470 年、1479 年越南先后调动 260000 名、180000 名和 300000 名精兵征战占城和老挝、盆蛮，见《大越史记全书》卷十二，第 679 页；卷十三，第 709、710 页。潘辉注在《历代宪章类志》中不仅认同这一数据，而且还作出解释。当然，我们仍需更准确地估算黎圣宗朝越南的兵力总数。假如我们取三种数值中间的 260000 人作为越南总兵力数，那么它与李塔娜（Li Tana）预估的 1490 年越南人口总数 4372500 人颇不契合。李塔娜预估的数值，见 Li Tana, *The Nguyen Cochinchina: Southern Vietnam in the Seventeenth and Eighteenth Centuries*, Ithaca: Southeast Asia Program Publications, Cornell University, 1998, p, 171, Table 4。感谢阮文安、黄英俊惠赐《昇龙皇城》一书。

关心和关注包括火器在内的武器样式。① 而且，这一抱怨也证实他当年的那句话即文章开头所引的"器尚惟新"。1477 年 3 月 16 日，一座教艺场在京城西侧（河内）落成。1479 年初，黎圣宗"御驾阅武十六日"，以备战即将发生的长达 5 年的"西征"澜沧/老挝、清迈、缅甸之役。② 同年当黎圣宗入侵老挝（哀牢）时，一座火器库意外着火，库藏的利器、火炮、火药、硫黄及其他武器尽数焚毁。③

当西部战火还在持续燃烧之时，或许是由于战争的需要，1481 年冬黎朝在京都西南侧"凿海池。其池屈曲百里，池中有翠玉殿，池边作讲武殿，肆习拣练兵象"④。著名的《洪德版图》（据说绘于 1490 年，或至少包括这一时期的内容）显示，京城国子监西北侧的城墙内有一汪狭长的湖水，方圆约 100 里，湖北便是讲武殿。⑤ 当然，并非所有的练兵都在讲武殿进行，因为附近肯定还有一座公开的讲武场。这具有极为重要的意义。20 世纪下半叶特别是 1983～1984 年的考古发掘工作让我们对此有更多的了解。考古发掘出建筑遗迹和武器两类文物。建筑遗迹显示，讲武殿比文庙大成殿还要宏伟。这也说明越南朝廷和黎圣宗本人对讲武殿十分重视。⑥

更壮观的是武器的发现。讲武场遗址所在的河内市巴亭郡的玉庆、讲武、金马等地共出土数千件，包括火器、炮弹。遗址地面现今只剩下讲武街和讲武湖。现在的讲武湖与玉庆湖互不相连，但如上文所述，它们在 15 世纪末连成一汪方圆 100 里的湖面。越南考古学家对这次发现激动不已，"玉

① 《大越史记全书》卷十二，第 664 页；Whitmore, *The Development of Le Government in Fifteenth Century Vietnam*, p. 194.
② Sun, "Chinese Gunpowder Technology," pp. 102 – 104. 越南应该是花费了大量时间和金钱投入这场大战，《南城纪年》（Nan Chronicle）的一份英译稿就提到"大交王（The phraya of the Kaeo, king of the Vietnamese）冲冠一怒，备战三载，选虎贲之将 130 名领大军往征兰掌（Lan Sang）、兰纳（Lan Na）"。此英译稿来自 Kenneth Brezeale 在 2004 年 3 月 19 日给笔者的邮件，谨致谢忱。有关《南城纪年》的版本信息，见萨拉沙瓦迪·翁萨恭（Saratsawatdi Ongsakun）《御发寺版难城纪年》（Phiin muang nan chabap wat phra koet），曼谷（Bangkok）：阿玛琳学术书籍计划（Khrong-kan nangsti wicha-kan nai khriia amarin），1996，BE 2539。
③ 《西南边塞录》（T ây Nam biên tr ại l ục），MS，第 31 页上；《大越史记全书》卷十二，第 710 页；《天南余暇集》"官制"，第 17 页上、73 页上；Nguyen Ngoc Huy and Ta Van Tai, *The Le Code, Law in Traditional Vietnam: A Comparative Sino-Vietnamese Legal Study with Historical-juridical Analysis and Annotations*, OH：Ohio University Press, 1987, Vol. 2, p. 161.
④ 《大越史记全书》卷十二，第 716 页；《钦定越史通鉴纲目》的记载转引自《昇龙皇城》，第 170 页。
⑤ 《洪德版图》，东洋文库藏本；亦参见《昇龙皇城》，第 197 页附图。
⑥ 《昇龙皇城》，第 166、169～170 页。

庆发掘的武器是迄今为止昇龙（即东京，今河内）出土的最有价值的地下文物之一……甚至可以毫不夸张地说，它是越南史无前例的考古发现；这场发掘发现的文物如此丰富，在全国其他任何地方都前所未有"[①]；他们也将讲武场和越南最大的学府国子监进行比较，"讲武殿是越南最大的战士训练基地，其附近的国子监则是全国最大的文化教育中心。它们共同为越南培养核心人才"[②]。

1483 年末，黎圣宗敕旨："（京畿?）各卫司所作器械，就本卫司军武库如例，不得擅在城外廨宇军店等处修作，违者流罪。"[③] 这说明每个军事单位都自造武器，城外则有供应军需和修理武器的店铺。

黎圣宗早在 1486 年末就已颁布"洪德军务"21 条，三年后的 1489 年又定发军需 92 条。1492 年末，可能因为火器众多，每间武库都设置一间火器库。这说明在黎朝建立的 60 年尤其是黎圣宗在位的 30 年间，武器制造太多以致不得不将它们分开存放。1496 年 11 月，也就是在黎圣宗去世前的两个月，他还给所有军官下旨，"共同拣择该内将校，或征战功劳、忠信可任，或韬略讲贯，武艺精通，及才识廉能、勤干明敏者，方许在职……并训练士卒，务在精专……敢有拣择不实、训练不勤以致将校犹多猥冗、士卒犹多逃亡，六科监察锦衣卫舍人体访纠奏治罪"[④]。

至于 16~17 世纪越南历史的背景，笔者另文讨论，兹不赘述。[⑤] 简而言之，16 世纪 30 年代到 17 世纪 70 年代，越南陷入长期内战，其军事技术特别是火器技术由此达到另一高潮。17 世纪末，欧式武器在越南已大行其道，但中式武器仍占据一席之地。[⑥]

（二）文物

上文主要依据有限的考古报告（仅讲武场）和爬梳的历史文献勾勒出越南使用中式火器的图景，在文献、文物及整体理解上都肯定存在不足。为

---

① 《昇龙皇城》，第 162、170 页。这一发现可与 2003 年河内皇城的发掘相媲美。

② 《昇龙皇城》，第 174 页。

③ 《大越史记全书》卷十三，第 718 页。

④ 《大越史记全书》卷十三，第 728、735、740、745 页。

⑤ Sun Laichen, "Vietnamese Guns and China".

⑥ 作者补注：在河内的越南革命历史博物馆，陈列有一把中式手铳（类似于表 1 所列的手铳），在 1884~1889 年间用于抗法，说明这种最早的越南中式火器在 19 世纪末还没有消失。

达致更好的理解，笔者不得不更广泛地利用越南历史博物馆、河内市博物馆、越南军事历史博物馆及其他博物馆收藏的文物，但至今尚未有人系统使用所见的考古资料研究越南中式火器，以致有些火器最基本的信息如长度、重量、口径、内径都付之阙如。虽然那些友善的、合作的古玩商人允许笔者把玩、测量其收藏的火铳和炮，但仍有诸多问题。不过，本节还是就目前掌握的这些中式火器的考古数据展开分类和讨论，并希望将来能进一步补充完善。

铳"gun"和炮"cannon"两词在近世时期都难以区分，也经常互换。中文最常用的表达是"铳"（越南语 súng）和"炮"（越南语 pháo）。下文将列举到，越南亦如此。出于科学标准与方便，李约瑟（Joseph Needham）提出依据重量把它们分为臼炮（bombard）/大炮（cannon）和手铳（handgun，此乃英国用法，是指可以用手举起的枪，而非所谓的手枪），即一名士兵可以搬起大约 20 磅或 9.1 千克的重物，低于此重量的就是手铳，高于此重量的就是臼炮或大炮。[1] 不过，在笔者碰到的诸多案例中，有些武器重量不详。有些即使重量可知，但也不能照搬李约瑟的分类标准，因为还要考虑其形制。依笔者浅见，可暂分为三类：手铳（Handguns）、臼炮（Bombards）和大炮（Cannon）。

手铳。详见表 1。所有中国或中式（如朝鲜、琉球、越南制造）火器都是前膛装置，没有欧洲枪械所具备的枪机、准星等特征，因此表 1 里的所有文物颇为一致。它们都主要由三部分构成：铳管、瓶状药室和尾銎（中空，可插手柄）。一些越南和中国的火器无论是手铳还是大炮都有一独特的火门盖。这很可能是越南的发明，1406～1407 年明朝征安南时传入中国。[2] 表 1 所列 20 支小型手铳中具此特点的至少有 6 支，其中 3 支火门盖依旧完好。下文还将对此进行详述。

这组火铳确实很小，尤其是重量仅为 1.7 千克（3.7 磅）至 3.4 千克（7.5 磅）。从某种程度上来说，长度偏短，长 29 厘米（11.6 英寸）至 40 厘米（16 英寸）；膛径也都偏小，（没有涉及铳口）1.1 厘米（4 英寸）至

---

[1]　Joseph Needham, *Science and Civilisation in China*, Pt. 5, "Chemistry and Chemical Technology," Pt. 7, "Military Technology: the Gunpowder Epic," Cambridge: Cambridge University Press, 1986, p. 292 n. a. "手铳"这一分类和中国的叫法"手（把）铳"一致。参见张廷玉等《明史》卷九十二《兵四》，中华书局，1974，第 2265 页。

[2]　详见 Sun, "Chinese Gunpowder Technology", pp. 91, 93. 但这一技术并没有传到朝鲜和琉球。

表 1　手铳

ID#	长度	重量	孔/膛径	日期及其他信息
LSb10976	32cm	2.2kg	1.7cm/2.5cm	15 世纪末
LSb18232	13cm*	1.1kg*	缺失	15 世纪末;损坏
LSb18233	16cm*	1.1kg*	缺失	15 世纪末;损坏
LSb18234	22.5cm*	1.6kg*	1.5cm/4cm	15 世纪末;损坏
LSb18235	31cm	1.7kg	2.0cm/2.6cm	15 世纪末
LSb18236	29cm	1.8kg	2.1cm/2.5cm	15 世纪末
LSb18237	38cm	3.0kg	1.6cm/3.0cm	15 世纪末
LSb18238	37.5cm	2.3kg	1.7cm/2.8cm	15 世纪末;火门完好
LSb18239	38.5cm	3.4kg	2.4cm/4.5cm	15 世纪末;火门盖缺失
LSb18240	37.5cm	2.3kg	1.5cm/2.8cm	15 世纪末;火门盖完好
LSb18244	16.5cm*	1.2kg*	缺失	15 世纪末;损坏
LSb18251	23cm*	1.2kg*	1.3cm/2.6cm	15 世纪末;损坏
LSb22266	36.3cm	2.5kg	1.7cm/2.5cm	15 世纪末;损坏
LSb18240	37.5cm	2.3kg	1.5cm/2.8cm	15 世纪末;火门盖完好
LSb24328 (Oso1)	38cm	3.3kg	1.6cm/2.9cm	
Oso2	34.7cm	2.3kg	1.3cm/2.5cm	15 世纪末
Oso3	34.3cm	2.kg	0	1.5
84NK1	39cm	2.74kg	2.4cm	3.5
LSb25498	31cm	2.0kg	1.2cm/2.5cm	15 世纪末
Lum phun gun	35.8cm	?	2.5cm?	15 世纪末;火门盖完好
Mili Mus#1	29cm	?	1.4cm/2.5cm	16～18 世纪
Mili Mus#2	29cm	?	1.4cm/2.5cm	16～18 世纪
Mili Mus#3	29cm	?	1.4cm/2.5cm	16～18 世纪
Tom#1	39.37cm	?	1.85cm?	日期不详;火门盖完好
Tom#3	39.37cm	?	2.54cm?	日期不详;火门盖缺失
Rapoport#3	28cm	1.9kg	1.1cm/2.8cm	日期不详
Nanning#1	35cm	2.2kg	1.7cm/3.0cm	日期不详
Nanning#3	33cm	2.0kg	1.5cm/2.7cm	日期不详;尾銎受污
Nanning#4	35cm	2.2kg	1.5cm/2.6cm	日期不详;尾銎受污
Nanning#5	34.7cm	3.0kg	2.1cm/2.7cm	日期不详

注：LSb 代指越南历史博物馆，Lum phun gun 是指泰国北部发现的南奔铳；Mili Mus 代指越南军事历史博物馆；Tom 代指菲利浦·汤姆（Philip Tom）的收藏；Rapoport 代指马克·拉波波特（Mark Rapoport）的收藏；Nanning 代指笔者在南宁搜访所得。* 代指破碎火铳的残留部分。

资料来源：阮氏民（Nguyễn Thị Dơn）：《河内玉庆湖黎朝武器遗存》（Sưu tập vư khí thời Lê ở Ngọc Khánh Hà Nội），越南考古学院博士论文，2001，第 71、91～96 页；考古学院编《昇龙皇城》，第 170、173～174 页；《越南文物》（Cổ vật Việt Nam：Vietnamese Antiguities），文化通讯部、文物管理局、越南历史博物馆，2003，第 119 页，与 LSb24328 相匹配的图片应该在文字下方，而非左边；笔者 2005 年、2008 年河内、南宁之行搜访所得。阮氏民论文副本系黄英俊寄赠，谨致谢忱。

2.54 厘米（92 英寸）。越南考古学家将这类火铳称为"令铳"，即"以令铳发火指挥进退"①，但我们应重新考虑这一称呼。首先，我们并不知道这一称呼的来源。据笔者所知，当时的记录都没有使用"令铳"一词描述信号枪。15～16 世纪越南文献显示，"炮"常常用来发信号，如"炮号""号炮""火炮号"等，② 可"令铳"却从未用过。它很可能是一种现代用法。

其次，也许是因为这些火铳太小才将其称为"令铳"③。不过，这不符合逻辑。尽管并不清楚在军事训练中是否使用小火铳发令，但从上引文字看经常用大炮或炮来发令。我们可以想见，只有巨大的声响才能让大军听到（号令）。中国文献也有助于阐释此问题。越南火器与早期中国火器在长度、重量、口径、形状上惊人相似。④ 这并不奇怪，因为越南就是从中国学得火器技术，早在 14 世纪 90 年代就开始使用中式火器。而中国和朝鲜在战场上曾用这些小型火铳射杀敌人。⑤ 他们将信号枪称为"信炮"，也就是盒弹（或爆炸盒）或三眼铳。⑥ 不过，17 世纪初的史料显示，三眼铳也可用诸阵前杀敌。⑦ 因此我们推测，手铳是越南早期的一种火器类型，既可以用来射杀敌人，也可以用来发射信号。例如，根据记载，14 世纪杀死占王制蓬莪

---

① 《昇龙皇城》，第 169 页；阮氏民：《河内玉庆湖黎朝武器遗存》，第 71～72、90～97 页；《越南文物》，第 119 页。河内市历史博物馆和军事历史博物馆的说明显示。

② 《大越史记全书》卷十二，第 684 页；卷十五，第 839 页；卷十七，第 876、887、888、896 页。此外，偶尔也用钟、鼓、喇叭做信号，见《大越史记全书》卷十七，第 888、890 页。但我们尚需查阅 17～19 世纪的越南文献。

③ 表 3 Mili Mus #6、7 这两种体型较大的火器不应归为"令铳"，而应归入"大炮"。

④ 王兆春：《中国火器史》，军事科学出版社，1991，第 50～53、73～74、76～82、90～97 页；Needham, *Science and Civilisation*, pp. 290 – 293；2004 年在宁夏发现中国最早的手铳，参见《宁夏发现世界最早有明确纪年的金属管形火铳》，http://www.nx.xinhuanet.com/newscenter/2004 – 06/09/content_ 2278435. htm，2010 年 3 月 4 日检索。另据报道，在宁夏和甘肃又发现两支火铳。其生产时间不同，但都是 13 世纪初的西夏产物。参见牛达生、牛志文《西夏铜火铳：我国最早的金属管型火器》，《寻根》2004 年第 6 卷，第 51～57 页。假如这一发现和观点属实，那么中国金属管型火器的历史将比原来认为的 1271 年早半个世纪。

⑤ 王兆春：《中国火器史》，第 55～57、109～111 页；Needham, *Science and Civilisation*, pp. 293 – 294, 304 – 307；许善道（Hǒ Sǒn-do）：《朝鲜时代火药兵器史研究》（Chosǒn sidae hwayak pyǒnggisa yǒn'gu），一朝阁，1994。

⑥ Needham, *Science and Civilisation*, pp. 169, 331 – 332.

⑦ Needham, *Science and Civilisation*, p. 403 Fig. 154；成东、钟少异：《中国古代兵器图集》，解放军出版社，1990，第 234 页。作者补注：三眼铳在明朝也被用作号炮，见戚继光《纪效新书》，中华书局，2001，第 17 页。

的那把火铳很有可能就是表1所显示的早期手铳。[①]

白炮。详见表2。若依李约瑟的分类法，即低于20磅或9.1千克的火器就是手铳，这类火器也应归入手铳。表2中尽管我们只知道标号Rapoport2的火器重约6.3千克（13.9磅），但其他火器的重量也应该相差无几。按其形制将其划为一类。

这类火器也由三部分组成：炮筒、药室和尾銎。最突出的特点就是炮身更厚，药室形似大轮或花瓶，膛径、炮口亦更阔。笔者曾亲自检验过Rapoport#2。其炮筒、药室和尾銎长度分别是大约21厘米（8.4英寸）、9.5厘米（2.8英寸）和7厘米（2.8英寸），膛径、炮口更阔，分别是5.0厘米（2英寸）、7.4厘米（3英寸）。另外LSb2226与LSb19232或19233（LSb19232、19233实际并不同源）的膛径、炮口也都很大，但越南历史博物馆陈列的LSb18241、LSb18231和越南军事历史博物馆存放的Mili Mus#4、5（笔者2003年首次参观时尚能见到，2008年3月再去时已被移走）炮口比较小。

表2 白炮

ID#	长度	重量	孔/膛径	日期及其他信息
LSb22264	38cm	6.8kg	5.0cm/8.0cm	15世纪末
LSb22265	38.5cm	8.9kg	5.0cm/8.0cm	15世纪末
LSb18241	35cm	？	c.1.0cm/c.6.0cm	日期不详
Mili Mus#4	？	？	？	15~17世纪；来自清化省
Mili Mus#5	？	？	？	15~17世纪；来自清化省
LSb19233	25cm	？	c.1.5cm/7cm（炮口？）	1744
LSb19232	12.7cm	？		
LSb18231	（？）		？/3.1cm（炮口？）	19世纪
Rapoport#2	37cm	6.3kg	5cm/7.4cm	日期不详

资料来源：阮氏民：《河内玉庆湖黎朝武器遗存》，第91页；《越南文物》，第119页；笔者2005年、2008年河内、南宁之行搜访所得。

这些越南白炮的原型当是早在1298年就出现的中国白炮，其长34.7厘米（13.9英寸）、重6.21千克（13.6磅）、内径9.2厘米（3.7英寸）。就形状、长度、重量而言，越南和中国普通白炮十分相似。当然，中国白炮除

---

① 《大越史记全书》卷八，第464页。

常规外还有更大的。且中国普通臼炮的膛径较大，故称"碗口铳"或"盏口铳"[①]，而越南臼炮膛径经改造后变小。

大炮。详见表3。若还是依李约瑟的分类法，表3中的小型火器很易归入手铳之列，但笔者考虑更多的还是其形制。当然，也许在搜集更多的资料后这一分法会有所修正。

表3　大炮

ID#	长度	重量	孔/膛径	日期及其他信息
Hoang Thanh	120.5cm	>100kg	4.1cm/13cm	15~17世纪
LSb#?	c.40cm	?	c.6cm/c.11cm	日期不详
Rapopoport#1	71cm	20.15kg	4cm/6cm	16世纪(?)；火门盖缺失
Tom#2	49.85cm	?	2.54cm/?	16世纪(?)；来自清化省；火门盖缺失
Canon Superstore#1	51cm	5kg	4.3cm/6cm	16世纪(?)；来自清化省(?)
LSb24329(Oso 4?)	52cm	15.3kg	2.7cm/5.8cm	15世纪末
Mili Mus#6	48cm	?	3.2cm/6.7cm	16~18世纪；来自清化省
Mili Mus#7	41cm	?	2.2cm/4.6cm	16~18世纪；来自清化省
Mili Mus#8	c.40cm	?	c.1.5cm/c.4.0cm	15~17世纪；来自清化省
Mili Mus#9	c.40cm	?	c.1.5cm/c.4.0cm	15~17世纪；来自清化省

Hoang Thanh 代指皇城大炮，Canon Superstore 代指古炮超市网（the Website of the Antique Canon Superstore）。

资料来源：阮氏民：《河内玉庆湖黎朝武器遗存》，第92页；笔者2003年、2008年河内、南宁之行搜访所得；与菲利浦·汤姆的个人交流；古炮超市网。

总体而言，大炮炮身、炮筒和尾銎皆铸环箍，而臼炮和手铳都没有。这一设计的目的很明确，即大多数大炮炮筒更长、炮口更阔，所用火药更多，炮弹更大，火力更猛，比体型较小、火力较弱的手铳、臼炮等火器更需加固。中国人早在14世纪中叶就开始采用此技术。此后中国和朝鲜的许多火器也都有此特点，[②] 如上文已经和下节将要提及的中国"碗口铳"或"盏口铳"。1351年制造的铜手铳即使不是最早也是较早的此类中国火器，长43.5

[①] 钟少异：《内蒙古新发现元代铜火铳及其意义》，《文物》2004年第11期；《内蒙古发现世界最早火炮——元代铜火铳》，http://tech.163.com/04/0810/09/0TDQLGMR00091544.html，2010年3月4日检索；Needham, *Science and Civilisation*, pp. 297 – 303.

[②] Needham, *Science and Civilisation*, pp. 300 – 338.

厘米（17.4 英寸）、重 4.75 千克（10.5 磅）、膛径 3.0 厘米（1.2 英寸）。①

表 3 第 1 例的 Hoang Thanh 即皇城大炮，2003 年在昇龙皇城河滨出土。②从其长达 120.5 厘米（48.2 英寸）、重逾 100 千克（220 磅）的尺寸重量判断，应是一标准的大炮。但有趣的是，其炮身并无火门，至少炮身上部没有。如果属实，就意味着它没有大炮的功能，从未发射过炮弹，有可能仅是摆设。③ 这尊大炮另一特点是膛径并非直孔，炮口很大，宽 4.1 厘米（1.6 英寸），但向内逐渐缩小，底部估计仅 1.5 厘米（0.6 英寸）至 2 厘米（0.8 英寸）之间。

亦无资料透露该炮的铸造时间。据考古学家裴明智相告，越南学者认为它是 15 世纪或 17 世纪的产物。炮筒所刻的"大铳"一词说明它可能在 16世纪末铸造。因为此词在《大越史记全书》中只出现过三次，分别是在 1592 年、1593 年、1597 年。④ 若果真如此，尽管它是一尊礼炮，却仍可将其视为 16 世纪越南大炮之一例。而若果真只用于典礼，也显示东南亚的一特色：大炮的使用更多具象征意义而非有实际用途。这不仅是海岛东南亚，而且是大陆东南亚的特色。⑤ 19 世纪初阮世祖明命年间所铸的九尊巨炮便是一显例。当然，它们在造好后也曾试射过。

第 2 例 LSb#? 大炮收藏于河内的越南历史博物馆，信息甚少。它的尾銎有一对炮耳，看起来颇像中式，但也有可能是欧式。某些方面与臼炮相似，如炮身较短，约 40 厘米（16 英寸）；膛径较小，约 6 厘米（2.4 英寸）；却没有瓶状药室。与其最相近的中国火器是 1377 年前后铁铸的两尊迫击炮或臼炮。它们长约 101.6 厘米（40.6 英寸），膛径宽 21.6 厘米（8.6英寸），重逾 150 千克（330 吨），炮筒上都有一对炮耳。⑥

接下来一组由三尊形制相似的 Rapopoport#1、Tom#2、Superstore#1 大炮组成。尽管它们长度（50 厘米至 71 厘米）、重量（5 千克至 20.15 千克）、膛径（2.54 厘米至 4 厘米）略有不同，但形制惊人相似：瓶状药室，两尊

---

① 成东、钟少异：《中国古代兵器图集》，彩色插图 27，第 224 页 10 - 3 "铜火铳及复原图"；Needham, *Science and Civilisation*, p. 301, figs. 90a - 90b.

② 《昇龙皇城》，第 28 页。

③ 当笔者刚提及此大炮，考古学家西村昌也立即就表示它不能发射炮弹。

④ 《大越史记全书》卷十七，第 890、899、911 页。

⑤ Nicholas Tarling ed., *The Cambridge History of Southeast Asia*, Cambridge：Cambridge University Press, 1999, Vol. 11, "From c. 1500 to c. 1800", pp. 48 - 49.

⑥ Needham, *Science and Civilisation*, pp. 291 - 292, 303.

配有火门，环箍炮管、尾銎，膛壁平滑，炮口略厚。更为重要的是，其铭文完全相同，可参见下文"铭文"部分。故此笔者确信它们有着千丝万缕的联系。非常幸运，亚洲武器专家菲利浦·汤姆曾与笔者谈到列入此类的 Tom #2 大炮：

> 这只大铳（大炮铭文写作"大铳"）买自一名美国商人。他几年前在易趣网（eBay）上从一位"采集者"手中购得。据最初的卖家讲，大铳是在越南清化省出土的。部分已稍作清理。有趣之处是，从大炮的中心"凸出"地方即药室的遗迹看，其平滑的防水盖来自模铸焊接，而其前部和凸出的环箍却是由车床加工而成，精湛的车工工具刻痕在铜绿下清晰可见。它做工高超，尾銎插木柄的孔中仍残留有机物。我想，应该可以采用碳14法测定其年代。这只大铳形制独特，我还未曾在中国出版的文物集中见过。另一名商人给我寄赠了几张与之差不多相同的另一尊大炮的照片，除此之外我还没见到类似的东西。①

这尊大炮来自清化省的信息极其重要。考虑到越南军事历史博物馆2003 年陈展的所有火器和 2008 年笔者参观亲见的火器（表 1～3 中的 Mili Mus#1～9）全部来自清化省，如此多的火器在清化发现，相信它定是一处重要战场，更多的火器可能已经被发掘出来。联系到 16 世纪末莫朝曾多次发兵清化攻打黎/郑的历史，这些发现的武器应该就是当时使用的。②笔者有理由相信，另两尊 Rapoport #1 和 Superstore #1 大炮也可能来自清化。Rapoport#1 大炮最宽的部分即其药室宽达 11.5 厘米（4.6 英寸），其周长广至 39 厘米（15.6 英寸）。

LSb24329、Oso 4？这两尊越南军事历史博物馆收藏的小炮也来自清化。其展览说明写明是 15 世纪或 17 世纪的产物。笔者猜测，它们曾在 16 世纪末越南内战中使用过。令人感兴趣的是，这两尊大炮与（表 3 后面的）Mili Mus#8、9 形制相似。Mili Mus#8、9 都各自架上马车，珍藏在博物馆的展览柜中。可笔者不知作战时是否使用马车，尤其是尚未测出其重量；它们看起来不重。

---

① 2008 年 4 月 7 日笔者与菲利浦·汤姆的私人通信。
② 参见笔者即将发表的文章 "Vietnamese Guns and China"。

本文初稿完成后，笔者收到更多越南大炮的照片。这些大炮的照片质量很高，故部分将其采入表中。如表 3 中的 Mili Mus#6 与 Superstore#1、Mili Mus#8 ~ 9 大炮风格相仿，尤其是炮筒和尾銎上的环箍。其重量不详，但应该很重，亦在清化发现。Mili Mus#7 与越南军事历史博物馆中的三枚手铳 Mili Mus#1 ~ 3 及 Mili Mus#6 都是深黄色，同样来自清化省。

截至目前，笔者尚未见到 15 世纪的巨型大炮，但并不意味着它们没被制造且用诸战场。1960 年，在河内的金马、纸桥和罗城街区（当地农民称为"弹地"）发现 1054 枚大炮炮弹。① 1983 ~ 1984 年，又挖出 28 枚，总计 1082 枚。在河内的地方如玉河、群马也发现大炮炮弹，不过大多数还是来自讲武场。最大一枚大炮炮弹直径为 12 厘米（4.8 英寸），重 0.7 千克（1.54 磅）。② 这说明包括这枚最大的炮弹在内的许多巨型大炮都曾上过战场。越南历史文献也提到大炮的使用。③ 此处我们主要使用考古资料来证实这些文献史料。

关于火门盖，尚须赘言数句。笔者曾在李斌研究的基础上进行过讨论，认为它是越南的发明，中国在 1409 年后引入借鉴。④ 现在看到更多的越南手铳和大炮有此特征，更加确信这是越南对中国火器技术的贡献。尽管略有差异，但这一装置的起源和原理完全相同，即防止引线、火门和药室淋雨受潮。⑤ 越南应该是在得到中国火器技术后不久发明该技术，时间当在 1390 ~ 1406 年。而中国则在 1406 ~ 1407 年明朝征安南期间学到这一新技术。

---

① 武堂伦（Vu Duong Luan）给笔者展示了一些他在高平省和安县河屡城堡"弹地"（与讲武场附近的"弹地"同名）收集的石头大炮炮弹。它们可以追溯到 16 世纪，当时莫朝在那里活动频繁。炮弹直径分别是 7 厘米（2.8 英寸）、6.5 厘米（2.6 英寸）、约 5 厘米（2.2 英寸）、4.5 厘米（1.8 英寸）、4.3 厘米（17.2 英寸）、4 厘米（1.6 英寸）、3.5 厘米（1.4 英寸）。这说明在高平应该还有其他许多与火器有关的文物。

② 《昇龙皇城》，第 160、173 ~ 174 页。

③ 如黎圣宗在 1471 年亲征占城途中曾赋诗一首，有"雷炮隆隆震地声"之句，见 Sun, "Chinese Gunpowder Technology", p. 100。

④ 李斌：《永乐朝郑和安南的火器技术交流》，收入钟少异主编《中国古代火药火器史研究》，中国社会科学出版社，1995，第 152 ~ 154 页；Sun, "Chinese Gunpowder Technology", p. 91；有马成甫：《火炮の起源とその源流》，吉川弘文館，1962，第 166 ~ 171 页。

⑤ 18 世纪的文献再次证实此一论点。乾隆五年（1740），清廷注意到"滇、黔二省，地方山箐、阴雨不常，弓箭一遇潮湿之时、险仄之地，不能应手施展"。昆冈、李鸿章等主修《钦定大清会典事例》卷七百十《兵部一百六十九·军器》"弓箭之制"，光绪二十五年石印本，无页码；方国瑜主编《云南史料丛刊》第八卷，云南大学出版社，2001，第 294 页。这表明华南与越南北部气候相似的潮湿天气影响武器的性能。

　　有趣的是，越南和中国似乎同时在 16 世纪末废弃这一技术。两支 16 世纪 30 年代的中国火器装有火门盖，其中一支收藏在北京的首都博物馆。① 此外，笔者仅在北京德胜门"军事防御文化展览"上看到过一支 1544 年制的此类中国手铳。它借展自北京的国家博物馆。更有趣的是，越南的这项发明还同欧式大炮融合，如子母炮，子炮装火门盖，母炮则是欧式的佛郎机炮。② 1514 年生产的同样一枚子炮，其中文简称就是"佛郎机中铜炮"。③ 有马成甫也标明一门 1540 年造的中国大炮有此特征。④ 中国军事博物馆陈列的一尊 1547 年中国大炮亦如是。它是最后一批装火门盖的中国火器代表。假如我们接受 Tom#2、Rapoport#大炮都是 16 世纪产物的话，那么 16 世纪就有可能是越南使用这项技术的最后阶段，此后其在越南再无踪迹。随着 16 世纪末欧式火器开始在中国和越南流行，将具有中越火器特色的火门盖运用在欧式武器上，已变得不合时宜。

（三）铭文

　　与中国、朝鲜几乎每件火器都镌出制造年代甚至工匠姓名不同，越南火器除 1 例外都没有刻上生产年代。这自然会增加为其断代的困难。不过，有些越南火器镌有铭文，结合文献记录，我们就可以确定其年代。至于没有铭文的火器，笔者依然可以使用相关的考古资料推测其年代。

　　表 4 罗列了笔者搜集到的越南火器的中文铭文。⑤ LSB18232 至 84 - NK - 1 这 11 支火器大都是手铳。铭文刻有卫所名称或编号，大多二者兼具。但笔者并未经眼所有火器及其中文铭文，有些铭文是据越南译文和英译文回译的。除南奔火铳外，其余 10 支火铳皆出自讲武场。可以确定它们都是 15 世纪末即黎圣宗朝的器物。火器铭文上"震威""奋威""雷威"诸卫的名称，也能证实它们制造于 15 世纪末，更具体地说是 15 世纪 60 年代至 70 年代。诸卫正是在这一时期设置。⑥ 此外，正如上引《大越史记全书》中雷威

① 成东、钟少异：《中国古代兵器图集》，第 232 页插图 11 - 11。
② Needham, *Science and Civilisation*, pp. 366, 369 - 376.
③ 成东、钟少异：《中国古代兵器图集》，第 232 页插图 11 - 11、239 页插图 11 - 43。
④ 有马成甫：《火炮の起源とその源流》，第 198 页。
⑤ 译者注：原英文稿此句后半句有"附上中文铭文的越南文和英文译文"，表 4 中亦一一列明，中译文皆未转译。
⑥ 《大越史记全书》卷十二，第 656 页；《天南余暇集》，第 37 页下、38 页下、40 页上；《昇龙皇城》，第 154～155 页；《本朝官制典例》卷五。

卫军人文庐向黎圣宗上书抱怨战器样式之事，雷威卫曾在 1467 年制造武器。同书还记载，1479 年越南西征诸军中有一支来自"奋威"卫。[①] 表 4 中 LSb18239、LSb18244、LSb22264 三支火铳都与其有关。

表 4 越南火器上的中文铭文

LSb 18232	震威一百二十三号
LSb 18233	震威前所五百九十四号
LSb 18237	震字二千六百十四号
LSb 18238	震威右所一千二十三号
LSb 18240	震威卫操练
LSb 18239	奋威前所八百三十三号 奋字···十···号
LSb 18244	奋威前所一千五百十六号
LSb 22264	奋字七百三十号 奋威中所二百三十一号
LSb 24328	雷卫左所二百六十号
Lumphun gun	雷威前所一千···十号
84 – NK – 1	工字三百十七号
Hoang Thanh	四大铳一号
Tom#2	大国
Canon Superstore	大国
Rapoport#1	大
84 – NK – 1	工字三百十七号
Rapoport#1	大
Rapoport#2	···千? 一百七十六? 号
Nanning#4	河雷石
Mili Mus#1	列
Mili Mus#2	霜
LSb 19233	奉随平南,夏甲午岁,奉放官钱,铸三炮器,供奉上赐,永佑乡里香火威声,安乐世也。铜二十一锱三两,称药八钱

资料来源：《昇龙皇城》，第 170、173~174 页；《越南文物》，第 120 页#183；2003 年、2008 年笔者河内、南宁之旅搜访所得。

正如下文将论及的，雷威卫在越南西征中使用过南奔火铳，另外 5 支火铳属震威卫。可以想见，几乎所有这些火铳及 84 – NK – 1 都曾在 1479

---

① 《大越史记全书》卷十三，第 709 页。

年初黎圣宗为西征"御驾阅武十六日"中操练过。越南考古学家杜文宁和阮氏民依据铭文中的诸卫名称判断，全国五府中的三府都在讲武场训练士卒。① 但对这一论断，我们并不能十分确定，因为发现的武器量小，我们所知亦少。有可能其他诸府也在此练兵，但至今尚未发现刻有其卫所名字的武器。

　　铭文也能帮助修正史书的一些错误。如雷威卫，《大越史记全书》卷十二记为"威雷"卫，但 LSb24328 和南奔火铳铭文实书为"雷威"。② 前者应是误笔。一份采用 15 世纪资料编订的 17 世纪文献也写作"雷威"。③ 而且，上文一再述及，雷威卫在黎圣宗命令下制造武器。铭刻"雷威"之名的 LSb24328 和南奔铳两杆火铳也应该在 1467 年前后由其制造。

　　南奔火铳十分有趣，颇引人注目。它是唯一在越南之外，更确切地说是在讲武场之外发现的 15 世纪越南火铳。20 世纪 70 年代，南奔火铳在泰国北部的清迈地区发现，入藏哈里奔猜（Hariphunchai）博物馆。泰国学者杉然·汪萨帕（Samran Wongsapha）写过一篇相关的短文，但因其中文铭文及风格与中国火铳相似，将之误释为中国火铳。④不过，若对 1479～1484 年越南入侵南清迈地区的历史稍加了解的话，就会知道它是越南武器。⑤ 中文铭文也能提供很多线索。首先，"雷威前所"直接揭示其真正身份；其次，铭文书法风格和越南其他火铳相同，酷肖中国魏碑体，简洁飘洒、沉着刚劲、方方正正，反映了黎圣宗朝超强的自信和活力。晚清一位铜币收藏家称赞黎圣宗朝的光顺（1460～1469 年）铜钱字体"铁劲"，此词同样适用于当时越南火铳上的铭文。⑥ 其他越南火器尤其是 15 世纪末火器的铭文也都如此。⑦ 泰

---

① 《昇龙皇城》，第 174 页。

② 《大越史记全书》卷十二，第 664 页。亦见《天南余暇集》，第 40 页上。相关例证另可参见《昇龙皇城》，第 155 页。

③ 《本朝官制典例》卷五。

④ Samran Wongsapha, "pu'n san samai boran thi Lamphun（An Ancient musket in Lamphun），" *Sinlapakon*, 1976, vol. 20.3, pp. 64－66. 该文英文摘录和翻译由肯农·布雷齐尔（Kennon Breazeale）、沃尔克·戈拉博维茨基（Volker Grabosky）提供，谨致谢忱。

⑤ Sun, "Chinese Gunpowder Technology", pp. 102－103.

⑥ 云南省钱币研究会、广西钱币学会：《越南历史货币》，中国金融出版社，1993，第 31 页。更多有关黎圣宗朝货币铭文书写风格的评论，可参见 R. Allan Barker, *The Historical Cash Coins of Vietnam's Imperial History as Seen through its Currency*, part 1：official and Semi-official Coins, Singapore：R. Allan Barker, 2004, pp. 119－125. Barker 大著由霍华德·丹尼尔三世（Howard Daniel III）惠赐，谨致谢忱。

⑦ 《昇龙皇城》，第 17、48、52、144、148、151、152、157 页。

国北部发现雷威卫火铳并不令人惊讶，因为雷威卫正隶属于越南西部的西军府。而西军府火铳毫无疑问在越南西征中至为关键。

更为重要的是，从这些火铳的编号可以看出，越南在 15 世纪制造了大量火器。[①] 这些编号相加 123＋594＋2614＋1023＋1＋833＋1，516＋730＋231＋260＋1，? 10＋317＝9252，大约等于 10000。[②] 若散入各卫，震威卫 4535 杆，奋威卫 3310 杆，雷威卫 1270 杆及"工"字 317 杆。尽管这些编号不够完整，却也有助于我们进一步讨论另一重要问题，即越南士兵装备火器的比例。以雷威卫为例，它拥有火器 4535 杆（不涉及双编号），士兵 12000 名（若每卫 12000 名士兵编制满员），即约 38％ 士兵装备火器。[③]

假如 38％ 代表 15 世纪 60～80 年代越南五府总体的比例，[④] 那么就火器装备而言，它与笔者估计的 1466 年约 1/3 军队装配火器的明朝相当。[⑤] 若再用 38％ 的比例来估算越南所有的军事力量，那么在 260000 总兵力中装备火器的士兵就高达 98800 名。因此，越南可被称为小型"火器帝国"，它有足够的实力抗衡南边的占城以及西边的泰老族群。

必须说明的是，笔者上文仅罗列非常小部分的文物，且只讨论 15 世

① 中国火器专家认为这些数字都是序列编号，参见王兆春《中国火器史》，第 101～102 页；刘旭：《中国古代火药火器史》，大象出版社，2004，第 74 页。

② 笔者仍然不知如何解决双编号的火铳。例如，LSb18239 有"奋威前所八百三十三号，奋字…十…号"；LSb22264 有"奋字七百三十号，奋威中所二百三十一号"两种编号。由于尚未看到或看清中文原文，很难判断二者的关联性，下一则注释中则提供一种解释。之所以尝试将所有编号相加，是因为考虑到两点：第一，它们彼此相差不大；第二，更多的火器没能遗存至今。故此，笔者相加得出的总数只是保守估计，远低于实际数量。

③ 还有另外一种计算百分比的方法，即用所的编号来计算。笔者仍然不清楚火铳上某些单字如"震""奋"与那些具体的卫所名称"震威前所""震威右所"和"奋威前所"之间的关系。有这样一种可能：前者指卫的序列编号，而后者是所的序列编号。这一推理适合 LSb22264，所编号二百三十一，卫编号七百三十；却不适合 LSb18239，如果其所的序列编号大于卫的序列编号的话。这只有亲眼见过铭文后才能知道答案。而在诸所清晰的编号中，以 LSb18244"奋威前所一千五百十六号"最大。它给我们提供另一种可能。每所 2400 名士兵，如果造出 1516 只火铳，那么比例就高达 63％。但对这一比例的解释仍需谨慎。尽管尚未清楚有没有相关史料，可如果某些所专门从事制造火器，换言之所里每名士兵都拥有火器，那么笔者对编号的分析将毫无意义。同样，假若属实，笔者也不能以此方法估算越南整体的军事实力。

④ 38％ 几乎是笔者以前估量的 20％ 的 2 倍。笔者以前是按照写有例如"铳"或"炮"或"火器"的卫所名称来估算的，现在证明方法有误，估计偏低，参见 Sun, "Chinese Gunpowder Technology", p. 95. 这也证明文献资料的局限及考古资料的重要。当然，考古资料也不能解决所有问题。

⑤ Sun, "Chinese Military Technology Transfers", p. 498.

纪的手铳和臼炮，尚未言及大炮。越南史书经常写到越南制造大炮甚至相当数量的大炮。如越南工部所辖的"军器营造所"中就有炮作匠和劲铳匠。① 如前所述，"炮""铳"没有严格区分，铳可以兼指炮、铳，炮则多指大炮。

将前11支火铳及其后火铳的铭文相比，会发现它们存在有趣而根本的差别。前11只火铳铭文镌刻遵循一定的规则：铳筒上的文字系统记录其卫所名称、编号，铸造技艺高超，书法优雅自信。所有这些都反映当时越南组织强、效率高的军事体系，甚至其成熟完备的政府组织。这符合黎圣宗的统治风格，正如约翰·惠特摩尔（John Whitemore）研究所彰显的那般。②

而诸多16～18世纪的中式火器皆无铭文，有些即便有也是杂乱无章。首先，15世纪火器镌刻卫所名称、编号的分类系统方法已经消失。仅有日期不详的臼炮 Rapoport #2 保持这一传统，但品质平平。南宁（Nanning）系列火铳亦属普通，似乎是同一时期的产品。河内皇城大炮只有"四大铳一号"五个汉字。大炮本身质量很高，但如上文所述却从未发挥作用，且铭文太过简短。从其铭文看，应该还有另外三尊被称作"大铳"的大炮。

铭文杂乱无章的大炮有 Tomt#2、Rapoportt#1 及 Cannon Superstore#1。上文已经述及，它们应当是在同一时间、同一地点由同一批工匠制造。不过，其中两尊刻有"大国"二字，第三尊仅写个"大"字。Mili Mus#1、2 的中文铭文书写随意。它们形制有异，但书体都低劣不堪。

最后 LSB19233 的铭文非常有趣。从其铭文内容看，它应当是由黄五福下令铸造的。1774 年，黄五福被敕封为"平南上将军"，领命率兵南征。③故有此推论。这尊臼炮也很奇特。因为它不仅铭文过长，而且铸于 1774 年。这在越南的中式火器中都十分少见。

---

① 《天南余暇集》，第86页上、87页上～下，并参见第26页下；《本朝官制典例》卷二。与火器技术有关的，还有工部辖下的"器械营造所"的"硝作匠"负责制造军用硝，御用监辖下的"焰硝艺"负责制造火器，见《天南余暇集》，第86页下、87页上、89页上。

② John Whitmore, "The Thirteenth Province: Internal Administration and External Expansion in Fifteenth Century Dai Viet," in Geoff Wade ed., *Asian Expansions: The Historical Processes of polity Expansion in Asia*, London: Routledge, 2015.

③ 《大越史记全书》续编卷五，第1179、1181～1182页。该火器的铭文日期由莲田隆志帮忙释出，谨致谢忱。

二 东南亚其他地区的中式火器

上节尝试勾画越南中式火器的历史图景，但是我们仍感到知识残缺不全，而将视野从越南转向东南亚其他地区，我们会感到更加没有把握。与越南相比，东南亚其他国家受中国文化影响较小，包括中国火器技术在内。越南以外的其他东南亚大陆国家尤其是缅北和兰纳（清迈），应该比东南亚海岛国家更多地采用中式火器技术。[①] 但在越南之外的东南亚大陆国家无法追踪到中式火器的遗迹。2003 年，笔者前赴缅甸寻找中式火器，结果一无所获。

早在 15 世纪初郑和下西洋之前，中国火器技术肯定已通过海洋贸易进入东南亚海岛国家。正如本文开头所引用的，郑和舰队在 1405 年访抵爪哇时就看到了结婚庆典用的火铳。这表明爪哇此时已有（中式？）手铳或大炮。郑和下西洋也必定促使 15 世纪东南亚其他海岛国家获得中国的火器技术。随后的中国和葡萄牙文献资料也证实，郑和舰队携带大量火器：当他们在 1419 年前后航抵卡利卡特时，装备着"臼炮"。目击者报告，这些"臼炮"比欧洲人使用的要小得多。[②]

1421 年、1430 年明成祖、明宣宗先后敕命郑和及其随从为下西洋公干准备物资，其中就有军器和军火器。[③] 除郑和舰队庞大的官兵与巨大的宝船（1000 吨容量）外，中国火器技术毫无疑问也令所有接触它的印度洋居民敬畏不已。我们从中国历史文献得知，郑和军队在 1409 年锡兰国（今斯里兰卡）冲突中使用了火器，虽然只提到称作"炮"的信号炮。[④] 学者们提到郑和曾在爪哇留下一只中国手铳，这虽然符合逻辑，但尚缺乏确凿证据。[⑤]

---

① Sun, "Chinese Military Technology Transfers".

② J. R. Partington, *A History of Greek Fire and Gunpowder*, Baltimore: The Johns Hopkins University Press, 1999, p. 223；金国平、吴志良：《郑和船队冷热兵器小考》，收入氏著《过十字门》，澳门成人教育学会，2004，第 385 页。

③ 巩珍：《西洋番国志》"敕书"，第 9~10 页。

④ 严从简：《殊域周咨录》，中华书局，2000，第 312 页。

⑤ 帕廷顿（Partington）认为德国达姆施塔特博物馆（Museum für Darmstadt）收藏的一支小爪哇手铳应源自中国，见 J. R. Partington, *A History of Greek Fire and Gunpowder*, p. 275, 294 n. 126。他的资料来自 Bernhard Rathgen, "Die Pulverwaffe in Indien," *Ostasiatische Zeitsrift*, 1925, Vol. 2, p. 28 fig1. 但查看拉特根（Rathgen）原文，其讨论火铳的文字并非载诸图 2，而是卷 1 第 27~30 页及 29 页的火铳草图；而且经过约亨·巴根托夫（Jochen Burgtorf）确认，（转下页注）

15 世纪中期，火炮、烟火已被爪哇海岸的华人穆斯林引进生产。① 到 1511 年，马六甲拥有火器和大炮；据说当时爪哇国王掌握火铳 8000 只，并大量武装其巨舰。② 17 世纪初，苏门答腊的亚齐人坚持认为火器是中国的发明。这一事实说明早在欧洲人到来之前，中国火器很有可能已传至苏门答腊。③

尽管有这种可能，但中国火器技术在东南亚海域似乎少有遗存。换言之，东南亚生产的中式火器已经消失在地面上，当然这仍需要将来进一步调查。这与大量出土的欧式早期火器形成鲜明对比。

本节讨论的文物主要是水下考古学家在东南亚海底沉船上重新挖掘出来的火器，大部分可能并非东南亚的产品。下文将述及，这些沉船可能以这样或那样的方式从中国获得火器。因此，严格意义上讲，沉船上的大部分火器都是真正的中国产品而非东南亚国家制造的中式火器或其衍生品。本文冠以

（接上页注⑤）拉特根既没有提到"爪哇"，也没有论及"姆施塔特博物馆"。他说的是柏林的德国人种学博物馆（Museum fur Volkerkunde）收藏的一支永乐十九年（1421）制造的中国手铳。丹尼斯·龙巴尔（Denys Lombard）指出，被郑和船队留在爪哇的那尊"大炮"遗存至今，见 Denys Lombard, *Le Carrefour javanais: essai d histoire globale*, Paris: Editions de FEcole des hautes etudes en sciences socials, 1990, Vol. 2, p. 178。安东尼·瑞德（Anthony Reid）采用的也是龙巴尔的说法，见 Anthony Reid, *Southeast Asia in the Age of Commerce*, Vol. 2, New Haven: Yale University Press, 1994, p. 220。龙巴尔在他的脚注中写到此铳藏在柏林的德国人种学博物馆，并提醒读者更多信息请参考 Franz M. Feldhaus, " Eine chinesische Stangenbuchsec von 1421," *Zeitschrift fur historische Waffenkunde*, 1907, Vol. 4, p. 257。但菲尔德豪斯（Feldhaus）讨论的同样是那支 1421 年中国手铳，提到它重 2. 252 千克（5 磅）、铳管长 35. 7 厘米（14. 3 英寸）、膛径 1. 6 厘米（0. 6 英寸），也没有提及爪哇。卡罗·M. 奇波拉（Carlo M. Cipolla）提出，德国人种学博物馆收藏的中国火铳得自中国万里长城，见 Carlo M. Cipolla, *Guns, Sails and Empires: Technological Innovation and the Early Phases of European Expansion*, 1400 – 1700, Manhattan, Kansas: Sun Flower University Press, 1965, p. 106 n. 5。菲尔德豪斯在其另外两篇论著中亦述及这支火铳，但还是没有提到爪哇，见 F. M. Feldhause, *Di Technik der Vorzeit, der Geschichtlichen Zeit und der Naturvolker: Ein Handbuch*, Leipzig and Berlin: Verlag von Wilhelm Engelmann, 1914, p. 424; *Di technik der antike und des mittelalters*, Wildpark-Potsdam: Akademische verlagsqesellschaft Athenaion, m. b. h. [c. 1931], p. 59。李约瑟引用帕廷顿 1914 年和菲尔德豪斯 1931 年的论著，附和说那支 1421 年中国手铳在爪哇发现，见 Needham, *Science and Civilization in China*, Pt. 3 "Civil Engineering and Nautics" 1, p. 516 n。因此，帕廷顿、龙巴尔错引的文献和认为郑和在爪哇留下火铳的说法似乎都应该摒弃。据韦杰夫（Geoff Wade）2008 年 12 月给笔者的邮件，他 2005 年同德国人种学博物馆联系后得知，该馆收藏的这支 1421 年中国火铳已在"二战"期间遗失。

① M. C. Ricklefs ed., *Chinese Muslims in Java in the 15th and 16th Centuries: the Malay Annals of Semarang and Cerbon*, Melbourne: Monash University, 1984, pp. 18, 24, 32, 85, 198.

② Partington, *A History of Greek Fire and Gunpowder*, p. 224.

③ Reid, *Southeast Asia in the Age of Commerce*, V. 2, p. 221.

"东南亚的中式火器"的标题，正是基于两点原因。第一，这些文物中有些可能是由东南亚特别是越南自行制造的；第二，沉船上出水的中国火器类型能让人产生一种粗略的想法，即东南亚濒海地区也很可能依照中国火器原型仿造火器。

表 5　载有中国或中式火器的沉船

沉船	年代	船型	出发港	货物来源	火器数量
巴考（Bakau）	约 1425 年	中国	华南		9 支手铳，3 种类型
南岛（Pandanan）	约 1460 年	*混合	越南中部	越南 .70%、中国、泰国	2 支手铳，2 种类型
里纳礁（Lena Shoal）	约 1488 年	中国	华南	泰国、越南	5 支手铳，1 种类型
文莱（Brunei）	约 1490 年	东南亚	东南亚	泰国、越南、中国	7 支手铳，2 种类型
泰国中央湾（Central Gulf of Thailand）	约 1500 年	混合	泰国	大部分来自泰国	7 支手铳，2 种类型

*混合船是指结合中国和东南亚造船技术或南海贸易传统的船只。

资料来源：巴考沉船资料见 Michael Flecker, "The Bakau Wreck: an Early Example of Chinese Shipping in Southeast Asia", *The International Journal of Nautical Archeology*, Vol. 30 2, 2001, pp. 221 – 230；南岛沉船资料见 Christophe Loviny, *The Pearl Road: Tales of Treasure Ships*, *Makati City*, Philippines: Asiatype and C. Loviny, 1996；里纳礁沉船资料见 Franck Goddio & Gabriel Casal, *Lost at Sea: The Strange Route of the Lena Shoal Junk*, London: Periplus, 2002；文莱沉船资料见 Michel L'Hour, *La memoire engloutie de Brunei: une aventure archeologique sous-marine*, Paris Textuel, 2001；泰国中央湾沉船资料见 Michael Flecker, "The South-China-Sea Tradition: the Hybrid Hulls of South-East Asia," *The International Journal of Nautical Archeology*, Vol. 36.1, 2006, pp. 77 – 79；以及与笔者 2004 年 4 月 29 日的邮件。有关混合型船，笔者主要参考迈克尔·弗莱克（Michael Flecker）的这两篇论文；而所有沉船的断代皆来自罗克珊娜·M. 布朗教授 2004 年 4 月 16 日给笔者的邮件。泰国中央湾沉船又称澳大利亚潮（Australia Tide）沉船、巴生澳沉船（Klang Aow wreck），罗克珊娜·M. 布朗教授将其年代断为 16 世纪，见 Roxanna M. Brown, "Last Shipments from the Thai Sawankhalok kilns," in Robert Brown ed., *Art from Thailand*, *Mumbai*, India: Marg Publications, 1999, pp. 93 – 103.

表 5 列出了笔者所见的载有中国或中式火器的东南亚海域沉船。首先就每艘沉船分别讨论之。巴考沉船无疑由中国驶出，运载至少 9 支火铳。它们大致可分为三类：

①KM – 4 45 – 132、KM – 4 50 – 350、KM – 8 58 – 347 等 3 支手铳都是典型的永乐朝（1402 ~ 1424）手铳：瓶状药室，铳管、铳口有 2 个或更多的环箍，普通铳口，即非碗口铳（图 1）；

②XM – 1 48 – 328、KM – 2 45 – 324、KM – 6 40343（部分药室和尾銎

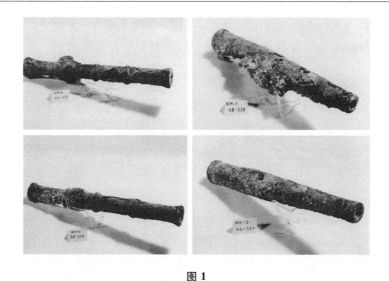

图 1

巴考沉船 4 支手铳。依次为 KM－4 45－132、XM－1 48－328、KM－4 50－350、KM－2 45－324（罗克珊娜·M. 布朗惠赐）

无存）、KM－6 41－306 等 4 支手铳：药室、铳管相对扁平，普通铳口，但尾銎、铳管及铳口未铸环箍（图 2）；

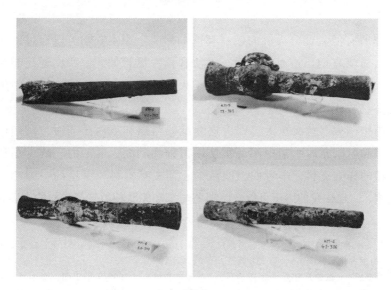

图 2

巴考沉船另 4 支手铳。依次为 KM－6 40－343、KM－8 58－347、KM－5 93－341、KM－6 47－306（罗克珊娜·M. 布朗惠赐）

③KM‐5 93‐341（图2）、KM‐9 85‐349（图3）2支手铳：药室装有中国火器鲜见的一拱状或耳状手柄，普通铳口，即非碗口铳。

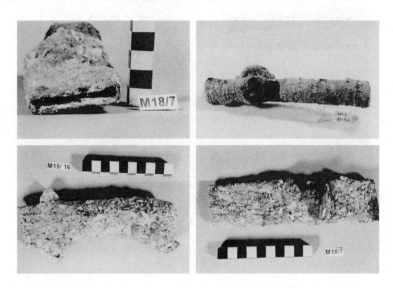

图3

巴考沉船同其他器物黏在一起的第9支手铳 KM‐9 85‐349，其部分药室和铳管已遭蚀毁（罗克珊娜·M. 布朗惠赐）

虽非所有但大部分火铳的铳身都镌刻铭文。原本我们可以通过铭文解明其身份，可惜它们已遭海水蚀毁，无法释读。尽管如此，我们还是能够确认这9支火铳都来自中国。因为所有这类火铳皆是明初在中国制造，中国和日本也有实物出土。①

这组中国火器意义重大。因为这艘沉船与郑和下西洋同时，我们可以由此获知郑和船队亦即明初中国海军使用何种类型的火器。由于缺少郑和船队装载火器的详细资料，学者们只能从中、葡文献资料和零星的中国考古资料进行推测。② 现在我们终于可以一睹那些与郑和船队相似甚至相同的火器真容。

---

① 有马成甫：《火炮の起源とその源流》，第110～132、141、154～155页；成东、钟少异：《中国古代兵器图集》，第231页图11‐3、彩图29。

② 唐志拔：《试论郑和船队装备的兵器》，《郑和研究》2003年第2期；金国平、吴志良：《郑和船队冷热兵器小考》；周维强：《试论郑和船队使用火铳来源、种类、战术及数量》，《淡江史学》2006年第17卷。有关郑和以前明朝海军军备的考古发现，参见王兆春《中国火器史》，第73～75页；王兆春：《中国科学技术史：军事技术卷》，科学出版社，1998，第91～92页；刘旭：《中国古代火药火器史》，第140页。

KM - 5 93 - 341、KM - 9 85 - 349 两支及图 4 ~ 6 中至少 3 支安有耳状手柄的火铳非常重要。其类型在目前发现的所有中国手铳中十分罕见。就笔者管见，只在明朝旧都南京附近的镇江发现过 2 支，其中 1 支在 1964 年发现，及 2008 年 9 月在常州发现 1 支。巴考沉船上的 2 支手铳尚无尺寸数据，但镇江和常州的火铳恰好可相互参证。镇江火铳 1 支长 32.4 厘米（13 英寸），膛径 3 厘米（1.2 英寸），重 2.65 千克（5.7 磅）；另 1 支长 38 厘米（15.2 英寸），重 6.1（13.2 磅）千克；都是 1377 年制造。常州火铳长 39.3 厘米，重 6 千克，膛径不详，可能也产于 14 世纪的明初。[①] KM - 5 93 - 341、KM - 9 85 - 349 与这 3 支火铳应大小相当。它们轻便易携，故当是"手铳"而非"大炮"。

南岛沉船出水的 2 尊青铜（考古报告称"铜合金"）大炮，一长 27.1 厘米（10.8 英寸），膛径 4.8 厘米（1.9 英寸），口径 8 厘米（3.2 英寸），见图 4；另一长 30 厘米（12 英寸），其他不详。[②] 它们都是碗口铳，且毫无疑问产自中国而非越南，因为截至目前，还未在越南发现碗口铳。

图 4

南岛沉船的一尊大炮（采自 Christophe Loviny, *The Pearl Road*: *Tales of Treasure Ships*, Makati City, p. 69）

里纳礁沉船当自中国海岸起航，经停越南、泰国港口，后不幸在菲律宾巴拉望群岛的东北海域沉没。[③] 船上的青铜火铳已经登记，分别是 Inv. 2901

---

① 史宝珍：《镇江出土的明代火器》，《文物》1986 年第 7 期，第 91 ~ 94 页；成东、钟少异：《中国古代兵器图集》，第 233 页，图 11 ~ 15；殷生岳：《早期热兵器元代铜铳》，《常州日报》2008 年 9 月 19 日，http：//epaper. cz001. com. cn/site1/czrb/html/2008 - 09/18/content_ 129798. htm，2008 年 9 月 21 日检索。这支常州火铳购自南京附近的宜兴，让人不禁怀疑 3 支火铳是否都是明初南京制造的。有趣的是，常州火铳也有木塞和一些火药。若它造于明初的 1377 年，那么李斌和笔者主张木马子（即木塞）由越南发明的说法则不能成立。

② Loviny, *The Pearl Road*, pp. 68，69，183.

③ 肯尼斯·霍尔（Kenneth Hall）重新描绘了这艘船前往菲律宾的海上航线。参见 Kenneth R. Hall, "Sojourning Communities, Ports-of-trade, and Commercial Networking in Southeast Asia's Eastern Regions, c. 1000 - 1400," in Michael Arthur Aung-Thwin & Kenneth R. Hall eds., *New Perspectives on the History and Historiography of Southeast Asia*, pp. 56 - 74。

（图 5）、Inv. 4008、Inv. 4009（图 6）及 Inv. 4011（图 7）。其中 3 支有照片
为证，但没有相关的尺寸数据。非常有趣的是，从照片上可以看到 3 支手铳
的药室都安有耳状手柄。Inv. 2901 更是典型的碗口铳。

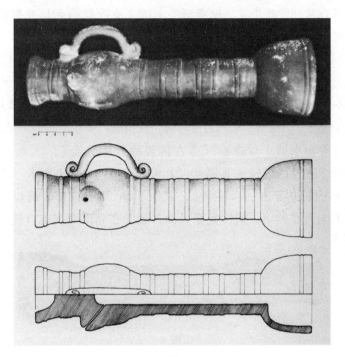

图 5

里纳礁沉船编号 Inv. 2901 的碗口铳照片与草图（采自 Franck Goddio &
Gabriel Casal, *Lost at Sea：The Strange Route of the Lena Shoal Junk*, p. 240）

图 6

里纳礁沉船编号 Inv. 4009 的手铳（采自 Franck Goddio & Gabriel Casal,
Lost at Sea：The Strange Route of the Lena Shoal Junk, p. 241）

图 7

里纳礁沉船编号 Inv. 4011 的手铳 （采自 Franck Goddio & Gabriel Casal, *Lost at Sea: The Strange Route of the Lena Shoal Junk*, p. 241）

文莱沉船 （约 1490 ~ 1505 年） 至少装载了 7 支青铜火铳：Bru2934、Bru2941、Bru2950、Bru2955、Bru2963、Bru2969、Bru2970。它们长 50 ~ 80 厘米 （20 ~ 32 英寸）， 重 3 ~ 5 千克 （6.6 ~ 11 磅）。可分为两类：一类以 Bru2963 为代表，是一种细长火铳，长 70.5 厘米 （28.2 英寸），重 3.2 千克 （7 磅），膛径为 22 厘米 （1.2 英寸），同下文将列举的长约 66 厘米的 GGT3 相似， 见图 8；另一类以 Bru2970 为代表，长 48 厘米 （19.2 英寸），重 3.4 千克 （7 磅），膛径 3.8 厘米 （1.5 英寸），见图 9。[1]这些火铳带有鲜明的中国特色。

图 8

文莱沉船编号 Bru2963 的手铳 （采自 Michel L'Hour, *La memoire engloutie de Brunei: une aventure archeologique sous-marine*, vol. 1, p. 142）

图 9

文莱沉船编号 Bru2970 的手铳 （采自 Michel L'Hour, *La memoire engloutie de Brunei: une aventure archeologique sous-marine*, vol. 1, p. 142）

---

① L'Hour, *La memoire engloutie*, vol . 1, p. 142; vol. 2, pp, 152 – 153.

泰国中央湾沉船装有至少 3 支火铳。1 支笔者名之 CGT1，长 31.7 厘米，属碗口铳；另 1 支 CGT2 手铳长 38 厘米（15.2 英寸），装有火门盖（由此辨识出其生产时间不晚于 16 世纪末，并增加其产自越南的可能性）；第 3 支 CGT3 十分细长，长 66 厘米（26.4 英寸），可能是 16 世纪的产品，见图 10。

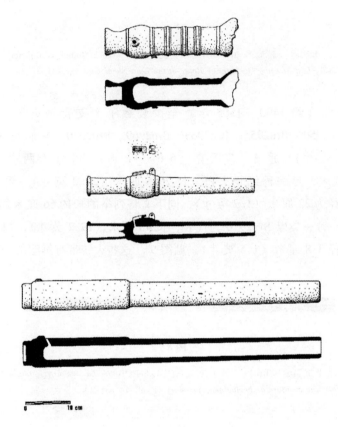

图 10

泰国中央湾沉船的 3 支火铳，从上到下依次为 CGT1、CGT2、
CGT3（迈克尔·弗莱克惠赐）

值得注意的是，这 5 艘沉船中有 3 艘使用"碗口铳"类的大炮。根据中国文献的记载，小碗口铳通常用诸舰船，大碗口铳则用于防御工事，如下文表 6 中的 1385 年明朝碗口铳。[1] 中国人通常这样使用"碗口铳"：将 1 尊

---

① Needham, *Science and Civilisation*, pp. 296 – 297 n. g, 300；王兆春：《中国火器史》，第 73 ~ 75、84 ~ 85 页。

或 1 对大炮架在凳架上朝一个或相反方向发射。一本 1606 年撰写的兵书对
其操作有详细的解说和图示（图 11）①。南岛、里纳礁和泰国中央湾沉船的
"碗口铳"很可能也是如此操作。且中国早在 1449 年就已采用"两头射击
技术"，下文还将述及。②

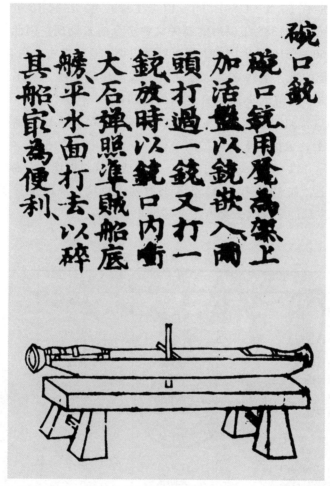

图 11

1606 年成书的《兵录》所载"碗口铳"（采自 Needham,
Science and Civilisation, p. 324）

---

①　有关朝鲜碗口铳的更多讨论，可参见 Needham, *Science and Civilisation*, p. 333 Fig. 114；有
　　马成甫：《火炮の起源とその源流》，第 287~304 页。

②　Needham, *Science and Civilisation*, p. 302 Fig. 93, 321, 324 Fig. 106；成东、钟少异：《中国
　　古代兵器图集》，第 237 页。

　　然后，我们就中国出土的碗口铳同南岛、里纳礁和泰国中央湾三艘沉船出水的火器进行对比，详见表6。如其所示，1385年明朝碗口铳巨大，在中国出土的碗口铳中比较特殊。若以其他的碗口铳做参考，可以估定南岛、里纳礁和泰国中央湾沉船上的碗口铳重量应是6～16千克（13.2～35.2磅），膛径7～12厘米（2.8～4.8英寸）。值得注意的是，尽管16世纪中国仍继续生产碗口铳，但1385年以后的相关文物至今尚未发现。因此，东南亚海底发现的1460～1510年生产的火器正好可以填补这一考古空白。

　　另外有趣的是，某些这类火器还有一浅凹座或把座，铳尾銎则插上木柄。一些中国和朝鲜的火器也有这样的浅凹座。表6中1298年元碗口铳、1372年明碗口铳的凹座深度分别为6.5厘米（2.6英寸）、6厘米（2.4英寸）。[①] 事实上，包括表6所列的所有碗口铳都有更浅的把座。这些相对较重的武器实际并没有插入凹座的手柄，而是或由穿过凹座上对称两孔的横杆固定在木架上，如1298年和1332年的明朝碗口铳；或由士兵手持托柄支撑，如朝鲜发现的2支火铳都有1个甚至2个托柄。[②]

表6　碗口铳比较

来源	长度	重量	膛径
1298年元朝碗口铳	37.4cm	6.21kg	9.2cm
元末碗口铳	38.5cm	?	12cm
1332年元朝碗口铳	35.3cm	6.94kg	10.5cm
明初碗口铳	25.9cm	?	7.2cm
1372年明朝碗口铳	36.5cm	15.75kg	11cm
1377年明朝碗口铳	31.6cm	?	10cm
1378年明朝碗口铳	36.4cm	15.5kg	11.9cm
1378年明朝碗口铳	31.8cm	8.35kg	7.5cm
1385年明朝碗口铳	52cm	26.5kg	10.8cm
南岛沉船 IV－93－V－1152 碗口铳	27.1cm	?	<8
南岛沉船碗口铳(?)	30cm	?	?
里纳礁沉船 Inv.2901 碗口铳	31.7cm	?	?
泰国中央湾沉船碗口铳	>30cm	?	?

　　资料来源：中国元、明碗口铳资料参见钟少异《内蒙古新发现元代铜火铳及其意义》，Needham, *Science and Civilisation*, pp.290, 297-300, 302；成东、钟少异：《中国古代兵器图集》，彩图27、30，第237～238页；王兆春：《中国火器史》，第82～83页。

---

① Needham, *Science and Civilisation*, p.302 Fig. 93, p.304 Fig. 95.
② 钟少异：《内蒙古新发现元代铜火铳及其意义》；有马成甫：《火炮の起源とその源流》，第299、301页；Needham, *Science and Civilisation*, pp.300 Fig. 88, 334 Fig. 115；成东、钟少异：《中国古代兵器图集》，第224页插图10-4。

最后，我们看看沉船出水或其他考古出土地点不明的火器。具体见表7。表中大多数火器都来自东南亚海底，并在古炮超市网站出售。尽管其发现时间和挖掘资料无法得知，但我们仍有理由判定它们是 15、16 世纪的火器。这些火器给我们提供了有趣且有价值的关于中国、越南火器技术的信息。Cannon Superstore#1 ~ 3（图 12）代表的哑铃型大炮从未在中国和越南见过，但看起来与韩国出土的虎蹲炮相似，只是更短小轻便，炮身环箍更少。[1] 虎蹲炮系嘉靖年间（1522 ~ 1566 年）戚继光抗倭发明的大炮，后来朝鲜又大量生产，一直延续到 1631 年。结合现有的文物，这些大炮长 40 ~ 55 厘米（16 ~ 22 英寸），重 25 千克（55 磅），膛径通常是 4 厘米（1.6 英寸），大都有五道箍。[2]

图 12

Cannon Superstore#1 大炮。三道环箍、火门清晰可见，但汉字铭文已难辨识（照片来自古炮超市网）

表 7　出土地点不明的中国或中式火器

ID	火器类型	长度	重量	口径/膛径
Cannon Superstore#1	3 道箍铁手铳	16.83cm	1.67kg	4.83cm（口径）
Cannon Superstore#2	3 道箍铁手铳	?	?	?
Cannon Superstore#3	4 道箍铁手铳	?	?	?

---

[1]　戚继光：《练兵实记》，中华书局，2001，第 314 ~ 316 页；李强七（Yi Kang-chil）：《韩国的火炮：从持火式到火绳式》（한국의화포: 지화식에서화승식 으로），东斋出版社，2004，第 125 ~ 128 页；成东、钟少异：《中国古代兵器图集》，第 239 页图 11 - 40。

[2]　资料来自古炮超市网站，2004。

续表

ID	火器类型	长度	重量	口径/膛径
Cannon Superstore#4	青铜白炮 A	约 25.4cm	约 13.61kg	约 8.89cm（膛径?）
Cannon Superstore#5	青铜白炮 B	约 25.4cm	约 13.61kg	约 8.89cm（膛径?）
Cannon Superstore#6	青铜手铳	31.5cm	1.75kg	1.0cm/1.25cm
Cannon Superstore#7	青铜手铳	34.5cm	?	1.5cm/2.75cm
Cannon Superstore#8	青铜手铳	?	?	?
Cannon Superstore#9	三眼铳	35cm	2.73kg	1.7cm ~ 1.8cm（口径）
Cannon Superstore#10	Turban gun	60cm	?	2.6cm（口径）
Cannon Superstore#11（ccg#4）	两头铳 A	102cm	?	?
Cannon Superstore#12（ccg#5）	两头铳 B	106cm		

图 13

Cannon Superstore#4 ~ 5 两尊杯
状白炮（照片来自古炮超市网）

Cannon Superstore#4 ~ 5 两尊杯状白炮（图 13）非常罕见，从未在中国、越南和朝鲜发现过。它们明显属于中国"白炮"类型，但更短小厚重。其生产国家颇令笔者好奇，而其没有受到任何侵蚀的状况也让人怀疑其是否真的从海底打捞而来。

Cannon Superstore#6 ~ 8 三支青铜火铳的外观、直径与 16 世纪越南火铳十分接近。如果它们产自越南，那么根据背景信息和自身状态，如铳管的海水蚀孔，至少 Cannon Superstore#6（图 14）自沉船打捞出水。这意味着它由越南船运至他处，也说明不仅中国而且越南的火器也销往海外。Cannon Superstore#7 ~ 8 可能都不是来自海底，因为炮身上没有任何曾经沉入海底的痕迹。

Cannon Superstore#9 也很有趣。假如它们真的捞自东南亚海底，那么表明通常与中国、朝鲜有关的三眼铳在这一地区亦曾出现。如果它们不是运自中国或朝鲜甚至琉球，便极有可能来自越南，但到目前为止尚未在越南发现过。

Cannon Superstore#10 ~ 12 既有趣又重要。这三只火铳尤其是后两只铳身极其细长。中国人从 15 世纪开始特别是 16 世纪初欧洲火器技术东传之

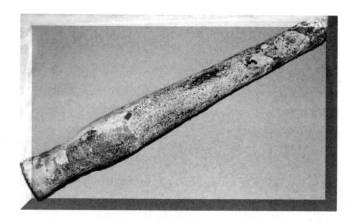

图 14

铳管有海水蚀孔的 Cannon Superstore#6 火铳（照片来自古炮超市网）

后，发明了许多新式武器，其中就有这种细长的火铳。这种类型的两头铳自 1449 年开始使用。图 15 展示的两头铳更有可能是 16 世纪的产品。它两侧各有一点火孔，以便加快燃烧。[①] 据古炮超市网站介绍，已经售出 2 支以上的双头铳。因为没有在中国发现过双头铳，这一发现意义重大，可以进一步证实文献的记载。

图 15

Cannon Superstore#11 或 12 双头铳及其双火门部分的放大图（照片来自古炮超市网）

---

① 刘旭：《中国古代火药火器史》，第 78、99～100 页；王兆春：《中国火器史》，第 157 页。双头碗口铳也运用快速发射原理，参见 Needham, *Science and Civilisation*, p.324。

图 16

杜板铳及其火门部分放大图（照片来自古炮超市网）

Cannon Superstore#10 是仅有的 1 支杜板铳（Turban gun），见图 16。它还有另一重的意义，即至今未引起学者关注的中国和朝鲜受欧洲影响加长铳管的可能性问题。这支火铳 60 厘米（24 英寸）的长度、2.6 厘米（1 英寸）的膛径，可与长约 70.5 厘米（30.2 英寸）、重 3.2 千克（7 磅）、膛径 2 厘米（0.8 英寸）的 Bru2963 和长 66 厘米（26.4 英寸）的 CGT3 相提并论。将其与中国特别是朝鲜的某些火铳相比，会发现有惊人的相似之处。

第一，它们长度相似。16 世纪以前中国和朝鲜、越南制造的大部分中式火铳和大炮都很短小，长 20 ~ 45 厘米（8 ~ 18 英寸），仅有个别例外。[1] 而到 16 世纪末 17 世纪初，尽管有些火器依然很短，但大部分火器尺寸变长，普遍在 50 厘米（20 英寸）以上，多数在 55 厘米（22 英寸），甚至长

---

[1]　关于中国火器长度，参见王兆春《中国火器史》，第 73 ~ 74 页表 1、76 ~ 83 页表 2 ~ 3、90 ~ 97 页表 4 ~ 5；Needham, *Science and Civilisation*, 290 - 291；有马成甫：《火炮の起源とその源流》，第 137 ~ 139 页；成东、钟少异：《中国古代兵器图集》，第 224 页插图 10 - 1 至 10 - 4，231 ~ 233 页插图 11 - 3 至 11 - 10，11 - 13a、c、d，11 - 15；刘旭：《中国古代火药火器史》，第 129 ~ 131 页。关于韩国出土火器长度，参见赵仁福编著《韩国古火器图录》，大韩公论社，1975，第 119 ~ 121、181 页；蔡连锡：《韩国初期火器研究》，日知社，1981。关于中国、朝鲜，参见日本国立民俗博物馆编《武具コレクション》，国立民俗博物馆，2007，第 51 ~ 54 页#94 ~ 104，132 页#424。有关越南火器长度，参见表 1 ~ 3。亦参见李强七《韩国的火炮：从持火式到火绳式》，第 46、72 ~ 89 页。

达 100 厘米（40 英寸），尤以朝鲜最为明显。[①] 上面提到的这 3 支长火铳尽管在 16 世纪末 17 世纪初之前就已造出，但就其长度而言，与之后生产的火铳不相上下。

第二，它们外形相似。铳管扁平，普通铳口，药室微鼓，没有环箍。杜板铳与朝鲜的某些火铳最为相似。[②] 它有一凸出的火门，可能还有一准星被海水腐蚀殆尽，只在铳口附近残留一洞。这一时期出土的其他朝鲜火铳同样很长，但铳管没有环箍，也没有准星。而据文献记载，此类火铳中国仅存 1 支，当然可能还有更多。[③] 这 3 支长火铳同朝鲜、中国火铳的相似性说明彼此存在着某种联系，很有可能它们即源自朝鲜和中国火铳。

结　论

综上所述，本文得出结论如下。第一，有关中越火药技术到底谁借鉴谁的问题，经相关的文献材料和历史背景证实，是越南借鉴中国，并有所改进。而通过使用上述虽不完整但相对丰富的考古资料，我们可以窥见每件越南火器都有中国火器原型。以手铳和臼炮为例，考虑到考古文物本身的差距，如越南考古文物中火器出土较晚，最早的中国手铳（至迟 1277）要比越南手铳（1466）早 195 年，中国臼炮（1295）则比越南臼炮（1466）早 168 年。中国火器比越南起源更早、数量更多亦导致这些年代上的差距。

---

① 蔡连锡：《韩国初期火器研究》，第 84～181 页；李强七：《韩国的火炮：从持火式到火绳式》，第 47～50、60～69、90～120 页；有马成甫：《火炮の起源とその源流》，第 290～291 页；日本国立民俗博物馆编《武具コレクション》，第 54～56 页#105－110；许善道：《朝鲜时代火药兵器史研究》，第 2234 页；成东、钟少异：《中国古代兵器图集》，第 232 页插图 11－11、11－12。大量的火铳由短变长应该是受到欧洲的影响，因为 15 世纪 30 年代欧洲人开始加长火器。欧式火器在 16 世纪初传入中国，参见 Bert S. Hall, *Weapons and Warfare in Renaissance Europe*: *Gunpowder*, *Technology*, *and Tactics*, Baltimore: Johns Hopkins University Press, 1997, p. 92; Clifford J. Rogers, "The Military Revolution of the Hundred Years War," in Clifford J. Rogers ed., *The military Revolution Debate*: *Readings on the Military Transformation of Early Modern Europe*, Boulder: Westview, 1995, pp. 68－69。这点值得进一步研究。

② 朝鲜长火铳没有环箍但有准星，参见蔡连锡《韩国初期火器研究》，第 94～95 页#1－2，101 页#1，106～107 页#1－5，108～109 页#1－5，110～111 页#1－3，177 页#5；李强七：《韩国的火炮：从持火式到火绳式》，第 101～106 页。值得注意的是，朝鲜许多此类型的火铳除有准星外，铳管末端更靠近铳口处有一高 1.2～1.7 厘米（4～7 英寸）、宽 1.2～1.4 厘米（0.5～0.6 英寸）类似准星的小配件。笔者尚不清楚其作用。

③ 成东、钟少异：《中国古代兵器图集》，第 232 页图 11－12。

第二，尽管考古文物不足，但未来的发现将有助于阐明这一图景，我们仍能够推断早在 15 世纪末，越南在对外战争中已使用大量火器。笔者估算的占总数 38%、98800 名士兵装备火器的比例或许不够精确，但至少说明火器已广泛使用，越南可称为小型"火器帝国"。文献记录与考古资料的吻合也证明史书记载的可靠性，新的考古资料也支持史书的内容。因此，早在欧洲人到来之前，中国的火器技术已显著影响越南和东南亚大陆国家的历史进程。

第三，根据已有的考古资料，越南在 15～16 世纪生产大量的中式火器。那些越南考古学家标为"15～17 世纪"或"16～18 世纪"的火器，应当将其日期提前而非推后。而且从已有的考古发现可以看出，17 世纪以降欧式火器更具影响力，因为此时开始出土的欧式大炮数量已超过亚洲火器。

第四，东南亚海域出水的水下考古文物有助于我们理解中国或中式火器技术以及中国与东南亚多样的技术交流。巴考沉船揭示了 15 世纪郑和船队使用的武器情况，而其他沉船也使我们更多地知道船只上装备的铳炮类型。而且，东南亚海底发现的新型火器也增长了我们对中国火器技术的了解。

第五，与中式火器在东南亚大陆尤其越南大量制造并发现不同，在海岛东南亚地区尽管应该很有可能生产，但始终未见踪迹。由此可见，中国的火器技术在东南亚大陆的影响远比海岛地区深远。这并不奇怪，因为中国与东南亚大陆北部国家的领土相邻、政治军事的直接交往及中国势力的存在与渗透，深深地影响该地区。这也使我们认识到中国经由陆路而产生的重要影响，修正史学界过分强调通过海路对东南亚所产生的历史影响的定见，海路和陆路皆值得重视。[①]

第六，比较视野十分必要，能够帮助我们解决许多有关中式火器的问题。应当比较中国、朝鲜、越南及东南亚国家发现的火器文物，以追溯其源流。从上文讨论可以看出，朝鲜火器的作用不容忽视。尽管中国是原产地，但在朝鲜半岛（到目前为止只有韩国的考古资料，朝鲜出土的火器文物并不清楚）发现的火器类型甚至还多过中国。兹再举一例。越南编年史书记载，1592 年莫朝军队"陈大铳百子火器"同黎朝军队在昇龙城激战。因没

---

① 参见 Kenneth Swope, "To Catch a Tiger: The Suppression of Yang Yinglong Miao Uprising (1587 – 1600) as a Ase Study In Ming Military and Borderlands History," in Michael Arthur Aung-Thwin & Kenneth R. Hall eds., *New Perspectives on the History and Historiography of Southeast Asia*, pp. 112 – 140。

有其他文献或文物参考，不知其为何物。而据朝鲜文献和文物，朝鲜人使用过一种"大百子铳"的火器。它造于 1577 年，长 93 厘米（37 英寸），重 8 千克（17.6 磅），膛径 1.5 厘米（0.6 英寸）。[①] 两国叫法几乎相同，时间相当接近，很有可能同源。如果证明属实，那将为东亚火器技术的传播与交流提供更多的证据。[②]

致　谢

感谢资助笔者 2003 年、2008 年两次河内之旅和 2008 年南京、广西、北京之行的新加坡国立大学亚洲研究所、京都大学东南亚研究中心、加州州立大学富乐屯分校的人文与社会科学学院和历史系。感谢让笔者自由研究并使用其文物资料的河内 54 Traditions、新加坡古炮超市、南宁郭先生三位古董商家。感谢在田野调查和研究中给予帮助的人士：马克·拉波波特、菲利浦·汤姆、丁文明、阮俊强、阮苏兰、黄英俊、武堂伦、阮文安、裴明智、甄中兴、范宏贵、祁兵、小泉顺子、桃木至朗、莲田隆志、西村昌也、苏吉拉·密桑阿（诺伊）（Sujira Meesanga Noi）、苏劲松、苏子涵。

感谢肯农·布雷齐尔、沃尔克·戈拉博维茨基帮助提供并翻译泰文文献，霍华德·丹尼尔三世惠寄资料，约亨·巴根托夫帮助阅读德文文献。特别感谢范武山惠寄越南军事博物馆收藏的 Mili Mus #1 ~ 3，6 ~ 7 火器图片和测量数据，黄英俊、阮文安提供宝贵资料，孙衍峰翻译越南文献和罗马化的越南文，丁文明翻译越南文献。

感谢帮助第二节成文的罗克珊娜·M. 布朗、迈克尔·弗莱克、欧赛比奥·Z. 迪桑（Eusebio Z. Dizon）、迪克·理查兹（Dick Richards）；阅读全文草稿并给出意见的肯尼斯·霍尔以及绘制地图的波尔州立大学制图师。

[①] 《大越史记全书》卷十七，第 890 页；李强七：《韩国的火炮：从持火式到火绳式》，第 120 页。

[②] 作者补注：中国兵书中，如何汝宾的《兵录》就载有"百子铳"及图，见何汝宾《兵录》卷十二，日本早稻田大学图书馆藏手写本。此外，戚继光也将"虎蹲炮"称为"百子铳"，参见戚继光《纪效新书》，第 59 ~ 62、137、259、267、272、286 页；戚继光：《练兵实纪》，第 26、106、286、293、315 ~ 316 页。"百子铳"源于中国明朝当无疑问，后又传至朝鲜。1592 年莫朝军队所使用的"大铳百子火器"很可能也是得自中国；如是，这是中国火器技术影响越南的又一例证。

Chinese Style Firearms in Southeast Asia:
Focusing on Archaeological Evidence

Sun Laichen

Abstract: Based on primarily archaeological evidence, this paper deals with the Chinese-style firearms (gun and cannon) in Southeast Asia, particularly Dai Viet (Vietnam) during the fifteenth to the sixteen centuries, thus to supplement what the author's research on the pre-European gunpowder technology of Southeast Asia based on written sources. The current research selects some representative firearms and discusses their typology, measurements, inscriptions, date, and relationship with the Chinese prototypes, and some other features. It demonstrates that relatively large quantities of Chinese-style firearms were manufactured in especially Vietnam, and thus renders more evidence to this author's previous argument that Chinese-derived gunpowder technology had affected the history of mainland Southeast Asia in general, and Dai Viet in particular.

The research on Chinese-derived gunpowder technology in Southeast Asia has just started, while research drawing on archaeological (including underwater/maritime archaeological) evidence in this aspect has not been undertaken yet. This article also aims at contributing to our understanding of Chinese gunpowder technology and the dissemination of it to Southeast Asia during the early modern era.

Keywords: China; Dai Viet (Vietnam); Southeast Asia; Gunpowder Technology; Firearm; Gun; Cannon; Archaeology; Shipwrecks

（责任编辑：王潞）

海洋史研究（第九辑）

2016 年 7 月　第 101～124 页

越南广南国政区的形成与发展：
兼论其圈层结构问题

韩周敬[*]

　　广南国（1600～1777）是中、日史籍中对越南阮氏政权的称呼。[①]《东西洋考》云："广南酋号令诸夷，埒于东京。"[②]《海国闻见录》云："（广南国）强于交趾，南辖禄赖、柬埔寨、昆大吗，西南临暹罗，西北接缅甸。"[③]《清圣祖实录》载："（刘世虎）遇风飘泊至广南国境内，广南国又差赵文炳

---

　　*　作者系暨南大学历史地理研究中心 2015 级博士研究生。

　　① "广南国"之称谓应始于 17 世纪早期。对于阮主辖地，越南史籍中称为"南河"，而亚历山大·罗德编撰的辞典中记入 "Dang Trung" 一词，陈荆和（Chen Chingho）译为"内方""内边"，李亚舒译为"内区"，于向东译为"里路"，郑永常则译为"塘中"，李塔娜认为这个词"很可能是 17 世纪 20 年代南方人所创造"。荷兰人将此地称为 "Quinam"，另一些欧洲人则称其为 "Cochichina"。诸种名目虽异，但所指境域却相同，不必特别执于其中一种，而否定他说。本文采用"广南国"之称谓，只是遵从习惯而已。广南国割据时代的开端，乔治·都顿（George Dutton）认为始于 1558 年阮潢出镇顺化之时，见 *The Tay Son uprising: Society and Rebellion in Eighteenth—Century Vietnam*, Hawaii: Hawaii University Press, 2006, p. 20。杨保筠先生在《越南南方阮氏割据政权史研究（1600～1775）》（*Contribution de Histoire de la Principauté des Nguyên du Vietnam méridional*, 1600 - 1775）一书中，则将 1600 年定为阮主割据之始。笔者认同杨氏的观点。据《大南寔录前编》载，此年阮潢以"玉秀适郑壮，自是不复如东都"，陈重金将这个举动解读为"自此之后，南北分治，外表上仍作和好之态，内则整军经武，互相对峙"（陈重金：《越南通史》，戴可来译，商务印书馆，1992，第 209 页）。1600 年为阮潢出镇顺化的第四十三年，此前他一直没有放弃对昇龙朝权的争夺，"一直在等待机会恢复其在昇龙的地位"，见 Danny Wong Tze Ken, *The Nguyen and Champa during 17th and 18th Century: A Study of Nguyen Foreign Relations*, Champaka Monograph No. 5, Paris - San Jose: International Office of Champa, 2007, p. 163。

　　② 张燮：《东西洋考》，中华书局，1981，第 20 页。

　　③ 陈伦炯撰、李长傅校注《海国闻见录校注》，中州古籍出版社，1984，第 49 页。

等送刘世虎等归粤。"① 日儒林春胜《华夷变态》则将 17～18 世纪从越南南方航行到日本的华商船称为"广南船"②。关于中国称此地为广南国之原因，《大南寔录》云："清船尝来商于广南，故称我为广南国。"③ 又云："是辰清船惟往来于广南地界，故称我为广南国。"④ 由于广南之会安港、沱瀼港乃东南亚贸易圈中的重要商品集散地，其知名度可与郑主治下之东京匹敌，因此外商对其记忆深刻。又广南营为广南国基本政治区之所在，阮主常遣世子亲镇之，享有相当的自主权力，声威煊赫，因此给外商以广南镇守即国王的印象。⑤ 故此清商才将阮主之地称为"广南国"。

广南国的疆域经历了一个自北而南逐渐扩张的过程。16 世纪末阮潢初镇时，只占有顺化和广南两承宣之地。此后经过历代阮主的南进运动，"以十八世纪中叶之情形而言，约等现今中圻及南圻之一部"⑥。关于广南国政区的专门性论著不多见，越南著名史学家陶维英的《越南历代疆域》始将其与后黎朝政区合并而言，虽具有开拓之功，但失之于罗列材料，泛泛而论，许多细节如营的性质、营与府县关系的演变、广南国不同时期政区层级的变化、政区圈层的形态和发展等，都没有涉及。而其他学者的著作虽对广南政区建置有所涉及，但都只是作为背景知识简单介绍，并未从政治地理的角度去探究其内在构造与机理。⑦ 目前所能见到的较为深入的著作唯有杨保筠《越南南方阮氏割据政权的行政体系》一文。⑧ 杨文以《抚边杂录》等

---

① 《清实录》第四册《清圣祖实录》卷 30，中华书局，1985，第 408 页。

② 《华夷变态》中保存了丰富的广南船贸易史料，见郑瑞明《日本古籍华夷变态的东南亚华人史料》，收入吴剑雄编《海外华人研究》第二期，台湾海外华人研究学会，1992，第 123～147 页；李庆新：《濒海之地：南海贸易与中外关系史研究》，中华书局，2010。

③ 张登桂等：《大南寔录前编》卷 7，日本庆应义塾大学刊本，1961～1981，第 20 页。

④ 《大南寔录正编》第二纪卷 212，第 12 页。

⑤ 1602 年广南营初置之时，阮潢即命六子阮福源为广南营镇守；1614 年，阮福源又委长子洪为广南营镇守；1635 年阮福源病殁之时，广南镇守则是其第三子尊室溪。关于外商误认广南镇守为国王的详细论述，参见李塔娜（Li Tana）《越南阮氏王朝社会经济史》附录一，杜耀文、李亚舒译，文津出版社，2000。

⑥ 陈荆和：《朱舜水〈安南供役纪事〉笺注》，《香港中文大学中国文化研究所学报》第一卷，1968，第 227 页。

⑦ George Dutton, *The Tay Son uprising: Society and Rebellion in Eighteenth—Century Vietnam*；李塔娜：《越南阮氏王朝社会经济史》；陈重金：《越南通史》；陈英杰：《试论越南历史上的广南国》，《洛阳工学院学报》（人文社会科学版）1999 年第 2 期；林洋：《会安港的兴衰及其历史地位》，郑州大学硕士学位论文，2001。

⑧ 杨保筠：《越南南方阮氏割据政权的行政体系》，收入北京大学亚非研究所编《亚非研究》第 3 辑，北京大学出版社，1993。

史籍为基础，对广南国的政区层级、营的性质等做了探讨，有不少精辟见解，但由于篇幅较短，仍不足以据之瞰览广南政区之面貌。本文不揣浅陋，在此试图依据《大南寔录》《钦定越史通鉴纲目》《大南一统志》《皇越一统地舆志》等越南史籍，以及相关的现代国内外研究著作，对广南国政区再做一点探讨，尚祈方家教正。

一　阮潢割据顺、广与军事型政区的形成

1558 年，阮潢接受阮秉谦"横山一带，万代容身"的建议，正式出镇顺化。阮潢甫至顺化，就拥有极大的自主权力，《大南寔录》载："（黎帝）授以镇节，凡事一以委之，岁征贡赋而已。"① 黎朝在当地所设的都、承、宪三司官吏也都从其调度。② 顺化在后黎朝洪顺年间（1509～1516）已由处改为镇。因此，阮潢在入镇之后，领有顺化镇二府九县二州之地。1569 年，黎帝又将广南处委阮潢镇守。③ 是以原后黎朝广南承宣三府九县之地亦入其辖。故至此年为止，阮潢共领有顺化镇和广南承宣共五府十八县二州之地（见表 1）。

表 1　1569 年阮潢所辖府县表

府名		属县						属州	
顺化镇	新平肇丰	康禄武昌	丽水海陵	明灵广田	香茶	富荣	奠磐	靖安	沙盆
广南承宣	升华思义怀仁	黎江平山蓬山	河东慕华符离	熙江义江绥远					

由于广南在地理位置上"密迩京师，朝廷以为股肱"④，同时其地"土沃民稠，物业饶裕，税课所入，视顺化为最多，而兵数亦居大半"⑤，因此

---

① 《大南寔录前编》卷 1，第 6 页。
② 《大南寔录前编》卷 1 第 6 页："凡黎所设三司官吏皆从。"
③ 《大南寔录前编》卷 1 第 8 页："（黎帝）命阮潢兼领顺化、广南二处。"
④ 《大南寔录正编》第一纪卷 38，第 7 页。
⑤ 《大南寔录前编》卷 1，第 21 页。

阮潢占有广南之后，实力大增。广南和顺化之地共同构成了广南国的基本政治区，此后的领土扩张和政区设置悉以此二处为基础。1600 年，在多年争夺昇龙权力未果之后，阮潢回到顺广，迁移镇营，造府库，广储积，修筑海云关，正式开启了广南国时代。

阮潢割据之后，为了强化对顺广的管理，进行了有针对性的政区调整。首先，此时广南国虽割据南陲，但仍遵后黎国讳，因此在 1600 年为避黎敬宗黎维新之讳，改新平府为先平府。其次，将广南从承宣改为营。《钦定越史通鉴纲目》载："本朝太祖嘉裕皇帝四十五年（1602）改置广南营。"[①]再次，在 1604 年将原肇丰府辖下之奠槃县升格为府，管新福、安农、和荣、延庆、富洲五县[②]，升格后的奠槃府改隶广南营。与之同时，又改先平府为广平府，"寻置广平营"[③]；改思义府为广义府，升华府所辖黎江县为醴阳县，熙江县为潍川县。最后，在 1611 年击败占城之后，又置富安府，属广南营辖，以同春、绥和二县隶之。[④]

经过以上的区划，至 1613 年阮潢去世时，广南国共领有一镇一营七府二十五县二州（见表 2）。

表 2　1613 年广南国府县表

营名	府名	属县						属州	
顺化镇	广平	康禄	丽水	明灵	香茶	富荣	奠槃	靖安	沙盆
	肇丰	武昌	海陵	广田					
广南营[1]	升华	醴阳	河东	潍川					
	广义	平山	慕华	义江					
	怀仁	蓬山	符离	绥远	延庆	富洲			
	奠槃	新福	安农	和荣					
	富安	同春	绥和						

[1] 亚历山大·德罗德将"广南营"称为"Dinh Ciam"，即"占营"，陈荆和先生认为"Ciam（Cham）不外为'占'之译音，盖因广南地区为占婆（Champa）故地，所以古时之越人以'占洞'（Chiem dong）或'占地'（dat Chiem）称其地，来越之欧人亦沿袭其俗。此种习惯直至 18 世纪中叶亦然"，见陈荆和前揭文第 227 页。

① 潘清简等：《钦定越史通鉴纲目》正编卷 22，越南 1884 年刻本，台湾"国立中央图书馆"1969 年影印。
② 《大南寔录前编》卷 1，第 22 页。
③ 高春育等：《大南一统志》卷 8《广平省》，日本东京印度支那研究会，1941。
④ 《大南寔录前编》卷 1，第 23 页。

关于广南设营的原因，史书无明载，但我们可以从之前爱子营的设置中推知。阮潢在1558年进驻顺化后，建营于武昌县的爱子社。爱子社的设立是为了安置追随阮潢南下顺化的阮氏亲兵："宋山乡曲和清化义勇。"[1] 阮潢祖贯在清化宋山县嘉苗外庄，因此这些乡勇实际上是以阮潢宗族势力为核心的地域性力量。这些乡勇有的是追随阮潢躲避厄运，有的则是"在新土地上追求更光明的未来"[2]。他们在南进的出发点上尚有歧异，也就可能导致人心的涣散。由于阮潢是昇龙失势之后被迫南进的，因此他特别注意对军事力量的控制。如何收拢人心、增强追随者的团聚性是其当务之急。阮潢最终的解决办法就是设立爱子营。

爱子营的设立在当时有两个有利条件：第一，由于此地时多莫军，郑主对其也没有实际上的控制力，因此阮潢得以把持全权；第二，由于追随者的主体为宋山乡曲，阮潢可以用血缘纽带和宗族感召等有力工具，来保持其向心力。同时，还有一个必要条件：当时此地多流寇和叛军，阮潢必须采取优军政策，以保持其统治，而郑主也默认此行为，所以"凡黎所设三司官吏皆从"。[3] 也就是说，爱子营建立之初，已经确立了对后黎朝三司的管理权，兼理地方政务。

爱子营的建立可调动整个顺化地区的资源为其服务，这对于营的成员自然是有很大益处的。同时，将阮氏亲兵和宋山乡曲、清化义勇统辖在营这个封闭的军事单位之下，有利于保持他们的团结性。因此，爱子营的设置有利于阮潢的统治。虽然此时的爱子营只是兼理民政事务，并非真正的军事型政区，但其所显现的优势使阮潢有继续推广的可能。广南营及其以后诸营的设置就是例子。

广南营置于1602年，距阮潢正式割据广南已经两年。《大南寔录》载："（阮潢）至是幸海云山，见一带峰峦，延袤数百里，横亘海岸，叹曰：'此顺广咽喉之地也。'乃逾山历观形势，建镇营于勤旭，造府库，广储积，命皇六子镇之。"[4] 此前阮潢虽然已经兼有顺化和广南，却由于尚有争夺昇龙权力之企图，并不注重对二地的经营。但是，自1600年其决意割据之后，

---

[1] 《大南寔录正编》第一纪卷41载阮福映之言："宋山根本所在，先朝以其民为亲兵。"故阮主之亲兵多籍清化之宋山县。

[2] 李塔娜：《越南阮氏王朝社会经济史》，第5页。

[3] 《大南寔录前编》卷1，第6页。

[4] 《大南寔录前编》卷1，第21页。

如何在辖地内划界分区，使资源能够得到有效的整合，就显得十分紧迫了。因此，在1602年阮潢赴南方巡视的过程中，将爱子营的实践经验移植过来，在升华府潍川县勤旭社建立镇营，正式改广南承宣为广南营。随从承宣到营转变而来的还有顺化和广南边界的调整。在1604年原属顺化镇肇丰府的奠磐县升格为府之后，阮潢将其改隶广南营，由是顺广分界从五行山—翰海门北移至海云山—沱瀼门一线。这种分界方法依据的是山川形便原则，扩大了广南营的地域和自主权。至1611年，阮潢又发动南进，将新辟之富安府归隶广南营下，以巩固其南藩重镇的地位。广南营下辖五府十六县至此正式演变成为军事型政区。

二　广南国地域的扩张与"营"的相关问题探讨

（一）地域扩张与诸营、府、县的设立

阮潢去世之后，历代阮主皆奉行北拒和南进之政策[①]，不但扩大了广南国之境域，也丰富了其政区内涵。1629年，阮福源因富安府紧邻占城之故，设立镇边营。[②] 1630年，又从郑主手中夺取南布政州，建立布政营。[③] 1648年，阮福澜置留屯道，因屯于武舍社，又名武舍营。[④] 1653年，阮福濒又"以潘郎江为界，江之东至富安界首，分为泰康、延宁二府，置泰康营"[⑤]。1697年，阮福凋"置平顺营，以顺城镇隶之"[⑥]；1698年，又建藩镇营，同时又将原镇边营移至鹿野处福隆县，镇边营旧地则改为富安营。[⑦] 1732年，阮福澍分嘉定府之地，建立龙湖营。[⑧]

经历了以上的分划，至阮福阔正王位的1744年，广南国境内共设有十

① 《大南寔录前编》卷2第17页记广南臣文匡之言："吾主奉镇顺广二处，南拒占城，北防逆莫。"其后莫氏局促于高平，北拒的对象转换为郑主。关于广南阮主南进政策的详细论述，可参见 Nola Cooke, "Regionalism and the Nature of Nguyen Rule in Seventeenth - Century Dang Trong (Cochinchina)," *Journal of Southeast Asian Studies* 29（1998）。
② 《大南寔录前编》卷2，第14页。
③ 《大南寔录前编》卷2，第18页。
④ 《大南寔录前编》卷3，第14页。
⑤ 《大南寔录前编》卷4，第5页。
⑥ 《大南一统志》卷12《平顺省》。
⑦ 《大南寔录前编》卷7，第14页。
⑧ 《大南寔录前编》卷9，第9页。

二营。《大南寔录》对此有详载：

> 国初，疆宇日辟，分设境内，凡十二营：爱子曰旧营，安宅曰广平营，武舍曰留屯营，土瓦曰布政营，广南曰广南营，富安曰富安营，平康、延庆曰平康营，平顺曰平顺营，福隆曰镇边营，新平曰藩镇营，定远曰龙湖营。各设镇守、该簿、记录以治之，惟广义、归仁二府，隶于广南，而别设巡抚勘理，以治其地。①

　　此十一营之地加上"正营"②，即十二营之地③。其后虽还有营的设立，但只是析原营而置，或由府升格而成。如1779年，"以长屯道为三营要地，建长屯营"④。长屯营领有建安一县，悉由原藩镇营、镇边营和龙湖营析出。1799年建平定营⑤，1801年阮福映"剿平西贼，收复其地，改置广义营"⑥，此二营悉由原先的府升格而成。

　　随着诸营的设置，新开辟地的府县也陆续建立。1651年，改怀仁府为归宁府⑦，1742年又更名为归仁府⑧。1653年，在潘郎江以东至石碑山的区域，建泰康（今宁和）、延宁（今延庆）二府，泰康府辖广福、新安二县，延庆府辖福田、广昌、花洲三县。⑨1690年，"改泰康府为平康府"⑩，1742年改延庆府为延宁府⑪。1693年三月，改占城国为顺城镇，同年八月"改顺城镇为平顺府"⑫，1694年八月又"复平顺府为顺城镇"⑬。1697年，"初置

---

①　《大南寔录前编》卷10，第11～12页。
②　《大南寔录前编》卷10第12页："其在富春则曰正营。"
③　《大南寔录前编》卷10第12页："河仙又别为一镇，而领于都督。"河仙镇此时还保留着比较超然的地位，虽然名义上接受阮朝的官位，但保有较大的自主权力。
④　《大南寔录正编》卷1，第8页。
⑤　史料并没有明载平定营的设置时间，但可以根据相关记载推知。《大南实录正编》第一纪卷11第8页："（1799年）九月置平定营公堂官。"据《大南寔录》卷6的记载，阮福映每收复一地，随即就会置公堂官，平康营、平顺营和富安营的公堂官都是在收复之后立即设立的。平定营公堂官的设置，应距平定营设置不远。
⑥　《大南一统志》卷6《广义省》。
⑦　《大南寔录前编》卷4，第4页。
⑧　《大南寔录前编》卷10，第5页。
⑨　《大南寔录前编》卷4，第5页。
⑩　《大南寔录前编》卷6，第16页。
⑪　《大南寔录前编》卷10，第5页。
⑫　《大南寔录前编》卷7，第5页。
⑬　《大南寔录前编》卷7，第9页。

平顺府，以潘里、潘郎以西之地分为安福、和多二县隶焉"①。1700 年，"以农耐地置为嘉定府，立全犯处为福隆县，建镇边营，柴棍处为新平县，建藩镇营"②。1732 年，置定远州。③ 这些府县的设置，使广南国"封疆倍广于前"。④

据《大南寔录》载，至 1769 年为止，广南国"顺化二府八县一州"，"广南至嘉定九府二十五县一州"⑤。合计之，则广南国共辖十一府三十三县二州，具体名目如下：南布政州；广平府三县：康禄、丽水、明灵；肇丰府五县：香茶、广田、富荣、武昌、海陵；升华府三县：醴阳、河东、潍川；奠槃府五县：新福、安农、和荣、延庆、富洲；广义府三县：平山、慕华、义江；归仁府三县：蓬山、符离、绥远；富安府二县：同春、绥和；平康府二县：广福、新定；延庆府三县：福田、永昌、花洲；平顺府二县：安福、和多；嘉定府二县：福隆、新平，一州：定远州。此后直至 1771 年西山起义时，其境域并无变更。这些府县和上述十二营都有对应的地域关系（见表 3）。

表 3　1769 年广南国诸营对应府县表

营名	建立者	设置时间	治所	对应的府州县
爱子营	阮潢	1558	爱子	肇丰府武昌县爱子社
广南营	阮潢	1602	会安[1]	升华、奠槃、归仁、广义四府十四县
广平营	阮潢	1604	安宅	广平府三县
布政营	阮福源	1630	土瓦	南布政州
留屯营	阮福澜	1648	武舍	广平府康禄县武舍社
平康营	阮福濒	1653	富多	平康、延庆二府五县
正营	阮福溙	1688[2]	富春	都城，地在肇丰府香茶县富春社
平顺营	阮福凋	1697	清修	平顺府县二
富安营	阮福源	1698	春台	富安府二县

---

① 《大南寔录前编》卷 7，第 13 页。
② 郑怀德《嘉定城通志·疆域志》言嘉定府置于 1698 年，但据陈荆和著，李塔娜译《大南寔录与阮朝朱本》（见《中国东南亚研究会通讯》1987 年 1～4 期合刊）的考证，嘉定府应置于 1700 年，今从之。
③ 《大南寔录前编》卷 9，第 9 页。
④ 潘辉注：《历朝宪章类志》卷 1《舆地志》，越南国务院文化司，1971，第 92 页。
⑤ 《大南寔录前编》卷 11，第 8 页。

续表

营名	建立者	设置时间	治所	对应的府州县
镇边营	阮福凋	1700[3]	福庐[4]	福隆县
藩镇营	阮福凋	1700	新邻[5]	新平县
龙湖营	阮福澍	1732	丐殷[6]	定远州

[1] "广南营莅在会安社"，《大南实录正编》卷33，第15页。

[2] "秋七月以旧府为太庙，移建新府于富春"，《大南实录前编》卷6，第4页。

[3] "镇边"之意，即镇守边陲，由于阮主的南方边界是不断南移的，因此镇边营莅所和辖地也在位移。阮主曾设立过两个镇边营，第一个在富安府，第二个在后来的边和省。

[4] "莅所在福隆县福庐村地分"，郑怀德《嘉定城通志》卷3《疆域志》，第137页；收入戴可来、杨保筠校点《〈岭南摭怪〉等史料三种》，中州古籍出版社，1991。

[5] "莅所在今平阳县平治总新邻村"，郑怀德《嘉定城通志》卷3《疆域志》，第131页。

[6] "初立定远州，建龙湖营，驻丐殷处"，郑怀德《嘉定城通志》卷3《疆域志》，第146页。

　　表3中，与其他诸营相比，爱子营和留屯营的情况较为特殊。其他诸营之境域及其所辖府县名录，在史籍中都有明确记载，此二营则无。其中原因史书并未言明，笔者只能根据当时形势来稍作推阐。如上文所述，爱子营莅原在肇丰府武昌县爱子社，但由于此地地形较狭，遂于1570年迁至茶针社。① 后来又历经多次迁移，最终定于香茶县之富春社。爱子营虽失去了当初总镇驻所的地位，但因其地乃阮主功业发祥之处，重要性和其他诸营自是不同，所以虽然其形势一般，但还是保留了营的建置，只是原先兼理民政的大权可能被抽离了，此刻只是一个纯粹的军事驻防单位而已。

　　而留屯营原本就是郑阮战争的产物，由于其战略地位重要，所以在战后并未被撤销，其营莅在广平府康禄县武舍社。广平府早在1604年已经建营，由于其时南布政州尚在郑主掌控之下，广平营只包含康禄、丽水、明灵三县之地，十分有限。过狭的地域对于处于郑阮锋面上的广平来说，本来就是一个很大的劣势，因此不大可能再将其横切为二，在武舍社再设一个相似功能的营。因此，留屯营在战时应当也只是一个单纯的军事营地，虽然在战后未被裁撤，但其功能应与战时相仿，仍旧只是个军事单位，其下并未有府县之设。正是因为二营纯粹的军事性质，史书才未对其境域和所辖府县名录进行记载。

① 黄兰翔：《十九世纪越南国都（顺化）的城市规划初探》，《台湾大学文史哲学报》1998年第6期。

（二）营与府县关系及营属性的探讨

那么营和府县之间到底存在何种关系呢？杨保筠先生对此曾有探讨：

> 营的设置，是阮氏统治者根据其需要而确定的，与原有的府县等传统的行政单位之间并无特定的联系。只是由于营拥有重权，许多人，特别是阮氏政权时期到过其领地的外国旅行者、传教士们直接把它们视为省级行政单位了。[1]

上文说过，虽然阮潢早在1558年就设置了爱子营，但这只是一个具有民政兼理权力的军事驻防单位，并不是真正意义上的军事型政区。广南国的军事型政区体系的真正肇端，系以1602年广南营的设置为标志。之所以这样说，是因为广南营在设置后，并不是简单地以既定政区为防区，而是对原有政区的边界、层级都进行了调整，并明确确定了营和府县的统辖关系，如此一来，营就成为地方行政机构的最高级别，相应地，营区也就成了高居县级政区、统县政区之上的高层政区。此后设置的一些营，或是在初设之时，或是随着时间的演变，大都发展为正式政区：有的嵌入原有的府县体系当中，成为县级或统县政区，有的则替代原先的承宣成为高层政区。这样看来，营"与原有的府县等传统的行政单位之间并无特定的关系"的看法，就需商榷了。

系统地观察当时所有营的设置和变化过程，我们会发现北方营和南方营的设置过程是不同的。此处所指的北方，意指广南国的基本政治区——阮潢南镇时所领有的原后黎朝顺化镇和广南承宣之地。此二地由于久蒙王化，地方行政机构已经比较健全。至阮潢到达之时，原先后黎朝承宣—府—州、县的三级政区制亦保存完整。又由于阮潢身被处置行政之大权，因此为便利起见，他所设之营一般都是建立在原有的政区基础上，如上文所言的爱子营、广南营、广平营。在此三营之后，1630年阮福源从郑主手中夺取南布政州，建立布政营。在郑阮战争期间，1648年他又因为屯兵武舍，在当地区划出留屯营。布政营和留屯营也都是在原先的政区基础上析置的。富安营的设置有些特殊，它所辖境域原在广南营的辖区之内，广南营拓地之后，先设立富

---

① 杨保筠：《越南南方阮氏割据政权的行政体系》。

安府，但后来因为广南营辖地纵向过长，不能及时、有效地应对南方占城的骚扰，因此将南部新开之富安府别立为富安营，使其自为守备。这体现了阮主在设营过程中因地制宜、因时设制的灵活性。

南方政区的设置则别具特色。如前所述，阮主在北进失败之后，一直奉行北拒和南进策略。① 阮主南进所依靠的力量主要有两股：移民和军队。移民是指北方流民、罪犯，也包括郑军俘虏和流寓之华人，他们主要从事前期的拓荒工作。一旦这种筚路蓝缕的开辟工作见到成效，阮主就会派遣军队南下，在当地设营驻扎。1653 年，置泰康营。1697 年，阮福淍置平顺营。1700 年，建藩镇营，同时又将原镇边营移至鹿野处福隆县。1732 年，阮福澍建立龙湖营。而新辟地府县的设置，有些和营的建立同时，有些则稍晚。泰康营设置之时，也同时建泰康、延宁二府。藩镇营和镇边营也是和嘉定一府二县同时设置的，稍后阮主在嘉定府地的境域内，又析置定远州，设龙湖营。

平顺府的设置时间比平顺营稍晚。据《大南寔录》载，显宗二年（1693）平定占城叛乱后，"改其国为顺城镇"②，同年八月又"改顺城镇为平顺府"③。三年（1694）八月，"复平顺府为顺城镇"④。短短两年时间内，阮主在平顺地区三度改制，这说明当地情况的复杂。因此，为了保障对此地的控制，阮主设置了平顺营，以控制顺城镇。所以《大南一统志》所记阮福淍"置平顺营，以顺城镇隶之"之事，当在此年。⑤ 经过两年的经略，顺城镇反抗渐熄，因此阮主才在此地复设平顺府，隶于平顺营。此时的平顺府不再像之前那样，囊括顺城镇之地，而是只管理潘里、潘郎以西之地。

平顺营既然先于平顺府而设，那么其营在设立之时，应当只是一个军事驻防单位，兼有部分处理当地民政的权力。由于当时的平顺营辖下并不含府、县等政区建置，因此并不能称其为军事型政区。只有在 1697 年平顺府及其下属安福、和多二县建立之后，平顺营政区层级才得以完善，军事型政区方得确立。

---

① 郑阮战争时期，阮军一度积极北进，占领乂安七县达五年之久，但最终由于军需不济、人心动摇而放弃。此后，历代阮主虽间或有北伐的想法，但再无实际行动。

② 《大南寔录前编》卷7，第4页。

③ 《大南寔录前编》卷7，第5页。

④ 《大南寔录前编》卷7，第9页。

⑤ 《大南一统志》卷12《平顺省》。

与其相比，藩镇营和镇边营的情况更为特殊。1700年，显宗初置嘉定府，命统率阮有镜经略真腊，分东浦地，以鹿野处为福隆县，建镇边营；柴棍处为新平县，建藩镇营。当时嘉定之地极广，"福隆、新平二县，未能以尽之"①。二县的行政管理幅度相当有限。藩镇营和镇边营作为军事单位，其巡防范围大于二县。因此，福隆、新平二县应包含在镇边、藩镇二营的驻防范围内。但地理空间上的囊括，并不意味着在政区层级上的囊括，此时的营和县之间有统属关系。从嘉定府统辖二营二县的记载来看，此时的镇边、藩镇二营与福隆、新平二县是并立关系，二营只是以二县境域为基础而设立的军事单位，二县掌控行政权力，而二营则只行使纯粹的军事职能，并无行政管辖权。此时的嘉定府，虽名为"府"，实际上却手握军政合一之大权，发挥着类似于广南营的作用。

1779年，阮福映为了整合力量抵抗西山军，重新分划了南方诸营的边界。而伴随着边界调整而来的是嘉定府政区层级的变动。《大南寔录》载："冬十一月阅嘉定诸营版图，分画镇边、藩镇、龙湖三营界地，俾相联络。镇边营领县一、总四；藩镇营领县一、总四；龙湖营改为弘镇营，领州一、总三；又以长屯道为三营要地，建长屯营，领县一、总三。"② 其中镇边营所领之县为福隆县，藩镇营所领之县为新平县。至此，嘉定府地区原有的二营二县并立格局被打破，镇边营和藩镇营方有摄县之权，从而演变为正式的军事型政区。此时的嘉定名义上虽仍为府，但由于其地在阮主与西山之间频繁易手，实际上已经从原有的政区体系中抽离出来，只发挥着相当于战时指挥中枢的作用，其原有的统县功能则被藩镇、镇边、龙湖、长屯四营瓜分。

总之，至1771年西山起义爆发前为止，十二营尽管基本覆盖了当时广南国全境（见图1），但这并不意味着其性质和级别都相同。十二营中，爱子营、留屯营只是单纯的军事单位，与原有的府县确实并无特别的联系。其他诸营中，藩镇营、镇边营和龙湖营正处在由军事单位向统县政区的演化过程之中，还没有辖县的资格，而布政营只领有南布政一州，相当于统县政区。只有广南、广平、富安、平康、平顺五营才是真正意义上的"省"级政区。

① 郑怀德：《嘉定城通志》卷3《疆域志》，第131页。
② 《大南寔录正编》第一纪卷1，第7~8页。

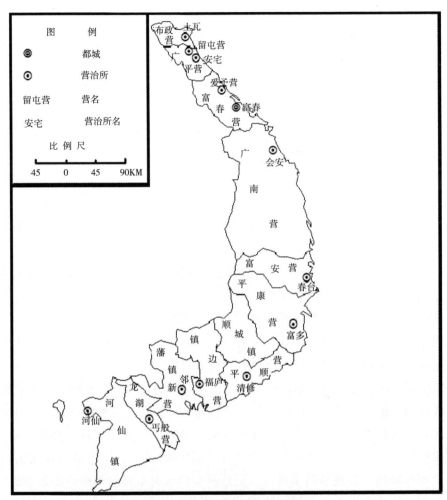

图1　1771年广南国全境示意图

（作者根据《越南行政地图集》绘制，越南地图出版社，2012）

1. 图中"顺城镇"属平顺营管辖，此处另外画出，意在表示顺城镇在广南国政区圈层中的独特性；

2. "河仙镇"当时为广南国的属国，并不在十二营的范围内。关于广南阮主对河仙镇的经理，笔者将在后文论述。

三　广南国政区圈层结构探析

（一）"圈层结构"释义

越南自古为汉字文化圈之重要成员，更兼有千余年的北属史，因此对中国的衣冠制度多有汲取。在政区设置上，越南诸项举措也具有明显的中国痕迹，即便是进入自主时期之后，其对中国政区设置经验的汲取仍未停止。此处所言的政区圈层结构就是一例。由于政区设置是以地理环境为基础的，因此在地理平面上，政区往往由中心向外部发散，类似于"圈"形；同时，政区本身是有层级划分的，不同类型和级别的政区在地理平面上错落堆叠，就构成了"层"。周振鹤先生将《尚书·禹贡》中的"五服制"阐释为一种政区的圈层结构图式①，甚具卓识。郭声波先生则更进一步，在阐释中国历史政区圈层结构的平面特点时，将历代地方行政与统治区划分为直接行政区、间接行政区和统治区三个部分，直接行政区包含中央直辖区和中央经制区；间接行政区包含低度、中度和高度三种不同自治程度的行政区，而藩属国则被归于统治区之列。②

与周先生所述及的带有浓重地理色彩的圈层相比，郭先生的"圈层结构"具有更为丰富的内涵和层次。

第一，他强调"圈层结构"起源于地理圈层。在早期中国，地理圈层的划分一般是以道里远近为基本依据的，在地理圈层的基础上，施政者才建构起政区圈层，比如夏、商、周、秦、汉等朝代。

第二，随着边疆各族的内迁和中原主体民族的外拓，作为政治统治手段的政区圈层往往出现与地理圈层不一致的情况，如畿内的羁縻区、中南的土司区、远离首都的中央直辖飞地等现象就是这种不一致的体现，亦即是说，政权圈层从单纯的"地理圈层"演变为"结构圈层"，这一点也是郭先生政区"圈层结构"论述的精华所在。正是因为民族关系和地理形势的复杂性、特殊性，才使施政者有了创制特别政区制式的动力。从郭文的论述逻辑来看，这种结构圈层对地理圈层的打破现象，本身就是其圈层理论的重要组成部分。这就如同考古学的地层学一样，不能因为某个地层出现了与之龃龉的东西，造成了地层的扰动，就认为地层学不适用了。

第三，如果把"圈层结构"仅仅看作静止的、闭合的，那就会陷入将其与地理圈层等同的怪圈。郭先生所言的"圈层结构"，固然具有地理圈层的涵义，但更为重要的是，它的高级阶段是一种政区结构上的圈层，是动态和开放的。地理圈层的扩张会造成政区层级的异动，特种政区制式的创设也

---

① 参见周振鹤《中国行政区划通史·总论》，复旦大学出版社，2009，第198页。
② 参见郭声波《中国历史政区的圈层结构问题》，《江汉论坛》2014年第1期。

会造成地理圈层的细化。在"圈层结构"中，政区结构作为一个多重复合体，其意义更为重大。

第四，郭先生在重视地理因素的同时，反复强调"人"的作用。这个"人"是集创制者、调试者、顺应者、破坏者于一身的。正是基于"人"需求的多样化，才有了政区的多种制式。其中除了与地理圈层重合的常规政区外，还包含那些基于特殊需要而建置的、导致地理圈层被打破的政区。

第五，由于打破了早期的地理圈层限制，高级阶段的政区"圈层结构"不仅适用于多民族国家，也适用于单一民族国家；不仅适用于民族分布基本定型的国家，也适用于民族迁移频繁的国家；不仅适用于像中国这样幅员长广基本等距的国家，也适用于像越南这样境域狭长的国家。

古代越南的政区设置中，实际上就贯穿着此种圈层结构之理念，只不过"百姓日用而不知"罢了。直到后黎朝阮鹰撰《安南禹贡》一书，才将越南政区的圈层制式初步揭开。与《禹贡》具有的理想色彩不同，《安南禹贡》实际上是阮鹰对当时后黎朝实际区划进行的描述和阐释。书中将当时的后黎朝分为五大区块和两大圈层，五大区块为中都，以及东藩、西藩、南藩、北藩四大藩。"藩"并非指藩属国，也不是正式的政区名目，而是阮鹰对地方十三镇这种中央经制区的统称。中都"四方辐辏，居国之中"①，四藩十三镇之地则呈圈状包其四周，这种以中都为中心、向四方发散开去的同心圆构造，亦即周、郭二位所说的"圈层结构"。而在四藩十三镇内部，阮鹰又进行了细化，将每藩属镇分为两个到五个细小圈层，如东藩只包含首镇海阳和次镇安邦，而南藩则有山南、清化、乂安、顺化、南界五镇。很明显，这种圈内细划是以道里远近为标准的。可以说，阮鹰已对越南政区的圈层制式有了比较清楚的了解，而其书既命名为《安南禹贡》，并全采《禹贡》之体例，这本身就说明了越南政区设置过程中对中国经验的汲取和改造。

具体到广南国政区上来，由于阮主治下的疆土多为新拓之地，各地又具有鲜明的风土特色，因而既无现成的制式可供移植，亦不能纯依地理圈层来划分。阮主只能根据前代一些通行性的经验，再对之加以改造，以适应形势的需要。如此一来，广南国政区就形成了颇具特色的圈层结构。之所以说它"颇具特色"，是因为广南国的国土形状十分特异，南北道里与东西道里的对比，差异极大。如此一来，惯常用以表现"圈层结构"的那种同心圆形

---

① 阮鹰：《舆地志》，越南国家图书馆藏本，书号 R. 2016。

态，往往会引起人们的质疑。实际上，同心圆结构只是为了传递圈层内涵而采用的一种便捷方式，并不是说同心圆结构就是圈层结构本身。圈层结构的表现形式有很多种，前引郭文中以表格的形式展现圈层结构，也是一种很好的方法。

（二）广南国政区圈层结构探析——以 1744 年的广南国为例

1. 十营的圈层制式：直辖区 + 经制区

基于前文的考证可知，在 1744 年的广南十二营中，由于爱子和留屯二营只是占有肇丰府和广平府的数社之地且又非军事型政区，因此实际上只有富春、布政、广平、广南、平康、平顺、富安、镇边、藩镇、龙湖等十营与诸府县之间存在严格的映射关系，性质上属于军事型政区。在地理平面上，富春京偏居北隅，并非中心所在，但从政治地理建构来理解的话，富春京作为王都，自然处于"天下之中"的地位。此处的"天下之中"，一方面是王都政治地理建构的结果，另一方面是强调其文化输出的意义。

广南国政区即以富春城为核心，向外推展，将九营包括在内，形成了一个完整的圈层式政区结构。[①] 正营富春城是圈层的核心所在，富春城周围应有一定幅度的中央直辖区，即王畿之地，这部分地区涵括肇丰府在内。在中央直辖区之外的广平等九营之地，为中央经制区。在经制区内，如果以道里远近这种地理指标再进行细分的话，那么紧邻富春之广平营和广南营为第一圈，布政和富安营为第二圈，平康、平顺为第三圈，镇边、藩镇、龙湖三营为第四圈。这样一来，广南政区就形成了一个较为规整的圈层。

2. 顺城镇：间接行政区

但实际上广南政区设置的影响因素，并非只有道里远近，还有设置地的风土民情。以顺城镇为例，显宗二年（1693）平定占城叛乱后，"改其国为顺城镇"，同年八月又"改顺城镇为平顺府"。三年（1694）八月，"复平顺府为平顺镇"。两年时间内，阮主在平顺地区三度改制，其中缘由应归结于阮主过于激进的政治政策。据《大南寔录》载，在阮主改顺城镇为平顺府之时，曾强制推行"易衣服以从汉风"[②] 的措施。这种政策不只包含衣冠制

---

① 但有一点需要注意，从地理状况来看，广南国领土南北狭长，而西山东海，距离极短，因而其政区圈层的整体形状，南北和东西反差极大，但若将广南国从这种地理环境中抽离出来，只对其政区圈层作抽象的观察，那么这种地理空间的制约性也就相对降低了。

② 《大南寔录前编》卷 7，第 5 页。

度的更替，还包括对占城既有生产方式的变革，即迫使原先以游猎为生的占人向农耕生产方式转变。农耕方式的推广有利于化散民为编户，这是阮主推行此措施的主要原因。但此举推行不足两年，就因为"一经变革以来，饥馑相仍，民人饥疫者众"[①] 而停止，平顺府继而复为顺城镇，阮主仅置平顺营监督之。

顺城镇的复设，标志着阮主对此地的经略方式由经制还原为羁縻。而从广南国政区圈层的角度来看，则是由单一圈层向立体圈层、由直接行政区向间接行政区的转变。单一圈层是征服者在政区设置之时，追求"整齐划一"效果的产物。在地域狭小、民族成分单一的国家中，单一圈层或可维持，但在左山右海、地形狭长的广南国中，越獠杂处，各地风土殊异，强求政区之"整齐划一"实际上意味着统治者对各地具体情况的忽视或漠视，因此其在这些地区的统治也必不长久。顺城镇的数番改制，就是单一圈层不合理性的生动说明。

在地理空间上，复设后的顺城镇地处平顺营辖地之中，而平顺营为中央直接行政区，但由于顺城镇因俗而治，变成了直接行政区中的一个间接行政地带。这种飞地现象，造成了对原有地理圈层的打破。因此，虽然顺城镇在地理圈层中处于内层，但在政区圈层上却属于外层。这种从农耕经济向畋猎经济、经制区向间接行政区的转变，跟先进和落后无关，只是基于此地的特点而相应设制罢了。

3. 河仙镇的圈层制式：统治区

河仙原为真腊柴末府属地，鄚玖"看到此地比诸其故乡远为肥沃而被弃于荒废，甚为惋惜，乃决意予以开发"[②]，"因招流民于富国、芹渤、架溪、陇奇、香澳、哥毛等处，立七社村"[③]。鄚玖所立之七社村分布极为分散，且此时仍属真腊，鄚玖本身并无强大的军队和坚固的城防来守护之。1679 年，由于真腊内乱，鄚玖被前来干涉的暹罗俘获，其间历经波折，直到 1700 年方归河仙。此后，鄚玖接受幕宾苏公"不若南投大越，叩关称臣，以结盘根之地，万一有故，依为亟援之助"[④] 的建议，于 1708 年诣阙上表

---

① 《大南寔录前编》卷 7，第 9 页。
② *Voyage d, urn philosoph*, par Pierre Poivre, Yerdon, 1763. 转引自陈荆和《河仙镇叶镇鄚氏家谱注释》，《台大文史哲学报》1955 年第 7 期。
③ 《大南列传前编》卷 6，第 1 页。
④ 武世营：《河仙镇叶镇鄚氏家谱》，收入《〈岭南摭怪〉等史料三种》，第 232 页。

称臣，求为河仙长。当时的阮主为阮福淍，亦正为南进真腊而筹划，郑玖的上表可谓恰逢其时，因此他将其列为属国，并名其地曰"河仙镇"。

河仙作为广南之属国，却又被命名为"镇"，这和上文的顺城保有国王，但也被称为"镇"表面上相似，实质上却大相径庭。顺城镇完全处于阮主的势力范围内，只是由于其为占人故土，不能遽行更化，所以才复设顺城王，使其成为中央经制区包围中的羁縻区。河仙则地处海陬，此时尚为真腊之属地，为阮主势力莫及之处，因此阮主只能顺势予封，不可能有实质性的控御。对于此点，陈荆和先生曾说："河仙成为阮主之附属，但阮主却未曾过问其内政，完全由郑氏自治自理。"① 可谓甚得端的。因此，河仙被称为"镇"只是表示一种归入广南的名义，从政区圈层上来讲，此时它连间接行政区都算不上，只能算是统而不治的"统治区"。

麦克·哥特（Michael G. Cotter）认为："18 世纪期间，郑玖及其子与阮主合并，以分割真腊的土地。"② 事实上，河仙和广南之间只是联合，并非合并。河仙真正并入阮氏辖地，晚至阮朝建立之后。还有学者指出，此时的"河仙之于广南，乃后者一名为附属、实为遥领性质之独立性'政治飞地'"③，飞地行政区也是一种政区圈层的打破现象，它和核心地之间虽有地理空间的区隔，但在行政上有直接的统属关系，从上文论述来看，此时的河仙镇并不具备成为广南飞地的条件。因此，将河仙镇归为广南国的"统治区"应是最为合宜的。

阮福淍接受郑玖的请表，也是遵循了广南国南进政策的一贯理路。广南国的南进策略，概而言之，即"蚕食"二字。阮居贞曾言："昔时拓嘉定府，必先开兴福，次开鹿野，使军民完聚，而后拓柴棍，是乃蚕食之计。"④ 蚕食之计的推行，或是依靠移民，或是依靠军事征服⑤，在后江地区，却有第三种手段，即"以蛮攻蛮"⑥。此地原为真腊之地，但一直遭到暹罗的觊觎，广南势力难以插足，莫玖的请封恰好提供了一种可能，即合北边之嘉定

① 陈荆和：《河仙郑氏世系考》，《华冈学报》（台北）1969 年第 5 期。
② Michael G · Cotter, "Towards a Social History of the Vietnamese Southward Movement," *Journal of Southeast Asian Studies* 9（1968）.
③ 李庆新：《郑氏河仙政权（"港口国"）与18 世纪中南半岛局势》，《暨南大学学报》（哲学社会科学版）2013 年第 9 期。
④ 《大南寔录前编》卷 10，第 28 页。
⑤ 对于军队和移民在越南南进中的作用，Michael G. Cotter 有详细阐述，见前揭文。
⑥ 参见《大南寔录前编》卷 10 第 27～28 页所载阮居贞之奏表。

府与南方河仙镇之力，共同夹击后江之真腊、暹罗。同时，河仙也从这种关系中得到了好处，其中最大的益处就是摆脱了真腊的控制。《大南寔录》载，1738 年郑天赐在反抗真腊入侵的战斗中大破敌军，进而占据柴末，"由是真腊不敢窥河仙矣"①。河仙遂从真腊属城跃升至独立地位。②

　　独立后的河仙，在广南国建立的亚宗藩关系中与真腊的地位是平等的，因此它才可以名正言顺地在 1755 年和 1757 年两次充当真腊与广南之间的调停人。甚至在 1769 年，郑天赐更自号"高棉王"。③ 自此直至 1771 年暹罗的占领，河仙基本保有了这种地位。但与此同时，阮主也在寻找机会向河仙地区渗透。1757 年，阮居贞奏请将龙湖营莅所从前江以北的丐般移到江南的寻袍，直接与河仙隶下的镇江相接，同时，"又于沙的处设东口道，前江设新洲道，后江设朱笃道，以龙湖营兵镇压之"④。这些道的设置呈弧状包住了河仙地，标志着阮主势力向河仙的围逼。于是，郑天赐迫于形势，也只好置其隶下的"架溪为坚江道，哥毛为龙川道"⑤。虽然此二道仍由其管辖，但这种军事部署的接轨实际上也代表着阮主对河仙外围地区的剥离。1771年暹罗攻破河仙之后，阮主对龙川、坚江二道"别设官以管之，租税从永清征纳"⑥。次年暹罗虽弃河仙城而去，但阮主并未将此二道还于郑氏。⑦ 河仙境域仅缩至河仙城、镇江等一隅之地。

　　河仙这种属国地位也并不为耽于武功的广南将领所喜。1770 年河仙遭乱民攻击，阮福淳对嘉定调遣营下了一道特殊命令："凡河仙有警报，当速策应。"⑧ 这个敕令颇有意味，它暗示着之前虽然河仙历经变乱，但嘉定将领较少施以援手。即便是此命令下达的次年，天赐探得暹罗将要大举入侵，

---

① 《大南寔录前编》卷 10，第 2 页。
② 需要注意的是，河仙的独立，是以其境域的缩小换来的。虽然原先芹渤、香澳等地俱为郑玖所开发，但由于其地覆盖较广，且非形胜之区，因此到郑天赐独立时，不得已将其弃掉，将重点放在了河仙城以东至哥毛之地，芹渤等地仍归真腊。直到 1757 年真腊匿尊感恩，"复割其地香澳、芹渤、真森、柴末、灵琼五府以谢郑天赐，天赐献于朝，上令隶归河仙管辖"（《大南寔录前编》卷 10，第 30 页），这些旧地才复为河仙所有。
③ 郑瑞明：《十八世纪后半中南半岛的华侨——河仙郑天赐与暹罗郑昭的关系及清廷的态度》，《台湾师大历史学报》1978 年第 6 期。
④ 《大南寔录前编》卷 10，第 28 页。
⑤ 《大南寔录前编》卷 10，第 30 页。
⑥ 《大南寔录正编》第一纪卷 41，第 11 页。
⑦ 龙川、坚江二道复隶于河仙，晚至阮朝嘉隆九年（1810）九月，此时的河仙已经完全丧失独立地位，成为嘉定城之属镇，参见《大南实录正编》第一纪卷 41。
⑧ 《大南寔录前编》卷 10，第 12 页。

驰檄请援于嘉定调遣，阮久魁等仍"以河仙前年虚报边警，徒劳王师，不肯调兵赴援"①，致使河仙城陷于暹罗。阮福淳在次年"以嘉定调遣阻兵不援河仙"② 之故，降阮久魁为该队，撤阮缙绅。阮主之所以作此区处，并不是为了保全河仙的独立地位，而是因为此刻形势已变，暹罗在西南虎视眈眈，广南国需要河仙作为"界近边方"③ 的嘉定府的外围缓冲区④。

1771 年，暹罗占领河仙后，鄚氏的力量受到了极大削弱，基本上已经丧失了其原先在广南国的战略规划中应有的地位。如果不是西山起义的爆发和郑主的南下，广南国很可能会继续对之进行蚕食，直到其和藩镇营、龙湖营等一样，成为广南国的直接行政区。随着 1777 年广南国灭亡、西山进占，河仙的辉煌也一去不再。

综观河仙之历史，它从原真腊柴末府下辖的荒芜之地到 1708 年成立河仙镇，再到 1738 年击败真腊获得独立地位，经历了从真腊属地到广南属国的转变。1757 年后河仙镇和广南国的军事行政体系逐渐接轨。1771 年河仙镇残毁之后，对广南国的依附作用更大大加强，但由于此时西山军的南下，这个进程便随着 1777 年广南灭国戛然而止。河仙最终没有完成从"以不治治之"的统治区向直接行政区的转变。在广南国地理圈层中，河仙处于西南之极边；而在政区圈层中，由于它属于统治区，也位于圈层结构的外围。因此，与顺城镇和安代源等所体现出来的圈层打破现象不同，河仙镇是广南国地理圈层和政区圈层的统一。

4. 广南国政区圈层结构示意图

广南国政区圈层制式是十分完整的，它不仅包含直接行政区（即直辖区和经制区），还包含间接行政区和统治区。这些政区的类型是多样化的，又因为其类型的多样化，而丰富了圈层结构的层次性。为了观察方便，笔者取阮福阔正王位的，同时也是广南政区较为稳定的 1744 年为时间剖面，绘制了"1744 年广南国政区圈层结构示意图"（见图 2）。

---

① 《大南寔录前编》卷 10，第 13 页。
② 《大南寔录前编》卷 10，第 15 页。
③ 《大南寔录正编》第一纪卷 48，第 16 页。
④ 周振鹤先生将中国历史上的王朝版图分为核心区、边疆区和缓冲区，见前揭书。这一分法也可以借用来阐释广南国政区。嘉定府所辖之地实际上相当于周先生所说的边疆区，而河仙镇的地位则相当于缓冲区。这种建缓冲区以扈疆土的行为，亦为阮朝所沿袭，《大南寔录正编》第一纪卷 44 载："暹罗欲得真腊，必以匿原为奇货；我欲屏蔽嘉定，必以匿慎为藩臣。"此处所言以真腊为嘉定之屏蔽，即将真腊设定为阮朝的缓冲区。

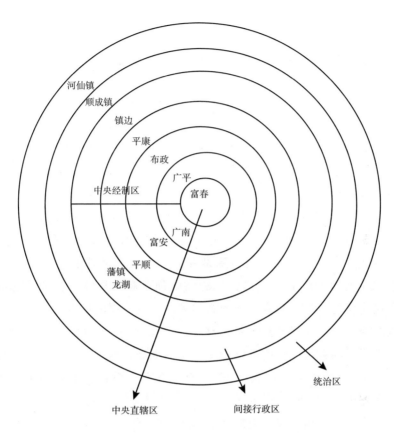

图 2　1744 年广南国政区圈层结构示意图

（三）对“属”性质的认识

在顺广地区的上游（即今西原）还散布着许多少数民族聚落。《抚边杂录》载："前阮氏开拓南境，建立府县，其近山林、沿溪海之处，每立为属，零散之坊、村、耨、蔓皆隶焉。"[①]　其中"每立为属"的属，是广南国政区中一个值得关注的现象。由以上引文可知，设属之地或近山林，或沿溪海。那么这些山林、溪海地带，为什么不设置府县呢？笔者认为原因有二：第一，从属所统辖底层单位的通名来看，这些地方应当多处于少数民族地区。比如耨、蔓，《抚边杂录》解释道："曰耨，盖取合伙作田之意；蔓，

---

①　黎贵惇：《抚边杂录》卷 3，古学院藏版，西贡国务院特别文化府，1972，第 122 页上。

犹草之延蔓，凡所居连属者曰蔓。"① 从中不难看出这些地区较为原始的生产和生活方式。村、坊这些具有明显的文明特色的命名方式，可能系山地、平原交接带的开化部落所使用，从这些通名中，可知当时的山地部落已有生、熟之分。第二，置属之地，往往与政府的利源相关。《抚边杂录》有一段记载，可为此提供些许端倪："（属）所置知押人员，亦与各总同，有收田租粟，有代纳钱，造簿选丁之辰，民数可详，财赋亦多，以为密矣。第不并其职于地方官，乃令内府多设该知，催督百端，所以生弊。"② 属所在的山林和溪海地带，为财赋汇聚之地，应当是广南政府的重要利源所在，因此令内府直接管辖之。

《大南寔录》载，1827 年明命帝"改承天以南至平和各属为总：以所辖之县领之，前此，属自为属，不统于县。至是始令照随地势近便而改隶焉"③。由此可知，在广南国时，属是独立于地方府县体系之外的。这种独立性表现在地理平面上，即"属"的境域刻意避开县域，只在沿边和近海的利源地带设置。从明命帝改属为总的举动来看，属的境域也并不广大，这种地域的局限性，应当与其"近山林"和"沿溪海"的设置特征有关。

广南国属的数目，目前难以确知。属的地域分布十分广泛，自正营南至平康营皆有。《抚边杂录》载："惟华州与富州、镰户、纲儿、河伯五属有之，各属停设。（保泰）七年（1726），查广南各府，始立各县各属，未定职例者，升华十五坊、属，奠磐四属，广义四属，归仁十三属，富安二十八属，平康十二属，延庆十四属、耨，平顺二十属坊。"④ 此处所载的数目，第一，数据有重叠，如"河泊属"在富安营地面，已经包含在"富安二十八属"之内，但下文仍以"二十八属"言之；"纲儿属"虽位于奠磐府地面，但后文仍以"奠磐四属"来记述，皆此类也。第二，此处所记并非属之全数，而是夹杂了坊、耨的数目在内。因此，要确定广南国属的数目，还需要进一步寻找资料。

诸属的设置时间，目前可以确定的，只有富安营二十八属。《大南一统志》"富安"载："熙尊皇帝己巳十六年，文封叛，命副将阮荣讨之，立镇

---

① 黎贵惇：《抚边杂录》卷 3，第 57 页上。
② 黎贵惇：《抚边杂录》卷 3，第 122 页上。
③ 《大南寔录正编》第二纪，卷 45，第 27 页。
④ 黎贵惇：《抚边杂录》卷 3，第 120 页下。

边营，后曰富安营，设巡抚官，又于沿边、近海之处，设为二十八属。"①
可知，富安营二十八属，俱设立于 1689 年。

从政区性质上看，属是十分特殊的。一方面，它确实有一定的地理范
围，并且统辖着坊、寨、耨、蔓等底层单位，"自五百人以上，许该属、记
属各一人；四百五十人以上，许记属一人；一百人以至十人，只许将臣，如
各耨例"②。但另一方面，它又直接归内府管辖，不纳入地方行政体系之内。
基于这两个特征，笔者认为，与其将其认为是基层政区，不如将其看作一种
负担开源职能的功能区。

结　论

广南国政区的设置汲取了先代的优秀经验，但也根据自身在不同时期所
处的不同境况进行了创新，最为突出的就是"营"的设置。广南国所设之
十二营，有的是纯粹的军事单位，有的则是军事型政区。而作为军事型政区
的诸营，其行政级别又有差异，如布政营只相当于统县政区，而广南营则相
当于高层政区。营的设置基本以地理空间为依托，因此诸营所处的地理圈层
和政区圈层都是基本对应的。但如果同时考虑到诸地的形势和风俗，诸营镇
府县的设置就会出现和地理圈层不一致的现象，顺城镇就是此种打破现象的
一个例证。终广南一国，都未将河仙纳入政区体系之中，河仙之名"镇"，
只是代表一种对广南国名义上的归属，实际上仍保有其相对独立的地位。而
在广南国的政区圈层中，河仙镇作为属国，处于最外层，性质上应归于
"治以不治"的统治区。"属"则不应归入基层政区的行列，将其视为功能
区更为合宜。

Study on the Political Geography of Guangnan Country

Han Zhoujing

Abstract：The setup of Guangnan's political areas had not only absorbed good

---

①　《大南一统志》维新本《富安》，第 1173～1174 页。
②　黎贵惇：《抚边杂录》卷 3，第 122 页上。

experience from previous generations, but also made innovations according to different situations. The most prominent measure was the "Camp". In the twelve camps, some were purely military units, while some were military administrative districts. "Camp" was built on the basis of geographic space. Therefore, the circle of the camps region is basically correspond with the geographical sphere. But if taking the situation and customs into account, the camps and counties will not correspond to the geographical sphere. In Guangnan's political distracts' circles, Ha Hien was a vassal state, which was in the most outer layer, so it should not belong to Guangnan controlled areas.

Keywords: Guangnan; Camp; Military Administrative Districts; Ha Hien Political Distracts' Circles

（执行编辑：徐素琴）

海洋史研究（第九辑）
2016 年 7 月　　第 125～174 页

会安历史

陈荆和[*]

广义上讲，广南指的是从 16 世纪下半叶开始直到 18 世纪结束阮主统治下的全部疆域。在阮主统治最鼎盛的时期，它包括了现在的越南中部和越南南部相当大的一部分区域。交趾支那（Cochinchina）亦指这一地区，这是同一时期欧洲人对其之称呼，而安南、广南国或河内国是 17 世纪和 18 世纪中日航海家及商人对其之称呼。

狭义上讲，广南代表的仅仅是现在的广南省，即阮朝时期的广南营。有一个需要说明的空间概念：这一地区以前是象林县的一部分，而象林县属于中国汉代时期的日南郡。此后，这一地区也被认为是早期占城王国的阿摩罗

[*]　作者陈荆和（1917～1995）时任美国南伊利诺大学客座教授，译者王潞系广东省社会科学院广东海洋史研究中心助理研究员，程淑娟系广东省社会科学院中国古代史专业研究生。翻译过程中得到澳大利亚国立大学李塔娜教授的支持与帮助，谨致谢忱。

本文译自陈荆和先生著 *Historical Notes on Hoi - An*（*Faifo*）。原著作为"美国南伊诺利大学越南研究中心——专题系列四"于 1973 年出版。1960 年，陈荆和先生与西贡历史研究学会在会安开展合作调查，搜集到大量碑文、墓志铭以及其他相关史料，成为该著非常重要的资料来源，部分碑铭资料以附录形式收录其中。受限于篇幅，本文保留了正文引用的碑铭资料，其余则未予收录。本文英译名尽量遵照陈先生的行文习惯，如保尔里（Cristofiri Borri）、法兰西斯哥·五郎右卫门（Francisso Groemon）、宝依亚（Thomas Bowyear）、梅奔氏（Charles B. Maybon）等，参考了陈荆和先生《十七、十八世纪之会安唐人街及其商业》（《新亚学报》第 3 卷第 1 期，1957）等论著。

底地区（译者按：Amaravati，占婆语音译，占城国的北部区域）。①

　　17 世纪 40 年代，著名的法国耶稣会士亚历山大·罗德（Alexandre de Rhodes）在中越及北越从事传教工作，称广南为 Cacciam，Cacham 或 Province de Ciam；称广南营为 Dinh Ciam 或 Ciam Dinh；称广南最大河川秋盆河（Sông Thu‒bôn）为占河（Rivère de Cham），其港口会安为占港（Port de Cham）或海铺（Haifo，即后来的 Faifo）。② 毋庸置疑，Ciam 或 Cham 是汉越语词“占”的音译，意味着占人或占城王国。③ 因为广南是古占城国的一部分，所以古时越人以占洞（Chiêm‒đồng）或占地（đất Chiêm）称其地，后来越之欧洲传教士沿袭其俗。例如，法国批发商皮埃尔（Pierre Poivre）在 1749 年 8 月到达广南，称广南为 Province de Thiam（占省），显然是 Ciam 的变体。④ 至于“Cacciam”乃越俗名“Kẻ Cham”（译者按：占处之义）之讹，即占国，它也与德川时期日本商客所使用之“迦知安”含义相符。

　　关于广南营首府的位置，《大南一统志》卷五《广南·省城》曰：“国初建镇营在延福县清沾社，后因乱废。中兴（这里指 1802 年阮世祖嘉隆帝之统一越南三圻）初收复广南，暂设在会安铺。嘉隆二年（1803）移建于清沾旧苴，筑土城。”⑤

一　历史背景

　　广南省开始并入大越地区的确切时间应该在 14 世纪初叶。1306 年，为了和占城国合力对抗蒙元帝国入侵南方，陈朝皇帝英宗（1293～1314 年在

① 据美山（My‒son）发现的梵文铭文，L. Finot 认为 Amaravati 与现在的广南省范围相当。参见 L. Finot，“Noted'epigraphie V. Panduranga”，*BEFEO*，t. III，p. 639，Note 5. 笔者认为 Amaravati 与《临邑记》中记载的马援军队的后人“马流”一词相同。详见拙作《临邑建国之始祖人物：区连、区怜》，《学术评论》第五卷第二号，1956，第 12 页。

② Alexandre De Rhodes，*Voyages et Missons du Père Alexandre de Rhodes de la Compagnie de Jésus en la Chine et Autres Royaumes de L'Orient*（1653），Nouvelle édition par un père de la Même Compagnie，Paris，1854，pp. 90，146，287.

③ 译者注：占城国为占族人建立的东南亚国家，位置大约在今越南中部。占城国于 17 世纪末被越南阮氏政权所灭。

④ H. Cordier，*Voyage de P. Poivre en Cochinchine*，*Description de la Cochinchine*，1749‒1750，Revue de l'Extrêmeorient，t. III，Paris，1887，p. 117.

⑤ 高春育等修《大南一统志》卷 5《广南·省城》，第 11 页。

位）把自己年轻的妹妹——玄珍公主嫁给了占城国王制旻。占王遂在他的
北部疆域里割让了乌、里两州以示感谢，显示了与越南君主的特殊关系。次
年（1307），英宗把这两个地区重新命名为顺州（Thuận – châu）和化州
（Hóa – châu），派遣段汝谐（Đoàn Nhũhài）去此地建立行政机构，招揽越
南移民来此拓垦。根据《大南一统志》卷二《承天》记载，顺州对应现在
的广治省，而化州对应现在的承天省（顺化及其附近）和广南省的奠盘府。
事实上会安属于奠盘府的延福县，显然，它属于 1306 年占城国割让的地区，
即现在的岘港和会安。

　　然而，顺州和化州的状况并不稳定，随着占城与大越的关系变化而变
化。在制旻国王骤然去世的同一年（1307），两国之间的宿怨随之爆发，
顺、化两州被占城国重新占据。1311 年，这两州似乎又被伐占的大越远征
军所征服。

　　1353 年，大越卷入占城国王位继承权的内争之中，这促使占城国重新
开始对大越南部进行武力袭击，战况对大越十分不利。随着自信的增加，国
王制蓬峨（译者按：Chế Bồng Nga，1360 ~ 1390 年在位）不仅要收回顺州，
而且于 1368 年索要化州。不幸的是，1369 年，陈朝杨日礼（Dương Nhật
Lễ）反叛，导致国王制蓬峨袭击越南首都昇龙（Thăng – long，译者按：即
今河内）。同时，1377 年陈朝皇帝睿宗远征占城国首都阇槃（Đô – bàn）的
失败，给了占城国收复化州的机会。在这一事件之后，占城国快速向北方推
进，劫掠和袭击了昇龙。1378 年，占城国再次发起对乂安（Nghệ – an）和
昇龙的袭击。1380 年占城国袭击了清华（Thanh – hóa）和乂安，其后，年
年重复他们对越南北方城市的袭击，直到 1389 年国王制蓬峨死在战场上。
看起来顺、化两州一直在占城国控制之中，甚至在占城国入侵北方停止之后
亦是如此。

　　胡季犛（译者按：Hồ Quy Lý，1336 ~ ?，原为陈朝外戚，1400 年篡夺
皇位，改国号为大虞）在陈朝篡位成功之后，加强了对南部边境的防卫。
1402 年占城国王巴的史（译者按：Ba Đích Lại，中国史料称"巴的顿"）害
怕越南可能会在杜满将军的指挥下袭击他，故派遣他的舅父布田到北方商
议，以割让占洞（相当于广南省的升平县）为条件，换取越南势力的撤退。
面对胡季犛的威胁性要求，占城国被迫割让除了占洞之外的古垒（Cổ – lũy）
（今广义）地区。因此，越南政府在新获得的土地上建立了四个州，即升州

（Thăng - châu）、花州①（Hoa - chau）、思州（Tư - châu）和义州（Ngãi - châu），它们被名为安抚使的高级官员管辖。当占洞和古垒被割让时，这里的占国居民放弃了原有的土地，往占城国的南部避难。因此，胡氏政府从北部各路征募了许多没有土地的农民，迫使他们携家眷赴南部定居，为的就是把教化带到新的土地。

胡氏新建立的四个州，升州和花州大致与现在的广南省相符，而思州和义州则相当于现在的广义省。② 升平是升州的首府，位于距会安仅仅 15 公里左右的地方，很可能属于占洞地区，包括今天的会安，至少在 1402 年已经名义上划归为越南疆域了。然而，由于史料不足，我们无法获得包括那四州及花州在混乱时期——即陈朝末期、胡朝（1400 ~ 1407）和明朝统治时期（1407 ~ 1427）的可靠资料。除了 1413 年花州暂时属于最后一个篡夺者陈季旷及其手下，从而作为抵制明朝统治的基地以外，我们几乎不知道这些州的任何情况。事实上，更确切地说，在这一时间这些土地又被置于占城国控制之下了。《大南一统志》卷五曰："然版籍徒载空名，其地则为占人所据。"③ 盛庆绂的《越南地舆图说》卷一记载，李陈虽取化州，而隘云以南犹为占城故壤。

当黎利（黎太祖，1428 ~ 1433 年在位）在 1428 年重新占据首府河内时，他把在他控制之下的土地分成了四道，即东道、西道、南道和北道。在他消灭明朝要塞之后恢复了所有的大越领土，增加了海西道（Hải - tây - Đạo），包括在它管辖之下的四个地区——清华、乂安（Nghệ - an）、升平和顺化。这表明，旧的顺州和化州又成了越南的领土；然而，考虑到在黎仁宗朝（1443 ~ 1459）初期，化州变成了占城贡该王经常袭击的目标，故在黎朝早期，大越和占城国的真正的边界很可能沿着海云关（the Pass of Clouds）④ 排列。换言之，黎朝政府放弃了升州（包括会安和沱瀼）以及其他三个州。《大南一统志》卷五道："黎初为羁縻之地。"⑤

---

① 译者注：陈先生原文注为"花州"，后文皆遵此未做改动，而在《大越史记全书》（校合本）中则为"华州"："季犛胥使改表，并以古垒洞纳之。因分其地，为升、华、思、义四州，置升华路安抚使副以辖之。"见吴士连等纂修《大越史记全书》，陈荆和校合本，日本东京大学东洋文化研究所，1986，第 481 页。

② 盛庆绂：《越南地舆图说》卷 1，第 9 页。

③ 《大南一统志》卷 5《广南》，第 2 页。

④ 译者注：海云关，英文经常翻译为 Hai van Pass，又由此转译为 the Pass of Clouds。

⑤ 《大南一统志》卷 5《广南》，第 2 页。

黎朝在该地区的直接统治显然没有建立起来。

　　黎圣宗（1460~1497 年在位）一登基就把大越地区划分为十二道①，即清华、乂安、顺化、天长、南策、国威、北江、安邦、兴化、宣光、太原和谅山。十年以后，1471 年黎圣宗征服占城，致占城分裂为南、北两部分。南部再次被划分为三个自治州，即占城、华英、南蟠，三个州作为大越藩属国，由黎朝廷任命的小王子统治。② 同时，北部即阇盘、大占和古垒三个行政区，组成一个新的广南道，下辖三府九县。因此，在黎朝统治下道的数量增至十三个。官员再次被派往这个道去建立行政机构，定居者被挑选带到这片新的土地。在广南，许多 15 岁以上勤勉聪明的男性被录取为生徒，负责指导百姓，向他们推广中国的古典礼仪与教化。

　　黎滫（译者按：1505~1509 年在位，即后黎朝威穆帝）朝，政治贪腐，莫登庸（译者按：莫太祖，1527~1529 年在位）措施武断，加上黎朝政府权威的削弱，使黎政府逐渐失去对南部边境的控制。在莫登庸篡位以后，南部顺化、广南两道仍然属大越管辖。然而，溃败的黎朝残余势力，在抵抗莫氏政府的过程中，扩大了他们对顺化地区的控制，维系着南部两道，这使位于昇龙的莫氏中央政府难以为继。

　　当阮潢奏请出任顺化都督的职位时，郑检作为黎朝远征军营地事实上的领袖，在他提交给他们象征性的君主黎英宗（1556~1573 年在位）的奏折中显示，顺化民众常常欺骗政府，大量的居民秘密通过海路与莫氏政权产生联系。③ 根据同样的史料，黎朝军队的临时政府已经在这一区域创建了府县，派遣三司（三个地方长官，即都司、承司、宪司）统治他们。郑检显然没有自信赢得这一地区民众的支持，这是 1558 年郑检任命阮潢为顺化镇守的主要原因。值得注意的是，当时裴佐汉统治着广南道。在仙王（译者按：阮潢，1558~1613 年在位）十一年（1568，戊辰）农历三月，广南总镇裴佐汉（时称镇郡公）去世，国王英宗任命阮伯驹（时称元郡公）为总兵，负责防护广南。④ 这些事实显然暗示了在 16 世纪 60 年代，顺化和广南在行政上是平等的，设镇守或总镇（总督）管辖。

　　1570 年，当广南总兵阮伯驹被调任为乂安镇守时，阮潢受命兼任顺化

---

　　① 译者注：原文为 đạo，即道，是十二道承宣的简称，即承政使司，为省级行政单位。
　　② 《大越史记全书·本纪·黎纪》，第 37 页。
　　③ 《大越寔录前编》卷 1，第 6 页。
　　④ 《大南寔录前编》卷 1，第 7~8 页。

和广南镇守两个职位，同时携总镇将军印（总督印信），他的指挥部称为雄义营。那时，顺化下辖二府、九县、三州，广南下辖三府、九县（参见表1）。

表1 1570年顺化、广南镇下辖府县表

府名	属县						属州	
顺化镇	新平	康禄	丽水	明灵				布政	
	肇丰	武昌	海陵	广田（古丹田）	香茶（古金茶）	富荣（古思荣）	奠盘	顺平	沙盆
广南承宣	升华	黎江	河东	熙江					
	思义	平山	慕华	义江					
	怀仁	蓬山	符离	绥远					

　　简而言之，1570年，这五府、十八县、三州均在阮潢控制之下，构成了阮主的早期疆域。根据《大南舆地志约编》卷五，在潢营（译者按：原文如此，即阮潢）统治的第二年（1602，壬寅年），阮潢宣布建立广南营，由镇守、该簿和记录这三个高级官员管理，他们代替了黎朝政府的三司，由阮朝总部任命。升华、思义、怀仁三府仍在新创立的广南营的管辖之下。这一事件意味着广南从黎朝政府分离出来，在阮主统治之下变成了正式的营，相当于后来"省"的行政单位。

　　需要强调的一点是，阮主统治时期，广南镇守是阮政府中权力最大的职位，肩负重责。广南镇守不仅是广南行政首领，而且是广南南部地区所有阮朝要塞驻地指挥官的首领，同时还充当南部地区的行政高级指挥官。考虑到这一重要特性，阮政府常常任命阮主的亲属或者可靠的下属去担任此职。例如，1602年广南营建立，阮潢的第六子阮福源，被任命为首任广南镇守。1613年阮福源继承他父亲的王位成了佛王（1563～1635），他的小儿子淇（Kì）在第二年的农历四月被任命广南镇守[1]。1635年佛王去世，他的第三个儿子（译者按：阮福濒）实际上占据了广南镇守的职位。[2] 阮潢任顺化镇守的地方并非今天的顺化市，而现在的顺化在海外中国人的传统认识中被当

---

[1] 《大南寔录前编》卷2，第3页。译者注：《大南寔录前编》卷2第3页："夏四月，升皇长子掌奇淇为右府，掌府事，镇守广南营。淇至镇务，施恩广惠，抚恤军民，境内晏然。"

[2] 《大南寔录前编》卷3，第2页。

作"顺化"。各种越南史料，如《大南寔录前编》和《大南舆地志约编》以及卡地亚（L. Cadière）神父的实地调查都一致说明1558年阮潢首先设营于爱子社，在广治河嘴附近的关越（Cửa Việt，即越海口）。它的位置相当于今广治省城北部，俗称Bãi Cát Cồn Cỏ。1570年自清华远行回来后，阮潢把他的大本营移到了茶钵社（今茶钵村），大约在爱子村东北两公里的地方。

癸巳年（1593）农历五月，阮潢为祝贺国王世宗（1573～1599年在位）收复首都河内而出访北方，在黎朝供职七年，帮助清理在红河三角洲地区的莫氏残余。1600年冒险回到南部，阮潢又转移指挥部到供府（Phủ Thọ），这是在同一个村子里的另外一个关键的地点，称作葛营（Dinh Cát）。1616年，在佛王1613年当政的三年后，他将指挥部南移至福安村，是一个更便于同北方郑主抗衡的地点。在这些迁移中，可以看到在这78年间（1558～1636），阮主的指挥部一直在今广治市附近。

根据张燮《东西洋考》卷1《交趾条》载，17世纪初在阮福源控制下的港口中，中国帆船来顺化、广南、新州（Tan-chau）和提夷（Đề-di）贸易。在这些港口中，提夷相当于现在平定省的符吉县。新州，因新州交杯屿而闻名，俗称为咸水港（Nước Mặn），相当于现在的归仁（Qui-nhơn）。顺化显然代表葛营，阮氏的总部在广治市附近。而广南指的是会安港，以会铺（Faifo or Faifoo）而被欧洲的商人和航海家所熟知。[①]

由于福安的位置偏狭，不利于政府事务的拓展。1636年，上王（阮福澜，1635～1648年在位）又把阮氏总部迁到了香河左岸顺化城西南两公里的金龙村。1687年义王（阮福溱）刚继承他父亲贤王（阮福濒，1648～1687年在位）的王位，就在同一年把总部迁到了临近的村子富春（Phú

① 关于会铺（Faifoor, Faifoo）名字的来源有不同的说法。宝依亚（Thpmas Bowyear）称这个镇为Foy Foe，因为当地人称它为Wha-phoo，它被认为是会安的另一称谓（根据神父卡地亚）。皮埃尔（Pierre Poivre）在他1744年的回忆录中说，葡萄牙人称它为Faifo，中国人称会安。卡地亚认为后者与宝依亚的Wha-phoo相同，但是，笔者更愿将Faifo视作会安的变体。最近A. Chapuis认为Faifo一词由"海庸"一词演变而来。然而，越南史书和地志均未见此名。因此，Faifo可能是个想象的名字。据笔者所见，最合理的是把Faifo当作一个越南名字"会安庸"的省略体，这已经广泛见于中越原始史料。参见Les Europeans quiont vu le Vieux Hue, Thomas Bowyear (1695-1696), tradition de Mme Mir, annotations de L. Cadière, BAVH., 7e année, No. 2, 1920, p. 210, n. 14；也可参见拙作Mấy diều nhan xét vềMinh-hương-xãv ăcác cổ-tich tai Hôi-an, Việt-nam Kháo-ố Tập-san, No. 3, Saigon, 1962, pp. 7-8。

xuan）。这次搬迁标志着富春城的首次出现，它位于顺化城东南角。① 阮氏政区持续向南迁移，中国帆船的贸易港口也在向南移动。几年后，阮氏稳定在金龙地区，位于顺化城北部三公里香江畔的香茶郡，作为"大明客庸"或"大明客属清河庸"而出名的中国商业区出现了。17～18世纪，它逐渐发展成为贸易港和首都商业中心。②

二　会安的开放及其商业发展

16世纪下半叶，东南亚发生了一系列重大事件。第一，1558年，阮潢被任命为顺化镇守，随后阮朝在占城南部和高棉进行军事与政治扩张；第二，1571年西班牙冒险家勒嘉斯比（Miguel Lopez Legaspi）和他的同伴占领马尼拉，并征服菲律宾群岛③；第三，1567年，明朝穆宗皇帝解除了关于海外贸易的禁令；第四，荷兰东印度公司在爪哇一带的殖民已接近一百年，他们在远东海域积极进行贸易与航运活动。显然，这些事件集中起来促进了东南亚各港口的贸易发展与经济繁荣。尤其是，明政府对外贸易禁令的解除，迅速使中国帆船及日本船（御朱印船）可以进行海外贸易，越南中部会安的发展与繁荣和这些密切相关。

明朝建立者明太祖（1368～1398年在位）是"寸板不下海"政策的发起者，该政策严厉禁止中国人进行海外贸易与出洋。1567年，明穆宗（1567～1572年在位）准许了福建巡抚涂泽民的奏请，决定放弃传统的经济孤立政策。然而，这项看上去充满前景的改革事实上只是扩大了东南沿海的航海与贸易活动，而与日本的贸易及重要物资如铜、铁、硝黄和硫黄的出口仍在严禁之列。④ 在这种情况下，16世纪晚期日本当权者丰臣秀吉和他的继任者德川家康——德川幕府的建立者，各自发行了数量庞大的"御朱印状"（海外贸易许可证）给关西地区的富商和日本西部及西南地区的大名，鼓励他们远航至暹罗、马尼拉和会安，与南航的中国帆船进行贸易，由此获得日本需要

---

① 关于阮朝总部的迁移，参见 L. Cadière， "Les residences des rois de Cochinchine（Annam）avant Gia - long"， *Bulletin de la Commission Archéologique de L'Indochine*，1914 - 1916，pp. 120 - 126。

② 参见拙作《承天省明乡社与清河庸》，《新亚学报》第四卷第一号，1959，第309页。

③ 关于西班牙征服菲律宾的过程，参见拙著 *The Chinese Community in the Sixteenth Century Philippines*，Tokyo，Centre for East Asian Cultural Studies，1968，pp. 12 - 36。

④ 佐久间重男：《明朝之海禁政策》，《东方学报》第六辑，第49～50页。

的稀有物资和中国商品。明末，中国学者何乔远在他的《开洋海议》中谈道：

> 日本国法所禁，无人敢通，然悉奸阑出物私往交趾诸处，日本转乎
> 贩鬻，实则与中国贸易矣。①

的确，这些在日本与中国船之间的贸易应该是一种"变相的中日贸易"。
从 1604 年到 1634 年这三十年间，日本授予御朱印状的船只数量是 331
艘，其中 162 艘被指定开往位于印度支那半岛东海岸的港口②，即如表 2。

表 2

东京（宪庯）	交趾支那（会安）	占城	柬埔寨	合计
35 艘	81 艘	5 艘	41 艘	162 艘

开往会安的日本船大约占了东南亚各港口贸易船总数的 25%，这清楚
地表明广南贸易在 17 世纪上半叶东南亚贸易史上的重要性。在这种情况下，
阮主当然鼓励会安的这种贸易，希望从中获利。显而易见的是，会安邻近中
国大陆，本地产品丰富，而阮主与中国统治王朝疏远的政治关系，共同促进
了会安贸易市场的繁荣增长。

自 1618 年至 1621 年居留在会安的法国人保尔里（Cristofiri Borri）在越
南中部从事传教工作。在 1620 年他指出：

> 中日两国人系每年在交趾支那之一港口开催并延续约四个月之定期
> 市（Foire）之主要商贾。后者（即日本人）以其船只携来价值四五万
> 两之银货，而前者（即中国人）则以一种称为舢（Sômes）之船舶装载
> 大批良质生丝及其他该国特产物而来。国王由此市之征税而获巨额收
> 入，全国亦受到莫大利益。③

为了加强实力以对抗北部的郑主，阮主采取了各种各样的措施去吸引外

---

① 何乔远：《镜山全集》卷 24《议·开洋海议》。
② 岩生成一：《南洋日本町の研究》，南亚细亚研究所，1940，第 2~5、20 页。
③ John Pinkerton, *A General Collection of the Best and Most Interesting Voyages and Travels in All Parts of the World*, London, 1811, Vol. 9, pp. 795 – 797.

国船的到来，并提供相当优渥的条件给常来这个港口的中国和日本商人们。保尔里描述道：

> 交趾支那王为了上述大定期市之方便计，曾准许华人及日人选择一适当地点以建设市镇。此镇称为会铺（Faifo）；因其地甚为宽阔，几可令人认出两街：一为华人街，另为日人街，各街分置头领，而依据各自习俗生活；华人依照中国固有之法律及风俗，日人则依照其固有者。①

据已有研究，当1570年阮潢被同时任命为顺化和广南镇守时，广南迎来了阮主的统治。然而，阮氏明确开始对这一地区进行开发是在1602年广南营建立之后。不久，会安很快变成了一个对外贸易尤其是对中国和日本船贸易的港口。一方面，根据张燮《东西洋考》记载，在万历丁巳年（1617），广南这个名称已被提及。据此可推测，会安作为一个港口早在17世纪初就已存在。另一方面，据侯继高《全浙兵制考》卷二，早在万历五年（1577），一名福建商人陈平宋就已经来到顺化和广南进行贸易，他的货船在顺化到广南的航线上被日本海盗抢劫。该史料支持了一种观点，即保尔里提到的，贸易开始于1570年阮潢就职广南镇守之后不久。然而，保尔里明确说明的是：作为港口，会安的唐人街和日本町一定在阮福源统治广南时就已建立，即1602~1613年。

会安17世纪30年代建立于顺化附近，位于秋盆河的左岸，正对着占城，被认为是优于清河庯的一个港口。至于会安早期的人口，保尔里没有提及。然而，根据侨居该地十年的一位日本天主教徒法兰西斯哥·五郎右卫门（Francisso Groemon，长崎人）于1642年3月28日向荷兰东印度公司提交的报告称，在这个小镇上，中国居民的数量是四千到五千人，而日本居民全部才四十到五十人。②换言之，这意味着早在17世纪40年代初期，会安的中国人口数量超出日本人将近100倍。显然，这种差异是1639年日本幕府出台的一系列的闭关政策的结果。自此年开始，日本政府禁止天主教在其领土内的传教活动以及日人出海。海外日本人禁止返国，仅许中国船和一些荷兰

---

① John Pinkerton, *A General Collection of the Best and Most Interesting Voyages and Travels in All Parts of the World*, London, 1811, Vol. 9, p. 797.
② 岩生成一：《南洋日本町の研究》，第35页。

船到长崎贸易，结果导致近十年时间里，会安日本町的居民只有很少一部分的日本商贾及从日本逃出的天主教信徒。随着时间的流逝，中日侨民数目不平衡日益显现。1651年12月12日，航达会安的荷兰船Delft‐Haven号船长菲尔斯得汉（Willem Verstegen）在报告中说：

> 会铺（Pheij‐pho）之街路并无几条，主要之大路乃沿河而走，而石造之耐火房屋蝉联两旁。这两排房屋之中，除了六十多间为日人所居外，其余都是华商及华工之家，其间鲜有交趾支那人（即当地越南人）居住。①

由英国东印度公司马德拉（Madras）评议会派遣，获得阮主允许在广南开放了一个英国商馆的商人宝依亚（Thomas Bowyear）于1696年4月30日给马德拉评议会的报告中就会安的情况做了如下叙述。

> 会铺位于离河口之沙洲三里（Lieue，约合四公里）之处。这是一条沿河大街，夹路房屋相连，为数一百间内外，除四五家日侨之外，皆为华人所居。往昔，日人为此地重要之居民，且许多人曾任港务官，而今则人口锐减，生活穷苦，所有贸易均为华人垄断。每年至少有十到十二艘船从日本、广州、暹罗、柬埔寨、马尼拉和巴达维亚来到这里。②

中国广州高僧释大汕于1695年参观了这个镇，在他所著《海外纪事》卷四中也有一段关于当时会安唐人街的记述。

> 盖会安各国客货码头，沿河直街长三四里，名大唐街，夹道行肆，比栉而居，悉闽人，仍先朝服饰，饬姡人贸易。凡客此者，必娶一姡，以便交易。街之尽为日本桥，为锦庸。对河为茶饶，洋艚所舶处也，人民稠集，鱼虾蔬果，早晚赶趁络绎焉。

---

① 岩生成一：《南洋日本町の研究》，第33页。
② Alastair Lamb, *The Mandarin Road to Old Hue*, London, 1970, p. 52（The Bowyear Mission, 1695‐1696）.

关于两条街的位置，宝依亚和释大汕均未讲明。幸运的是，17 世纪一份日本史料可供我们揣测它们的相对位置。1670 年，侨寓会安之日商曾营造一寺于日本街之西郊，名为松本寺（松本乃其家姓）。他致函故乡伊势松板之亲族，让他们定制悬挂该寺之寺额及梵钟。在他的信里有一张寺庙位置的粗略素描图，如下：

河

南

寺

川上也	西唐人町	但ン南向きゐ也 此寺にかかり 申かくに候	东日本町　川下也

北

八村

安南町

注意：寺之坐落是向南也，背北，临河。①

在尝试定位日本町的位置时，岩生成一教授认为日本町之中心乃今会安市日本桥一带，因此松本寺也应在此桥之旁，② 但实际情况恐怕并非这样。第一，我想要指出的是日本桥的位置。据释大汕记载，"街之尽为日本桥"。《大南寔录前编》中记载 "铺之西有桥"。毋庸置疑，释大汕的"街"和《大南寔录前编》的"铺"两者都指出了当前大唐街的西部尽头就是桥。自 16 世纪会安就有了主街，17 世纪末以大唐街（即唐人街）而闻名，在法国统治期间则为日本街（即日本町）。若干个最重要的中国佛寺或者会馆的沿街而立充分证明了这是唐人街的中心。第二，通过角屋七郎兵卫那份粗略的素描图与今会安市街图对照，可知：延伸到了日本桥东面的区域是唐人街，然而日本町位于后者的东部。换句话说，日本町不太可能在日本桥附近。

18 世纪上半叶，关于会安之轮廓几无史文可征。1749 年 8 月，一名来

---

① 岩生成一：《南洋日本町の研究》，第 34 页。
② 岩生成一：《南洋日本町の研究》，第 34 页。

到广南的法国商人皮埃尔（Pierre Poivre）和 1750 年参观了这个镇的英国东印度公司代理人 Robert Kirshop，将会安描述为一个由繁荣的外贸支撑的中国小镇，没有提到任何关于日本人社区的情况。显然，由于唐人街的稳步扩大，日本社区逐渐消失了。[①] 1740 ~ 1755 年于顺化王宫担任武王（即阮福阔，1738 ~ 1765）侍医的克弗拉（J. koffler）观察到，在王国的每一个角落，只有中国商人和当地越南人生活在"会铺"（Phai - pho），好像欧洲的"古玩市"；约有三万中国居民从事贸易，好像欧洲的犹太人。[②] 毫无疑问，克弗拉所提供的三万中国人是一个被高估的数字。1744 年一个西方人的记述是可信的。报告中说：

> 会铺为交趾支那商业最繁荣之处，经常有六千华人居住，彼等均为巨商，于此成婚，并向国王缴税。[③]

1783 年，由匿名 P 氏（M. P.）所撰的《交趾支那观察谈》则曰：

> 会安城只有商人居住；当 1750 年时，可见已婚的，且缴纳贡税的一万华人居留此地。[④]

如上所述，1642 年时会安华侨数量为 4000 ~ 5000 人，而 100 年以后的 1744 年为 6000 人左右，只过了 6 年，在 1750 年数量猛增至 10000 人。会安中国定居者的快速增长无疑与武王采取的革新政策有很大关系。武王，阮朝

---

① 考古学家在会安附近发现了两座日本人的坟墓，A. Sallet 于 1919 年出版了关于这两座墓的报告。在新安（Tan - an）发现的墓碑表面非常破旧，仅能辨出日本考文贤具足君墓，也就是已故神父文贤具足君（日语为 Bun - Kien Gu - Soko）的墓葬。因没有提到日期，我们不知道他的身份和死亡日期。以我推测，Gu - soku 可能是宗族姓，Bun - Kien 是人的名。另一处在锦庸发现的墓情况相对较好，墓碑上写有"日本平户　显考弥次郎兵卫古公之墓丁亥（1647）季七月立"。从上述可知，该墓主人弥次郎兵卫古可能死于 1647 年，即日本德川幕府政府开始实行所谓的闭关锁国政策的八年后。参见 A. Sallet, "Le Vieux Faifo, II. Souvnirs Japonais", *BAVH.* 6e annee, 1919, pp. 515 – 516.
② J. Koffler, "Description Historique de la Cochinchine," traduit par V. Barbier, *Revue Indochinoise*, Mai, 1911, p. 460.
③ Abbé Rochon, *Voyages à Madagascaar et aux Indes Orientales*, Paris, 1791, p. 307.
④ M. P. Observation faites en Cochinchine, *et responses aux questions faites par M. Mentelle*, *sur la geographie de ce royaume de l Asie orientale*, supplement au Chap. III de tome III Choix de lectures geographiques et historiq ues par M. Mentelle, Paris, 1783, p. 461.

第八主，他不满足于前任们维持了 150 年的"主"的地位，1744 年正式登基为王。此后，他实施了一系列新政，如重划疆域、整顿政制、改铸钱币、奖励商业，并参酌历代制度，改衣服、易风俗，又大兴土木以营造都城。①因为正逢阮氏统治的鼎盛期，所以前往会安的中国船和商人的数量有巨大增长，从而增加了这个镇的人口数量。

另外，除了中国货船，葡萄牙的货船也每年从澳门远航至会安。至于广南与澳门商业联系的开放，大部分历史学家认为它发生于 17 世纪初，然而有一些学者，如 Birdwood 则推断早在 1540 年葡萄牙就已经与广南建立了商业联系。②除了贸易开启的确切时间存疑之外，葡萄牙无疑是第一个与交趾支那贸易的欧洲国家。同样清楚的是，1557 年葡萄牙在中国澳门获得了坚实的基础之后，它的船只经常往返于广南，也常往返于 1571 年后的日本长崎。③胡安·冈萨雷斯·德·门多萨（Juan Gonzalez de Mendoza）在他的《中华大帝国史》（以他 1577 年在中国的旅行为基础）中提到来自澳门的葡萄牙传教士在广南的一些活动以及发生在那个国家的一些宗教事迹。④一般来说，在每年的十二月或一月，一到两艘葡萄牙商船会到达广南。在商业方式上，其颇肯入境问俗，注重实利，效仿华商，与土著官商颇多勾结。因葡萄牙没有建立像其他欧洲国家之联合商业公司，如东印度公司，故亦未曾开设固定之商馆于广南，而是派买办或商务代表常驻广南，以采购生丝、胡椒、沉香等物资，及在交易时期充当通译，或联络官衙。其贸易额虽时有增减，但葡商与广南官宪之间颇能合作，通商关系亦未曾间断。⑤

据梅奔氏（Charles B. Maybon）记载，会安贸易季的开放通常与中国新年时间相一致。当地人通常带来的土产有沉香、糖、麝香、肉桂、胡椒和大米，中国和欧洲船带来的是粗细瓷器、纸料、茶、银块及银货、武器、硫黄、硝石、铅、锌及其他杂货。此清单虽未周全，但它至少包括了 17 世纪上半叶会安的主要贸易品。⑥兹有一实例可资参考：1637 年，四艘中国船从

① 《大南寔录前编》卷 10，第 22～22 页。

② Birdwood, *Report on the Miscellaneus Old Records at the Indian Office*, p. 175; B. Maybon, *Histoire Moderne du pays d'annam*（1592 – 1820），Paris, 1919, p. 50, n. 3.

③ C. R. Boxer, *South China in the Sixteenth Century*, London, 1953, "Introduction", p. XXXIII.

④ Juan Gonzalez de Mendoza, *History of the Great and Mighty kingdom of China*, edited by Sir George T. Staunton, NewYork, p. 304 et suiv.

⑤ B. Maybon, op. cit., 1919, pp. 54 – 55.

⑥ B. Maybon, op. cit., p. 53.

广南抵达长崎，船载小批生丝、丝织物、黑糖、鲨鱼皮、高棉胡桃（槟榔？）、漆料、婆罗洲樟脑、琦楠香及大量中国瓷器，计7500两价值之货物。同年九月六日，这四艘船离开长崎返回广南，带回 45000 两马蹄银（Shuitzilver）、200 万小钱（Zenes）、600 担铁、200 樽日本酒及其他各种各样的商品。[①]

至于广南吸引众多中国商客之主要原因，掊克氏（W. J. M. Buch）将其归结于位于东南亚的会安是与各个港口都联系紧密的商业中心。例如，胡椒来自巨港、彭亨及其临近的地区，樟脑来自婆罗洲，苏木、象牙、serong bourang 和漆料以及琦楠香来自其他各地，而华商则以其南京棉布、粗瓷及其他商品与之交易，如有余资，彼等则加办胡椒、象牙及小豆蔻等货，务使返航时有充分回货。[②] 值得注意的是，除了生丝、丝绸、棉布和中国瓷器之外，在 17 世纪的广南市场上还有两种中国商品受欢迎，即中国书籍和铜币。《东西洋考》卷一《交趾交易条》曰："土人嗜书，每重赀以购焉。"

此外，《大南寔录前编》熙宗丁巳四年（1617）正月条提到：

> 顺、广二处惟无铜矿，每福建、广东及日本诸商船有载红铜来商者，宜为收买，每百斤给价四五十缗。[③]

众所周知，荷兰东印度公司开启他们的广南贸易是和立足会安的海外华商合作实现的。早在 1617 年，佛王就致函荷兰东印度公司驻北大年及六坤商馆之代表，以强调广南港湾之优渥、土产生丝之精织及华商、葡人交易之重要性，并劝荷印公司派船来商。[④] 但是未等荷印公司注意力集中到广南的商业上，葡商又从中阻难，广南与巴达维亚之间商业关系的开放被延迟了15 年。1632 年，荷兰船 Warmond 号由巴达维亚到日本途中，于 8 月 2 日在高棉近海拿获了一艘葡萄牙帆船，乃拨 6 名荷兰人驾驶该船驶向日本，几天后，该船遇风飘往广南海岸，船中葡萄牙人、荷兰人、日本人均被逮捕，船货被阮朝没收。起先，佛王打算把他们送到高棉移交给该地葡萄牙商馆，后

---

① W. J. M. Buch, "La Compagnie des Indes Nederlandaise et l'Indochine," *BEFEO*, t. XXXVII, p. 158.

② W. J. M. Buch, loc. cit. , p. 159.

③ 《大南寔录前编》卷 2，第 4 页。

④ B. Maybon, op. cit. , pp. 55 – 56.

有一华人船主名戴七舍者力劝佛王释放荷兰人，承诺用他的船把他们送到巴达维亚。佛王让步，并委托戴七舍带亲函致荷兰总督，重申他欢迎荷兰船到广南贸易之意。1633 年 5 月 3 日，戴七舍带着四名荷兰人航行到巴达维亚。然而，公司的反应很缓慢。① 三年以后，1636 年巴达维亚总督狄门（Anthony van Diemen）派遣大克尔（Abraham Duijcker）抵广南首设商馆。

　　根据掊克氏的研究，由荷兰船进口到广南的最受欢迎的日本商品是铅，大约每年销售 200 担。第二就是胡椒，如果荷兰船在夏季季风开始之前赶抵广南，则可向华商卖 4000～5000 担。反过来，中国船则持续向荷兰船供应生丝、红色 gilams、白色腰布、蓝色布料、红白缎子以及粗糙的锦缎和瓷器。除了正常的商业贸易之外，华商亦屡替阮王及荷印商馆联络公事及商务。例如，1636 年 5 月 10 日，一艘中国船到达巴达维亚，带着一封阮福澜写给荷兰总督的正式信件。在接下来的一年，会安荷兰商馆馆长克撒（Cornelis Caesar）鉴于该年没有荷兰船去日本贸易，于是将该商馆所购买黑糖一批 357 担寄托至华商慎生之船，另一批 637 担则寄托至华商白官之船载往日本。② 唯荷兰商馆开设不久，阮福澜怀疑荷兰商人暗结北方郑主，因而压迫日加，任意拿获荷船。荷人不堪其苦，于 1641 年关闭商馆。

　　1648 年，太宗继位后，复力促吧城荷印当局派船来商，并承诺好好对待荷兰商人。因此，荷代表菲尔斯德汉（Willem Verstegen）驾驶 Delft Haven 号于 1651 年 12 月抵广南履行他的协商谈判，并试图重开会安商馆。遗憾的是，阮政府的拖延和日渐增长的困难导致荷兰与广南的贸易又一次中断。1645 年双方商务又告停顿，荷人再度撤离广南，从此再也没有出现在交趾支那的水域，荷兰人和华商之间的商务关系也告终结。③

　　明朝灭亡后，清朝政府于 1661 年出台了一系列被称为"迁界令"的有力措施，禁止与海外国家交通贸易，以防大陆东南沿海居民与明朝残余势力合谋。1678 年这些措施以迁界令的形式被强化，迁界令强迫沿海地区居民向大陆内部迁移。这些禁令反给郑氏货船提供了机会，作为最强的反清力量，郑氏自 1661 年占据台湾起，远航至日本东京、广南及暹罗各地积极贸易。这段时期长达二十多年，自 1661 年开始到 1685 年海禁解除为止，大部

---

① Buch, loc. cit., *BEFEO*, t. XXXVI, p. 122.

② Buch, loc. cit., *BEFEO*, t. XXXVI, pp. 130, 140, 158.

③ B. Maybon, op. cit., pp. 56, 59 – 61.

分属于台湾郑氏的中国船加入长崎与东南亚各港口的贸易中，船上大部分商人和水手是福建人。至于郑氏的船，被同时期的日本人称为"东宁船"，经常往返广南，他们的任务似有双重：第一，购买台湾军民所需的大米和其他必需品；第二，获得长崎与会安之间的贸易收益。其交易方式及所办货项与一般广南船（即专做日本、广南间贸易之华舶）相似，他们在广南采购沉香、砂糖、鲨鱼皮及苏木等土产以运往长崎交易日本之金、银及铜料。[①]

1683 年郑氏政权向清朝水师投降。两年后的 1685 年，清政府正式解除海禁，这完全改变了中国与东南亚海港之间的商业关系。彼时大陆商人和政府官员竞相装备，驶往日本及东南亚国家，占据了郑氏商人的位置，在那里他们交易甚欢。这个新流通的海外贸易自然刺激了会安的经济增长，货船数量和贸易额均有显著增长。1688 年，来自广南的四艘船上的华商提交给日本长崎当局的"申口"中，均言及此年春天从福建厦门和广州往返广南之商舶数量大为增长，他们在会安引起了一阵极大的骚动。[②]

关于 17 世纪末会安对外贸易的实况，宝依亚陈述道：

> 贸易正由中国人拉动，每年至少有十到十二艘戎克船[③]，从日本、广州、暹罗、柬埔寨、马尼拉及（最近亦从）巴达维亚驶来。日本船并不经常出现，因为日本天皇禁止银两出口，他们也不直接回去，而是先抵中国交易，以载运种种商货，尤其重要者就是在（会安）市场足以维持一担二十两价格数量之红铜。这些戎克船普遍经由宁波，以装载蒟酱、布料及其他丝织物。由广州他们载运厚利可图之铜铁（Cashes）及各种绸缎、布料、纱、瓷器、茶、白铜、水银、人参、Casumber 及各种药味，都使他们获得巨大利润。其中有来自暹罗的蒟酱、苏木、虫漆、象牙、锡、铅、大米，来自柬埔寨的藤黄、benjamin、小豆蔻、蜡、虫漆、coyalaca 和苏木、达马脂、水牛皮、鹿皮、鹿茸、象牙、犀牛角等，来自巴达维亚的草鞋、蒟酱、粗糙的 bastaes、红和白朱砂，来自马尼拉的银、硫黄、苏木、贝壳、土豆、蜡、鹿茸等。广南则供给黄金、铁、生丝及各种生丝加工品、琦楠香、沉香、糖、米糖、棕榈

---

① 《华夷变态》卷 8 下，卷 9。

② 《华夷变态》卷 2 上，卷 13 中。

③ 译者注：原文为"junk"，是西方人对中国帆船的称呼，被音译成"戎克船"，此处为西方人记录，因此仍译作"戎克船"，后文同此。

糖、燕窝、胡椒及棉花。他们的银两是按照铜钱结算的，正如他们所说，一千就是一两，十陌就是一千，六十铜钱为一陌，所以六铜钱为一分，六百铜钱为一千或者一两。①

至于每年出入会安的中国船的数量，宝依亚1696年记述"每年至少十或十二艘戎克船"，而中国和尚释大汕于1696年给出了一个更大的数字。释大汕引用的是阮主明王的一段陈述，提到往年到广南贸易的中国船的数量不过六到七艘，然而那年已到的有16～17艘。② 宝依亚引用的数字显然包括了来自日本、暹罗、柬埔寨、马尼拉和巴达维亚的船，明王所陈述的船的数量仅限于中国各港口的船。根据1695年前后远航至长崎的各船上的中国商人的报告，在1690年、1696年、1697年和1699年由中国港口往返会安之中国船的数目分别是：

庚午年（1690）：

8艘来自广州和厦门。资料来源：《华夷变态》卷十七之四，午年八十九番广南船唐人共申口。

约10艘来自宁波、福州、泉州、厦门。资料来源同上，卷十七之四，午年九十番广南船唐人共申口。

丙子年（1696）：

5艘来自福建和浙江。资料来源同上，卷二十三之上，子年四十八番广南船唐人共申口。

丁丑年（1697）：

8艘包括：

---

① *Les Europeens qui ont vu le vieux Hue*：*Thomas Bowyear*（1695 – 1696），traduit de Mme Mir, annotations de L. Cadière, BAVH. , avril – juin, 1920, p. 200 – 201. 1673 年，英国东印度公司在郑主阳王（郑柞，1657～1682年在位）的允许下在庸宪开设了商馆，十年后，1683年，公司被授权在 Ké – ch ợ（即首府昇龙，今河内）开设另一个商馆；然而，由于葡萄牙和荷兰人多方阻难，公司的商业没有如预期的发展快。这导致了1697年在东京商馆的关闭。在英国公司考虑从东京撤出的那一刻，马德拉斯委员会决定试探阮主政权同广南建立商业联系的可能性。宝依亚因此被派遣至广南。托马斯在1695年8月18日到达 Pulo Cham，带来了总督 Nathaniel Higginson 给明王的一封信，在信中总督要求广南允许英国船贸易。进而，宝依亚真正地实现了关于广南市场的现场的调查。关于宝依亚的使命，也可参见 Maybon, op. cit. , pp. 70 ~ 75.

② 释大汕：《海外纪事》卷3。

4艘（到达会安）：2艘来自厦门，另2艘来自宁波。资料来源同上，卷二十四之下，丑年九十八番广南船唐人共申口。

4艘（到达占城）：2艘来自广州，2艘来自厦门。资料来源同上，卷二十四之下，丑年九十六番广南船唐人共申口。

己卯年（1699）：

3艘来自宁波。资料来源同上，卷二十六之下，卯年六十一番广南船唐人共申口。[1]

以上所引四年中国船数量平均每年是6~7艘，大致符合明王的陈述。

自18世纪初，远东贸易经历一系列变化，直接或间接地促进了广南中国船贸易的更大发展。会安贸易扩展的主要原因大概有如下三种。

一、1673年越南对立的两大政权——北部的郑氏和南部的阮氏决定停战，和平共处。这种和平关系持续到1774年，恰好100年。也因为这样，两大政权不再迫切需要外援，故对欧洲船和商人的到来漠然视之。

二、从18世纪初开始，欧洲东印度公司在广州的商业发展渐有起色，以"十三行"为代表之广东行商在国际市场之地位及声价提高，遂导致大部分欧洲商业集中到了广州。著名的公行于1720年（康熙五十九年）创立，作为十三行众商之公同组织，并由行商船只一面供给欧商越南物产，一面供给越南所需之中国及欧洲商品。[2]

三、1715年（康熙五十四年，日本正德五年），德川幕府宣布"正德新例"，以限制每岁来日贸易的中国船总数为30艘，贸易银额为6000贯。这与1688年131艘中国船（其中68艘在货物未被处理的情况下被迫返航母港）带18994贯之银额数目相比，显然发生了巨变。[3] 由于正德新例，许多曾经常出入日本的中国船被迫放弃日本市场，陆续改驶南洋各埠。

正因如此，18世纪初叶，往返会安贸易的中国船数量稳定增长，促使1750年前后之会安贸易进入鼎盛时期。从1740年直到1755年逗留广南的克弗拉说：

---

① 译者注："广南"即船只的出航地，"番"即其船号。
② B. Maybon, op. cit., pp. 149 – 150.
③ 岩生成一：《近世日支贸易に関する数量的考察》，《史学杂志》第62编第11号，第19页。

每年约有 80 艘中国戎克船由各地来商，如顾及尚有由澳门、巴达维亚和法国来航之船，则可了解此乃该地商业殷盛之明证。①

另外，波武尔 1749 年提到在每一个交易季节从中国各港口来到会安的戎克船多达 60 艘。② 所以 50 年内，中国船的数量从仅仅 10 艘上升到了 60 ~ 80 艘是可信的。

从西山叛乱后的分裂到嘉隆帝重新统一（1802）这段时期，会安遭受战争重创。贸易进入低谷，甚至在叛乱之前的三年，可能由于权臣张福峦（Trương Phúc Loan）和他的同党对海外贸易的把持，到会安的中国船数量已经大幅下降。黎贵惇在他的《抚边杂录》（卷四）中，总结了阮氏统治者在会安实行的驻碇税和课税，给出了以下数据。

辛卯年（1771），诸处商舶到会安十六只，税钱三万八百贯。壬辰年（1772）十二只，税钱一万四千三百贯。癸巳年（1773）八只，税钱三千二百贯。

关于西山时期的会安，肩负着开启广南和英国东印度公司商业关系使命的卓曼（Ch. Chapman）于 1778 年 8 月 14 日到达会安，他记述了对会安的印象。

吾人抵达会铺，只看到往年砖屋栉比且敷石路整然的大都会之一片废墟而不禁吃惊。此等房屋所遗留者仅为外墙而已；而在残墙之后，当年琼楼玉宇之主，今竟置身于稻草及竹造之陋屋以遮风雨。③

1783 年关圣（Quan - Thánh）庙树立的石碑《会安明香关帝圣庙重修碑记》也有记载。

后竟罹兵革，诸庙塌毁，而公庙犹初。

---

① J. Koffler, loc. cit., p. 585.
② P. Poivre, "Mémoire sur les royaumes de Cochinchine et du Cambodge," ……*Revue Indochinoise*, Juillet, 1904, p. 95.
③ Lamb, op. cit., p. 105（Chapman's narrative）.

十年后，1793 年陪同马戛尔尼公爵（Lord mccartney）前往中国履行使命的约翰·白柔（John Barrow，1764～1848），从 5 月 24 日到 6 月 16 日在沱灢①做了短暂的停留。他对西山叛乱导致的沱灢破坏深表遗憾。然而白柔仍然注意到有几艘中国船、一艘可能是中立国家的船、一艘悬挂中立国旗帜的英国船、一两艘来自印度和两三艘来自澳门的葡萄牙船共同维持着交趾支那的海外贸易。②

随着 19 世纪初期越南的重新统一，大量广南中国居民或涌至南方，或投入现在的湄公河三角洲进行开发，因而奠定了华人支配南越经济的坚实基础，而嘉隆王定都顺化的决定促进了会安的复兴。随着中国居民返回数量渐增，这个小镇的贸易逐步恢复。整个 19 世纪，会安仍然是中越贸易的关键港口，继续吸引着海外华商的注意。约翰·克劳福德（John Crawfurd，1783～1868）被印度总督马奎斯哈斯廷（Marquis of Hastings）派遣到阮氏朝廷。他在去顺化路上的报告中写道（日期是 1823 年 4 月 3 日）：

交趾支那帝国的外国贸易总是中国独大。与暹罗的贸易不是很大，欧洲的就更小了……帝国的中国贸易主要在东京河内港（Cachao）③、真腊西贡以及交趾支那的顺化和会铺进行，但是也有一些在小港口进行，如头顿、芽庄、富安、求江、归仁、广义……下面的材料显示了这一想法和中国的贸易数量。

东京 Cachao 港（即昇龙，现在的河内）
来自海南岛的 18 艘戎克船，每艘负重 2000 担（piculs），共 36000 担；
来自广州的 11 艘戎克船，每艘负重 2250 担，共 24750 担；
来自福建的 7 艘，每艘负重 2250 担，共 15750 担；
来自江南和浙江的 7 艘戎克船，每艘负重 2500 担，共 17500 担。

---

① 译者注：沱灢，越名又称"流淋"，华侨称"岘港"。沱灢之名实由关韩（Cửa Hàn，即韩海口）蜕变，因海口之守军称为守韩（Thu‑Hàn），葡人称为 Touron，再讹为 Tourane。参见陈荆和《十七、十八世纪之会安唐人街及其商业》注释 39，《新亚学报》第 3 卷第 1 期，1958，第 319 页。
② John Barrow, A Voyage to Cochinchina in the Years 1792 and 1793, London, 1806, pp. 310–311.
③ 译者注：原文为 Cachao，即法人对越语 Hanoi 的音转，亦即河内。

柬埔寨西贡港

来自海南的 20 艘戎克船，每艘负重 2250 担，共 45000 担；

来自广州港的 2 艘戎克船，每艘负重 6000 担，共 12000 担；

来自福建的 1 艘戎克船，负重 7000 担，共 7000 担；

来自浙江和江南的 7 艘戎克船，每艘负重 6500 担，共 45000 担。

交趾支那的会安港

来自海南的 3 艘戎克船，每艘负重 2750 担，共 8250 担；

来自广州港的 6 艘戎克船，每艘负重 3000 担，共 18000 担；

来自福建的 4 艘戎克船，每艘负重 3000 担，共 12000 担；

来自浙江和江南的 2 艘戎克船，每艘负重 2500 担，共 5000 担。

顺化港

来自海南、广州、澳门和北部省份的通常有 10 艘戎克船，平均每艘大约 2000 担，共 30000 担。

交趾支那的小港

来自中国不同港的 18 艘戎克船，大约每艘负重 2000 担，共 36000 担。

合计：311750 担

上述贸易总量以 16 担到 1 吨的速度增长，总计达到 20000 吨，比中国在曼谷一港贸易量的一半稍多一点。①

以上引用的数据与上文观点一致，即在 19 世纪 20 年代即明命帝统治之初（1820～1840），会安在中国贸易的重要性位列第三，48250 担的贸易量（大约 3015 吨）仅占越南所有对华贸易的 15%。

至于 19 世纪中期会安的状况，我们没有相关原始资料，只有明香社文圣（Văn - Thánh）庙的石碑铭文，提到了关于 1864 年的灾荒和 1865 年的大火。这些事件被认为导致了会安的重大毁坏，但没有其他历史记录加以佐证。

---

① Lamb, op. cit., pp. 264 - 265 （"Crawfurd's Report"）.

《大南一统志》卷五《广南·市铺》"会安铺"条下提到：

> 会安铺在延福县，会安、明乡二社，南滨大江岸，两旁瓦屋蝉联二里许，清人居住，有广东、福建、潮州、海南、嘉应五帮，贩卖北货，中有市亭会馆，商旅凑集，其南茶饶潭为南北船艘停泊之所，亦一大都会也。[1]

以上叙述了19世纪末会安之繁荣。19世纪60年代应该没有其他因素给会安带来破坏。然而，随着时间流逝，会安河道由于冲积泥沙堆积日渐狭浅，不再适合吃水深的大船航行与下锚，更别说现代蒸汽船了。在如此劣势的情况下，尤其是一些现代新港的崛起，例如岘港、海防和西贡，这些关键性港口被法国控制，会安的贸易逐渐没落。再者，许多有远见的华人在利益驱使下背井离乡，迁往沱灢或西贡追求财富。因此，会安原有居民骤减，变成了秋盆河沿岸一个安静的小镇，繁荣不再。

三　明香社的建立及其创立者和领导者

追溯会安的历史，将焦点集中在17世纪早期，我们发现在这个镇上华人被分为三类。

第一类是那些等待搭乘顺风船返航回家的中国人。由于交易时间的延长或是错过了通常每年六月和七月的西南季风，他们不得不在此过年。正如郑怀德在他的《嘉定城通志》（卷一）中提及：

> 凡唐船必以春天东北风乘顺而来，夏天南风亦乘顺而返，若秋风久泊秋到冬，谓之留冬，亦曰押冬。

留冬或押冬这一传统早在宋时被称为"住蕃"或"住冬"而为人们熟知；有迹象表明中国商人停在那里留冬是形成早期会安海外华人社区的基本因素。

第二类可能是那些自愿永久或半永久定居在会安的中国人。这些人大部

---

[1]　《大南一统志》卷5《广南·市铺》，第51页。

分是船主、船家代理或买办。他们定居在会安的任务是整理那些被船家留下来的商品，或购买当地的产品，例如生丝、糖、胡椒、琦楠香、燕窝、苏木、鲨鱼皮等，以便有充足的货物供给来年春天到达的船只。由于中国船往来频繁并且贸易扩展张弛有度，这些永久定居的商业代表成为会安不可缺少的居民。

第三类可能是那些客栈、饭馆、杂货铺、药店、裁缝店的业主。他们主要与华人顾客做买卖。显然，第三类较之前两类到达会安稍晚些；然而，有了他们的存在，会安唐人街完全发展成"中国镇"。

除了这三类之外，也存在着大量的逃兵、难民、流浪者、佛教僧侣、占卜者、草药医生以及一些中越混血儿。所有这些人构成了当地的华人社区。

尽管早期会安的中国居民普遍被当作商贾，但他们基本特征都是"海客"，经常为了他们的生意或是其他商业目的频繁往来于这个港口。在会安居停的晚明著名儒家知识分子朱舜水，为我们提供了另外一个关于中国定居者的类型。从他的情况看，中国大陆政治的变化和动乱迫使他来到会安，而他待在会安多半是商业目的。① 就这种类型的居民而言，他们应该被划分为停留在会安的侨寓（海外居民）或客寓（临时居民）。在明王朝灭亡前的会安定居者中，这一类型十分普遍。

明王朝灭亡时，大量中国难民和明朝官员匆匆来到会安，躲避中国大陆的战争与动乱，而难民的到来也引发了许多问题。由于原来华人社区的设施有限，无法容纳这些突然增长的人口，因此亟须添置更多的土地和建立一个专门组织，来管理这些流动的难民。他们与打算永久居住在这个国家的唐人街的居民不同。显然这一差异是明香社（Minh Hương xã）建立的最根本原因。

"明香"一词现在普遍用来表示中越混血人群或者这些人聚居的乡村。② 至于它的最初意思，一方面，Gustave Huế将其定义为"清朝入主中国时期来到会安的明朝难民"③。另一方面，A. Schreiner 认为明香的最初意思是"维持明王朝香火的人"，同时也指代"17 世纪避难于交趾支那的明朝遗民

---

① 关于朱舜水在会安的暂住及活动，参见拙作《朱舜水〈安南供役纪事〉笺注》，《香港中文大学中国文化研究所学报》第一卷，1968，第 211～213 页。

② "明香社"改为"明乡社"是自 1827 年明命皇帝发布诏书后开始的。自此，"明乡社"被用于所有官方文件。请注意，"香"和"乡"的越语发音都是 Hương。

③ Gustave Huế, *Dictionnaire Annamite – Chinoi – Français*, Hanoi, 1937, p. 573.

与当地妇女所生的混血儿"①。根据明香社萃先堂保留下来的《明乡社萃先堂碑记》所载，其"冠以明字，存国号也"。总之，只要"明香"一词关乎明朝正统或者明朝皇帝的香火，就可以证明它是建立在明王朝灭亡之后。那么问题来了：明香社具体建立于何时？依笔者判断，解决这个问题需要考虑以下四点。

（一）1644 年（即崇祯十七年，顺治元年），李自成带领下的农民起义军攻占了明朝的都城北京，崇祯皇帝自杀，明朝崩溃。但就在同一年，李自成反被清世祖驱逐出北京，最终由世祖在北京建立政权并宣称统治整个中华帝国。之后，三个南明政权领导了一系列反对满人统治和明朝复兴的运动：福王在扬州，唐王在福州，桂王在广东、广西两省，然而在清政府大规模的军事力量到来之前，他们只是在做绝望的斗争。郑成功（西方人称其为 Koxinga，即国姓爷）的军队，是残明的一支最强力量，在 1659 年攻打南京失败以后被迫放弃了大陆这一基地。他们占据了台湾岛，荷兰人自从 1624 年就控制了这个岛，在驱赶了荷兰东印度公司的军队和全体人员之后，郑氏把台湾变成了他们反清活动的基地。简而言之，在北京落入清朝手中之后也意味着明王朝统治事实上宣告结束。

（二）1645 年农历五月，清朝军队占领扬州，事实上，这标志着清朝开始统治中国中部和南部，同时，也引起了这些地区人民的极大恐慌。在不到三个月的时间里，清政府颁布了严厉的剃发令。这两个发生在同一年的事件导致了中国南部大规模的反抗运动，导致在清朝统治初期中国南部民众移居海外。特别要说明的是，剃发令不仅意味着改变了明人留长发这一传统习俗，而且是对中国人生活方式的极大侮辱，对于为自己古老传统而感到骄傲的中国人来说，这是绝不能容忍的。毫无疑问，对未来的巨大恐慌，对满人统治者的厌恶，以及对除了严厉的剃发令之外的迅速改变其风俗习惯的命令的反感，共同导致了大批的中国难民前往东南亚地区。例如，郑怀德，一个出身于明香，在嘉隆和明命两朝供职的高级官员，在他自己的诗集《艮斋诗集》中写道：

> （郑怀德祖父）会大清初入中国，不堪变服剃头之令，留发南投，

---

① A. Schreiner, *Les institutions annamites en Basse Cochinchine avant le conquete français*, tII, 1900 – 1902, p. 66.

客于边和镇福隆府平安县清河社。①

关于原住在广东省雷州，最后定居于越南与柬埔寨边界柴棍并建立了自治国家河仙的郑玖，流寓到南方的动机，《大南寔录前编》（卷6，第1页上）写道：

明亡，留发南投于真腊为屋牙。②

至于顺化明香社陈氏家族的建立者陈养纯，被迫从其老家福建省龙溪县流寓到南方的原因，《陈氏正谱》中说：

避乱南来生理，衣服仍存明制。③

关于传统中国人蓄发的重要性以及剃发令的强制实行对民众的危害，威廉·丹皮尔（William Dampier）在他1697年环世界航行时作了详尽的描述。

古老的中国人非常以他们的头发为傲，他们将头发留得长长的，用手轻抚它，然后把头发绕锥缠起，插入头顶，男女都是如此。但当鞑靼人征服他们后，用武力破坏了这一深受人们喜爱的风俗；这一不公平的遭遇较之征服他们的行为更令人愤恨。于是他们反叛，但结果更糟，最后被迫接受；这一时期他们按照鞑靼统治者的方式，剃掉了前半部分的头发，保留了后面的，并让它下垂，长短不一。在其他国家生活的中国人仍然保留了他们的旧习俗，但是在中国如果发现任何一个人留长发，就会丢脑袋；他们告诉我，许多人离开了其国家为的是保存他们留头发的自由。④

---

① 关于郑怀德的生平与事迹，参见拙作《艮斋郑怀德：其人其事》，新亚研究所东南亚研究室，1962，第7~21页。
② 译者注："屋牙"即镇守或地方长官。关于郑氏定居河仙的过程，参见陈荆和《河仙鄭氏の文學活動，特に河仙十詠に就て》，《史學》第40卷第2、3号，1967，东京，第155页。
③ 参见拙作《承天明乡社陈氏正谱考略》，香港中文大学新亚研究所东南亚研究室，1964，第41页。
④ *A New Voyage Round the World by William Dampier with an Introduction by Sir Albert Gray and a New Introduction Percy G. Adams*，New York，1968，pp. 275-276.

　　根据这些事实合理地推断出：清政府实施的以剃发令为象征的严厉同化政策，已经导致了无数的明朝中国人前往海外国家寻求庇护。这种现象是在1645年剃发令颁布不久后出现的。

　　（三）在清初的这一混乱时期，若干重要人物离开中国。我们注意到明朝僧侣澄一和独立（即戴曼公）在1653年归化日本，明朝教士隐元在1654年避难于日本。关于会安华人，一个祖籍为福州的中国富商魏九使（或简称九官，1618～1689），在1653年来到长崎，目的是帮助料理他的哥哥魏六使的生意，他1654年来到会安。[①] 上文提到的朱舜水在1659年归化日本。然而，他早在1646年就离开中国大陆并途经舟山和长崎来到广南，最初打算在会安定居。[②] 这些明遗民的路线揭示了他们大批离开中国是发生在1646年以后的七八年间。

　　（四）会安明香社是在阮主领域内建立的第一个这种村落，然而官方的越南编年史没有任何相关日期的线索，涉及明香社的官方记录或档案中也没有给出任何关于这一点的相关评论。关于明香社的建立日期，被认为最重要的且唯一存在的证据，是一个载有圣旨的木制碑匾，这块牌匾就挂在会安关圣庙（汉澄宫）前门入口处。涂有红漆的匾上刻有大约三十个金粉汉字。

　　　　庆德癸巳年穀旦书
　　　　　　三界伏魔大帝
　　　　敕封
　　　　　　神威远振天尊
　　　　　　明香员官各职全社立

　　据我所知，这块碑匾是首次使用"明香"一词的最古老的历史资料。庆德是黎神宗年号，癸巳年即庆德五年，1653年。因此，会安明香社至少在1653年就存在了。鉴于以上情况，明香社建立的年代上限是1645年，也就是在中国颁布严厉的剃发令那年，这一观点看似合理，然而它的年代下限一定在1653年，也就是关圣庙的牌匾被使用时。

---

① 冈田一龟：《安南国太子から明人魏九使に寄せた书翰に就いて》，《南亚细亚学报》1942年第1期，第49～70页。

② 参见拙作《朱舜水〈安南供役纪事〉笺注》，《香港中文大学中国文化研究所学报》第一卷，1968，第21页。

为纪念 1753 年关圣庙的重修，特立石碑，其《会安明香关圣庙重修碑记》记载："关圣帝庙、观音佛寺本社鼎建百有余年矣。"这说明明香社在 1653 年前建造了这个寺庙。因此，可以肯定的是会安明香社是由明朝遗民在 1645 年剃发令颁布之后建立的，大约是在 1650 年。

那些在建立乡村时发挥了显著作用或者为促进社区的进步做了巨大贡献的人被称作前贤（有功的前辈），他们深受明香社居民的崇拜。人们把他们的牌位放在萃先堂的供台上，到了春天和秋天便在这里举行纪念仪式。作为祭祀之地，萃先堂建于 1820 年。到目前为止，这些前贤已经被分为四个组：十老、六姓、三家和列位。

首先，在萃先堂的第二个石碑《明乡社萃先堂碑记》上刻着这些前贤功勋的整体描述。碑文曰：

> 吾乡祠奉祀魏、庄、吴、邵、许、伍十大老者，前明旧臣也。明祚既迁，心不肯贰，遂隐其官，御名字，避地而南至，则会唐人在南者，冠以明字存国号也。卅六省皆有所立，而广南始焉。

至于他们的住处和成就，碑文曰：

> 初居茶饶，寻迁会安，相川原之胜，通山海之利，井里画焉，阛阓设焉，以永千年于兹者，皆其所贻也。十大老既往，三大家继之，曰：冼国公、吴廷公、张宏公皆能修前人之功，为桑梓计，始建地簿，辟闲土，益之以新培，而民居以广，商旅以聚，神祠寺观营造壮丽，而祀事以修。辰有郑门吴氏发愿捐资买田土附之。惠鸿大师供祠土广之，人和事举，俗厚风淳，天宝物华，为南州都会，自黎朝迄于国初，皆别格待之，与著异乡纂用牙政也。

越南当代历史学家阮绍楼（Nguyên Thiệu Lau）则给出了关于十老和三家的另外的说法。

> 最初有十个明朝人，他们老家是福建和浙江，为逃离明末动乱来到广南，属于魏、伍、许、邵、庄、吴六个宗族。他们被当地居民称为十老或前贤，被认为是社区的建立者。最先留下他们足迹的地点并不是会

安，而是升平，南距会安南 15 千米~16 千米，在那里他们加入了卖草药或占卜的行列。在某个时期，他们穿过了会安河，迁移到了茶饶，在那儿为了纪念关公，建造了一座寺庙。后来由于泥沙淤积，茶饶港口变得十分狭窄，十老又迁移到了青霞村，在那儿他们最终建造了锦霞宫，一个社区的祖先祠堂。自从青霞的下锚地又变得狭窄之后，十老在临近锦庸、会安和古斋的地方购买了一块 14.5 亩的土地（大约 7 公顷），并在那里建立他们的公共领地。在领地建完后，这三个来自中国的人，也就是冼国公、吴廷公及张宏公，他们的家族事迹被明香社村民所传颂。关于三家到达的准确日期仍然未知，应该是在十七世纪初叶。他们对社区的主要贡献是他们建立的乡村获得了阮朝的官方认可，因此，明香社这个名字第一次出现是在十七世纪中叶。①

　　阮绍楼的说法似乎引用了上述萃先堂碑文，并结合一些流传于民间的故事。他未能弄清十老是集体到达还是个别南渡，然而他把十老作为 16 世纪后期陆续离开中国去广南并在 17 世纪初永久定居明香社之前已经迁移了好多次的中国移民之代表。应该指出，阮绍楼关于明香社建立的日期的判断比实际日期早了 50 年，关于十老、三家到达的日期比实际日期早了大约 100年。除了这些日期之外，还有其他若干要点需要确认。

　　根据阮绍楼的观点，十老集团迁移的路线是升平—茶饶—青霞—明香，除了升平，均在秋盆河的下游和会安附近。再考其迁移之原因，除了从升平迁到茶饶之动机不详，自茶饶迁到青霞，自青霞再到明香社，主要原因均为河港太过狭窄，中国帆船下锚不便。然而，根据 1695 年参观会安的中国禅宗和尚释大汕记载，当时之茶饶是远洋船下锚之地。再据《大南一统志》卷五《广南》"会安铺"条，茶饶的独特之处在于它是中国帆船的主要停泊地，这里十分拥挤和繁忙。根据这些记述，十老迁移到其他地区，放弃繁荣的茶饶地区似乎是不大可能的。从这个角度看，更合理的说法是一些其他原因导致十老不断迁移，例如人口增长、流行病的爆发或者贸易不便等。

　　事实上，在 17 世纪的会安不仅有十老集团，而且有一些其他的明人，

---

① Nguyén Thi ju lau, "La formation et l'évolution du village de Minhhuong（Faifoo），" *BAVH.*, 28e annee, 1941, pp. 359 – 367.

他们构成了早期中国定居者的主体。举祠堂的例子，在会安有十四个宗族的祠堂，包括张、陈、林、刘、冯、尤、周、黄、邱、蔡、黎、朱、范、曾。在张、陈、朱、林的祠堂里，仍然拥有他们自己的族谱和各种各样关于他们亲属的谱系记录。特别值得关注的是林氏祠堂，它保存了以下匾额。

> 大明天启辛酉季（1621）吉旦立
>
> 林氏祠堂
>
> 籍贯：福建漳州府龙溪县 phô bạch trạm①

　　由于在十老的名单中没有林氏宗族，这块木匾似乎表明在 17 世纪早期，在会安除了十老集团之外，仍生活着大量来自福建的商人。②

　　萃先堂的碑刻非常值得关注，假如不仔细区分十老和六姓两个集团，往往会得出一个错误的认识，即：十老指的是隶属于六个宗族——魏、吴、许、伍、邵、庄的十个人。然而，根据名为"萃先堂前贤乡谱图版"这个主墓碑，就会发现十老和六姓有明显的不同。在十老条目之下，十个名字被清晰地列在碑上：

---

① 译者注：暂未找到该匾额原文，此据陈先生原作直译。

② 下面是有关会安各祠堂的概况：

（1）张氏祠堂：张弘基所建立，作为"客卿"而闻名当地，是会安最古老的祠堂。现看管人为张 Dôn－Mục 先生。

（2）陈氏祠堂：位于现在张氏祠堂之后，据说建立于清朝乾隆年间，由陈惟德和陈维馨所建，他们的名字被刻在石碑上，石碑记载了 1753 年关圣庙的重修。现看管人是陈 Côn 先生。

（3）刘氏祠堂：现看管人是刘 Nhận。

（4）林氏祠堂：代理人是林 Vinh－Phong 和林 Quang－Tử。

（5）冯氏祠堂：代理人是冯 Ngọc－Ngũ 和冯 Ngọc－Thoại。

（6）周氏祠堂：建立者是周 Duy－Thiện。现看管人是周 Phi－Cơ 先生，也就是周 Mỹ－Xuyên。

（7）黄氏祠堂：代理人是黄 Thanh 先生。

（8）尤氏祠堂：看管人是尤 Minh 先生，是明香社公社委员会的主席。

（9）邱氏祠堂：看管人是邱 Tiền 先生。

（10）蔡氏祠堂：看管人是蔡 Phương 先生。

（11）黎氏祠堂：看管人是黎 Hiến 先生。

（12）范氏祠堂：代理人是范 Lan 和范 Khoi 两位先生。

（13）曾氏祠堂：由曾 Kính 建立，现代理人是曾 Dinh 和曾 Dục 两位先生。

译者注：作者原文只列出此 13 个宗族祠堂，未说明朱氏祠堂。

孔太老爷

颜老爷

余老爷

徐老爷

周老爷

黄老爷

张老爷

陈老爷

蔡老爷

刘老爷

在此之后，在碑匾上有另外的"六姓乡耆老"的列表，给出以下六个宗族姓氏：魏、庄、吴、许、邵、伍。最后，在三家的条目下，有三人姓名的列表：吴廷公、张宏公、冼国公。

观察十老的列表，很有趣的是每个人都喜欢"老爷"这个中国词。由于"老爷"在中国是一种尊称，在明朝用来称呼官员和上层人物。似乎可以认为那十个中国人是中国或会安的官员，这所谓的十老毫无疑问是十老爷的简称，十老爷相当于萃先堂碑文上的十大老。

值得我们进一步注意的是孔氏，他位于名单的最顶端，用了一个特别的尊称"太老爷"，而不是平常用于十老其他成员的"老爷"。给予如此不同的对待显然不仅表达了明乡人对孔子后代的特殊怀念，而且说明了孔先生在十老成员中地位最为显赫。

在这块碑上我们也发现了另一事实，即十老是真正的中国移民，他们不是明朝的官员，就是在广南避难后为阮主政权服务的官员，非如阮绍楼先生所认为的在升平、茶饶和青霞短暂停留之后定居在明香社的中国商人。

十老的具体成就或功绩被保存下来，但不为人知，直到1960年，笔者同西贡历史研究所合作开展了一项关于会安历史遗迹和历史资料的调查，最终建立起十老成员生活的简单轮廓。

关于孔老太爷，我能确定他的名字叫天如，他的坟墓依然在会安的锦庯坊。如今坟墓大概就是孔天如最初下葬的庙。由于庙在很久之前被毁坏，再加上一些其他我们不知道的原因，现在只剩下墓了，墓碑上刻有碑铭。在这一点上，我们首先必须搞清楚的是孔天如的死亡日期。碑文中仅提到"乙

亥年"，没有涉及任何中国或越南统治者的名字。在 17 世纪有两个乙亥年，
也就是 1635 年和 1695 年。考虑到孔天如的名字在明香社的十老名单上排在
最高位置，他不大可能死于 1635 年，因为这日期比明香社建立日期早了大
约 15 年。应该提醒的一点是，根据《华夷变态》卷十七，有一个叫孔天仪
的人，是会安华商，在戊辰年（1688）来到长崎。下一年他离开会安
（1689），作为中国船的船长带领了大约 60 个商人。他的船被暴风雨袭击，
被迫在这年的农历八月十三停靠在普陀山。为了修船，在停留几个月后，孔
天仪和他的队伍在下一年（1690）农历正月十九离开宁波，在同月二十四
日安全到达长崎。① 鉴于孔姓在中国非同一般，同时孔天仪也是一位有影响
的商人，是广南孔氏家族的头领，与孔天如中间的字相同，似乎孔天如与孔
天仪是同代兄弟，后者很有可能是碑铭上被称为"孝弟记录艚全德侯"的
人。考虑到这段时期的商业活动是被孔天仪管理的，只要证明了他们的关
系，就应该可以推断出孔天如在 1695 年去世。

关于孔天如的职位，在孔氏碑铭中清楚地提到其长期担任"该府艚"
的官职，也就是，在会安负责控制外国商船和监督居民及新来的华商。根据
《抚边杂录》卷四，在阮主之下负责海外贸易的机构是著名的艚部或艚司，
它们的高级职官由以下官员构成：该艚、知艚、该府艚、该簿艚、记录艚、
守艚各二员。该艚被认为是官员之首，在某种意义上，相当于今天海关主
管、国际贸易局的主任以及入境主管的混合。这一高级官员作为翁该艚
（翁——Ông 是一个尊称，相当于英语中的 Mr）被 17 世纪和 18 世纪来到广
南参观的欧洲商人和传教士在信件和记录中提及。朱舜水在他的《安南供
役记事》中的注脚提到"该艚"，即该艚官员专门负责监管中国居民和控制
船舶事务，通常该簿（即该簿艚）被任命到这一职位。② 在这一点上有一件
事也应该被提到，即该府艚或记录艚的官职作为惯例由明香社的居民或在会
安的华商担任。例如，1657 年在会安逮捕朱舜水的"该府"据说是福建人，
后文也会提到，几个与孔天如同时代的人被任命为此官。总之，由于孔天如
已经在该府艚任职很长时间了，为华人和明香人造福，并作为一个高级官员
被当地人敬仰。在他 1695 年去世时，明王阮福凋赐予四亩土地作为他的墓

---

① 参见拙作《清初华舶之长崎贸易及日南航运》，《南洋学报》第 13 卷第 1 辑，1957，第 25 ~
26 页。
② 参见拙作《〈朱舜水〈安南供役纪事〉笺注》，《香港中文大学中国文化研究所学报》第一
卷，1968，第 214 页。

地，以表彰其功绩。

除了孔天如之外，周老爷即周岐山的墓在会安山丰坊乡亨园。据他的墓碑所载——像孔天如一样，周岐山也作为"该府艚"在阮主政府供职，但与孔的墓碑不同的是，周的碑上有一个额外的称号——"内院"。参考《大南寔录前编》或者《（大南）列传前编》的案例，我们注意到"内院"是阮朝统治者给予那些与阮政府有密切经济或财政联系的有影响力的华人的称号。因此，"内院"一职可能是阮朝的言官或顾问。至于他去世的那年：甲戌年，只要周与孔是同龄人，那他的死亡日期应该是1694年。换句话说，周岐山1694年去世，即他在艚司衙门的同僚——孔天如死的前一年。

虽然粗略，但也有各种各样描述陈老爷和蔡老爷的资料。根据现在会安几个老居民的说法，那所最老旧的寺庙曾经建在会安，在它的附近是茶饶的关圣庙。这座寺庙，以"翁寺"（Chùa Ông，即老爷庙）而闻名，建立在大批华商到达会安之前的那段时间。在会安重建关圣庙之后，它变成了一座佛教寺庙——龙安寺。在印度支那战争期间，寺庙被越盟[①]军队毁坏。1960年，当笔者参观位于义龙社的寺庙废墟时，我只在那里发现了一个矗立的石碑。石碑表面损坏相当严重，我无法看清全部的碑文，标题可见曰"龙安寺福碑"，建造日期"天运甲申年仲秋吉日立"，以及为寺庙重建做出贡献的男女姓名列表。列表上端的名字如下：

正支……齐公官、林士钦，内院记录艚　陈德庆、蔡善能

关于碑的日期，"天运"这一词当然不是中国或越南统治者采用的年号名称。像龙飞、天运是一个非正式的时间名称，是海外明难民创造的，他们蔑视使用清帝国的政权名称。龙飞和天运被广泛使用在东南亚的海外华人社区，尤其从17世纪上半叶到18世纪下半叶的河仙、马六甲、巴达维亚和会安。[②] 至于"甲申"年，这个时期有两个甲申年，即1644年和1704年。考虑到明香社在会安建造一个新的关圣庙后，茶饶的关圣庙在1650年被改造成了龙安寺，极有可能在1704年重新修复了龙安寺，龙安寺福碑也被竖立。

---

① 译者注：越盟即越南独立同盟会，成立于1941年，是近代越南历史上的反殖民主义独立组织。

② 关于河仙郑氏，参见拙作《河仙郑氏世系考》，《华冈学报》第5期，台北，1969，第212~213页。

这一日期晚于孔天如和周岐山的卒年大约十年，陈德庆和蔡善能作为那一时期明香社的领导人物，被村民作为十老的成员看待是个自然而然的事情。

再看六姓集团，现存墓碑有一些迹象证明了吴和魏两宗族的存在。在青霞社厚舍邑有吴孕明墓，立于辛未季冬吉旦。因为辛未年应是康熙三十年，即1691年，多半可以确认这个吴姓宗族男人属于六姓成员，吴孕明是该府艚的官员，被授予了明香侯爵。

关于魏氏，在茶饶南有两个古老的坟墓被认为与魏氏宗族有联系：一个属于魏元余，另一个属于魏志凤。两座坟墓建造的日期均为"龙飞丙子年"，鉴于"龙飞"作为时代名称使用，笔者断定，这个"丙子"即1696年。正如墓碑上显示，魏元余和魏志凤不仅属于同一宗族，而且来自同一故乡，也就是福建省福州市福清县。其他的历史资料也引起我们注意，在17世纪的会安，另外一个来自福州的叫魏之焰的居民，从1654年到1672年生活在会安，与当地的越南妇女武氏谊结婚，通过参加广南与日本间的有利可图的贸易积累了财富。① 这些历史资料都说明，有相当一部分福建商人在会安。根据当地老人的讲述，上文提到的两座坟墓属于两兄弟，因此，似乎可以肯定元余和志凤属于魏氏宗族，是六姓之一。

除去魏、吴，六姓之中还有四个宗族庄、邵、许、伍，但残缺的历史资料使我们无法勾勒出一幅关于他们的图景。不过，根据《华夷变态》，几个许氏宗族成员在17世纪80年代末常常作为船长或副船长从会安航行至长崎。例如：

> 戊辰年（1688）：许桢官　广南船船主（第三十三番）
> 庚午年（1690）：许尚官　许敏官　广南船船主（第九十番）
> 辛未年（1691）：许相官　广南船船主（第十四番）②

这些航海的贸易者一定与六姓集团中的许氏宗族有关系。

朱眉川先生是明香后人，他对会安的历史概况相当熟悉。据他研究，十老逐个在明香社登记成为当地居民，他们并非生活在同一时期；六姓成员在

---

① 冈田一龟：《安南国太子から明人魏九使に寄サた书翰に就いて》，第50页。
② 参见拙作《清初华舶之长崎贸易及日南航运》，《南洋学报》第13卷，第1辑，1957，第23~29页。

会安定居的时间比十老要早，似乎也比十老年长。事实上，笔者在这章前半部分的论述也揭示了六姓即孔天如、周岐山、陈德庆和蔡善能的活动时间比十老中的一些人要稍早些。简而言之，作为明香社早期阶段的领导人，十老和六姓的部分人员在大约 17 世纪晚期有交集。事实上两组人最大的区别不在于他们有着不同的籍贯与方言，而在于十老是担任政府官员的明香社居民，六姓则是明香社的乡老权贵，最早从事商业活动。然而，要在两组人中做出一个非常清晰的区分是很难的，如吴孕明，他是六姓之一，却担任着该府艚的官职。

关于三家，我们有更多的史料可以证实他们所在的时期及事迹。有关这点，《会安明香关圣庙重修碑记》做了大致描述，该碑文是为了纪念 1753 年关圣庙的第一次大范围重修而刻写的。碑文记载：

> 然而岁久不如初，蠹蚁毒穿栋柱，成空洞之腹，瓦缝历落，堂房有罅漏之湿，神像如不豫之颜，乡党有翻构之议，然而动荡数千之费，待三厘以何年。幸有冼国祥［详］、吴庭［廷］宽、张宏［弘］基性行素怀，植德济资，不慕扬名，乡里推为俊士，力量杖作檀越。三公慷慨，自出囊金以应用，不辞繁费。本社欢协着实董事以谋为望速成。

这些线索和前文提到的萃先堂碑刻一致，三家与孔天如、周岐山的儿子或孙子那一代人处于同一时代。共同之处在于他们都是 18 世纪中期明香社的富绅，同样致力于公共福利，为社区的建设做贡献，例如维修关圣庙、引入地簿籍系统、开垦荒地、扩大居住区，鼓励更多商人前来贸易。正如阮绍楼所言，会安明香社的建立也得到了阮朝认可。显然，他们不仅是这一时代的知名商人，而且在中国人和明香人中有巨大影响力。

观察今会安潘周桢路上的张氏祠堂的"张氏历代尊图"，我们得知，张氏宗族的祖籍在福建省泉州府东岸县中左所（即今天的厦门），早期的宗族头领是：

1. Thú y tổ 始祖（会安宗族的建立者）：
西泉公（名字不得而知）（妻子：Kh ưu th ị）
2. Cao tổ 高祖（第二代）：
张维缵（妻子：Phan Th ịHo ạt）

3. Tăng tổ曾祖（第三代）：

张明柯（妻子：Nguyến Th ịPha）

4. Hiến tổ显祖（第四代）：

张弘基（妻子：Tôn Th ịGia）

这些谱系揭示出张弘基的前三代首先定居在广南，张氏的最初三代（即西泉公、张维繢、张明柯）似乎住在荼陵。张弘基，作为"客卿"[1] 而知名，他在三兄弟中排行第二，他的大哥叫弘业，弟弟叫弘道。弘基的妻子名为Tôn Th ịGia，那她一定是中国人。关于弘基生平，保存在张氏祠堂的张氏家谱（1912 年修订）提到：

> 凭借自己的商业才智，可敬的弘基将其商业推向顶峰，家境也变得殷实。因为我们的祖先已经建立起这个村庄，他也被登记为明香社居民。在丁丑年武王阮福澍统治期间（1757），弘基在会安建造了一个祠堂。我们那已去世的父亲曾陪同弘基往返内地（即中国）从事商贸。另外，他在广南省奠盘府延福县的安仁社（An nhan xá）也建造了一个祖先祠堂，并在那里定居。他们在荼乔社（Trà kiều xá）山旁购买了一片土地，并邀请一位中国风水师住居这里，以便为他们挑选一块祥地做宗族坟地。结果，属于这个宗族里的每个坟墓都迁到了荼乔。还有一个祠堂建在丘陵地区，他们在祠堂里立了一块大石碑，石碑上刻有每一代已故成员的头衔和名字，祠堂的建立者西泉公被作为核心人物，以此方式供其后代崇拜。[2]

张弘基这个人似乎很有趣，他通过从事中越贸易积累财富，成为成功的富商。正如许多海外华人一样，他是一个忠诚的中国风水习俗的信奉者，他十分相信祖先坟墓的位置将直接或间接影响子孙的命运和生活。显然，作为"积善之家必有余庆"的信奉者，他非常热情地推进社区的公共福利建设。根据之后提到的一个简短碑刻，他也是 1763 年来远桥（即日本桥）重建的主要捐赠者。除了支持包括关圣庙重建工作在内的各种各样公共工程之外，

---

① 译者注：原文为 Khách Thành，即客城，应是 Khách Thanh 客卿之误。

② 译者注：暂未找到张氏家谱，此段引文据原文直译。

最使我感兴趣的是：张弘基，一个作为海商来到南方的张氏宗族的第四代子孙，变成了一个打算长期定居广南的明香社居民。他的案例有力地证明了许多中国商人放弃他们海商或外国人的身份，不顾会安洋商会馆的禁令，将其名字登记在明香社。无论如何，张弘基的一生是明香社人口形成过程中华人模式的代表。

至于冼国祥，虽然关于他的生平我们知之甚少，但似乎可以猜测出，他与茶饶的龙安寺石碑上提到的冼国公在某种程度上有血缘关系。原碑刻载"正营……冼国公"。由于"正营"（意味着阮氏的总部）之后的部分碑文字迹消失，所以他真正担任的官职仍然不为人知。据我判断，冼国公可能被阮主也可能是明王任命为内院，这个判断源于年代顺序，冼国公应该是冼国祥的第一代或第二代子孙。假如属实，依据他们的关系可以证明以十老或六姓为代表的明朝移民曾从茶饶迁移到会安。

至于吴廷宽，他的名字标志着吴氏宗族在中越的首次出现。吴氏宗族的谱系可以追溯到《大南寔录》和《大南寔录前编》。有一点可以推断：吴廷宽可能是死于 1963 年末军事政变的前总统吴廷琰的祖先。毕竟，无论是在中国还是在越南，吴氏都是有着众多人口的大宗族，显然在 17～18 世纪的会安，除了吴廷宽和吴孕明之外，还有数量巨大的吴氏宗族成员。

除了十老、六姓、三家这三个集团之外，还有住在会安的其他华人，因为他们慷慨捐赠而被奉祀于萃先堂。按时间顺序，名为吴氏礼的应该被首先提及。[1] 大约比吴廷宽早了一代，吴氏礼就住在这个村子。她非常有名，因为她慷慨地给明香社捐赠土地。她的坟墓在会安，墓碑仍在萃先堂，也就是明香社的祠堂。根据重修的郑吴氏碑刻载，她应出身于"六姓"之吴氏，与郑氏家族成员结婚。在她丈夫去世之后，她继承了大量财产。虽然没有记录可以确认这块土地由她捐赠，然而在她墓碑上，她被称为"开山大檀越主"，很有可能她不仅捐赠了与关圣庙毗邻的土地，而且把佛寺建造在现在的观音寺。她被整个明香社居民所崇拜不是没有原因的。

至于惠鸿和尚，有两篇碑文可以供我们重构其部分生活。第一是他在萃先堂大厅左侧的牌位，第二是仍然存于青霞社祝圣寺的墓碑。根据上述资料，我们知道他的名字是梁广淌，他的墓在嗣德元年（1848）被迁到了祝

---

① 吴氏礼姓"吴"，"氏"表明其为女性，因其嫁给郑氏宗族成员，也称为郑吴氏。

圣寺。① 在与 Chau My Xuyên 先生交谈时，我知道了惠鸿的墓最初位于祝圣寺的前面，这里是一个繁华的集市。这可以解释为什么在祝圣寺的墓被称为"改扦之塔"。因为他的牌位最初放在广安寺，他被认为是寺庙的第四代管理者。惠鸿捐献的土地的规模依然不得而知；然而，根据萃先堂的碑刻，他捐赠了一片"祀土"，我们推断他捐给社区的那片土地就是广安寺的所在地。

四　庙宇和会馆

人们早就注意到，中国宗教生活最突出的特点是融合。这一特点不仅体现在中国国内，在海外有华人定居的各东南亚城市也是如此。例如，在新加坡的天福宫，天圣母（圣母天后）在大堂的中心供台被人们崇拜，而关圣帝（即关公）、保生大帝和观音分别占据了寺庙的东厅、西厅和后厅。②

在会安，关公占据关圣庙的主供台。在寺的后方有一个观音庙，它于17世纪中叶和关圣庙一起建立。保生大帝很早就被供奉于锦霞宫，而天后和其他附属神明大部分被供奉于海平寺、中华会馆和福建会馆。泉州会馆供奉天后和关公。最后，潮州会馆和琼府会馆供奉着守护家乡的当地神，例如马援和108个海南人。所有这些神明和谐共存并长久以来受到华商和当地人虔诚和热情的崇拜。

（一）关圣庙和观音寺

除了茶饶关圣庙之外，会安关圣庙（即关公庙、关帝庙，或简称翁寺）被认为是会安及其附近最古老的历史建筑，位于现在的强柢路（Đng Cường Đế）③，专用于关羽的崇拜。从历史的观点来看，它是会安最重要而有趣的历史纪念碑。《大南一统志》卷五《广南省·关公祠》曰：

---

① 祝圣寺是一座古老的禅宗佛寺，据说由明海法师（即梁法宝）建于1456年（丙子年，明朝景泰七年），明海法师籍贯为中国福建省泉州府同安县。据寺庙记载，寺庙的前12位住持都是中国禅宗临济宗的僧侣。

② 参见陈荆和、陈育嵩《新加坡华文碑铭集录》，香港中文大学，1970，第58页。也可参见 Leon Comber, *Chinese Temples in Singapore*, Singapore：Eastern Universities Press, 1958, pp. 57–59。

③ 译者注：强柢（Cường Đế，1882～1951），原名阮福单，出身于越南阮朝皇室，封畿外侯，嘉隆皇帝原太子阮福景的直系子孙。

　　关公祠，在会安铺，明乡人建，规制壮丽。明命五年南巡过其祠，赐银三百两。[①]

　　尽管这条史料没有提及寺庙建立的日期，但1753年树立的《会安明香关圣庙重修碑记》证明在这个纪念碑建立的一百多年前，明香社就已经建造了关圣庙和观音寺。尽管我们仍然不能确认寺庙建立的准确日期，但可以肯定的是两座寺庙在1653年就占据了此地。另外，根据该碑文，寺庙在三家的捐赠下于1753年进行了首次翻修。关公塑像在许修容的支持下于1783年被修复，他是明香社的乡绅首领之一，通过捐赠对社区做出重大贡献。1825年（明命六年），明命帝捐赠300两白银，在香胜邑购买了一片土地，目的是支援寺庙宗教设施建设。1827年，由黄栋观领导的乡村贵族、村社居民和其他捐赠者筹集2852贯，用于关圣庙和观音寺的修缮。1864年，又筹集了436贯来修缮神像。

　　除了上文提到的1653年的碑匾——包含了一道授予神明荣誉头衔的圣旨之外，还存在两个具有重要历史意义的物件。一个是在外面大门上的漆字铭牌。上写：

　　澄汉宫
　　龙飞岁次壬午；
　　捐赠者：Hòang Hội - Thư, Trần Năng - An,
　　Trần - Nguyên Hòng, Trang Hữu - Bật

　　另外一个是梵钟，钟上有铭文，注明其铸造于清朝康熙十七年，即1678年。而且，寺庙还保存了一些有价值的档案，包括1882年嗣德皇帝给关公的授权敕令和一个由启定皇帝（译者按：即阮福昶，1916～1925年在位）1924年颁布的敕令。

　　位于关圣庙之后的佛寺以观音寺闻名，佛寺里何时安置观世音的神像和神龛已经无从查考。正如关圣庙一样，我们无法估算它重建的最初日期，但是挂在寺庙墙上的各种匾额在某种程度上揭示了它的早期历史。横挂在大堂前上方的第一块匾额，写道：

---

① 《大南一统志》卷五《广南·关公祠》，第32页。

庆德癸巳岁腊月榖旦

旃檀林

信官萧燧烜敬立

成泰甲辰本社重修

横挂在大堂右上方的第二块匾额，写道：

乙亥春一立

圆通殿

恩弟子陈玉山

与第一块匾额并排挂着的第三块匾额，写道：

丙戌十二月吉旦

伽山飞来

信徒李时章捐赠①

应该强调的是，无论是经常往来的华商还是明香社居民，在 17 ~ 18 世纪会安居民的社会和宗教生活中，关圣庙和观音寺毫无疑问都扮演了重要角色。在 1695 年，禅宗和尚释大汕来会安参观，下榻在弥陀寺（Di Đà Tư）（Di Da = 弥勒－笑佛），在他的《海外纪事》（卷四）中提到：

寺（即弥陀寺）之右有关夫子庙，嵩祀最盛，闽会馆也。

这些内容都说明了一个事实：1695 年释大汕住的弥陀寺，事实上是 1753 年碑文上提及的观音寺，现在的观音寺位于关圣庙之后。然而，寺庙主神何时从弥陀变成观音仍然不为人知。

（二）锦霞、海平二宫

锦霞、海平二宫位于会安的潘周桢路。根据这个寺庙墙上的《锦霞、

---

① 译者注：第三块匾额是据陈先生原作直译。

海平二宫碑记》可知，锦霞宫最初位于锦庸和青霞的边界上，因此名为锦霞。它也作为祖亭知名。1626 年增加海平寺。后者也作为巴姥而闻名。两座寺庙现在并排坐落，左边为锦霞，右边为海平。在锦霞寺，保生大帝以封神三十六将配焉，而在海平寺，天后圣母以生胎十二仙娘配焉。这两个寺庙已经被修缮翻新多次：第一次是 1848 年由秀才张至诗发起的，第二次是在 1922 年。在锦霞宫里，一个大铁香炉被放置在主祭坛上，铭文如下：

> 锦霞宫，清嘉庆十九年三月，粤省何仁济、李利兴敬奉保生大帝。①

（三）万寿亭、广安寺、追远堂、萃先堂、明香先祠（或明香会馆）

众所周知，17 世纪会安有万寿亭和广安寺。正如镇民所说，虽然以前它们位于中华会馆这个位置，但已消失很久。根据已故的叶传华教授（译者按：Diệp Truyền Hoa，1918~1970，越南华文教育家）研究，到达会安的十老很快就在广安寺前面建造了万寿亭。如果是这样的话，亭子的建造日期必然是在 17 世纪晚期。从名字判断，建造万寿亭似乎是为了祈祷阮主长寿。至于广安寺显然在万寿亭之前就已存在，好像是在 18 世纪晚期西山叛乱中被毁坏。然而，仍有一些资料证明它在 17 世纪 70 年代依然存在。

根据广安寺碑，1680 年，一位名为洪祥的明香社长老，发现梵钟不响，为了支持寺庙宗教活动的开销，自愿给寺庙捐赠 100 贯购田三亩。在此善举的鼓励下，明香社出于同样的目的购田八亩充当公费。

除了广安寺碑之外，还有一个广安寺梵钟，铭文如下：

> 风调雨顺
> 广东广州督粮厅加一十二级
> 戴□□仝妻信奶陈氏
> 虔□洪钟一口重二百余供奉
> 广安寺佛前
> 佛山汾水万名炉铸造

---

① 译者注：并未找到香炉铭文，据陈先生原作直译。

旨

康熙二十七年岁次戊辰吉旦

国泰民安

石碑和梵钟现保存于广安寺。

除了上述提到的两个建筑之外，不知何时，在它们背后建造了一个祖先堂——萃先堂，目的是放置明香社居民祖先的牌位。明命元年（1820），在关圣庙之东另建造了一个大堂萃先堂，为的是放置十老、六姓、三家的牌位。后来，祖先堂被搬入萃先堂大堂里，这个"复合整体"被重新命名为明乡先祖或明乡会馆，它现在是会安的男子小学。

萃先堂似乎作为祠堂性质的寺庙，被用于北帝（或者帝君）的崇拜，它源于1853年明香社众绅士所创立的明文会。在萃先堂大厅里，有一块匾额，上面有这座建筑的名字。写道：

辛卯四月吉旦

萃先堂

明香社捐资重缮①

在大厅神龛上，放置了一个颇大的牌位，上面有以下名字：

明乡社历代先贤

十大老吴　邵魏　庄　许　伍

三家

吴廷宽　冼国祥　张弘基

列位

左右两边互联对称，左边祀郑吴氏，右边祀惠鸿和尚。

明香先祖拥有一个谱系档案，名为"萃先堂前贤乡谱图版"，嗣德三十三年（1880，庚辰年）由萃先堂看护人 Ly Thành Y 复制，该图版列出了

---

① 译者注：并未找到该匾额，据陈先生原作直译。原文为 Tan‐máo（1843），即辛卯（1843），而实际上1843年为癸卯年。

嘉隆早期的十老、六姓和三家的名字，以及嘉隆晚期明香社耆老和显贵名单。

（四）文圣庙

嗣德二十年（1867），明香社首先建造了文圣庙，一个位于香定邑（Hương dịnh ấp）东边的萃先堂旧址专用于奉祀孔子的圣殿。在秀才张怀亭和九品司法官员的监管下，于丁卯年（1867）的农历九月开始重建，并在下一年（即戊辰年，1868）农历三月竣工。1872年，由邓辉著所编碑文集不仅记录了重建的过程，而且涉及发生在19世纪中期明香社的重要事件。

（五）福建会馆

像其他东南亚的城市一样，从17世纪开始，会安镇建立了大量的由帮长和委员会统治的中国人的方言联合会（法语称之为"集会"，越南语称之为"帮"）。"帮"拥有自己的学校、墓地、医院和寺庙，为"帮"的成员提供便利。每个帮都有他自己的集会大厅，一般称其为会馆。通常，会馆不仅是帮成员的集会场所，而且充当寺庙供奉着帮的守护神。就会安而言，有四个会馆，即福建、广东、潮州、海南，他们属于四个方言联合体，再加上一个中华会馆，共同属于一个统一的方言联合组织。在这些机构里，福建会馆被认为是会安建立的最古老的会馆，它也作为天后神殿、金山庙或金山寺而知名。金山寺的名字仍然可以在会馆大门的牌匾上看到。根据1757年福建泉州商人施洪泽立在会馆之内的《会安福建会馆石碑》记载："午时请从水中扶抱金身登山到占城锦安之地，就此重建六十余年。"此言使我们推断这个寺庙（据说茅草屋顶覆盖）建立的日期下限在1690年前后。然而，有必要指出金山寺的建立与福建会馆的开始时间是不同的。

随着1900年寺庙增加了拜亭，天后仍然占据主大堂的中心神龛。在大堂的后面，许多其他的代表福建流行信仰的各种神明被崇拜。在牌匾"南沙岗新宫大房头"之下，陈列着以下神明仙人的雕像：

黄王爷

十三王爷

朱王爷

顺王爷

张王爷

缺王爷

六姓王爷

金花娘娘

赵琼霄

赵云霄

赵碧霄

在会馆也有一些值得我们关注的历史资料。

1. 匾额:

嗣德四年（1851）辛亥季春天恭祝

德配天

天圣庙重修的庆典

由明香社善男信女们捐赠

2. 一个锡制的香炉上刻有以下的铭文。

龙飞年丁卯年（1687）为报神恩，由Bách‐Hộ的九品官员、信徒

Lưu Lực‐Thạch敬供

3. 一艘航行的木质中国帆船模型。嗣德乙亥年（1875）重修；1956年再次重修，由太和荣捐赠。

（六）广肇会馆

根据《会安广肇会馆石碑》，广肇会馆是广东人聚集的议事大厅，光绪十一年（1855）① 被大规模修缮。起初，该建筑用于天后的崇拜，但现在关公和释迦牟尼占据了正厅。不幸的是，几乎没有资料可以帮助我们研究该会

————————

① 译者注：光绪十一年应为1885年。

馆的早期历史。唯一保存下来的铁质香炉，上面刻着聚宝龙亭（Tụ Báo Long Đình）的字样及铸造日期：清光绪九年（1883）。

（七） 潮州会馆

潮州会馆祀汉朝伏波将军马援，他在公元43年远征南越，成功平息了交趾的征氏姐妹反叛（40~43）。由于马援被当作南方的平定者，所以他被潮州商人选为其海外活动的保护神。根据《福缘善庆碑记》，马援庙即潮州会馆，建立于咸丰二年（1845）[1]，建筑材料来自中国大陆，规模豪华。信众捐赠的总量达2870贯。1887年，寺庙被重新修造。

（八） 琼府会馆

据《会安琼府会馆碑记》记载，这座会馆即义烈兄弟庙，是在一些定居会安的海南商人如吴廷昌、陈胜丰的赞助下，于光绪初年建造。因此，可以知道海南的会馆在19世纪70年代已经存在。该会馆供奉的神明是108个海南商人，在嗣德四年（1851）农历六月，他们的船驶向海南时，在远离广义的海上遭到阮氏政府的海岸巡逻力量的袭击，并被残酷斩杀。该悲惨事件被记述在《大南寔录前编》卷六中，也被 A. Bonhomme 详细记述在一份关于1887年海南商人出于同样目的在顺化建造昭应宫的报告之中。[2]

（九） 中华会馆（洋商会馆）

中华会馆，另一个用于天后崇拜的寺庙，初为洋商会馆。后来，可能在嘉隆帝早期（即19世纪初期），它被重新命名为四帮会馆（四个中国会馆即福建、潮州、广东和嘉应的集合）；再后来，又被命名为五帮会馆（再加上琼府）。根据《重修头门埠头碑记》，五帮会馆1855年被大修一番。随着中华民国1912年成立，它最后被命名为中华会馆，同时充当会安的华人学校。根据《重修会安中华会馆碑记》，会馆于1927年再次被大规模修缮。

有迹象表明，自会馆建立以来，天后已经作为主神被崇拜，然而，没有资料可供我们估算它的建立日期。会馆有一个大青铜鼎，上载着铸造日期：

---

[1]　译者注：清咸丰二年应为1852年。

[2]　A. bonhomme, *Le temple de Chiêu - Ứng*, BAVH., No. 3, 1914, pp. 191 - 209.

明成化十七年（1477）。① 然而，鼎似乎是后期从大陆带来的。依我看来，会馆一定建造在 1715 年即日本正德五年之后。主要原因在于：正德五年，德川幕府政府发布了所谓的"正德新例"，规定前往日本的中国商船的数量为每年 30 艘。② 结果，许多过去经常去日本的中国船，转而前往会安或其他东南亚港口。这使会安华商数量显著增长，中越贸易繁荣发展。在这种情况之下，来会安贸易的商人和船长觉得有必要建立一个洋商会馆来维护自身利益，促进互助。

这个会馆有别于其他组织，因为它是互助组织，所有华商和海员不论方言和籍贯都可以成为它的成员。那些每年来会安，交易初期待在这个小镇的人们都加入了这个会馆。因此，该会馆是由那些从中国内地各省来的商人和船主资助而建成的。

从历史视角来看，会馆地位显著，因为它储藏了一块立于 1741 年名为《洋商会馆公议条例》的纪念石碑，该碑对于研究 18 世纪会安的社会经济生活是具有重要价值的原始资料。由碑文中的条例我们可以得出以下结论。

1. 条例内容强调会馆的道德性质。尽管会馆是一座庙，用于天后崇拜，但它的宗教特性不是非常明显。仅在春秋分或者每月初一和十五，商人们聚集在会馆里祭祀。而且，虽然商人聚集在这讨论事情，但它的商业特征也不是非常明显。商人和船主仅仅把会馆作为一个促进他们共同福利和维持协会内部纪律的地方。

2. 因为洋商会馆是一个由从事海外贸易的华商建立起来的组织，它有着严格的规章制度来管理捐献的征收和交付，维持基金和保护会馆的财产。这些规章制度是后来其他会馆账簿规章制度的基础。

3. 洋商会馆不仅是一个互助组织，也是一个管理诸如救济和慈善事业的协会。例如，有具体的救济措施去帮助遭遇海难的商人和孤寡病人，甚至负责埋葬在会安去世、没有亲属的商人。会馆做得最好的一点是阻止流氓、赌徒、吸食鸦片者潜入组织并利用组织。

4. 从中国来的新移民和当地越南妇女结婚生的孩子，因为母亲的关系被登记在了会馆。该规定由会馆制定，为维持道德准则，所有成员必须遵守

---

① 译者注：明成化十七年应为 1481 年。
② 参见拙作《清初华舶之长崎贸易及日南航运》，《南洋学报》第 13 卷第 1 辑，1958，第 5 页。

这一规定。

5. 一般而言，会馆成员是每年春天来到越南，夏天回去的华商。而明香社居民是那些更愿意长久住在越南不打算回到中国的人。洋商会馆用它的规章制度在这两群人之间划出了界限，为的是阻止一些滋事者在明香社寻求庇护。[①]

（十）来远桥（日本桥）

在会安，还有一历史遗迹应该被提及，如一座以"日本桥"命名而广为人知的木桥。它建造在一条小溪上，小溪称为桃溪（Sông Đào），是锦庸和明乡的标界。据我所知，这座桥吸引了多位到会安参观的杰出人士，包括1673～1683年的巴舍（Benigne Vachet），1695年的中国禅宗和尚释大汕，1719年的阮主明王和1778年的卓曼（Ch. Chapman）。巴舍作为巴黎外方传教会会士，自1673年到1683年待在会安。在他的备忘录中说到会安"廊桥"总是被乞丐和瞎子算命先生占据。[②] 我们感兴趣的是这桥显然在17世纪中叶就已建成，且普遍认为是日本人建造的。而对于17世纪会安的主街——大唐街，相当于现在的强柢路。释大汕《海外纪事》卷四中载："街之尽为日本桥，为锦庸。"这毫无疑问地证明了在1695年释大汕参观之前，桥已建造。根据《大南寔录前编》卷八，当1719年阮主明王（1691～1719）参观会安时，他注意到了小镇西部的一座桥，因许多商船来此抛锚，故将之命名为来远桥。事实上，在桥上小庙里，有一个水平放置的木匾，上面写着"来远桥"的名字，是由"国主天纵道人"（即明王）用黑色笔写就的。在1817年，丁翔甫在他的《重修来远桥碑记》里陈述道："相传日本国人所作。"这使我们推测，桥最初以日本桥而闻名，在1719年被明王重新命名为"来远桥"。虽然"被日本人建造"这一说法似乎从17世纪就一直存在，事实上，没什么可靠的原始材料能阐明这个问题。依我判断，现有资料似乎否定而非支持这个普遍说法。

首先，正如以上提及，会安的日本町不在这座桥或锦庸附近。反之，更准确的定位是在当前丰年社（Phong-niên-xá）或者花街社（Hoa-ph

---

① Chingho A. Chen, *On the Rules and Regulations of the Dương-thương Hội-quán at Faifo (Hội an)*, *Central Vietnam*, *Southeast Asian Archives*, Vol. II, Kuala Lumpur, 1969, p. 154.

② L. Cadière, "Sur le pont de Faifo au XVIIe siècle: His toriette tragi-comique," *BAVH.*, 7e annee, No. 3, 1920, pp. 349–358.

ố - xá）的唐人街的东边。换言之，没有迹象表明这桥和日本町联系密切。因此，对于这桥命名为"日本桥"是由于离日本町很近的说法，并无根据。

其次，桥本身的结构并不具有日式风格。因为它已经被一个屋顶藏有北帝（即玄天大帝）祭坛的小庙覆盖，故名声在外。然而，这个略微古怪的风格，作为上家下桥而出名，在顺化附近的承天省清水乡也发现这种桥，清水乡建立在仙王时期（即阮潢，1558～1613 年在位，第一代阮主），即 16 世纪后半期。这座桥建立在一条名为 Cửu Lội Nong 的小溪上，一个屋顶结构覆盖在一个用于崇拜陈氏道夫人的小庙上，她是桥的捐赠者。这桥普遍被称为商家桥（Cầu Thương Gia）或清水溪桥（Cầu Ngòi Thanh Thúy），由陈氏道夫人在景兴三十七年（1776）建造，她是一位高级官员的夫人。① 显然，它的风格与会安桥极为相似，然而，没有什么特征能把它归属于日本的任何建筑风格。

我想特别指出的是，来远桥有一个特色，即桥的两端设有两个不同的木质兽像，作为保卫，一侧是狗像，另一侧为猴像。关于这些雕像，A. Sallet 在他的"会安来远"的报告里推断：申（猴）年表明那年桥开始被建；戌（狗）年意味着竣工。② 因为在申年和戌年之间有两年的间隔，花如此长的时间建一座小桥似乎不太可能。依笔者所见，更合理的推测是：两个动物像是为了代表桥面所对的不同方向。因为，申和戌除了代表猴和狗之外，也分别代表罗盘方向"西 – 南 – 西"（west – south – west）和"北 – 西"（north-west）。

虽然这些动物像的来源和日期不为人知，这些雕像看上去与日本大众宗教信仰中常见的动物雕像例如狐狸崇拜，极为相似，这可能表明来源于日本的动物像被放置在这桥上。这也许是桥长时间被称作 Cầu Nhật Bán，即日本桥的主要原因。

根据桥中部三条横梁上的题字，癸未年（1763）明香社张宏公开始重建，他是三家之一。嘉隆十六年，明香社的高级官员、长老和贵族再次修缮来远桥。嗣德二十八年（1875），第三次大规模修缮，明香社的高级官员、

---

① R. Orband, "Pont couvert de Thanh – thuy," *BAVH.*, 1917, pp. 217 – 221; H. Lebreton, "Le pont couvert en tuiles etle jardin de Hue," *BAVH.*, 20e annee, NO. 4, 1933, pp. 289 – 294; E. Gras, *Un pont*, *BAVH.*, 1917, pp. 213 – 216.

② A. Sallet, "Le Vieux Faifo," *BAVH.*, 6e annee, 1919, p. 511, Note1.

贵族及这个镇的华商提供了财力支持。启定二年（1917），明香社的高级官员、贵族、五帮华人组织首领和其他华商又一次发起修缮。①

Historical Notes on Hoi－an（Faifo）

Chingho A. Chen

Abstract：As a result of intensive historical investigation carried out in Hoi-an in 1960 with the collaboration of the Viện Kháo Cố(Historical Research Institute) of Saigon, I was able to collect a number of Chinese inscriptions, epitaphs, tombstone markings and other historical materials of great interest. Through these materials, the study centered around three issues：the historical setting and the opening of Hội an, its development in trade, Minh-Hu'o'ng-Xã, religious temples and assembly halls of Hội-an. Based on this study's discussions, there are several conclusions to be made.

Hội-an became a port of foreign trade with emphsis on the Chinese and Japanese junk trade, shortly after the establishment of the Quòng-nam-ding by the Nyuyêns in 1602. The number of overseas Chinese traders residing in Hội-an was reported as 4000 －5000 in 1642, about 6000 in 1744, and 10000 in 1750. Under the hard works of Chinese traders, the various renovations by the Lord Vó-Vùong, and the changes of oversea trade circumstances in Asia, Hội-an entered a golden age of commerce around 1750. But during the Tay Son revolt and the ensuing period of disruption, it was unable to escape from the devastation of interial wars. Until the re-unification by Emperor Gia-long in 1802, returned a considerable number of Chinese residents in Quòng-nam. Hội-an rejuvenated gradually for almost 100 years. However, as time goes on, the Faifo River becoming narrow and shallow, the trade of Hội-an could not escape from the destiny of decline and fall.

At the first years of the Chinese residents in Hội-an, they were almost traders and might be divided three categories. But after the fall of Ming Dynasty in 1644,

---

①　A. Sallet, loc. cit. , pp. 511 －513.

numberous Chinese refugees and Ming officials rushed into this town. It is the most fundamental cause for the establishment of the Minh-Hu'o'ng-Xã. The Minh-Hu'o'ng-Xã of Hội-an was the first village of this sort ever established within the domain of the Nyuyên lords about 1653. The inhabitants of the Minh-Hu'o'ng-Xã in Hội-an have traditionally worshipped the people "Tiên Hiên", which have been divided into four groups: Thap Láo, Lu Tińh, Tam Gia, and individuals.

The Chinese residents in Hội-an worshipped many divinities. Quan-Thánh（关帝）occopies the main altar of the Quan-Thánh temper. Immediately behind the temper, there is a Buddhist temple of Quan am（观音）. Bao Sinh Đai-dệ（保生大帝）has long been enshrined in the Cảm-hà temple（锦霞宫）, while Thien-hau（天后）and other subsidiary deities have been worshiped mostly in the hai-binh temple（海平寺）, Trung-hoa Hội-quan（中华会馆）and Phuc-Kien Hội-quan（福建会馆）. Quang-trieu Hội-qúan（泉州会馆）has been dedicated to the cult of Thien-hau and Quan-Thánh. Trieu-Chau Hội-qúan（潮州会馆）and Quynh-phú Hội-qúan（琼府会馆）are designed for the worship of local tutelary deities related to their home province, such as Ma Viện（马援）and 108 Hinanese merchants. Finally, The Lai-Vien-Kieu（来远桥，日本桥）was built by the Chinese rather the Japanese residents, although it's figures and some animal figures commonly seen in the practice of popular religious beliefs in Japan, such as "Inari"（Fox）worship.

Keywords: Hoi-an; Minh-Huong-Xa; religious temples; assembly halls

（执行编辑：徐素琴）

海洋史研究（第九辑）
2016 年 7 月   第 175～192 页

《耶鲁藏山形水势图》的误读与商榷

郑永常[*]

    2010 年 6 月 16～18 日，新竹交通大学人社中心主任李弘祺教授（后文诸先生皆径称大名）举办了一场"耶鲁大学所藏东亚山形水势图研究工作坊"，邀请几位学者参与工作坊。笔者有幸躬逢其会，收获不少。会前一段日子，李弘祺将他收藏的"Yale Navigational Map, 1841"光盘拷贝一份给笔者参考。笔者收到时，如获至宝。当时仍未有机会翻看章巽释著的《古航海图考释》[①]一书，惊讶竟然有如此精彩的"山形水势图"[②] 出现在眼前。在计算机上看"山形水势图"，泛黄与墨线交错在一起，如水墨字画般美丽。笔者随意地翻了一两次，竟茫然于海洋之中。其后利用明天启元年（1621）序刊的茅元仪辑《武备志》中之郑和航海图卷"自宝船厂开船从龙江出水直抵诸番图"[③]，

---

   [*] 作者系台湾成功大学历史系教授。

   ① 章巽：《古航海图考释》，海洋出版社，1980。

   ② 因为在明代《顺风相送》（收入向达校注《两种海道针经》，中华书局，1982）中便提到"各处州府山形水势深浅泥沙地礁石之图"，其后大都简称为"山形水势图"。它们是舟师用以辨别方位及位置的重要根据，只有舟师看得懂，并知船在那里。然而如《郑和航海图》是在山形水势图的基础上再加工完成，目的是给长官或皇帝参看的航海图，图中有针路，但更细致的山形水势就不见了；另一近期发现的《明代闽南人航海图》（Selden Map），其功能如《郑和航海图》仅供参考之用，不可能用于航海。中国帆船舟师在海洋上，仍然用山形水势图来航行。

   ③ 茅元仪辑《武备志》卷二百四十，华世书局，1984，第 10177～10223 页。

雍正八年（1730）成书的陈伦炯《海国闻录》① 卷下"沿海全图"，向达校注《郑和航海图》② 《两种海道针经》③，陈佳荣等编《古代南海地名汇释》④ 和各种手头上的航海路线图及 Google Map 搜寻系统，终于在工作坊提交一篇名为《清代唐船航海图（Yale Navigational Map，1841）初步解读》的报告。可惜大会没有出版计划，完整的文章也没有写出，就此将这篇报告搁置一旁。本文即在原报告的基础上补撰而成。

一　学界对《耶鲁藏山形水势图》的误读

有关《耶鲁藏山形水势图》的专门研究，较早有复旦大学丁一的《〈耶鲁藏清代航海图〉北洋部分考释及其航线研究》一文。⑤ 丁文曾发表于2010 年李弘祺主持的"耶鲁大学所藏东亚山形水势图研究工作坊"。他的论文主要讨论北洋航路，以《耶鲁藏山形水势图》为根据，用历史地理来考察确认山形水势图的地理位置。文章参照章巽《古航海图考释》，利用全球定位系统（Global Positioning System）来搜寻地理位置进行考释。其后有钱江和陈佳荣合作的大作《牛津藏〈明代东西洋航海图〉姐妹作——耶鲁藏〈清代东南洋航海图〉推介》⑥，以及刘义杰数篇文章如《海上丝绸之路中的"舟子秘本"》⑦《〈耶鲁藏中国山形水势图〉初解》⑧ 等。笔者读后感觉仍有些想法值得提出，就教于各位，让《耶鲁藏山形水势图》的面貌更为准确地呈现出来。因为一些误会使对《耶鲁藏山形水势图》的解释出了些问题，应该稍为更正。

首先必须指出，李弘祺早在1997 年的《历史月刊》上就发表了《记耶鲁大学所藏中国古代航海图》的介绍性文章，对该海图做了初步的整理说

---

① 陈伦炯：《海国闻见录》卷下，山川风月情丛书《诸蕃志外十三种》，上海古籍出版社，1993，第 869～894 页。一般版本没有附"沿海全图"。
② 向达校注《郑和航海图》，中华书局，2000。
③ 向达校注《两种海道针经》，中华书局，1982。
④ 陈佳荣等编《古代南海地名汇释》，中华书局，1986。
⑤ 丁一：《〈耶鲁藏清代航海图〉北洋部分考释及其航线研究》，《历史地理》第 25 辑，2011。
⑥ 钱江、陈佳荣：《牛津藏〈明代东西洋航海图〉姐妹作——耶鲁藏〈清代东南洋航海图〉推介》，《海交史研究》2013 年第 2 期。
⑦ 刘义杰：《海上丝绸之路中的"舟子秘本"》，《深圳晚报》2014 年 8 月 1 日，http：//wb. sznews. com/html/2014 - 08/01/content_ 2959575. htm，浏览时间 2014 年 11 月 17 日。
⑧ 刘义杰：《〈耶鲁藏中国山形水势图〉初解》，《海洋史研究》第六辑，2014。

明。由于全部图档未公开，当时学界并未特别关注。近年中国大陆学界开始
关注，钱江把图档全部公开，可谓功德无量。更深一层研究成果应该指日可
待。李弘祺是《耶鲁藏山形水势图》研究的先导者，功不可没，但他并非
海洋史研究专家，对山形水势图的介绍尽心而已，漏洞仍有。如李文说
"耶鲁图一是所谓赤坎头的地方，属今泰国的 Prachuab 海岸" 和 "大昆仑一
般说是菲律宾的 San Pablo 山，在马尼拉南边"，其后又犹豫说 "但从耶鲁
航海图看来，它应该是在南海或越南东南海岸的岛"①。事实上赤坎不在泰
国，大昆仑也不在菲律宾。

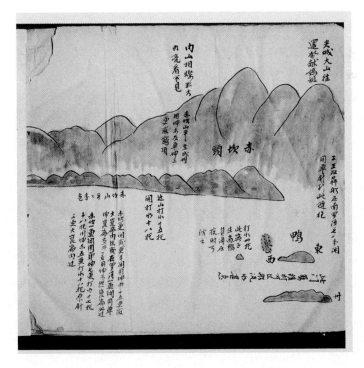

图 1

　　赤坎即古代占城都城，亦称邦都郎。清代盛庆绂辑《越南地舆图志》
谓："成化中，其王为安南兵逼，使居赤坎邦都郎，遣使请封。"② 赤坎邦都

---

①　李弘祺：《记耶鲁大学所藏中国古代航海图》，《历史月刊》1997 年 9 月号。

②　盛庆绂辑《越南地舆图志》卷四，丛书集成续编第 245 册，新文丰出版公司，1989，第 446
　　页。

郎元代称"宾童龙"，汪大渊《岛夷志略》明确写道："宾童龙，隶占城。"① 《耶鲁藏山形水势图》第二幅就是"赤坎头"（耶图 2 赤坎头）。② 此图文字写道："赤坎一更开，用单坤七更，打水十七托、十八托，用坤未五更，打水十八托，原针三更大昆仑内过。"即从赤坎（藩朗）用"坤"（西南 225 度），再"坤未"（西南 217.5 度），经过十五更（36 小时），行程约 900 里③，在大昆仑内过。这里的大昆仑即越南南部的昆仑岛（Poulo Condore），又作军突弄山。《新唐书》谓："又半日行，至奔陀浪洲。又两日行，到军突弄山。"④ 奔陀浪洲，即赤坎邦都郎，或称宾童龙。1547 年占城为安南攻陷，国王古来携眷坐船入广州，声称上京控诉安南入侵国土，要求明朝出兵协助返回新州。明朝派使者护送古来国王回国，但为安南拒绝，只愿还邦都郎至占腊等五处之地，若一县大小。自后邦都郎便成为占城国都，至 1692 年占城为安南所灭，从此退出历史舞台。⑤

　　同样刘义杰的文章亦有值得商榷之处，如在《海上丝绸之路中的"舟子秘本"》中写道："图左为原图 1，是今越南南部归仁港附近的赤坎山，图中的注记的'尖城'，即文献上记载的占城。"笔者前文已指出，赤坎在越南的藩朗而不在归仁（Quy Nhon）。赤坎在北纬 12 度以南，而归仁在北纬 14 度以南。刘文又说："图右为原图 18，其'岸州大山'为今越南中海区的山形水势分图，图中还绘的全图册中唯一的船舶图。"这幅图的确是唯一绘有一艘"船"的图，但"岸州大山"不在越南，而是指"崖州大山"即海南岛。何以写成"岸州"？可能是音转"崖州"为"岸州"，也可能是形似误写。何以知是海南岛？就是右边有暗沙或称沈沙，这里称"硬尾"，此其一。其二是图中岸州大山最左边有"此处离山是交趾洋"。其三，当时船往北驶，图中文字提及"硬尾至弓鞋量驶直，不过

---

① 汪大渊：《岛夷志略》，山川风月情丛书《诸蕃志外十三种》，第 78 页。

② 本文显示的《耶鲁藏山形水势图》除第一张为英文序文外，共 120 幅，本文顺序编为耶图 1 ~ 耶图 120，以耶图来与其他文章区分。至于钱江教授发现的二幅，用到时也以"补耶图"来称之。

③ 明代《顺风相送》谓："每一更二点半约有一站，每站者计六十里"；清代《指南正法》谓："每更二点半约有一路，诸路针六十里"，向达校注《两种海道针经》，第 25、114 页。案：一更约 2.4 小时，一更船航六十里称"站"或"路"，再测水流逆顺加减里数。

④ 欧阳修等：《新唐书》卷四十三下《地理七下》，中华书局，1975，第 1153 页。

⑤ 拙文《新州港之梦：占城都城地理位置考释》，"Maritime Frontiers in Asia: Indigenous Communities and State Control in South China and Southeast Asia, 2000 BCE – 1800 CE," Pennsylvania State University, April 12 – 13, 2013.

二十一二更"，"弓鞋"在广州零丁洋外海，由此可知"岸州大山"就是海南岛。

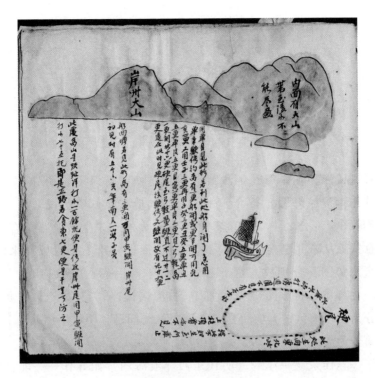

图 2　耶图 18 岸州大山

图 2 右下角有一图案，前头用粗黑体写"硬尾"，为船家用语；继用虚线画一大圆圈，上写"此处些须打涌，周围不见有石出水"，下写"此处生向东北些"，尾写"从此不知生至何处止，上桅顶看亦不见"。其大意是在这里要向东北方向航行，才能到中国广东沿岸，若再往东走，不知去到何处。图 3 的 Google 卫星图显示右上称神孤暗沙，右下称一统暗沙。"硬尾"又称暗沙或沉沙，陈伦炯《海国闻录》附图就有"沈沙"。①

刘义杰在另一篇大作《〈耶鲁藏中国山形水势图〉初解》中将"图册整理"划分为十七海区，第一海区"第 1～19 幅，从越南中部归仁起，即图中的'尖城'，至'岸州大山'止，为越南中南部海区至海南南岸山形水势分图"，也是因对"岸州大山"的误解而出现错误。刘先生写这篇文章之

---

① 陈伦炯：《海图闻见录》之"沿海全图"，第 886 页。

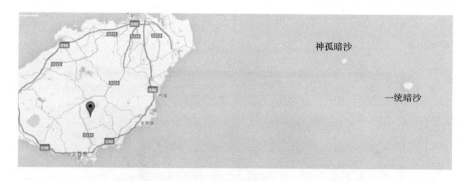

图 3　Google 卫星图 "神孤暗沙" "一统暗沙"

前，已看过钱江和陈佳荣《牛津藏〈明代东西洋航海图〉姐妹作——耶鲁藏〈清代东南洋航海图〉推介》一文，诚如他在文章中所说，该文"将共122 幅航海图全部公之于众，嘉惠学林"。[1] 显然刘先生对航路是有疑惑的，或不同意钱陈从东北至南海的两段航路，因而以"十七个海域"来区别之，将"山形水势图"分别放入这十七个海域内，并强调"暂以章巽《古航海图考释》为样本，将该图册从北往南，按海区排序"，分为八段。将从渤海至暹罗分为八段海区，其实仍然不能解决航线问题，明清中国航海者似乎没有将洋面分为海区的习惯。

钱江、陈佳荣《牛津藏〈明代东西洋航海图〉姐妹作——耶鲁藏〈清代东西洋航海图〉推介》一文除了前面提及的将 122 幅航海图全部公之于众的做法，诚如他们说"学术公器须由众人共研"[2]，这是很好的学术气量。然对于钱、陈文提及的航线，笔者有不同的看法。文中说：

> 我们又重定图序，酌情参照航海针路，由北往南重新排列，改名《清代东南洋航海图》，全部予以刊载。新排订的顺序，以南澳（占 8 幅）、太武（占 4 幅）、东涌（占 4 幅）为始发点，分成两段来排列图、文，即"南澳、太武、东涌往来双口、高丽、五岛"；"太武、南澳往来新州、柬埔寨、暹罗湾"。据我们所考，本图南航只到暹罗湾为止，并未载及马来半岛南部或新加坡；唯在东洋航线，于北太武一页间中提

① 刘义杰：《〈耶鲁藏中国山形水势图〉初解》，第 19 页。
② 钱江、陈佳荣：《牛津藏〈明代东西洋航海图〉姐妹作——耶鲁藏〈清代东西洋航海图〉推介》，第 3 页。

及往双口——鸡屿（在菲律宾马尼拉湾）针路（原图 P52）。这两段所排文字相当于东、南洋或原东、西洋两种航线，每段所含图幅分别为62、60 幅，由北往南正好与中国海岸线及东北至朝、日和西南抵越、泰的航线相契合。[①]

钱、陈文的基本论点指出主要的两条航路：一是南澳、太武、东涌往来双口、高丽、五岛，二是太武、南澳往来新州、柬埔寨、暹罗湾。这两条航路究竟根据什么来设定的？难道真是"酌情参照航海针路，由北往南重新排列"的吗？为什么"北往南"呢？是随意还是有根据？如果说没有根据也说不过去，因为作者找到一些资料来论述说明，从而建构出以南澳为中心的南北航路，然后说："可以毫不夸张地说，本图实可谓清代前期暹罗湾—中国东南海—长崎的一张弥足珍贵的专用航海图。"[②] 对于清代潮汕、南澳为贸易和移民中心，已经有很多研究成果，不必怀疑钱、陈文的论说。但是，这不是《耶鲁藏山形水势图》所呈现的真实面貌。

首先，笔者要指出清代从暹罗往日本的针路不会是如此航行的。《指南正法》特别标示"暹罗往日本针"的路径针谱如下：

> 出浅，用单庚取望高西，打水七八托。用单巳三更取乌头浅外过。单巳五更取陈公屿。丙午五更取笔架。巽巳及单巳二十五更取小横门，中有沉礁，南边过。用辰巽及乙辰十五更取真楼外过，远看有三个门，南边有一小屿，东北尾低西边高，有树木，即是假楼，远看成三个门……南澳坪外。艮寅七更取太武。艮寅七更取乌坵。艮寅十更取圭笼。单□（应是寅）二十五更见流界，用艮寅二十一更取天堂外过。壬子十更收入竹篙屿。妙也。[③]

这条针路到乌坵后，用艮寅针（东北偏东 52.5 度）10 更抵达圭笼（鸡笼），用单寅针（东北偏东 60 度）25 更经过流界（琉球国境），再用艮寅针（东北偏东 52.5 度）21 更抵达天堂（今下甑岛和上甑岛），再用壬子针

① 钱江、陈佳荣：《牛津藏〈明代东西洋航海图〉姐妹作——耶鲁藏〈清代东西洋航海图〉推介》，第 5 页。
② 前揭文，第 14 页。
③ 向达校注《两种海道针经》，第 174～175 页。

（西北偏北 352.5 度）抵竹篙，"妙也"意思是指最好的路径。证之 Selden Map 是一样的航道，并没有先抵水剩马（水慎马，今对马，Tsushima）才到长崎。当然，从更北一点的凤尾（海定）或普陀或沙呈至长崎，是先抵里慎马/里甚马/水甚马再南回五岛，入长崎。我想指出的是，断然将《耶鲁藏山形水势图》强以南澳为中心分为南北两条航线，并非建立在《耶鲁藏山形水势图》本身的研究上，而是"酌情参照"的。

历史学者有一分证据说一分话，当完全没有史料时，就不得不推论一番。既然《耶鲁藏山形水势图》收藏于耶鲁图书馆，就应该就史料呈现的内容来研究，不应用猜想或酌情参照的方法。如此才能使历史研究更具有可靠性。

二　我对《耶鲁藏山形水势图》解读与讨论

2010 年笔者对这份《耶鲁藏山形水势图》作了初步的解读，名为《清代唐船航海图（Yale Navigational Map, 1841）初步解读》，笔者称之为"清代"是据《耶鲁藏山形水势图》于渤海湾航路经过的地方都是清代地名，利用谭其骧主编《中国历史地图集》第 7 册 "元明时期"、8 册 "清时期"进行对读，判断是清代海图。[①] 笔者承认这一说法不周延，下文会提出说明。

（一）晚清锦州天桥厂的海洋贸易与耶鲁唐船

当时初步的解读是《耶鲁藏山形水势图》途经的一些地名是清代用词。如耶图 114 有 "此处山上一城乃荣城县也"。荣城在山东最东边，明代称之为"成山卫"。又如耶图 112 图中有 "南皇城"和 "北皇城"，而明代只称 "皇城岛"。由于清康熙二十二年（1683）才开海禁，而清代从上海海运漕粮至天津，大概是在道光年间才开始的。天桥厂海洋商业活动比天津晚很多，我们可从天桥厂的发展知其概况。《清史稿》说道："（锦州）西南天桥厂巡检雍正元年置。又西南海滨，有地伸出海中如三角形，曰葫芦岛。岛势向西环抱成一海湾，光绪三十四年，勘为通商港。"[②] 所谓 "光绪三十四年（1908），勘为通商港"是指清末全面开放贸易的时间。不过天桥厂的海洋

① 谭其骧主编《中国历史地图集》之 "元明时期""清时期"，地图出版社，1982。
② 赵尔巽等：《清史稿》卷五十五《地理二·奉天》"锦州府"条，中华书局，1976，第 1930 页。

活动早在乾隆五十六年（1791）便已开始。当时天桥厂主要是渔业为主。《清实录》谓：

> 天桥厂、龙王庙二处寓居闽人，只一百九十一名。因贸易索赈等事，以致羁留。现在思归者众，遇有海船，拟即给票回闽。其余安静愿留者，向设海正一名，及新添正副堡头二名，足资稽查。该处领票渔船三十二只，不时侦缉，以杜藏奸。盖州、牛庄等处，情形大约相同。①

可见，当时也会有一两艘从福建来的海船有贸易活动。道光二十六年（1846），朝廷因漕运阻塞，有意行海运，"命壁昌等筹议江苏漕粮酌分海运"②。至道光三十年，咸丰帝即位便"敕江苏四府漕粮暂行海运"③。咸丰二年（1852），大臣"奏请浙江新漕改由海运。从之"④。自此海运漕粮至天津，也带动渤海湾沿海各口岸的航运业兴起。

当时漕粮海运以天津为目的地，再转京师。晚清陶澍（1779～1839）画的《海运图》路线就是从上海至天津而止。他在图中说："海运水程系从上海至宝山，出吴淞江口，由崇明十澈出外洋。正东过余山，向北偏东行，过大沙转正北趋成山，又转西偏北至庙岛，达天津。共计洋面四千余里。"⑤ 不过，此时的天桥厂也开始兴旺起来，道光十八年（1838）朝廷敕令：

> 谕军机大臣等：前因琦善奏闽广洋船因天津查拿鸦片严紧，不能卸货，已有一百二十三只起碇出口，虑其前赴奉天另谋销售。咨明该将军一体访捕，当有旨令耆英委员堵截，以防偷漏。迄今两月有余，未据奏到。本日复有人奏奉天地方，近来兵民沾染恶习，吸食鸦片。其沿海地面，如锦城之天桥厂、海城县之没沟营田庄台、盖平县之连云岛、金州之貔子窝、岫岩厅之大孤山数处海口，为山东江浙闽广各省海船停泊之所，明易货物，暗销烟土。本年九月间，山东荣成县所属洋面，搿获商

---

① 《清高宗实录》卷一千三百七十六，乾隆五十六年四月，中华书局，1986，第477～478页。
② 赵尔巽等：《清史稿》卷十九《宣宗本纪三》"道光二十六年"条，第699页。
③ 赵尔巽等：《清史稿》卷二十《文宗本纪》"道光三十年"条，第714页。
④ 赵尔巽等：《清史稿》卷二十《文宗本纪》"咸丰二年"条，第721页。
⑤ 陶澍：《陶文毅公全集》卷八，上海古籍出版社，2010，第21页。

船一只，夹带烟土一万三千四百余两。讯系欲往奉天售卖。可见该处烟
贩往来，断不止此一起等语。①

　　因天津严格查禁鸦片，辽东湾沿海港口成为鸦片贸易活跃口岸，所谓
"明易货物，暗销烟土"，也带动了海洋贸易的发展。因此，1838 年辽东湾
锦州天桥厂的鸦片贸易使锦州天桥厂的海洋贸易活跃起来，至道光二十三年
（1843）天桥厂已成为口岸中心，"今商船日多"。② 道光三十年（1850），
天桥厂已"为商船停泊之所"③。《耶鲁藏山形水势图》本来属于某一中国
帆船（唐船）的航海秘本，不易传人，不幸于 1841 年在新加坡被英人洗
劫。④ 按本文称"唐船"是沿用日本幕府时代对中国人的帆船称谓，因为当
时停靠长崎的中国帆船不一定来自中国口岸，有些来自广南、吧城和暹罗等
各地的中国帆船。笔者认为这份《耶鲁藏山形水势图》的唐船，其出发港
不在中国，其基地在南洋，下文详述。北方天桥厂只是这艘船之新贸易航线
而已。

　　《耶鲁藏山形水势图》是 1841 年在新加坡拍摄的。当时第一次鸦片战
争正在进行，可能英方就把抵达新加坡贸易的唐船当作敌船来看待，更可能
这艘唐船从事鸦片贸易。当时新加坡鸦片由殖民政府垄断供应，华商投标专
买，价高者得。这便是所谓的"鸦片包税制"，或称"鸦片饷码"。而"鸦
片饷码"几乎都落入闽商集团手中。⑤ 这艘唐船可能从新加坡闽商手中偷运
鸦片至天桥厂和山海关贩卖，在新加坡被英海军俘获。也就是说，《耶鲁藏

---

① 《清宣宗实录》卷三百一十六，道光十八年十一月，第 931 页上。
② 文庆等纂辑《筹办夷务始末》之《道光朝》卷六五，上海古籍出版社，2002，第 54 页上。
③ 文庆等纂辑《筹办夷务始末》之《咸丰朝》卷三，道光三十年，第 2 页上。
④ 《耶鲁藏山形水势图》第一幅是英文序言：This book of charts was taken out of a Chinese
　 trading junk, of between 400 & 500 tons burden, trading from the Gulf of Pechila (Pechili, 北直
　 隶) in China to the Straits of Singapore, by Philip Beau, of H. M. S. "Herald" in the year 1841;
　 the junk being taken as a prize by the "Herald". At that time, charts, like these, were the only
　 guide which Chinese sailors used in navigating their junks from the north of China to Singapore, a
　 distance of many thousand miles. In this chart the form of the lands & islands is given, with
　 directions as to their bearing on the compass. For the junks rarely lose sight of the land. Since the
　 war of 1840 – 1843, the intercourse of the Chinese with the English has led them to perceive the
　 universal superiority of English charts, which are now eagerly sought for by many masters of Chinese
　 officials. Hence native charts, like these in this book, are falling into discuss, & many soon be
　 curiosities。
⑤ 参颜清湟《新马华人社会史》，粟明鲜等译，中国华侨出版公司，1991，第 113～114 页。

山形水势图》从福建至锦州海段绘画得十分仔细，它最有可能是 1838 ~ 1840 年鸦片贸易在辽东湾兴旺起来的新航路。我不同意丁一先生说的"闽船在北洋的活动主要限于锦州、天津、登州、胶州四港，'耶鲁图'正与此符合"①。因为耶图没有去天津的山水形势图。对于外地唐船来说，这是一条从福建太武山至天桥厂的新航路。当然这些山形水势图也是从明代旧底稿中加工而成，诚如丁一从方言考订，"'耶鲁图'的成书无疑在康熙二十三年开海禁之后"②。这应该是指从太武山至天桥厂一段而已。

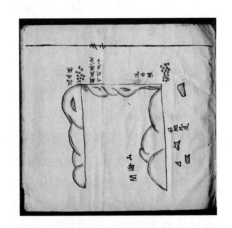

图 4　耶图 108 天桥厂　　　　　　　　图 5　耶图 109 山海关

《耶鲁藏山形水势图》辽东航线有两幅海关码头图景。最具有代表性的是图 4（耶图 108）天桥厂、图 5（耶图 109）山海关，两幅图画得颇为细致。在 122 幅耶鲁山形水势图中，天桥厂和山海关较具体地呈现了港口图样，比章巽《古航海图考释》更为清晰。③ 它们可能来自同源底图。耶图显示这两处并不是船家十分熟悉的海关，故描述得细致些。这个海域港湾特别多，又接近清朝盛京，是水师军巡逻的军事要塞海域，更要避免乱闯而出祸。

至于耶图"高丽"和"水慎马"的几幅山形水势图，与其说是去高丽或日本贸易的海图，不如说是根据底稿留下的元末明初对外航路的痕迹。当元朝仍未一统南宋，便有意征服日本。其路径便从高丽出发至对马，"（至

①　丁一：《〈耶鲁藏清代航海图〉北洋部分考释及其航线研究》，第 432 页。
②　丁一：《〈耶鲁藏清代航海图〉北洋部分考释及其航线研究》，第 450 页。
③　章巽：《古航海图考释》，图一、图二。

元）五年（1268）九月，命黑的、弘复持书往，至对马岛，日本人拒而不纳[①]。"对马"就是"水慎马"。明初日本的门户在博多（福冈）。《弇州史料》谓："其贡使之来，必由博多开洋，历五岛而入中国，以造舟水手俱在博多故也。"[②] 从南宋至明初中国海船往日本多从北至高丽，再经对马至博多。及至明嘉靖倭寇之乱时，贸易港从博多转移至平户。1571 年长崎开港后，便成为日本唯一对外贸易港，唐船以长崎为日本贸易基地。

（二）耶图地名用语很特别，有别于一般的针路用语

耶图中的用语应是福建闽南人语言，船家对广东不熟悉，船也不入广东。如耶图 30 有句"谅是广东竹竿屿"用"谅是"，有"猜测"之意。航程不经广东沿岸，而是从岸州（崖州）直航至弓鞋（零丁洋外），再由弓鞋直航至南澳岛。图中文字用语很古老，有些是越南人用语。耶图 5 烟答（烟筒），耶图 6 新州大山（广南至广义之间），耶图 17 思客（顺化，Hue）、桃浪（沱灢，Da Nang）、汉山（海云山，Son Hai Van）、浪山（白马，Bach Ma），耶图 18 岸州（崖州），耶图 45 乌龟（乌坵），耶图 54 绿鹅（六鳌），孤螺（古雷），等等，都值得进行地名考查。更不可思议的是，有些看不懂的用语，如耶图 77 "外吗［口掠］"是否为喃字。耶图 10 "品关大山生口鹅班"不知何处，意思也不明。如果对照《郑和航海图》，"品关大山"很像"棺墓山"的形态，大概是今天越南岘港茶山（Son Tra）。

（三）耶图唐船基地在越南南部赤坎

2010 年工作坊中笔者强调这艘唐船的始发港是在越南新州（广南）。近年来重新研读耶图，发现其不是在"新州"，而是在"赤坎"。这说法依据的是《耶鲁藏山形水势图》图像及文字史料所呈现的证据。为了证明这艘唐船始发港不是在中国境内，首先需要对图 6 耶图 51 所呈现的文字资料进行认真解读。解读如下：

"仙人倒地"：是指金门的远景；

"北太武"：是指金门最高的山；

---

① 宋濂等：《元史》卷二百八《外夷一·日本》，中华书局，1976，第 4626 页。
② 王世贞：《弇州史料》前集卷十八《倭志》，《四库禁毁书丛刊》史部 49 册，北京出版社影印明万历四十二年刻本，1997，第 19 页。

"往双口就太武山下开船，丙己四十更，单丙四更取垅，用乙辰取对山是陈邦大山，顺山是大陈胜邦，收入鸡屿"："双口"是指马尼拉；"往双口"是一种假设语气，即如果往双口，就可从太武山开船；"垅"是指见到山头或陆地之意。① 这是从金门往马尼拉的针路。

"回针"：是指这艘唐船在这里（金门）掉头回航之意，故称之。在"回针"下附记从马尼拉回航金门太武山的针路，即"用单子十更取垅停，用单子五更，单壬四十更，见九十九尖"。"九十九尖"指漳州南太武内山群峰，南太武山高度海拔 562 米，比金门太武山高出一倍，两山遥遥相对。

1567 年，明朝允许月港可出海贸易。每年数十至一百艘船前往双口（马尼拉）贸易。这艘船只写往回双口针路而不及山形水势航海图，可能船家没有去过双口，故没有留下山形水势图。而图 6（耶图 51）"回针"是指这艘唐船从此地回航之意，也就是说这艘船最初的航路是至漳州为止。图右"担门"是指向大担和小担方向，意即往南返回的方位。图 7（耶图 50）就是从北太武，经"大担门开船用丁未七更，取南澳外过"，很清楚是往南返回的指示图。至清末时再加上去渤海湾天桥厂，这是一条新航路，所绘山形水势的图像十分细致，明白易懂。笔者认为这艘唐船没有去日本和马尼拉，如有去应留下该处的山形水势图，因为这都是陌生的航海路线。

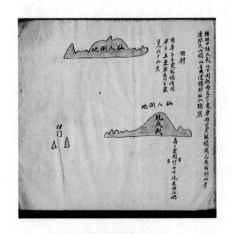

图 6　耶图 51

图 7　耶图 50

---

① "垅"或表可能是同一读音，意指山头或陆地，如"垅"尾。参向达校注《两种海道针经》，第 250 页。

　　究竟这艘唐船的母港在何处？这艘唐船绝不会以南澳为母港，它对南澳岛不甚熟悉，耶图 62 南澳山的针路"对戌看此形，打水十九托，白沙壳子地。若西势看，不见长山尾，打水廿托，南澳坪或往东。切勿用单寅，若用单寅，决见澎湖无疑"显示，这艘唐船从广东外海弓鞋直航南澳岛，接近南澳岛时仅慎重提示"切勿用单寅，若用单寅，决见澎湖无疑"。如果对南澳岛周边熟悉的话，就不必说"切勿用单寅"。笔者曾在《清代唐船航海图（Yale Navigational Map，1841）初步解读》中指出，这艘唐船从越南中部新州出发，现在要做出更正。耶图 9 "新州大山"有"顺山寻港"，并说"此处系新州港"。新州大概在广南，此图绘画时会安之名可能仍未出现。16 世纪后，顺化为广南国的大本营，其海口为顺安汛，顺安汛以南的港口为思贤汛。耶图 16～17 提及"思客"，《大南一统志》谓："安南李朝名乌龙海门，陈朝改思容，伪莫改思客，黎复改思容。又一名翁海门，一名为汴海门。"[1]可见"思客"一词是越南莫氏（1528～1592）时代的用语。而阮潢于 1600 年出镇顺化自立为王后，积极经营广南，会安的国际港地位才开始出现。会安的前身就是从前中国史籍所说新州之范围，新州并不是在归仁。[2] 由此可见，《耶鲁藏山形水势图》的绘者对越南是很熟悉的，否则没有这么多越南人的用语，例如思客、桃浪、汉山、浪山等当地用语。因此《耶鲁藏山形水势图》底稿最可能是 1592 年后留下的旧版本。

　　既然耶图 51 有"回针"一词，金门太武山不可能是始发港。当然读者会怀疑这里"回针"是指从双口回程的针路。笔者认为往来双口的针路，是后期加入图中的，可惜没有证据。不过，图 1 耶图 1 赤坎头给我们很大的启示。图中有"尖城大山，往还祭献妈祖"，"尖城大山"是指"占城"赤坎奔童龙内群山。耶图 1 是所有《耶鲁山形水势图》中唯一写上"往还祭献妈祖"一语的。一般而言，始发港才会往还祭祀神灵，如《顺风相送》和《指南正法》开船出海之前有"地罗经下针神文"[3] 的祭祀活动。海船平安回来还要还神，即所谓"趋船风转，宝货塞途，家家歌舞，赛神钟鼓"[4]。显

---

① 高春育等撰、松本广信编《大南一统志》卷二，印度支那研究会印行，1941，第 259 页。

② 伯希和认为新州在归仁是误读，详参拙文《新州港之梦：占城都城地理位置考释》一文；拙文《会安兴起：广南日本商埠形成过程》，2013 年"海洋文化学术研讨会：东亚海港城市与文化"论文；向达校注《郑和航海图》，附图 42。

③ 向达校注《两种海道针经》，第 23、109 页。

④ 梁兆阳修崇祯《海澄县志》卷十一，参引自拙著《来自海洋的挑战：明代海贸政策演变研究》，稻乡出版社，2008，第 130～131 页。

然越南赤坎（潘郎沾塔）才是这艘唐船的母港。明朝时当地唐船以妈祖为神灵信仰。根据《顺风相送》，以赤坎开船的针路有三条：①赤坎往柬埔寨针；②赤坎往彭亨针；③赤坎往旧港顺塔针。① 清代赤坎的地位下降，《指南正法》中已找不到赤坎针路。《指南正法》成书在康熙末年至18世纪初期。② 此时占城亡国差不多三十年，生意也转移至嘉定（今胡志明市）地区。

赤坎山形水势图有"往还祭献妈祖"，凸显此程序的重要性。出海前"祭祀"和"贡献"是很隆重的仪式。一般海船经过有神灵的地方都会有简单的祀神活动。如《顺风相送》，经过"湄州山：系天妃娘妈出身祖庙，往来宜献纸祭祀"；"南亭门：可请都公"；"乌猪山：请都公上船往回放彩船"；"七州洋：往回牲酒醴粥祭孤"；"独猪山：往来祭海宁伯庙"；"灵山大佛：山有香炉礁，往回放彩船"。③ 这艘唐船经过烟筒山即灵山大佛，也会"往回祭献放彩船"（见耶图5）。而《指南正法》之《大明唐山并东西二洋山屿水势》，经过福州五虎门"往回祭献"；南亭门"请都公"；独猪山"往回祭献"；在《大担往柬埔寨针》过"灵山大佛往回放彩舡祭献"。由此可见，耶图1"尖城大山往还祭献妈祖"具有特别意义。这是针路史料及山形水势图中唯一提及赤坎"往还祭献妈祖"一事的，因为在《顺风相送》和《指南正法》等文献中都没有提及经过"赤坎"要祭祀和放彩船的活动。简单说，这艘唐船是以占城王国赤坎邦都郎为母港的，而赤坎港内可能有妈祖庙，才有如此隆重的献祭妈祖仪式。

耶图1显示赤坎头是这艘唐船往南或往北的总码头，如往南"赤坎山平平，生成堤。用坤未及单坤三更，取鹤顶"。"鹤顶"与"覆鼎"是相连山脉，《郑和航海图》有"覆鼎山"。如往北"二王双犇（奔）船，在南罗湾七八分开，用单针到此挞挹（？桅）"，"挞挹（？桅）"不知何意，"二王双犇（奔）船，在南罗湾"意即往北驶。图8耶图2即绘出南罗湾，往北方向北罗湾，"南罗湾离有二更船开，打水壹百余托，近州打水廿五托，沙泥"。往南方向大昆仑，"南罗湾二更，用坤未或单未三更，州鸭当一斗，再用丙午一更过州外，又用单未三更，取洞西处外过，用坤未及单申十二

---

① 向达校注《两种海道针经》，第59、60、64页。

② 向达校注《两种海道针经》，第4页。

③ 向达校注《两种海道针经》，第32、33、34页。

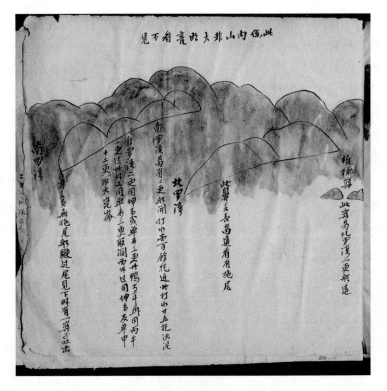

图 8　耶图 2

更，取大昆仑"。很明显这艘唐船"山形水势"底图来自明朝中叶，以赤坎
（邦都郎）为始发港，往南至柬埔寨和暹罗，往北至福建航线。实际的航路
可能随时代而变化，船只也可能更新及替换，而该艘唐船的"山形水势图"
仍保留，其后延伸至天桥厂。到1841年前又加入新加坡航线，不过没有留
下该航线的山形水势图。

三　结语

《耶鲁藏山形水势图》的顺序大致按原来排列，除第一幅图为序文外，
接续的耶图1赤坎头至耶图62南澳山是从赤坎往至漳州的来回针路图，还
插入几幅从漳州往北的图，如耶图41~49；耶图63望高山至耶图78覆鼎
是赤坎至柬埔寨和暹罗来回针路图，顺序有点乱，似是从暹罗回针赤坎的路
线；耶图79东涌山至耶图120水灵山是漳州至天锦州天桥厂和山海关的针
路，其中有几幅可能掉乱。这个顺序是《耶鲁藏山形水势图》本来的面貌，

最初是在明代中叶以赤坎邦都郎为母港的这艘唐船北往漳州便回航，南入高棉和暹罗。耶图78中"鹤顶要往外任，对东一更是林郎浅……若要往柬埔寨，可船尾坐假任，用庚申三更，取尾蟹州，见州点点，须防浅"则表明，当时越南南圻仍未开发，因此海船沿湄公河进入金边，才有生意可做。当1679年杨彦迪等投靠广南国，被安排至高棉东浦（越南南圻）辟地以居后，数十年间湄公河各支流航道便成为繁荣市镇，如美荻、芹苴等。之后的海船不再进入高棉，南圻各新兴市镇便成集散基地，而唐船航线也随时间而调整。至清代晚期，又增加新加坡至锦州航路。可能因为至新加坡走私鸦片被英人掳获，船被充公，船藏的山形水势图被拍照。英人才知道这艘船是从新加坡至北直隶的航线。由此可见，这艘唐船国际性格十分强烈，东亚海域也可能是它航海的范围。

　　根据此艘唐船留下的山形水势图，我们只能复原如上的航路。实际耶图26下村（今广东下川）还提供了一句十分有价值的航海用语："此处盖西第一号牌十贰○八九里。"究竟这代表什么？是否意味着由此往西第一号牌12089里？在《顺风相送》之《各处州府山形水势深浅泥沙地礁可石之图》中也有一句令人费解的用语："右边西去山二号。"[①]是否显示西航船的第二号牌？可惜有几里却不见了。由此可知，明清时期航行在东亚海域的唐船的航海活动有着更多不为人知的内容。日后新史料的发现或许能还原整体的面貌。总而言之，《耶鲁藏山形水势图》基本是完整的，顺序也清楚明白。钱、陈一文补充的两幅山形水势图至为珍贵，使这份《耶鲁藏山形水势图》更为完善，也为未来研究打下基础。

Misreading and Discussion of the Yale University's 1841 Maritime Navigational Chart

Cheng Wing – Sheung

Abstract：Recently, scholars have been participating in the discussion of *Yale University's 1841 Maritime Navigational Chart*, being abbreviated as *Yale Maritime*

---

① 向达校注《两种海道针经》，第36页。

Navigational Chart as follows. Discussion itself is good for the exchange of ideas, while controversy makes the resolution clearer. Yet because of different understanding of *Yale Maritime Navigational Chart*, the explanation seems to be lack of argument, mostly being personal speculation. For historians, there should be a more complete foundation of evidence for the argument. To make *Yale Maritime Navigational Chart* a meaningful material for historical research, it is an important project to have a correct interpretation of the terminologies used in the chart. I found a lot of Vietnamese geographical terms in Chinese characters in *Yale Maritime Navigational Chart*, such as Tu Khach（思客）, Dao Lang（桃浪）、Han San（汉山）、Lang San（浪山）, etc. So I think the ship took anchorage at Xich Kham／Phan Rang／Panduranga（赤走/藩郎/邦都郎/宾童龙）as an homeport. There were three routes in the chart: south to Cambodia and Siam, north to Fujian, and the third extended further to Shenyang（沈阳）. Roughly before 1840, the shipping route changed to travel between Singapore and Shenyang.

Keywords: *Yale University's 1841 Maritime Navigational Chart* Vietnamese geographical terms; Phan Rang; Homeport

（执行编辑：周鑫）

海洋史研究（第九辑）
2016 年 7 月　第 193~211 页

西班牙海军博物馆所藏武吉斯海图研究

——以马来半岛为例

李毓中　吕子肇[*]

　　近年来南中国海的研究日益受到重视，海内外学者们纷纷从中文或西方文献与古地图中找寻相关的材料来建构东南亚环绕的南中国海历史。但对于东南亚地区的人们是如何建构他们的南中国海世界，却一直较少受到学界适度的重视，或许是受到下列三个因素的影响，即欧洲中心论思维下的西方学界的忽视、东南亚地区民族对其自身保存文献的不重视及因遭受西方外来者的殖民统治所导致的文化断裂，使得以往的研究忽略了东南亚民族所绘的东南亚地图。难道东南亚地区的人们完全没有南中国海海图描述的传统吗？答案显然是否定的。因为根据葡萄牙人的记载可以得知，葡萄牙人最早在1512 年就在当地见到使用当地文字符号记录的海图。[①] 1512 年，在亚伯奎（Afonso de Albuquerque）致葡萄牙国王的一封信中，曾经提及他们在马六甲得到了一张来自爪哇水手的海图。该海图以爪哇文标记，图上含好望角、葡萄牙、巴西、红海、波斯海、香料群岛等地。鉴于原图在海难中已佚失，而且与我们一贯熟知的史实有冲突，因此有专家认为该信中所述的海图只有部

　　* 作者李毓中系台湾"清华大学"历史所助理教授，吕子肇系台湾"清华大学"历史所硕士班研究生。感谢陈国栋、Pierre - Yves Manguin 教授的指导，同时对马德里海军博物馆（Museo Naval, Madrid）无偿授权清大人社中心进行高清原尺寸复制印刷出版，致以最诚挚的谢意。本研究为 2015 -2018 NSC - ANR Project - Maritime Knowledge for China Seas "台法国合计划"之子计划。
　① 东南亚历史上最早提及地图，当见诸《元史·外夷三》"爪哇"条："（元军）得哈只葛当妻子官属百余人，及地图户籍、所上金字表以还。"宋濂等：《元史》，鼎文书局，1976，第 4667 页。时至元三十年（1293），然而当时爪哇地区是否有户籍、地图的概念，还是纯粹中国式的叙述，则尚待讨论。

分参考了爪哇人的海图，也有人认为这有可能是爪哇人在国际交流中自印度、阿拉伯商人处取得的相关信息。①

从有关史料得知，18 世纪 70 年代的苏格兰制图者和 1826 年的出使暹罗的英国使节皆曾提到他们曾经参考、引用当地人制作的海图，是以我们可以推断东南亚当地的人们有其绘制海图的传统，只是后来东南亚地区历经英国、法国、荷兰、美国等国的殖民统治，或许因此造成文化传承的断裂甚至摧毁，故现今并没有留下丰硕的作品。②

虽是如此，但目前我们仍然可以勉强找到一些东南亚地区人民所描绘的海图，可粗略归类为三种。③ 一是北大年人使用的爪夷文（Jawi）海图（简称北大年海图），该古海图在 1956 年于印度被发现，海图上所使用的文字是以爪夷文书写的马来文。这张图是 18 世纪初期的产物，海图是以北大年山（Bukit Pattani）为中心绘制，故可以推断是北大年地区贸易兴盛时期的产物。二是海图与暹罗有关（简称暹罗海图）。较早的一幅是 18 世纪的航海图。④ 另一幅则是在 1996 年在泰国发现的地图中，其中一张以马来半岛地区为主的海图，专家判断制作时间大概在 19 世纪上半叶。⑤ 三是武吉斯（Bugis）海图。根据学界的研究，该海图有 5 张以上，但目前仅有 2 张原图，可在学术机构中一窥其真面目，其中之一便是本文所要研究的马德里海军博物馆的武吉斯海图（Bugis Sea Chart）。

---

① 此处 "部分参考" 是引自 Schwartzbergs 所云： "What Albuquerque probably meant to say was that the map in question, essentially a map of the then known world, was based *in part* on a Javanese map", Joseph E. Schwartzberg, "Southeast Asian Nautical Maps", in *The History of Cartography*: *Vol. 2. 2*: *Cartography in the Traditional East and Southeast Asian Societies*, Chicago: University of Chicago Press, 1994, p. 828； "交流所得" 是 Reid 所语： "它的来龙去脉可能是这样：一位继承了爪哇人高超绘图技术的爪哇舵手……与中、印、阿拉伯人密切接触……不失时机了解 [葡萄牙人] 的航海知识，充实其海图；另一种可能是……与阿拉伯人，印度穆斯林交流，他们将葡萄牙的航海发现告诉他们。" 参见安东尼·瑞德《东南亚的贸易时代：1450 ~ 1680 年》第二卷《扩张与危机》，商务印书馆，2010，第 50 页。

② 安东尼·瑞德：《东南亚的贸易时代：1450 ~ 1680 年》第二卷《扩张与危机》，第 49 ~ 53 页；Joseph E. Schwartzberg, "Southeast Asian Nautical Maps", p. 828.

③ Joseph E. Schwartzberg, "Southeast Asian Nautical Maps," pp. 829 - 831；Freédeéric Durand & Richard Curtis, *Maps of Malaya and Borneo*: *discovery*, *statehood and progress*: *the collections of H. R. H. Sultan Sharafuddin Idris Shah and Dato' Richard Curtis*, Kuala Lumpur: Editions Didier Millet: Jugra Publications, 2013, pp. 57 – 59.

④ 安东尼·瑞德：《东南亚的贸易时代：1450 ~ 1680 年》第二卷《扩张与危机》，第 51 页。

⑤ Santanee Phasuk, Philip Anthony Stott, and Princess Sirindhorn, *Royal Siamese Maps*: *War and Trade in Nineteenth Century Thailand*, Bangkok: River Books, 2004, pp. 190 – 193.

马德里海军博物馆的武吉斯海图是笔者在"清华大学"人文社会研究中心"季风亚洲与多元文化"计划的支持下，在 2015 年 3 月于西班牙马德里海军博物馆（Museo Naval）进行有关中国、东亚与西班牙相关档案调查时意外取得的。[①] 这张海图据称是西班牙人 19 世纪初征讨和乐（Jolo）群岛时，在当地海盗船上取得的，笔者在整理该馆所藏菲律宾及南中国海地图时，为这张海图的奇特书写文字符号所吸引。在本文作者之一吕子肇的协助下，方知这是武吉斯语。这种语言目前仅有数百万人使用，海图上所使用的属于该语拉丁化以前所用的龙塔拉文（Lontara script）。更重要的是马德里海军博物馆所藏的武吉斯海图，是世界上数量极少的武吉斯海图中的一张，甚少学者进行研究。笔者以清大人社中心名义向该博物馆申请高清图档，并获得该馆原尺寸复制出版的授权。在陈国栋、柯兰教授所主持的"台法国合计划—中国海海洋知识之建构"计划支持下，开始研究这张海图。[②]

一　武吉斯人及其西迁历史

要了解武吉斯人的海图，必须先了解武吉斯人的航海贸易发展历史。由于相关史料较为缺乏，以往有关南中国海的研究，重点在中国商人及中国帆船在东南亚海域的贸易角色，西方学者常会标榜 18 世纪的南中国海为"中国人的世纪"（the Chinese Century）[③]，对同样扮演着重要角色的武吉斯人则

---

① 本文为叙述上的方便，以各幅武吉斯海图的收藏地点来命名。藏于西班牙马德里海军博物馆者称马德里海图，藏于荷兰乌特勒支大学者称乌特勒支海图，目前下落不明、最后一次出现在巴达维亚的海图称巴达维亚海图。

② 台湾"清华大学"人文社会研究中心近年来致力于西班牙有关中国及东南亚古文献的搜集与复制出版工作，目前已将西班牙塞维亚印地亚斯总档案馆（Archivo General de Indias）所藏的一张明嘉靖三十四年（1555）印刷出版的《古今形胜之图》原尺寸复制出版，相关研究请见李毓中《"建构"中国：西班牙所藏明代〈古今形胜之图〉研究》，《明代研究》2013 年第 21 期，第 1~30 页。

③ Leonard Blussé, "The Chinese Century: The Eighteenth Century in the China Sea Region," *Archipel*, 58（1999）, pp. 107 – 129; Anthony Reid, "A New Phase of Commercial Expansion in Southeast Asia, 1760 – 1850," in Anthony Reid（ed.）, *The Last Stand of Asian Autonomies: Responses to Modernity in the Diverse States of Southeast Asia and Korea, 1750 – 1900*, London: Macmillan Press, 1997, pp. 57 – 81; Anthony Reid, "Chinese Trade and Southeast Asian Economic Expansion in the Later Eighteenth and Early Nineteenth Centuries: An Overview," in Nola Cook and Li Tana（eds.）*Water Frontier: Commerce and the Chinese in the Lower Mekong Region, 1750 – 1880*, Singapore: NUS Press; London: Rowman and Littlefield, 2004, pp. 21 – 34.

有所忽略。

　　然而，安东尼·瑞德（Anthony Reid）、包乐史（Leonard Blussé）等学者的研究则显示，武吉斯人在马来世界（Malay World）中具有相当的影响力，有学者称 18 世纪的马来海（Malay Sea）为"武吉斯人的世纪"（the Bugis period）①。曾在台湾中研院亚太研究中心服务的日本学者太田淳指出，在东南亚贸易网络中，武吉斯人和中国人一样扮演着重要的角色，相对于欧洲势力，其作用更为重要。② 中国大陆学者许少锋注意到武吉斯人在东南亚历史中的重要性，他的研究显示，武吉斯人在 18 世纪的马来亚地区是优势族群，以雪兰莪为立足点，努力支配马来半岛地区，并持续与荷兰人相抗，阻止了荷兰人在马来半岛的势力渗透，而据有槟城、新加坡的英国人乘武吉斯人衰微之机，将势力渗入马来半岛。③ 冯立军则以马来半岛、婆罗洲东岸的三马林达（Samarinda）、新加坡为中心，介绍了武吉斯人在东南亚贸易网络中的壮大。在 18 世纪末以前，武吉斯人在马来半岛的扩张脚步甚快，直到后期其扩张方受挫于荷、英势力而逐渐衰微。即使如此，在 19 世上半叶新加坡的对外贸易中武吉斯人依然是马来群岛上最重要和最有价值的商人，在婆罗洲的航海贸易亦长期占有支配地位。在荷兰人的不断打压下，1847 年望加锡自由港开启，使外来势力得以介入望加锡对外的航海贸易竞争，加上轮船、汽船等新时代工具的出现，加速了武吉斯人的全面衰弱。武吉斯人的贸易网络涵盖苏拉威西至马来半岛一带，尤其 18 世纪至 19 世纪上半叶是其航海贸易最为活跃的时代，对于东南亚岛际贸易有着极大的影响力。④

---

① Barbara Watson Andaya, Leonard Y. Andaya, *A History of Malaysia*（Basingstoke：Palgrave, 2001），p. 83；太田淳，"Illicit Trade" in South Sumatra：Local Society's Response to Trade Expansion, C. 1760 – 1800, pp. 5 – 6. 马来海首见于 16 世纪葡萄牙历史学家 Manuel Godinho de Erédia（1563 – 1623）的著作，称之为"Malyo Sea"。这区域一开始主要是马六甲王朝所统一的疆域，范围最初大约为今日的安达曼海东岸、马六甲海峡两岸、马来半岛东岸，之后马来世界向东南亚各地延伸，苏门答腊岛、爪哇岛、婆罗洲、苏拉威西岛、棉兰老岛等都在这马来世界之内。其最主要的共同点是宗教上皆信奉伊斯兰教及以马来语为通用语。

② 太田淳，"Illicit Trade" in South Sumatra：Local Society's Response to Trade Expansion, C. 1760 – 1800（南苏门答腊的"非法贸易"：在地社会对贸易扩张之回应，1760 ~ 1800 年），《台湾东南亚学刊》第 6 卷第 2 期，2009，第 3 ~ 41 页。

③ 许少锋：《略论十八世纪布吉斯人在马来亚的活动和影响》，《东南亚研究》1987 年第 1 期。

④ 冯立军：《试述 17 ~ 19 世纪武吉斯人航海贸易的兴衰》，《世界历史》2009 年第 6 期。

实际上，武吉斯人（Bugis）是印尼的苏拉威西岛①之西南半岛上的民族。它也是东南亚有名的离散民族，受荷兰人 1667 年控制望加锡王国（Makassar）的影响西进迁徙，散布在东南亚各地。"武吉斯"是一个笼统的名称，用来泛指苏拉威西岛的西南半岛上的主要四个族群：西南角为望加锡（Makassar），中部连接东西方为武吉斯人，曼达尔人（Mandar）在西北角海岸，托拉查人（Toraja）则居住在北部山区。这四个不同的族群在逐渐伊斯兰化后，在文化上产生了相互涵化的情形，使族群的界限越来越难区分，又在长期的往来与融合后，产生望加锡 - 武吉斯人的名称，借以称呼分不清的两个族群。后来更由于武吉斯人的人数在这两个语文较为接近的族群中取得更大的优势，当地穆斯林离开该地后，一般都会对外宣称自己是武吉斯人。被泛称为"武吉斯人"所使用的龙塔拉文，便是本文所要讨论的马德里海图中所使用的文字符号。②

这些离开原乡的武吉斯人在东南亚是极为有名的离散民族。由于其迁播遍至东南亚沿海各地，其语言成为东南亚地区马来语以外最重要的贸易语。③ 因为武吉斯人尚武，追求荣誉，同时为人好客、重视朋友、守信重诺，其文化发展亦有相当的成就。④ 武吉斯人上至大国、下至部落，无论强弱都有编年史的传统，甚至还编有比印度史诗《摩诃婆罗多》还长的创世史诗《加利哥的故事》（La Galigo cycle）。⑤ 由于武吉斯人让外界对其有着尚武、擅长航海贸易的海洋民族印象，因此东南亚人甚至欧洲人有将他们比同于海盗的偏见。事实上，武吉斯人一直以来都是农耕民族，直到在望加锡受到荷兰人重创以后，他们才开始大规模出海扬帆。只不过他们直到第二次世界大战前仍大规模地驾着双桅帆船（Pinisi schooner）穿梭在东南亚各海域，给人留下了深刻印象⑥，被误以为武吉斯人自古以来便是一个驰骋于海洋的民族。⑦

---

① 苏拉威西岛（Sulawesi）旧译西里伯斯岛（Celebes）。

② Christian Pelras, *The Bugis*, Blackwell Publishers, 1996, pp. 12 – 15.

③ *A Vocabulary of the English, Bugis, and Malay Languages, Containing about 2000 Words*, The Mission Press, 1833, p. III.

④ Christian Pelras, *The Bugis*, p. 4.

⑤ Christian Pelras, *The Bugis*, pp. 30 – 34.

⑥ 武吉斯人的这种双桅帆船其实到 20 世纪初才开始发展起来，且从 19 世纪末开始演变至 20 世纪 30 年代才定型，见 Christian Pelras, *The Bugis*, p. 4.

⑦ Christian Pelras, *The Bugis*, p. 3.

　　武吉斯人的历史发展与大航海时代的欧洲人来到东南亚息息相关。自1511年葡萄牙人占有马六甲后，数个伊斯兰港市如马来半岛的北大年、柔佛（Johor），苏门答腊北部的亚齐，婆罗洲南部的马辰（Banjarmasin），爪哇的德马克（Demak）便相继迅速崛起，同时也增加了这些地区的彼此联系。因此，葡人皮雷斯（Tome Pires）在其著作中提到马六甲城里有一些来自望加锡群岛（Macassar islands）的商人。① 但葡萄牙人注意到该地方的贸易潜力，却是16世纪中叶后的事情。在这一时期，苏拉威西岛西南方的果阿－塔罗（Goa－Tallo'）双政权合并，外人称其为望加锡王国。该王国通常由果阿统治者担任国王，主导半岛上的战争事务，塔罗的统治者则通常担任大臣主导其外交和贸易。这种巧妙的安排最后促使了望加锡王国的崛起。② 再加上该国的便利的地理位置，农业与海洋贸易均衡发展，使他们在苏拉威西岛西南半岛上的动乱中得利。后来又获得马来社群与葡萄牙人的支持，并与其他海洋贸易势力如柔佛、马辰、德马克往来密切，特别是特纳第王国（Ternate），大大提升了望加锡王国在东南亚海域的影响力。

　　16世纪望加锡的整体发展，主要是从1547年前后统一苏拉威西岛南部开始的，其间望加锡并吞了周围的大小王国、港市，与半岛东北武吉斯人的玻尼王国（Bone）爆发过三次大规模的战争，1565年以和谈收场。在此之前，苏拉威西岛已逐渐接受伊斯兰教，1525年至1542年，苏拉威西岛东北部诸王国已经普遍成为伊斯兰势力的控制区，但南苏拉威西岛则因为当地人极好野猪腊肉、生鹿肝、棕榈酒等食物，以及希望保持其传统信仰而抗拒伊斯兰教，直到1600年，当地王室才开始接受伊斯兰教，而望加锡王国则到1607年才皈依伊斯兰教。自此之后，它积极对外发动了当地人称之为"伊斯兰战争"（the Islamic Wars）的一系列战役，最后几乎将伊斯兰教推广到了整个南苏拉威西地区。③

　　望加锡王国起初并不是该海域的主要贸易力量，王国的对外贸易大部分由马来族群、班达人及爪哇人的船队组织，他们主宰着苏拉威西岛的香料贸易。与此同时，荷兰人在爪哇地区设立了殖民据点，甚至垄断了整个东南亚南部的贸易航线。另外，葡萄牙人所在的果阿也在这段时期开辟了一条由摩

---

①　Tomes Pires, *The Suma Oriental of Tomes Pires: An Account of the East, from the Red Sea to Japan*, trans. Armando Cortesao, London: Hakluyt Society, 1944, pp. 326 – 327.

②　Christian Pelras, *The Bugis*, pp. 114 – 116.

③　Christian Pelras, *The Bugis*, pp. 124 – 138.

鹿加群岛前往马六甲的直接航线，加强了对南苏拉威西东西岸沿海地区的控制，使其他贸易商人选择避开其南部的航线，转往北部的航线。爪哇海上商业势力因荷兰人的拓展，大受打击，转向陆地贸易，于是，望加锡王国的商船逐渐在东南亚海域崭露头角。①

此时期望加锡王国的对外态度是较开放的，对欧洲人及其基督教亦相当友善，曾有两位王子跟随葡萄牙教士到巴黎大学学习并取得学位。许多信奉伊斯兰教的望加锡贵族甚至会葡语、法语与拉丁文。② 因此，当 1641 年马六甲落入荷兰人手中后，大批葡萄牙人便逃往望加锡王国。③ 与此同时，其他的欧洲势力如英国、丹麦、法国等国，也陆续在当地建立商馆。定居该地的葡萄牙人与一般人通婚混血，也与望加锡商人联盟合作，与贵族来往，甚至嫁娶，成为该王国的高级官员。他们给望加锡王国提供火器、火药，还传播欧洲防御工事、火器、数学、天文、地理学与地图学的知识，其中一些还被翻译成当地文字。④

望加锡王国积极学习西欧的信息，著名大臣 Karaeng Pattingalloang（1600～1654）便是一个地理知识狂热者。他除了收集地图外，还收藏了丰富的西班牙文、葡文等外文书籍，甚至还有中文地理籍册。更令人吃惊的是，Karaeng Pattingalloang 学习了西班牙语、英语、法语、拉丁语、阿拉伯语等多种语言，精通葡萄牙语，从英国订购了书籍、地图、地球仪，还有一台伽利略望远镜。⑤ 著名的西班牙传教士闵明我（Domingo Fernandes de Navarrete）在其《上帝许给的土地——闵明我行记和礼仪之争》中，提到他在 1657～1658 年取道印度洋返欧而落脚望加锡传道期间，曾经见过这些欧洲地图及书籍。⑥ 望加锡人与欧洲人的密切往来，使他们在军事技术上遥遥领先于其他东南亚人，也为他们日后驰骋于东南亚海域的贸易版图奠下

① Christian Pelras, *The Bugis*, pp. 138 – 141.
② Christian Pelras, *The Bugis*, p. 128, 138; Andi Zainal Abidin, "Notes on the Lontara' as Historical Sources," in *Indonesia*, No. 12 (Oct., 1971), p. 159.
③ 当地的葡萄牙社群人数高达 3000 人，请参见 Christian Pelras, *The Bugis*, p. 141.
④ Christian Pelras, *The Bugis*, p. 141.
⑤ Anthony Reid, "Pluralism and Progress in Seventeenth-century Makassar," in Tol, Roger, Kees van Dijk, and Gregory Acciaioli, eds. *Authority and Enterprise among the Peoples of South Sulawesi*. Vol. 188, KITLV Press, 2000, pp. 60 – 61; Leonard Y. Andaya, *The Heritage of Arung Palakka: A History of South Sulawesi (Celebes) in the Seventeenth Century*, Hague: Martinus Nijhoff Publishing, 1981, p. 39.
⑥ 闵明我：《上帝许给的土地：闵明我行记和礼仪之争》，大象出版社，2009，第 68 页。

基础。

1615 年，荷兰人向望加锡提出了贸易垄断的要求，当时国王回应道："神创海陆，地归诸人，海洋公有"①，拒绝了荷兰人的要求。双方的贸易冲突使他们在 1634 年开始交战，1637～1653 年，望加锡王国将其活动重心收缩回本岛，介入玻尼的内争，并趁机将玻尼置于其下，引发玻尼人强烈的不满。荷兰人积极寻找报复望加锡王国的机会，1655 年协助反抗望加锡王国的势力，攻打望加锡，1660 年取得胜利，迫使望加锡王国签约。之后玻尼贵族与荷兰人结盟，1666 年玻尼从陆地、荷兰人从海上，同时围攻望加锡城。次年，望加锡求和签约，接受荷兰人所开出的垄断贸易的要求，同意不再禁止涉足香料贸易，并将葡萄牙人驱逐出望加锡王国，拆除所有军事防御设施等。②

荷兰人禁止望加锡王国往东经营香料贸易，他们只能向西迁徙，开始向外发展，探索海洋。与此同时，武吉斯人大量移入望加锡，成为望加锡的重要社群，望加锡成为望加锡人、武吉斯人对外贸易、冒险的根据地。被外界统称为"武吉斯人"的团体迁入爪哇等地，继续对抗荷兰人，边战边走，陆续迁播至苏门答腊、马来半岛、暹罗等地，甚至廖内群岛地区，最终掌控了柔佛王国的朝政，进入整个马来半岛周围地区。③ 1722 年，武吉斯人击败米南加保族，取得马来半岛霸权，直到 1784 年在长期争斗中落败为止。④ 因此，可以这么说，18 世纪是武吉斯人在马来半岛地区最为活跃的时代。

从望加锡王国历史与武吉斯人的崛起过程看，除了信仰伊斯兰教使他们较容易加入东南亚的伊斯兰贸易网络外，望加锡王国与欧洲人的互动为这一族群的整合带来了决定性的改变。望加锡王国对外采取比较宽容友善的态度，使他们与葡萄牙人有密切的互动，其贵族阶层掌握欧洲语言亦方便获知先进的知识与技术，由此提升的军事技术更让他们得以在东南亚海域的竞争中享有优势。他们对欧洲地理学知识的喜好与吸收，长期累积起南中国海地理知识，最终能够以欧洲海图为底图进行模仿，制作出流传至今的"武吉斯海图"。

---

① Christian Pelras, *The Bugis*, p. 141.

② Christian Pelras, *The Bugis*, pp. 141 – 143.

③ Christian Pelras, *The Bugis*, pp. 143 – 145.

④ 有关马来半岛地区的武吉斯人势力的发展和变化，参见许少锋《略论十八世纪布吉斯人在马来亚的活动和影响》，第 89～95 页。

二 现存的武吉斯海图

目前人们所知的武吉斯海图有 5 种，但可以见到的仅存 2 幅，一幅在西班牙海军博物馆，另一幅在荷兰的乌特勒支大学。其他三幅原图已佚失，只留下相关资料。其中一幅在巴达维亚①。该图的真品最后一次见世是在"二战"前的 1935 年，其后只在书本上留下复刻的较原图尺寸小许多的单色海图，已无法一窥原貌。另两幅海图曾被相关的研究文献提起，分别收藏在伦敦的威廉·马尔斯登图书馆（Library of Willem Marsden，1764～1838）及荷兰的荷兰圣经学会（Dutch Bible Society）。然而这两处机构已经不存在，因此也无从寻找这两幅武吉斯海图的踪迹。三幅"失踪"的武吉斯海图中，最有可能被寻获的是巴达维亚那一幅，或许还存放在印尼国家博物馆或国家图书馆，因为原收藏该图的巴达维亚艺术与科学学会（Batavian Society of Arts and Sciences，1778～1962）在 1950 年印尼独立后便由新政府接管，更名为印尼文化协会（Lembaga Kebudayaan Indonesia/Indonesian Culture Council）。1962 年，协会转型为中央博物馆。1979 年，又按当时教育及文化部命令更名为国家博物馆。另外，一度存在的印尼官方网页指出，1989 年国家博物馆所存的有关东方文献，当年转移至国家图书馆保存。总之，1962 年后，巴达维亚艺术与科学学会的藏品一分为二，落入印尼国家博物馆（Museum Nasional/National Museum）及国家图书馆（Perpustakaan Nasional Republik Indonesia/National Library of Indonesia）的手中。② 故若要寻找巴达维亚的武吉斯海图下落，必须在这两个印尼官方机构中搜寻。

现今对武吉斯海图研究比较重要的两位专家，一位是美国明尼苏达大学荣誉退休教授、地理学专家约瑟夫·施瓦茨贝里（Joseph E. Schwartzbergs，

---

① 巴达维亚武吉斯海图还有变体，安东尼·瑞德在《东南亚的贸易时代：1450～1680 年》（第二卷：扩张与危机）第 52 页的插图 10 中曾展示其中一幅标有航线及不同目的地货运成本的武吉斯海图。该图与巴达维亚海图是同一版本，其上以拉丁字母取代龙塔拉文，地名甚少，加上了航线、航运成本价格等。较清晰版本可见 Gene Ammarell, *Bugis Navigation* (New Haven：Yale University Southeast Asia Studies, 1999) 所附图 1.4，俱引自 Philip O. Lumban Tobing, *Hukum pelayaran dan perdagangan Amanna Gappa*, Ujung Pandang：Yayasan Kebudayaan Sulawesi Selatan, 1961。

② Scholarly Society Project, sponsored by University of Waterloo Library, "Batavian Society of Arts and Sciences," 06 October 2013, http：//web. archive. org/web/20131006034743, http：//www. scholarly‐societies. org/history/1778bgkw. html .

1928 -)，在其大作《制图史》（*The History of Cartography*）中曾有专章讨论东南亚海图。他提到其 1984 年 9 月曾前往马德里海军博物馆调阅该海图，但当时该海图正在进行修复工作，因此无法对其进行研究。[①] 至于巴达维亚海图以及该图后来的情况，他似乎并不清楚。

根据约瑟夫·施瓦茨贝里的介绍，荷兰的人类学家 Charles Constant François Marie Le Roux（1885～1947）对三张武吉斯海图即乌特勒支、马德里及巴达维亚海图的研究最具系统性、最为详尽。前两张海图原收藏在荷兰及伦敦，已确定佚失，实际上早在 1935 年，Le Roux 就已经找不到这两张海图。Le Roux 的研究成果主要是在语言学家 Anton Abraham Cense 的帮助下，解读前面提及的乌特勒支、马德里及巴达维亚三张海图，藉由地图中龙塔拉文的地名进行相关的研究讨论。[②] 或许是缺乏马德里海图的足够信息，以致他们当时无法研判该图的准确制作时间。[③] 职是之故，有关马德里海图的研究仍有进一步深入的空间。

三张海图除乌特勒支海图来历不明外，另两张都有一个共同点，即与所谓的"海盗"有关。来自海军长官手中的马德里海图，其实是 19 世纪初菲律宾的西班牙海军在扫荡苏禄群岛（Sulu）和乐岛附近的摩洛人（Moro）海盗时，在其船上的一根竹管内寻获的。该图随后由一名奥古斯丁修会的神父转赠给该驻地长官 Cayetano Gimenez Arechaga，最后在 1847 年由该长官捐给马德里海军博物馆收藏至今。[④] 巴达维亚海图则是荷兰人 1859 年在苏门答腊南部新格岛（Singkep）的海盗村中所得。[⑤]

至于三张海图的制作时间及流传年代，仅知乌特勒支海图为 1816 年，巴达维亚海图为 1828 年。而马德里海图，在图上找不到任何年代的记载。该图在 1847 年捐赠给西班牙海军博物馆收藏，可视为海图制作年代的下限，初步判断在 18 世纪末至 19 世纪初制作。[⑥] 但即使前两者海图上记有年代，也无法判断该海图究竟是初版，还是武吉斯人不断流传使用的传绘版。因

---

① Joseph E. Schwartzberg, "Southeast Asian Nautical Maps," p. 832.

② C. C. F. M. Le Roux, "Boegineesche zeekaarten van den Indischen Archipel," in *Tijdschrift van het Koninklijk Nederlandsch Aardrijkskundig Genootschap*, 2nd series, 52（1935）, pp. 687 – 714.

③ Joseph E. Schwartzberg, "Southeast Asian Nautical Maps," pp. 832 – 833.

④ Ministerio de Defensa, *El mapa es el territorio: cartografía histórica del Ministerio de Defensa*, Madrid: Imprenta Ministerio de Defensa, 2014, p. 140.

⑤ Joseph E. Schwartzberg, "Southeast Asian Nautical Maps," pp. 828 – 838.

⑥ Joseph E. Schwartzberg, "Southeast Asian Nautical Maps," p. 834.

此，这三幅海图仅仅可以作为我们研究 18 世纪武吉斯人海上活动范围，以及他们有关南中国海地理知识的研究参考。

　　至于尺寸大小部分，西班牙海军博物馆所藏马德里海图尺寸为 72cm × 90cm，与乌特勒支海图（76cm × 105cm）和巴达维亚海图（75cm × 105cm）相比，三者大小接近，但马德里海图略小。三者材质皆为犊皮纸（Vellum），马德里和乌特勒支的绘墨都有黑、红两色。三种海图都以北方为上方，其描绘范围与今日东南亚的地理空间大致相同。海图的北方绘有亚洲大陆东南亚的南部，包含缅甸（巴达维亚海图无）、暹罗、中印半岛南部等地；岛屿东南亚部分则有今日除巴布亚新几内亚以外的马来半岛和所有马来群岛岛屿，西起苏门答腊（乌特勒支海图上有安达曼－尼科巴群岛），东至菲律宾群岛、摩鹿加群岛。所以可以说，从武吉斯人在三幅海图上所记下的地名与分布，我们可以观察出其族群的发展历程。

　　如同其他的武吉斯海图一般，马德里海图的制作应该也参考了过去的欧洲海图。例如海岸线的描绘方式还有相当明显的波特兰型海图（Portolan chart）中呈放射状的方位线等。此外，图上还保留有测量水深的阿拉伯数字、比例尺以及象征欧洲人势力的荷兰东印度公司小三色旗，都可看出武吉斯人与欧洲人长期接触，进而模仿欧洲海图进行绘图的痕迹。这些也都可以在乌特勒支海图或巴达维亚海图上找到。最能证明这一点的莫过于马德里海图所绘的菲律宾岛屿部分。因为相对其他地方的描绘，菲律宾群岛几乎未标记地名，却画得比较详细。故此，我们认为武吉斯人完成马德里海图，是凭借外来的海图作为他们绘制海图时的依据。不过，马德里海图还是保有武吉斯人的地图绘制传统。例如在海图上可以见到武吉斯人自己绘制山岳的独特方式，这些山岳的形状与前述提及的"北大年海图"有些类似，但与欧洲海图上传统绘山的方式截然不同。①

　　整张地图关于武吉斯人的发源地苏拉威西岛的记载特别详细。以该岛的四个方位来比较，东边及北方的地理名称标记较稀疏，西边与南方的较密集。这可能是荷兰人限制他们不得往东贸易的历史结果。而在海图上还有一特点，即作为航海时判断方位的山岳在这一带附近的岛屿上最多也最密集。然后往西到爪哇南北岸、苏门答腊东岸、马六甲海峡两岸，武吉斯人注记的

---

① Freédeéric Durand & Richard Curtis, *Maps of Malaya and Borneo: Discovery, Statehood and Progress: the Collections of H. R. H. Sultan Sharafuddin Idris Shah and Dato' Richard Curtis*, p. 59.

地名都相对较多。但一旦越过了传统认知马来族群的分布边界以后，譬如越过克拉地峡的宋卡、北大年后，地名也就开始变得稀少。这也正好与现在对武吉斯人活动海域的研究相吻合。

另外，如前面已提及的，从马德里海图可以看出荷兰人控制了爪哇北部与婆罗洲之间的爪哇海南部海域，武吉斯人则保有了北部航线。婆罗洲南部地区的地名记载相当详细，而婆罗洲北部的地名则相对稀少。爪哇北部插遍代表荷兰东印度公司的三色旗，象征荷兰人在此地区的控制实力。而从地图爪哇岛上所标注的地名相当稀少来看，武吉斯人对此地区的贸易并不积极，尽管事实上爪哇商业繁荣且人口也相当稠密。

较为特别的一点是，虽然这幅图是在菲律宾南方的穆斯林摩洛海盗船上获得的，但整个菲律宾群岛部分仅在伊斯兰化的苏禄群岛与棉兰老岛部分有较多标记，其余地方除马尼拉处标有模糊不清的地名以及插有一支荷兰东印度公司标志的小三色旗外，几乎没有任何标记。可见该图的持有人或使用者与马尼拉的联系并不多，甚至可能连西班牙人所用的旗帜亦未见过，因此只好以荷兰旗帜代替表示吕宋岛一带为西方势力所拥有。这一点正好反映出 18 世纪末西班牙人势力对于苏禄群岛的影响仍相当有限。

三　马德里海图上的马来半岛

笔者下面以马德里海图上的显性地理信息即这张地图上所记载的地名，以马来半岛周边为范围，就武吉斯人在马来半岛海图上所标记的地名，来分析他们标记这些名称的动机，以及连接该标记与他们在马来半岛发展的关系。这有助于我们对武吉斯人在马来半岛活动历史的了解，并可就此海图的完成时间展开较为精确的年代推论。

在马来半岛东岸，海图记载如下地名：

Sa-go-ra：Sanggora 或 Songkhla，即宋卡

Pa-te-ni：Patani，即北大年

Ka-nra-ta：Kelantan，即吉兰丹

Ta-ra-ga-no：Terengganu，即丁加奴

Ri-da：Redang，即乐浪岛

Ti-go-ra：Tenggol，即丁㹀岛

Pa-ha：Pahang，即彭亨

Da-li-ka-ba-ra：？

Ti-ya-ma：Tioman，即刁曼岛（芒麻山）

Pa-ma-ga-la：Pemanggil，即柏曼基岛

Pulo Tigi：Pulau Tinggi，即丁宜岛（将军帽）

Ri-a-o：Riau，即廖内

依据地图上的注记，马来半岛东岸自北而南有宋卡、北大年、吉兰丹、丁加奴、彭亨等地。基本上，这些地点的坐落位置皆无误。另外在海岸外注记有乐浪岛（Pulau Redang，三角屿）、丁莪岛（Pulau Tenggol，斗屿）。通常它们亦是中国针路会标记的岛屿。由此可见，这两个岛很早便是东海岸航行南来北往丁加奴地区时必须辨识的岛屿，因此被注记在马德里海图中，证明这张图是具有航海实用性的。

但是有一点令人不解。一般海图在北上海路进入丁加奴河口，都会注记甚至连中国针路亦有标记的棉花屿（Pulau Kapas），武吉斯人却没有写上地名。事实上，约在1708年建国并逐渐发展成东海岸重要势力的丁加奴王国与柔佛王朝关系密切，在随后近一个世纪里，它全力协助柔佛马来王室对抗朝廷里的武吉斯人势力。虽然后来一度中衰，但是在1819年前依然是相当重要的港口。按理这时期的海图不太可能会忽略标记如此重要的河口。但是马德里海图中没有棉花屿的信息，或许只能理解为持有这张图的武吉斯人可能无意进入丁加奴，或是认为无须纪录。

海图上彭亨的地方有一段文字为Da-li-ka-ba-ra，乌特勒支海图上该处并没有任何文字，笔者尚未理解其意义。因此，若能解出其地名，或许可以了解此地图使用者的航海活动空间的特殊之处。如果按岛屿、海湾与河口位置比对，该地区比较大的河流有兴楼河（Sungai Endau），据1894年出版的《英属马来亚事典》（A Descriptive Dictionary of British Malaya）"Sungai Endau"条[1]，1838年以前该地曾经被一个海盗占据，作为经营奴隶买卖的市场，名为Kassing。今日此村落仍还在，为丰盛港（Mersing）下属一个无名小村落。另外，彭亨以南与柔佛之间的地带，今日仍然是马来西亚原住民

---

① Nicholas Belfield Dennys, *A Descriptive Dictionary of British Malaya*, London：London and China Telegraph Office, 1894, p. 879.

的主要集中地，若是按同书"Jakun"条①，则可以了解该地的原住民过去经常遭掠捕后被转卖为奴。②

再往南为苎麻山（刁曼岛）、将军帽（丁宜岛），也是中国针路自古经常会提到的地理标志，唯独柏曼基岛并非针路上较重要的标识岛屿。③ 然后从这个海域再往南，就进入今日新加坡岛周围的海域。这里是柔佛王国版图的中心，也是真正属于武吉斯人势力的活动范围。但较特别的一点是，自马六甲陷落于葡萄牙人之手后，柔佛成为该区域的主要势力，对周边的小土王皆有影响力；而在18世纪随着柔佛朝政落入武吉斯人手中，它又成为武吉斯人在马来半岛发展的主要据点。但在马德里海图中没有标上柔佛，而只有廖内、林加（Li-ga：Lingga）等岛屿。唯一可能的理解便是马德里海图的持有者与掌控柔佛王朝的武吉斯人没有太多的联系，甚至可能是不同的派系，因此对柔佛的信息避而不谈。

值得一提的是，马德里海图上并未标有新加坡。这可以作为我们判定该海图最晚完成年代下限时间的依据之一。因为若是晚于19世纪20年代英国人史丹福·莱佛士（Thomas Stamford Bingley Raffles）自当地苏丹手中获得该地治理权，马德里海图可能会标上英国人的旗帜，或注记上新加坡的地名。不过，或许也可能如同上一段在柔佛部分已提及的，在和乐群岛活动的武吉斯人与马来半岛的武吉斯人往来并不频繁，信息的取得也不是那么实时，以致地图上未注记新加坡。所以，目前暂时推定此图完成于1819年之前。

海图记载马来半岛西岸的地名有：

Ja-go：？

Ka-da：Kedah，即吉打

Pu-lo Pi-na：Pulau Pinang，即槟榔屿

Pu-lo Ta-la-la：Pulau Talang（中文名称未知）

Pe-ra：Perak，即霹雳

Pa-ka-ro：Pangkor，即邦咯岛

Pu-lo Sa-bu-la：Pulau Sembilan，即九洲

---

① Jakun 即马来半岛上其中一支原住民；掠捕者不限于海盗，多为马来人。

② Nicholas Belfield Dennys, *A Descriptive Dictionary of British Malaya*, p. 166.

③ 此岛并未被命名，但其特征是坐落在苎麻山和东西竺的中间，查遍《郑和航海图》《岛夷志略》等古籍，皆未见到此岛的古名。

Sa-la-go-ro：Selangor，即雪兰莪

Ta-na-da-to：Tanah Datok 推即今日森美兰（Gunung Datok）西方邻近处

Nga-la-ka：Melaka，即马六甲

Pu-lo Ba-sa-ra：Pulau Besar，即五屿

Ka-ta-pa：Ketapang，在今马六甲（Tanjung Mas）西方邻近处

Pa-da：Padang，即今日柔佛麻坡附近

马来半岛西岸最北边可辨识者为吉打，至于 Ja-go 所指何地，则有待进一步研究。历史上，吉打向来与北大年皆以陆路相通，纬度也相当。但海图上吉打的位置比起北大年还要偏北，显见当时武吉斯人对于此地区的了解仍是存在着许多未经实际考察的情况。这种现象可以和下方今日称之为霹雳（Perak）的王国被绘为岛屿的现象一起作为参考。从 17 世纪中期荷兰地区出版的海图以及模仿荷兰海图制作的地图可以看出，霹雳河口地区都特别绘成一个岛屿，可自 18 世纪中叶起尤其是 18 世纪末，随着海图绘测技术的进步，这个失真的岛屿逐渐消失而被绘为陆地的一部分。

Pulau Talang 在今日已经是不重要的岛屿，即使在当代当地的地图上也不常被标识出来。不过，在 18 世纪，尤其是英国人绘制的海图却常常将此岛标记出来，或许是英国人在某个时期作为其海上航行时辨识岛屿之用，而此航线亦是武吉斯人传统上使用的路线。

Selangor 即雪兰莪，是武吉斯人于 1743 年建立的王国。这里原本无强大的统治者，但自柔佛王国引入武吉斯雇佣军后，这些人在马来半岛落地生根，甚至发展出更强大的势力，反而独立自成一国。而从马德里海图标上雪兰莪这一点看，该图的完成时间必然是在 18 世纪 40 年代以后。

Pulau Sembilan 即马六甲海峡霹雳河口外的九洲或九州，《郑和航海图》中也可以看到它。Pulau Besar 即五屿，在马六甲南边，《郑和航海图》上虽没有命名，但可见到此岛，位于毗宋岛之北。而《瀛涯胜览》"满剌加国"条称"此处旧不称国，因海有五屿之名"[①]，故笔者将此岛注为五屿。

Melaka 马六甲，由于无法确认此图的确切年份，目前仅能推论此时期马六甲城可能在荷兰人或英国人手上。自 1795 年至 1818 年这个时期，因拿破仑战争荷兰王室流亡英国，而将其殖民地交托英国代管，直到 1825 年以后，方因英荷签约而归英国所有。

---

① 马欢原著，万明校注《明钞本〈瀛涯胜览〉校注》，海洋出版社，2005，第 37 页。

　　Tanah Datok 标记在雪兰莪王国和马六甲城之间，在 18 世纪该地是米南加保族（Minangkabau）势力所在，今称森美兰（Negeri Sembilan）。其字义直译为"九州"。九州的由来，与米南加保人在马来半岛拓展有关。为对抗武吉斯人的威胁，1773 年米南加保人九个部落推举出共主，成为一国。因没有国号，便以此森美兰为名。到英国人在 1897 年筹建马来联邦（Federated Malay States）时，统一的米南加保各部便引用此古名，给予此行政地区一个共同的名称。此外，森美兰地区的米南加保人 1773 年所立的共主 Raja Melewar 是自苏门答腊米南加保原乡请来的米南加保皇族，定都在今日森美兰的神安池（Seri Menanti）。而神安池旁有一座当地最高的山，今称 Gunung Datok。米南加保在其苏门答腊的发祥地 Luhak Tanah Data，亦是其王都所在地，是他们最重要的三个"州"（Nagari）之一。由此推敲，Ta-na-da-to 应该便是 Tanah Datok，即森美兰。[①]

　　Ketapang 今已无闻，当地尚存一村。武吉斯人会记录这个地名的原因，最大的可能是武吉斯人的名王 Raja Haji 与荷兰人战斗时（1727～1784）在此阵亡。他是雪兰莪王国初代君主的弟弟，当时柔佛－廖内王朝的实际执政者，既是政治家、军事家，也是历史学家、诗人、学者。他在带领武吉斯人与荷兰人斗争的过程中于 1784 年 6 月 18 日在此阵亡。[②] 该役是武吉斯人与荷兰人在 18 世纪的斗争中的决定性战役，武吉斯人的势力从此开始衰退。或许是有着如此重大的意义，马德里海图上才会将这里特别标记出来。

　　最后，Padang 是在今马来西亚柔佛麻坡（Muar）附近。它在 19 世纪时曾经是一个繁荣的地方。马来新文学之父 Munshi Abdullah（1796～1854）于其 1849 年付梓的著作《阿卜杜拉自传》（Hikayat Abdullah）中，曾描述他有生之年看到 Padang 如何遭马来贵族糟蹋摧毁，从繁华大镇荒废成为森林。[③] 马德里海图注记此地，可能与当地一支相当古老的武吉斯望族有关。该望族自称自马六甲王朝以来就已经在该地。但若追溯其历史，

①　Freédeéric Durand & Richard Curtis, *Maps of Malaya and Borneo: discovery, statehood and progress: the collections of H. R. H. Sultan Sharafuddin Idris Shah and Dato' Richard Curtis*, pp. 138 - 139.

②　Virginia Matheson and Barbara Watson Andaya, *The precious gift* (Tuhfat al-nafis), Kuala Lumpur: Oxford University Press, 1982, p. 175.

③　Munshi Abdullah, *Hakayit Abdulla*, London: Henry S. King & co., 1874, pp. 269 - 272.

实际直到 1811 年，第一代来自苏拉威西的武吉斯人才真正展开他们对该地的统治。[①]

<h1 style="text-align:center">结　语</h1>

西班牙马德里海军博物馆所藏的东南亚海图是一张东南亚当地民族武吉斯人所绘制的稀有海图。根据学者们的研究，包含马德里海图在内，至少曾有五张武吉斯人绘制的航海图，但留存下来尚能睹其风采的则仅剩马德里海图和乌特勒支海图，巴达维亚海图存有缩小的单色复印件及变体版本，另外两张海图似乎已消失于某个档案馆或图书馆的浩瀚馆藏之中，难知其下落。

这些弥足珍贵的武吉斯海图，从其绘制风格来看显然是以欧洲的海图为基准，再融合自身东南亚当地传统的舆图知识而制成。由于缺乏相关文献的记载，后人对于这些海图辗转流传的经过不甚了解。唯一遗留下来的信息是欧洲人在打击东南亚海盗时碰巧发现。本文所介绍的马德里海图，亦是西班牙人在敉平菲律宾南方苏禄群岛"海盗"时意外获得而保存下来的。

受限于作者学力与精力，本文仅就马德里海图有关马来半岛的部分进行探究。从该海图上的地理概念（如地名的选择）了解武吉斯人的世界观，从海图上不同地点的地名标记所呈现的疏密信息，检讨武吉斯人在西迁发展历史中与周遭势力的互动。以马六甲海峡东岸的 Ketapang、Padang、Tanah Datok 等地名与 1667 年以后武吉斯的发展历史作比较，可以看出武吉斯移民与荷兰势力、马来势力、米南加保族等势力之间冲突、妥协、融合、斗争等过程的历史活动痕迹。

此外，若进一步解苏门答腊、爪哇、婆罗洲西部和南部的地理标志及武吉斯人在马来半岛的历史发展，海图所示 Selangor 即雪兰莪来看，可以推定马德里海图完成的时间上限必然是在 1740 年以后。而从该图提及 1784 年武吉斯人的民族英雄 Raja Haji 的死亡时间、Padang 区始于 1811 年一支武吉斯望族在此落脚繁衍的历史来推断，海图极有可能是 18 世纪末至 19 世纪初

---

① Tun Sheikh Engku Bendahara, "Tun Dr. Ismail Bin Dato' Abdul Rahman Wira Negara Contoh Pemimpin Tegas & Jujur Ke arah Perpaduan & Keharmonian," 21 August 2011, http://sejarah-tunsheikh. blogspot. tw/2011_ 08_ 01_ archive. html, accessed by 21 May 2015.

的作品。这张海图并未注明新加坡，笔者比较保守的推论是：此图完成时间或许早于 1819 年。

总而言之，本文根据马德里海图所留下来的信息，虽然暂时仍无法对于该图的年代鉴定提供确切的证据与判断，但就马德里海图中特殊的地名与其历史发展来看，大致可推断它为 18 世纪末至 19 世纪初的产物。即便目前学界尚未有足够的文献或研究成果可填补这段历史空白，但透过武吉斯海图的研究，仍有助于我们理解武吉斯人的历史，并藉由他们在东南亚各地历史发展的重要地位，以及他们对于海图的绘制独特的知识、手法与海图上所标志的地名，帮助我们了解当时南海地理与历史信息，透露出当时武吉斯人在传统马来海域的海洋贸易重镇与生活重心，更可协助我们理解武吉斯人对于建构马来海域地理知识的贡献。

A Study on the Bugis Sea Chart collected in the Naval Museum of Madrid: Focusing on the Malay Peninsula

Lee Yu-chung   Loo Cher Jau

Abstract: This paper uses the Bugis Sea Chart (referred to as "Madrid Sea Chart" below), a collection of the Naval Museum of Madrid (*Museo Navel de Madrid*), as the primary research object. By consulting the history of the Bugis people, we cross-referenced various Bugis Sea Charts to check and correct the toponymy of Malay Peninsula on the Madrid Sea Chart. We deduced that it was an intellectual product of the Bugis people, created at some point during the period from late 18th century to early 19th century. On the other hand, the content and drawing methods of the Madrid Sea Chart provided us a clearer idea about the Bugis people: their roles in maritime trade in traditional Malay sea zones, the core aspects of their lives, and their contribution to the making of maritime geographical knowledge concerning Malay sea zones.

Keywords: Museo Naval de Madrid; Bugis sea chart; Malay Peninsula; Late 18th century to early 19th century

附：马德里海军博物馆藏武吉斯海图

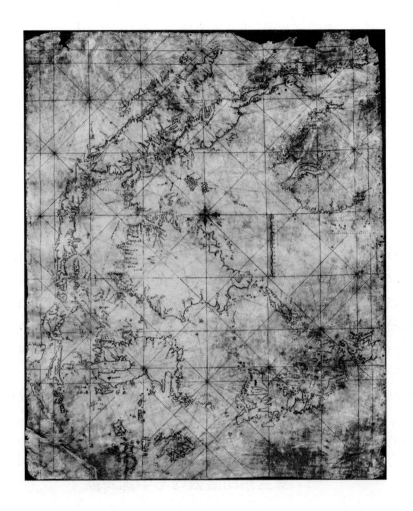

（执行编辑：周鑫）

海洋史研究（第九辑）

2016 年 7 月　第 212～229 页

中国海盗与料罗湾海战

甘颖轩[*]

　　1633 年 10 月 22 日，明朝水师与荷兰东印度公司的舰队在金门附近的料罗湾爆发了一场海战。这次海战被视为一场中国与欧洲列强早期海上较量的一次重要交手。其时正值明朝末年，朝政腐败，北方边患严重，南方海防废弛多年而未加整顿。为应付荷兰人的舰队，明朝政府拉拢盘踞在该海域的海商首领郑芝龙；荷兰人也采取相同的战略，寻求与同样盘踞在该海域上的中国海盗刘香、李国助等合作，希望借此压倒对方，取得最后胜利。本文旨在探讨两个问题：第一，明、荷双方为何与中国海盗、海商势力合作；第二，郑芝龙、刘香等中国海盗、海商势力在料罗湾海战中扮演着怎样的角色，他们对海战的最终结果又构成多大的影响。

一　荷兰东印度公司与中国海盗

　　16 世纪，欧洲正值地理大发现时期，不少欧洲商人和航海家对新世界充满憧憬，梦想通过海洋冒险带来可观的财富收获。这成为他们克服艰苦航程的灵丹妙药，新航路的发现也大大缩短了欧洲大陆与新世界之间的距离。在欧洲大国之中，西班牙和葡萄牙是最先发展海洋的国家，并建立起全球性的商业帝国。相比西、葡两国，荷兰起步较迟，直至 1602 年 3 月才

---

　　* 作者系香港浸会大学国际学院讲师。

由政府牵头，与国内最具影响力的贸易商行达成协议，成立荷兰东印度公司（Vereenigde Oost – Indische Compagnie，简称 V. O. C）。[1] 17 世纪上半叶，荷兰东印度公司的船队抵达东南亚地区，先后在暹罗（Siam）、苏门答腊（Sumatra）、马六甲海峡沿岸、亚齐（Aceh）、苏门答腊岛南端的楠榜（Lampung）等地建立贸易据点，并试图进攻当时由西班牙人控制的马尼拉，可惜无功而返。[2] 1619 年，荷兰人占领雅加达，并易名巴达维亚（Batavia），成为荷兰东印度公司在亚洲的总部及东亚与印度洋贸易的中转站。[3]

荷兰人在东南亚建立贸易据点时，也着力扩展在东亚地区的商贸版图。1609 年，荷兰东印度公司获得日本幕府的允许，在平户（Hirado）建立贸易据点。[4] 然而，在开拓中国市场时，荷兰人却受制于明朝政府的海禁政策。早于 1604 年，荷兰海军将领韦麻郎（Admiral Wijbrand van Waerwijck）在暹罗南部的北大年（Patani）遇到一帮福建商人，得悉只要向当地官员赠送名贵礼物，就可以获得通商机会。然而，当荷兰船队抵达澎湖列岛时，发现事实与传闻相去甚远，即使向官员行贿，也未能获准通商。[5] 由于未能取得贸易据点，荷兰人只能通过掠夺前往马尼拉的中国帆船或西、葡商船，获

---

[1]　C. R. Boxer, *Jan Compagnie in War and Peace 1602 – 1799: A Short History of the Dutch East India Company*, Hong Kong: Heinemann Asia, 1979, p. 1.

[2]　C. R. Boxer, *Jan Compagnie in War and Peace 1602 – 1799: A Short History of the Dutch East India Company*, pp. 16 – 17; 另参 D. G. Hall, *A History of South – East Asia*, Fourth edition, London: Macmillan Education Ltd. , 1981, pp. 317 – 319。

[3]　Leonard Y. Andaya, "Interactions with the Outside World and Adaptation in Southeast Asian Society, 1500 – 1800," in *The Cambridge History of Southeast Asia*, Vol. 2 (From c. 1500 to c. 1800), Nicholas Tarling ed. , Cambridge: Cambridge University Press, 1992, pp. 15 – 16. 另参 M. C. Ricklefs, A *History of Modern Indonesia since c. 1300*, Second Edition: London: The Macmillan Press Ltd. , 1993, p. 45。

[4]　Robert Parthesius, *Dutch Ships in Tropical Waters: The Development of the Dutch East India Company (VOC) Shipping Network in Asia 1595 – 1660*, Amsterdam: Amsterdam University Press, 2010, p. 44.

[5]　根据 1624 年 12 月 12 日荷兰东印度公司驻大员的舰队司令官宋克（Martinus Sonck）寄给巴达维亚城总督卡本提耳（Pieter de Carpentier）的信件，荷兰人为了打开中国的贸易大门，曾async向镇守广东与福州等地的高级将领，包括谢宏仪、俞咨皋等提供馈赠。"国史馆"台湾文献馆主编、江树生主译《荷兰台湾长官致巴达维亚总督书信集（1）1622～1626》，南天书局，2007，第 140～141 页；同参 John E. Wills, Jr. , *China and Europe 1500 – 1800: Trade, Settlement, Diplomacy, and Missions*, Cambridge: Cambridge University Press, 2011, pp. 67 – 68。

取价值连城的中国商品。[①] 1622 年，荷兰人试图从葡萄牙人手中夺取澳门，作为与明朝通商的踏脚石，但以失败告终，被迫转赴澎湖。[②] 荷兰人也曾派遣商船前往漳州、福建等沿海港口要求通商，但被明朝政府拒绝。[③] 虽然处处碰壁，但是荷兰人始终认定中国是一个潜力巨大的市场，故此也愿意耐心等待机会的来临。1624 年，荷兰人获悉明朝政府已从广州、福州和南京三地集结大量军队和战船，准备进攻澎湖，担心兵力薄弱无法抵御中国人的进攻，遂主动撤离澎湖，转赴大员（今台南），一方面避免加深与明朝政府的紧张关系，另一方面也希望利用台湾的战略位置，继续寻求打开中国贸易的大门。[④]

在成功打开中国贸易大门之前，荷兰人深知中国海盗、海商的价值[⑤]，不仅可用作与明朝地方大员沟通的中间人及协助收购中国商品，亦可以使其劫掠航往巴达维亚等荷兰据点以外地区贸易的中国帆船，迫使中国商人改变贸易路线，不再前往西班牙和葡萄牙的据点而只前往荷兰控制的地区贸易。[⑥]

[①] 当时荷兰与西班牙正处于八十年战争（1568～1648）之中。荷兰人通过拦截和劫掠前往当时被西班牙人占据的马尼拉的中国帆船及西、葡商船，打击西班牙人在东方的势力，并切断后者在该区的收入来源。参程绍刚译《荷兰人在福尔摩莎》，联经出版事业公司，2000，第 53 页注 44。

[②] 1622 年 6 月 24 日，荷兰东印度公司舰队司令莱尔森亲自督师，在 Gallias 和 Groningen 两舰的火炮掩护下发动登陆作战，遭到葡萄牙人的奋力抵抗，双方激战两小时，荷兰人渐感不支撤退。选择暂时栖身澎湖的原因是该岛有一处适宜泊船的港湾，可让船只躲避季风，而且在地理位置上靠近漳州及福尔摩莎（今台湾），岛上也适合农耕和养殖牲畜。详参程绍刚译《荷兰人在福尔摩莎》，第 14～15 页。

[③] 村上直次郎原译、郭辉中译《巴达维亚城日记》（Degh‑Register gehounden int Costeel Batavia）第一册，台湾省文献委员会编印，1970，第 20～21 页。

[④] 程绍刚译《荷兰人在福尔摩莎》，第 45～46 页；另参石守谦编《福尔摩沙：十七世纪的台湾、荷兰与东亚》，台北"故宫博物院"，2003，第 21 页。

[⑤] 在明朝，海盗与海商往往难以分辨，很多海盗本身具有商人的背景，拥有组织完善的私人海上武装力量，同时也会参与走私和掠夺其他商船等违法行为。当明朝政府放宽海禁时，海盗本身就成为商人，从事贸易活动，但当生活困难时，他们也会重操故业，恢复海盗身份。详参 Robert J. Antony, *Like Forth Floating on the Sea: The World of Pirates and Seafarers in Late Imperial South China*, Berkeley: University of California, 2003, pp. 23－24; James K. Chin, Merchants, Smugglers, and Pirates: Multinational Clandestine Trade on the South China Coast, 1520－50, Igawa Kenji, At the Crossroads: Limahon and Wako in Sixteenth Century Philippines, Paola Calanca, Piracy and Coastal Security in Southeastern China, 1600－1780, in *Elusive Pirates, Pervasive Smugglers: Violence and Clandestine Trade in the Greater China Seas*, ed. Robert J. Antony, Hong Kong: Hong Kong University Press, 2010。

[⑥] Tonio Andrade, The Company's Chinese Pirates: How the Dutch East India Company Tried to Lead a Coalition of Pirates to War against China, 1621－1662, in *Journal of World History*, Vol. 15 No. 4, December 2004, p. 429.

李旦、许心素、郑芝龙等以厦门为基地，活跃于福建沿海地区的中国海盗和海商，遂成为荷兰人争取合作的对象。荷兰人与中国海盗的合作方式沿用葡萄牙人的模式，预先支付大量"前金"给中国海盗，或事先拨交货物给后者，再由后者前往中国购买荷兰人所需货物抵偿，为保险起见，后者会留下"保人"及"契字"予荷兰人。[1] 然而，不论是与李旦还是与许心素的合作，成效皆不太令人满意。首先，荷兰人无法得知资金支付后何时能够得到供货。荷兰人与中国海盗的供货协议一般是在"前金"支付后一个月或六个礼拜后，但后者往往较商定的交货时间拖延三个月甚至半年，这对荷兰人在大员与日本之间的丝绸贸易构成莫大的影响。[2] 其次，中国海盗运来的货品价格也比市价高。许心素将他所提供的丝绸定价为 142 ~ 150 两一担，但当荷兰船停泊在漳州湾时，有人暗地里却以 125 两一担甚至低至 115 两一担的价钱，向荷兰人贩卖生丝。[3] 中国海盗有时亦会私吞荷兰人给予中国地方官员的馈赠，甚至不作区别地劫掠前往大员贸易的中国帆船。[4] 荷兰人虽然深知这些中国海盗、海商并非可信之人，但担心一旦失去他们的话，就连仅有的贸易渠道及与明朝政府的联系也将彻底失去，因而被迫忍气吞声。[5]

荷兰人与另一中国海盗郑芝龙的关系亦颇微妙。郑氏曾在大员为荷兰东印度公司做翻译，1625 年离开荷兰东印度公司，入海为寇。不久，他的势力日益壮大，称雄海上，除劫掠往来商船，还攻打沿海城镇。郑芝龙的迅速崛起不仅令中国沿海城镇受到威胁，来往漳州与大员之间的航路亦被

---

[1] "国史馆"台湾文献馆主编、江树生主译《荷兰台湾长官致巴达维亚总督书信集（1）1622 ~ 1626》，第 93 页。

[2] 同上，第 189 ~ 190、244 页。例如 1625 年，荷兰东印度公司驻大员司令官宋克委托许心素收购 250 担生丝，协议六个星期后交货，许心素虽然履行了协议，且较协议运来更多的丝，但因交货时间延误，丝绸未能如计划转运往日本出售。1626 年 6 月 26 日，荷兰人给予许心素 5 万多里尔，让其回到中国购买生丝和其他货物，许氏答应于一个月内将货物运抵大员，结果延至 8 月 26 日才完成使命，导致荷兰人来不及将货物转运往日本。另外，根据《热兰遮城日志》，荷兰人曾经将十万里尔交给许心素，请他作为中间人，代为购买中国货物，但他在六个月后才将货物运返大员，详参江树生译《热兰遮城日志》第一册，台南市政府，2002，第 108 页。

[3] 程绍刚译《荷兰人在福尔摩莎》，第 65、77 页。

[4] 1625 年，荷兰东印度公司就获悉李旦曾作此行为。参 Tonio Andrade, *The Company's Chinese Pirates*, p. 426。

[5] "国史馆"台湾文献馆主编、江树生主译《荷兰台湾长官致巴达维亚总督书信集（1）1622 ~ 1626》，第 220 页。

切断。1628 年 1 月，荷兰东印度公司应明朝官员的提议以武力驱除郑芝龙，可惜在厦门附近海湾被郑芝龙击败。① 同年，郑芝龙斩杀许心素，并取而代之。对于荷兰东印度公司而言，许心素的败亡是一大损失，为了维持与中国的贸易关系，他们有意拉拢郑芝龙合作。郑芝龙亦向荷兰人伸出友谊之手，除送还俘虏、船只及货物，还协助荷兰人购买大批丝绸。② 翌年，荷兰东印度公司协助郑芝龙击败区域内另一迅速崛起的海盗李魁奇。③ 郑芝龙虽然答允介绍中国商人前来大员与荷兰人贸易，但是人数甚少，而且他们所运来的货物只及荷兰人手上资金四分之一的交易量。换句话说，荷兰人因为积存过多闲置资金却无从使用而蒙受损失。④ 荷兰人也曾要求郑芝龙直接运送中国商品前往大员交易，只是送来的往往是质量低劣的商品。⑤

最初，荷兰人希望透过与郑芝龙谈判改善这一情况。荷兰东印度公司驻大员司令官普特曼斯（Hans Putmans）于 1630 年 2 月 7 日向郑芝龙送来一份协议文本，内容包括五项：一、允许荷兰人在漳州河进行贸易，对商人来跟荷兰人交易的通路不得有任何限制，而且要帮助荷兰人向中国地方大员争取长期的自由贸易；二、不允许中国帆船前往属于西、葡两国势力范围的马尼拉、鸡笼（即今台湾基隆港）、淡水、北大年湾、暹罗、柬埔寨等地进行贸易；三、不允许任何西班牙和葡萄牙人在中国沿海交易，并要在所有的通道上阻截他们；四、以上条件的全部，郑氏终生都不得违背，去世后，他的继承者也要继续遵守履行；五、相对地，荷兰人将协助郑氏扫荡海盗，以确保他在海域上的霸权地位。⑥ 这个协议文本清楚地反映了荷兰人的意图。首

---

① 程绍刚译《荷兰人在福尔摩莎》，第 78 页。为了对付郑芝龙，福建巡抚和都督通过中国商人转达信息，要求荷兰人协助驱除郑芝龙，事成之后将永久准许中国商人自由到大员和巴达维亚贸易。荷兰东印度公司基于这个许诺才予以答应。

② 程绍刚译《荷兰人在福尔摩莎》，第 84、88 页；江树生译《荷兰联合东印度公司台湾长官致巴达维亚总督书信集（II）1627~1629》，台湾历史博物馆，"国史馆"台湾文献馆，2010，第 147~148 页。

③ 李魁奇原为郑芝龙部下，后叛离，他势力庞大，拥有 400 艘船，曾击败郑芝龙攻占漳州湾，并包围厦门，郑芝龙遂向荷兰人求援。其实，李魁奇亦在争取荷兰人的支持，许诺放行中国商人到大员贸易。由于他无意答应荷兰人到中国沿海进行自由贸易，加上他的船队扼守漳州湾出入海口，阻碍大员与中国的贸易往来，所以荷兰人决定协助郑芝龙打击李魁奇。参程绍刚译《荷兰人在福尔摩莎》，第 102、108 页。

④ 江树生译《热兰遮城日志》第一册，台南市政府，2002，第 108 页。

⑤ 村上直次郎原译、郭辉中译《巴达维亚城日记》第一册，第 81~82 页。

⑥ 江树生译《热兰遮城日志》第一册，第 15~16 页。

先，他们希望垄断中国贸易。其次，他们已经假定郑芝龙在击败李魁奇后已是南中国海的霸主，能够独力控制中国贸易。郑芝龙也给予了颇为正面的回复，表示愿意保障荷兰在漳州河和大员的贸易，虽然他无法阻止中国商人与西、葡商人进行贸易，但愿意协助荷兰东印度公司向中国地方官员争取自由贸易。① 然而，在双方协议签订后的一年，情况似乎未有任何改善，因此荷兰东印度公司于 1631 年考虑使用武力，迫使明朝政府承诺自由贸易。②

　　在随后的两年，荷兰东印度公司要求使用武力打开中国贸易的声音日渐高涨。1633 年 4 月 22 日，荷兰东印度公司驻大员司令官普特曼斯向巴达维亚报告，提及郑芝龙害怕因未能履行对荷兰的承诺而可能遭到报复，于是向明朝政府靠拢；报告同时指出，明朝政府已经宣布禁止所有在漳州河的对外贸易活动，也不允许中国商人与荷兰商船进行贸易。普特曼斯主张使用武力，否则难以迫使明朝政府放弃海禁政策和承诺自由贸易。③ 同年 6 月，巴达维亚当局最终批准了普特曼斯的提案，并抽调兵力和战船加入普特曼斯的队伍中。④ 根据荷兰人所构思的作战蓝图，战斗共分两个阶段。首阶段主要是针对福建省，荷兰人会先在中国沿海"截击由菲律宾返回漳州的帆船"，然后"进军漳州湾，突袭鼓浪屿"，并"摧毁漳州湾内所有帆船及其他运输工具"，以恐吓中国人。随后，"再派出快船和战船占领从南澳到安海的整个中国沿海，对从暹罗、柬埔寨、北大年和交趾及其他地方的来船，不加区别一概拦截"。直至 8 月下旬，再从中国南部回师驶入福州湾，沿途烧杀抢掠。荷兰人估计中国人为保性命，将会提出和解，并引领他们面见驻福州巡抚。他们在会面时将会"提出不与巡抚、海道和其他下属的官员而是直接与中国皇帝交涉"，迫使中国"准许自由、优惠和无障碍地贸易"。次阶段是针对广东省，当北风期来临时，普特曼斯将会率领舰队南下广州湾（笔者注：原译注如此，当作"广州"），进行另一轮的烧杀掳掠，直到广东的

---

① 江树生译《热兰遮城日志》第一册，第 18 页。

② 村上直次郎原译、郭辉中译《巴达维亚城日记》第一册，第 66 页。

③ 村上直次郎原译、郭辉中译《巴达维亚城日记》第一册，第 91 ~ 92 页。

④ 为对中国动武，巴达维亚当局抽调 7 艘海船 Middelburch 号、Tessel 号、Perdam 号、Weesp 号、Wieringen 号、Assendelft 号和 Oudewater 号，4 艘快船 Catwijck 号、Zeeburch 号、Couckebacker 号和 De Salm 号，及 2 艘快艇 Venlo 号和 Bleyswijck 号，再加上已在南澳海面截击船只的快船 Kemphaen 号和两艘帆船，总兵力约 1300 人。详参程绍刚译《荷兰人在福尔摩莎》，第 126 ~ 127 页。

地方官员宣布只容许荷兰人自由无障碍的贸易，并许诺不再在生活用品、人力和弹药上支持澳门的葡萄牙人。最终，普特曼斯的军队会对澳门发动进攻，摧毁所有的堡垒，只占据最优良的工事。如果次阶段的作战未能取得进展，荷兰人将派出部分战船前往占城（今越南中部）海岸附近拦截中国帆船和从澳门航往满剌加（今马来西亚马六甲州）的葡萄牙大海船。荷兰人也同时考虑攻占福尔摩莎岛北部的西班牙殖民地鸡笼和淡水。① 这个作战计划无疑过分理想化了，且严重低估了明朝东南海疆的防御能力（包括郑芝龙等的私人海上武装力量）。不过，该计划亦显示出对华战争只属有限性质，目的是对郑芝龙的"背叛"行为做出惩罚，并向明朝政府展示实力，迫使其开放贸易。这亦可以解释为何当荷兰人于1633年7月12日成功突袭停泊在厦门的明、郑水师后，随即释放所有中国俘虏。② 从明、荷双方在战后一个月来往的信件可见，荷兰的策略是一方面谴责郑芝龙背信弃义，另一方面向明朝政府传达一个信息：只要获准自由无障碍贸易，他们愿意维持和平友好关系。③

此刻，荷兰人肯定郑芝龙已经不再是忠实的贸易伙伴，遂开始寻求与新的中国海商、海盗合作，以取代郑芝龙。荷兰人将目光投向新近在南中国海域崛起的刘香，估计后者至少拥有60至70艘战船，足以与郑芝龙抗衡。④ 刘香原籍福建海澄，最初追随郑芝龙，后与李魁奇一起叛离，在郑、李之间的海战中逃脱。自1632年起，刘香纠集李魁奇的余部，势力渐大，成为区域内另一具实力的中国海盗。为了利诱刘香合作，荷兰人承诺收购刘香的全部货物，并允许其船只自由在大员、巴达维亚及其他被荷兰人控制的据点进行贸易。值得留意的是，荷兰人也向海盗商人李国助和Sabsicia开出同样的条件。⑤ 这表明荷兰人非常担心即使与刘香结成军事同盟，也不足以挑战郑芝龙海上霸主的地位；同时也表明荷兰人吸取了教训，已学会分散投资，不再是只押注在个别中国海商、海盗身上。

最初，刘香、李国助等虽然对荷兰人的提议深感兴趣，但对与荷兰组

---

① 程绍刚译《荷兰人在福尔摩莎》，第127～129页。

② 江树生译《热兰遮城日志》第一册，第103、106页。

③ 江树生译《热兰遮城日志》第一册，第106、108、110～111、117页。

④ 村上直次郎原译、郭辉中译《巴达维亚城日记》第一册，第79页；程绍刚译《荷兰人在福尔摩莎》，第119页。

⑤ 江树生译《热兰遮城日志》第一册，第109页。

织军事联盟却显得格外小心，担心这是郑芝龙和荷兰人共同设下的圈套。特别是荷兰人要求刘、李两人派出战船，与荷兰东印度公司的战舰联合，在未来的海战中合力攻击明朝和郑芝龙的水师。刘、李两人的疑虑在于过往郑芝龙和荷兰东印度公司的密切关系。当郑芝龙分别于 1630 年、1631 年清剿海盗李魁奇和钟斌时，荷兰人曾给予支持。[①] 刘、李两人担心郑芝龙和荷兰东印度公司以结盟为名，目的是引诱两人的战船驶来再行歼灭。荷兰人为了争取两人的信任，将意外捕获的刘香和李国助的船只送还，借此机会向两人表达善意。之后，刘香和李国助才答应荷兰人的邀请结盟。[②] 1633 年 8 月，刘香及李国助派出战船协助荷兰人在漳州湾附近海面截击南航的船只，并派出 50 艘战船加入荷兰东印度公司的舰队，刘、李两人亦率主力部队进发澎湖。[③]

不过，从 1633 年 10 月 16 日的战前会议所见，双方在战略目标上未达成共识。刘香和李国助希望荷兰人可以协助他们消灭郑芝龙的海上武装力量，以便取而代之，故要求荷兰东印度公司派出战舰与他们合力攻击厦门，因为厦门是郑芝龙及其水师的根据地。然而，荷兰人对他们的要求并不感兴趣，因为他们的最终目标并非摧毁明朝的海防力量，而是通过海战展示其强大的军事实力，迫使明朝政府开放海禁，承诺自由贸易。[④] 荷兰人与刘香、李国助在战略上的重大分歧，也直接影响刘、李两人在战场上的态度，后面将作详细分析，以下先讨论明朝政府与郑芝龙的合作关系。

二　明朝与郑芝龙

在中国历史上，北方边患与中原王朝的兴衰往往紧密相连，明朝也不例外。17 世纪初期，努尔哈赤统治的建州女真族崛起于东北，对明朝边防构成严重威胁。虽然东南沿海地区在一个世纪前曾受到倭寇的侵扰，

---

① 邹维琏：《达观楼集》卷十八《奉剿红夷报捷疏》，四库全书存目丛书影印乾隆三十一年重刻本，第 53 页；汪楫编《崇祯长编》卷四十一，"中研院"历史语言研究所影印，1962，第 2450 页。

② Tonio Andrade, *The Company's Chinese Pirates*, p. 438.

③ 程绍刚译《荷兰人在福尔摩莎》，第 134 页。

④ 江树生译《热兰遮城日志》第一册，第 130 页。

但与北方边防相比，重要性始终有所不及。① 在明朝统治者的眼中，倭寇只属盗贼，他们的侵扰最大程度也只能构成人命伤亡和财产损失，却无法撼动政权。因此，明朝防务重心始终在北方，在军事资源的分配上也向北方倾斜，倾尽全力阻止满族的入侵，东南沿海的防务无可避免地受到忽视。②

东南沿海地区的防务其实相当薄弱。张增信指出，福建水师的兵力只有 3000 多人，把守 2000 多里且港湾密布的海岸线，殊不容易。③ 张铁牛和高晓星也指出，16 世纪中期，福建水师的总人数只有 15751 人，驻守漳州的只有 3854 人，而且当中并不全部都是战斗人员。④ 海防废弛造成中国海商和海盗的兴起，他们与日本海盗和欧洲人的相互勾结，对明朝造成困扰。明朝政府面对实力强大的海盗，大多采取招抚政策，离间、分化海商和海盗的内部关系，使其相互倾轧。⑤ 崇祯元年（1628）招抚郑芝龙就是最明显的例子，结果导致原为郑氏部下的刘香、李魁奇和钟斌等人自立门户。明朝政府后来支持郑芝龙将他们逐一消灭。⑥ 换言之，明朝政府其实是借助海商和海盗强大的海上武装力量，巩固其东南地区的海岸防御。虽然明朝政府成功招抚实力强大的海商和海盗，例如许心素、郑芝龙等，但无法完全驾驭他们。他们虽然接受招抚，并被授予官职，但仍然保留私人海上武装力量，在行事上仍然有相当大的独立性，对明朝政府所下达的命令并不是照单全收。例如郑芝龙以缺饷为由拒绝明朝政府从海上增援辽东战事的要求。朝中不少大臣虽然对郑芝龙心存怀疑，但明朝政府对其又是无可奈何，盖因郑氏的私人海上武装力量已成为巩固明朝东南沿岸海防的

---

① 事实上，并非所有倭寇都是日本人，他们当中不少是中国人，只是因为无法支付各项苛捐杂税，被迫铤而走险。部分人则来自马六甲和暹罗等东南亚地区，甚至是葡萄牙人、西班牙人和来自非洲的冒险者。详参 Kwan-wai So, *Japanese Piracy in Ming China During the 16th Century*, Michigan：Michigan State University press, 1975, pp. 16 – 18；Albert Chan, *The Glory and Fall of the Ming Dynasty*, Norman：University of Oklahoma Press, 1982, p. 330；Antony, *Like Forth Floating on the Sea*, p. 22。

② 《明熹宗实录》卷三十二 "天启三年七月丁亥" 条。另参郑永常《来自海洋的挑战：明代海贸政策演变研究》，稻香出版社，2004，第 314 页。

③ 张增信：《明季东南中国的海上活动》上编，东吴大学，1988，第 131 页。

④ 张铁牛、高晓星：《中国古代海军史》（修订版），解放军出版社，2006，第 212～213 页。

⑤ 聂德宁：《明末清初海寇商人》，杨江泉发行，2000，第 105～106 页。

⑥ 李远光：《海盗末路：开禁的徘徊与错失》，载唐建光编《大航海时代》，龙图腾文化有限公司，2012，第 121～122 页。

重要支柱。① 不过，郑芝龙也相当愿意为明朝政府剿灭其他中国海盗，既可以借机扩充势力，又可以依凭战功在政治和经济上敲诈和勒索明朝政府。②

明朝政府称呼荷兰人为"红毛人"，与对待其他欧洲人一样，视之为蛮夷。事实上，明朝政府对于荷兰的认识相当有限。官方史书称荷兰为葡萄牙的近邻，荷兰人的外表与来自东南亚地区的人有着显著的分别，他们拥有实力强大的火炮和战船，来中国的目的是通商。③ 明朝官员对于荷兰人通商的要求大致分成两派：支持的一方主要着眼于其衍生的经济利益，持反对意见者则认为荷兰与日本已经结成"伙伴关系"，允许其通商对中国东南沿海的海防构成潜在的威胁。最后神宗一锤定音，否决荷兰人通商的要求。④ 该禁令在熹宗和思宗两朝也一直维持。⑤

在火力上，明朝水师早已被荷兰人比下去。郑明等人的研究指出，明中叶中国最大的戎克武装帆船长 30.2～31.7 米，阔 8.7～9.3 米，吃水深 4 米，⑥ 架设约 10 门重型火炮，当中 6 门为佛朗机大炮，及 1 门根据葡萄牙大炮仿制而成的青铜大炮。⑦ 当时在亚洲海域行驶的荷兰战船长约 30.8 米，阔 7.3 米，可见明朝的武装帆船在体积上与荷兰人的战船相差不大。⑧ 然而，在火炮的数量上，明朝战船却大幅落后。1629 年在新荷兰（New

---

① 晁中辰：《明代海禁与海外贸易》，人民出版社，2005，第 254～256 页。明朝政府曾经对郑芝龙用兵，例如福建总兵俞咨皋于 1627 年曾试图以武力夺回被郑芝龙占据的厦门，结果被郑氏打败。

② 程绍刚译《荷兰人在福尔摩莎》，第 126 页；另参苏同炳《由崇祯六年的料罗湾海战讨论当时的闽海情势及荷郑关系》，载《台湾史研究集》，"国立"编译馆中华丛书编审委员会，1980，第 26～27 页。

③ 张廷玉等：《明史》卷三百二十五，中华书局点校本；台湾银行经济研究室编《明季荷兰人入侵据澎湖残档》，台湾省文献委员会，1997，第 59～62 页。

④ 郑永常：《来自海洋的挑战》，第 246～258 页。在信息并不发达的年代，消息在传递的过程中容易失真或被扭曲，平户在当时已经被划定为对外贸易的城市，日本幕府允许荷兰在该地设置贸易据点，本属平常事，本质上与明朝政府所理解的伙伴关系相去甚远。不过，郑氏指出，荷、日双方的"伙伴关系"却触动明朝政府的神经，主要原因在于明朝政府对于倭寇为祸东南地区依然记忆犹新，1592～1598 年发生的文禄–庆长之役，中日双方更是兵戎相见，所以明朝政府对于日本的举动相当敏感。

⑤ 同上，第 303～322 页。

⑥ 郑明、张恩海、王森等：《大型双桅帆式福船：大兵船》，《中国远洋航务》2007 年第 9 期。

⑦ 张铁牛、高晓星：《中国古代海军史》，第 178 页；另参唐志拔《中国舰船史》，海军出版社，1989，第 119 页。

⑧ Robert Parthesius, *Dutch Ships in Tropical Waters*, pp. 77 – 78.

Holland，今澳大利亚）西岸搁浅的荷兰战舰巴达维亚号（Batavia），共载有
30 门重型火炮，包括 6 门青铜大炮、2 门复合金属炮及 22 门铁制火炮。① 黄
一农指出，当时在亚洲水域出没的荷兰战舰普遍装有 7 ~ 8 门重逾 4000 磅可
发射 18 磅重铁弹的大炮、10 多门重逾 3000 磅可发射约 9 磅重铁弹的火炮，
及 20 多门重 3000 磅以下的各式火炮，部分荷兰船舰更会配备重达 5000 ~
6000 磅可发射 25 ~ 30 磅重铁弹的大炮，例如 1622 年参与攻占澎湖的战舰
New – Hoorn 号，就装备了 11 门此类火炮。② 当时人也承认荷兰火炮的优越
性，曾担任兵部郎中的茅瑞征（1575 ~ 1637）说："今红夷铳法盛传中国，
佛朗机又为常技矣。"③ 沈德符（1578 ~ 1642）指出："因红毛夷入寇，又得
其所施放者，更为神奇，视佛朗机为笨物，盖药至人毙，而敌犹不觉也。"④
虽然郑芝龙的战船在火力上仍然比不上荷兰人的战舰，却较明朝水师犹胜。
例如 1633 年 7 月 12 日被荷兰偷袭击沉的郑军战船大多装备完善，架有 16 ~
20 门大炮，部分更装配达 36 门大炮之多。⑤ 而且郑氏在剿灭其他海盗时，
获得荷兰东印度公司援助战船和红夷大炮，令战力大为提升。⑥ 对明朝政府
而言，寻求与郑芝龙合作，有助于拉近与荷兰人在海战实力上的差距，对巩
固东南沿海的防务，可谓百利而无一害。

　　郑芝龙早于 1628 年已经接受明朝政府的招抚及官位，着眼的是随之而
来的政治与经济利益。在政治上，虽然当时的福建巡抚熊文灿只授予其五虎
游击的职衔，在地方政府里属低级武官，位次于副总兵及参军，但是郑氏可
以利用其官员的身份，名正言顺地向其他海盗发动攻击，获得明朝政府提供
的军饷，并将缴获的船只及俘获的兵员据为己有。⑦ 为了维持其超额的兵

---

① Jeremy Green, "Note on Guns from the VOC ship Batavia, Wrecked off the Western Australian Coast in 1629," in *The International Journal of Nautical Archaeology and Underwater Exploration* 17, No. 1 (1988), p. 103.

② 黄一农：《明清之际红夷大炮在东南沿海的流布及其影响》，《"中研院"历史语言研究所集刊》第 81 卷第 4 期，2010，第 778 页。

③ 茅瑞征：《皇明象胥录》卷五，四库禁毁书丛刊影印崇祯间刻本，第 10 页上。

④ 沈德符：《万历野获编》卷十七，中华书局，1959，第 433 页。

⑤ 江树生译《热兰遮城日志》第一册，第 105 页。

⑥ 《兵部题行兵科抄出两广总督李题稿》，载台湾银行经济研究室编《郑氏史料初编》，第 1 页。同参苏同炳《由崇祯六年的料罗湾海战讨论当时的闽海情势及荷郑关系》，第 30 页；黄一农：《明清之际红夷大炮在东南沿海的流布及其影响》，第 784 页。

⑦ 曹履泰：《靖海纪略》卷二，台湾文献丛刊第 33 种，"国史馆"台湾文献馆，1995，第 31 页。

员，官员的身份成为郑氏最佳的掩护，使其合法地掌控福建沿海地区的贸易。当荷兰人在许心素死后寻找替代者时，郑芝龙顺理成章被视为最理想的人选。① 换句话说，郑芝龙一方面向明朝靠拢，另一方面则与荷兰建立贸易伙伴关系。这种左右逢源的关系直至 1633 年 7 月 12 日荷兰人突袭厦门才终结。荷兰人的军事行动亦正好反映明朝政府的海禁政策与荷兰人的通商要求本质上是矛盾的，郑芝龙始终需要在两者之间做出抉择。

荷兰人于 1633 年 7 月 12 日做出突袭厦门的举动，令荷、郑关系正式破裂，也迫使郑氏完全倒向明朝政府。同年 7 月 26 日，郑芝龙致函荷兰东印度公司驻大员司令普特曼斯，谴责荷兰的突袭令他损失大量战船和士兵。双方关系之恶劣由此可见。② 荷兰人也于此时决定放弃郑芝龙，转而寻求与刘香和李国助合作。在这种情况下，对于郑芝龙而言，要继续维持其海上霸权，最好的也可能是唯一的方法就是为明朝政府而战。

三　料罗湾海战

料罗湾海战发生于 1633 年 10 月 22 日。荷兰东印度公司派出九艘战舰——Brouwershaeven 号、Slotendijck 号、Wieringen 号、Couckercken 号、Perdam 号、Bleyswijck 号、Zeeburch 号、de Salm 号和 Texel 号前往福建沿岸，与刘香、李国助等海盗盟友的战船会师于围头湾。③ 为安全起见，荷兰人拒绝了刘、李两人的建议，直接攻击停泊在厦门的明、郑水师。他们选择位于金门东南岸的料罗湾作为战场，④ 原因是料罗湾位于围头湾的西南方，而围头湾又是来往金门和台湾的必经航道，如果战事的发展不利于荷兰一方，荷兰的战舰也能够迅速逃离战场。⑤ 荷兰方面的记录显示，他们对海战并没有十足把握。因为在 1633 年 10 月 16 日会议上，荷兰人曾经讨论应该将快艇 Perdam 号留守军中，还是继续按照原定计划令其驶往大员。荷兰人有感他们的舰队略显单薄，而且部署也相当分散，最后还是决定将它暂时

---

① 江树生译《热兰遮城日志》第一册，第 123 页。

② 江树生译《热兰遮城日志》第一册，第 109 页。

③ 江树生译《热兰遮城日志》第一册，第 132 页。

④ 江树生译《热兰遮城日志》第一册，第 130 页。

⑤ 江树生译《热兰遮城日志》第一册，第 112 页。

留下来，以备加入战斗行列。① 荷兰人也忌惮郑军战船的火力。虽然他们于 1633 年 7 月 12 日成功偷袭厦门，但那次胜利是因为郑芝龙的主力部队正在福宁与海盗作战，而且荷兰人从中知悉郑芝龙的战船拥有精良的火炮。②

当地居民和海盗盟友成为荷兰人打听郑军情报的主要途径。他们也因此知悉郑芝龙在福州河和泉州河部署大量战船。这个情报也有助于促使荷兰东印度公司寻求与刘香、李国助结盟。因为刘、李两人的战船一方面可以弥补荷兰人在舰只数量上的不足，另一方面也可增强其在战术调动上的弹性。③ 为了分散郑芝龙的战力，荷兰人最初根据早前所拟定的作战计划，建议刘、李两人率领战船攻击广州和澳门。④ 但相信这个建议应该被两人拒绝，因为根据荷兰人的记载，当海战开始时，刘香的战船正停泊在围头湾附近。⑤ 正如前述，刘、李两人其实是希望通过海战打垮郑芝龙。战略上的不协调也迫使荷兰主帅普特曼斯调整其作战计划，改为安排刘、李的战船在海战中辅助荷兰战舰攻坚。⑥ 事实上，刘、李两人的战船是有能力在火力上和白刃战中支持荷兰的。1632 年刘香进攻福州时，所部数千人，战船共 170 艘，当中大型的战船架有十多门红夷大炮作为主攻武器。⑦

相比之下，明军在布阵上明显较荷兰人重视海盗及其私人海上武装力量。虽然郑芝龙官位卑微，但是福建巡抚邹维琏考虑其手握重兵，部下陈鹏、郭熺、胡美、陈麟等皆为骁勇善战的将领，故仍对其委以先锋重任。反而副总兵高应岳被安放在左翼，与右翼泉南游击张永产共同担当支持郑芝龙的角色，副总兵刘应宠和参将邓枢则为中路策应。⑧

在战术上，从后来的战场报告所见，邹维琏的计划是以火船摧毁荷兰人的战舰。⑨ 荷兰人对于明、郑的火船战术其实并不陌生，他们早在 1624 年

① 江树生译《热兰遮城日志》第一册，第 130 页。
② 江树生译《热兰遮城日志》第一册，第 104～105 页。
③ 江树生译《热兰遮城日志》第一册，第 111～112、123、130 页。同参林伟盛《一六三三年的料罗湾海战——郑芝龙与荷兰人之战》，《台湾风物》第 45 卷第 4 期，1995，第 58 页。
④ 程绍刚译《荷兰人在福尔摩莎》，第 134 页。
⑤ 程绍刚译《荷兰人在福尔摩莎》，第 142 页。
⑥ 江树生译《热兰遮城日志》第一册，第 130 页。
⑦ 汪楫编《崇祯长编》卷六十三，第 3624～3625 页。
⑧ 邹维琏：《达观楼集》卷十八《奉剿红夷报捷疏》，第 45 页。
⑨ 邹维琏：《达观楼集》卷十八《奉剿红夷报捷疏》，第 45 页。

及 1627 年两次在厦门附近海湾与中国人的交战中尝过苦头。① 荷兰人亦早已估计明、郑一方将会重施故技。1633 年 8 月 3 日，他们从当地人处得知明、郑已经在海澄部署了 19 艘大型战船和 50 艘火船，在厦门东北方的刘五店、后方的石浔各准备 50 艘火船，在安海也部署了 7 艘广东的戎克船和 9 艘马尼拉的戎克船，并在这些地方命令每户必须交出一担的木头或草，作为火船之用。② 荷兰人更打听到对方的进攻部署，将乘东风并开始退潮时进行攻击。因为那时荷兰人只能挟水流向厦门后的排头逃走，而郑芝龙则统率火船和战船在此等候，烧毁或攻击要逃走的荷兰船。③ 1633 年 9 月 14 日，荷兰人从海盗盟友 Sabsicia 处获得郑芝龙在福州河和泉州河准备大量火船，并且将两艘连在一起的信息。④

荷兰人于是做出针对性的部署，希望利用他们在火力上的优势，击沉驶近的火船。其实在 16～17 世纪的欧洲，海军在海战中利用优势的火力争取胜利是惯常的作战战术。⑤ 当然，荷兰人拟订这个计划时亦是有先例可循。1633 年 8 月 14 日荷兰战舰 Weesp 号就在金门附近海面利用远程火炮击退 7 艘来犯的郑军火船。⑥ 为了分辨出郑芝龙的战船，普特曼斯在 1633 年 10 月 16 日上午的战前会议上要求刘香和李国助等中国海盗盟友的战船，在大帆的顶端挂上一面有白色荷兰东印度公司标志的蓝色旌旗。⑦

荷兰人亦预计或许需要与明、郑水师进行白刃战。他们在 1633 年 8 月 15 日的会议上决定：在必要时将放弃部分战舰，以便尽量集中兵力；当遇上火船攻击时，可以转移更多人员到小船或小艇，在敌船之间游走，进行近身战斗。⑧

根据史料记载，1633 年 10 月 20 日荷兰人及其海盗盟友的战舰向北驶

---

① 程绍刚译《荷兰人在福尔摩莎》，第 40、78 页。

② 江树生译《热兰遮城日志》第一册，第 112 页。

③ 江树生译《热兰遮城日志》第一册，第 112 页。

④ 江树生译《热兰遮城日志》第一册，第 123 页。

⑤ 例如，1588 年格拉沃利纳海战（Battle of Gravelinesin），英国皇家海军能够战胜西班牙无敌舰队，在于其重炮的发射频率较西班牙高。英国皇家海军采取一字排开的阵法，充分利用其重炮，直接射击敌船的弦侧。在 17 世纪中期，英、荷之间在北海海域爆发海战，荷兰海军也是采取同样的战术。详参 Geoffrey Parker, *The Cambridge Illustrated History of Warfare*（Revised and updated edition：Cambridge University Press, 2008），pp. 125，127。

⑥ 程绍刚译《荷兰人在福尔摩莎》，第 133 页。

⑦ 程绍刚译《荷兰人在福尔摩莎》，第 130 页。

⑧ 江树生译《热兰遮城日志》第一册，第 115 页。

向料罗湾，而郑芝龙和明朝水师则停泊在围头湾。当时正值刮起东北风，明、郑水师处于上风位置，有利于施展火攻战术。两日后，明、郑水师向西南方向驶近料罗湾，[①] 他们集中攻击荷兰的战舰，希望速战速决。[②] 明、郑水师当时拥有 140～150 艘战船，当中 50 艘属大型战船，其他则是中型或小型的武装帆船。他们兵分两路，当第一路进行攻击后，利用顺风绕到荷兰战舰的后方，另一路则继续靠近荷兰战舰，形成两面夹击的阵势。明、郑水师极力回避与荷兰战舰进行炮战。当第一路驶近岸边后，出其不意地派出几艘快船，向荷兰战舰高速驶近，并用铁钩钩着荷兰战舰的尾端，然后点火焚船。火乘风势，迅速蔓延至荷兰战舰，明、郑水师的士兵立刻登上荷兰战舰的夹板，与荷兰人进行白刃战。[③]

郑军水师训练有素，骁勇善战。荷兰人形容他们"像丢弃自己生命的人那样疯狂、激烈、荒诞、暴怒，对大炮、步枪与火焰都毫不畏惧"[④]。综合邹维琏的战场报告和荷兰人的记录，郑芝龙有效地执行了邹维琏的战术部署。荷兰战舰 Brouwershaeven 号在被郑军火船钩上后，迅即起火，瞬间沉没。Slotendijck 号则被四艘郑军战船包围，郑军士兵登上敌舰夹板，与荷兰人进行白刃战。郑军士兵在人数上占有优势，在夹板上的荷兰人不敌，最后 Slotendijck 号被郑军俘获。Couckercken 号和 Texel 号也被郑军战船包围，幸好获 de Salm 号及时救援，才幸免被俘。其他荷兰战舰包括 Perdam 号、Bleyswijck 号、Zeeburch 号和 Wieringen 号则逃离战场。[⑤] 虽然明、郑水师取

---

① 江树生译《热兰遮城日志》第一册，第 132 页；邹维琏：《达观楼集》卷十八《奉剿红夷报捷疏》，第 46 页。在明朝中晚期，这是很典型的海战战术。弘历年间，戚继光在剿灭倭寇时，也喜欢将战船作线性排列占据背风的位置，以便集中火力攻击敌人，同时也能够阻止敌人采取相同的战术对付自己的战船。详见何锋《中国明代海军的海战战术》，《当代海军》2006 年第 10 期，第 71 页。

② 林伟盛：《一六三三年的料罗湾海战——郑芝龙与荷兰人之战》，第 66 页。

③ 邹维琏：《达观楼集》卷十八《奉剿红夷报捷疏》，第 49～50 页；同参 Leonard Blusse, "Minnan-jen or Cosmopolitan? The Rise of Cheng Chih - Iung alias Nicolas Iquan," in *Development and Decline of Fujian Province in the 17th and 18th Centuries*, ed. E. B. Vermeer, Leiden：E. J. Brill, 1990, p. 263. 明朝中叶时，明服水师已经建立起一套以火器为主，并与冷兵器结合的水战进攻模式，即因应与敌人的距离而使用各种不同的武器，与敌船相距百步则使用佛朗机炮，80 步则使用鸟铳，60 步则使用火箭，40 步则使用飞天喷筒，20 步之内则开始使用冷兵器或标枪等，靠近时则使用火药桶、火砖及其他冷兵器杀敌。详参金玉国《中国战术史》，解放军出版社，2003，第 247～248 页。

④ 江树生译《热兰遮城日志》第一册，第 103 页。

⑤ 江树生译《热兰遮城日志》第一册，第 132 页；邹维琏：《达观楼集》卷十八《奉剿红夷报捷疏》，第 46～48 页；程绍刚译《荷兰人在福尔摩莎》，第 142～143 页。

得了海战的胜利，俘获约 100 名荷兰俘虏，但也死伤惨重，共有 86 人战死，132 人受伤。①

虽然刘香、李国助等中国海盗的战船跟随荷兰的战舰驶向料罗湾，数量有 50~60 艘，但是无心恋战。②邹维琏的战场报告及荷兰人的记录皆指出，尽管中国海盗也有参与战斗，但并非倾尽全力。邹氏的报告指出，明军共俘获 19 名海盗，而荷兰人的记录则指出，刘香、李国助等眼见明、郑水师在海战中占尽上风，遂弃荷兰人于不顾，自行逃离战场，改赴南澳附近海面截劫船只。刘香等"盟友"的半途而逃是荷兰人意料之外的事情。③刘香在同年 11 月 26 日致函荷兰东印度公司，解释是因为受强风所阻而无法驶近支持荷兰战舰，及后打听到荷兰人快输掉海战，遂向南方驶离战场。④他的信件清楚显示刘香在确定无法于此战中击败郑芝龙后，宁可保存实力，也不希望因为拯救"盟友"而导致自己损兵折将。李国助与刘香同样没有尽力支援荷兰。他在同年 12 月 17 日致函荷兰东印度公司，同样辩称因受北风所阻，他的战船无法驶进战场。⑤刘、李两人的"临阵逃脱"令荷兰人在战场上陷于苦战，独力面对明、郑水师的攻击，最终落得战败收场。

结　语

荷兰东印度公司与中国海盗的合作关系建基于商业利益，所以合作的对象以至双边的关系是因时而变的。从料罗湾海战前夕所见，荷兰人与刘香、李国助等中国海盗的联盟其实并不稳固，双方对联盟的战略目标有着不同的期望。荷兰人并不关心郑芝龙的最终命运，而只是希望透过海战向明朝政府展示其强大的海上武力，迫使后者开放海禁，允许自由贸易。这也可以解释为何荷兰人只派遣九艘战舰参与战斗。然而，刘香和李国助则希望荷兰人可以帮助他们摧毁郑芝龙的海上武装力量，以便取而代之。刘香等人过往曾多

---

① 邹维琏：《达观楼集》卷十八《奉剿红夷报捷疏》，第 47~48 页。
② 村上直次郎原译、郭辉中译《巴达维亚城日记》第一册，第 97 页。
③ 村上直次郎原译、郭辉中译《巴达维亚城日记》第一册，第 98 页；程绍刚译《荷兰人在福尔摩莎》，第 143 页；邹维琏：《达观楼集》卷十八《奉剿红夷报捷疏》，第 47~48 页。
④ 江树生译《热兰遮城日志》第一册，第 137 页。
⑤ 江树生译《热兰遮城日志》第一册，第 139 页。

次吃败仗，深知郑芝龙的海上实力相当强大。[1] 他们愿意帮助荷兰，只是希望后者可以作为他们的后盾。故此，当荷兰人表明他们不会以摧毁郑芝龙为战争目标时，刘香与李国助虽然依然派出战船参战，但并没有全力以赴。

相反地，郑芝龙与明朝政府的合作基础较为坚固，因为双方有着共同的战略目标。对于明朝政府而言，驱逐荷兰人确保海疆安全是首要任务，但如果没有郑芝龙的合作和参与，这个战略目标无法实现。对于郑芝龙而言，由于已经与荷兰人反目，加上要保持其在各个海盗和海商势力内的优势地位，并延续其在福建沿海地区的贸易王国，就必须要在这次海战中取得胜利。由于明朝政府与郑芝龙有着共同的战略目标与需要，遂一拍即合。

中国海盗在料罗湾海战中所扮演的角色与参与状况，在一定程度上影响了海战的最终结果。虽然刘香和李国助的战船被安排作为支持的角色，但他们采取观望的态度，后见荷兰人将输掉海战，意识到已经无法实现歼灭郑芝龙的战略目标，宁可保存战力，迅速脱离战场，也不参加战斗拯救"盟友"。至于明、郑方面，双方战略目标一致，这也可以解释为何福建巡抚邹维琏敢于安排接受招抚的郑芝龙担任先锋，并交付郑氏执行最重要的火攻战术。因为他深信郑芝龙将全心全意地帮助明朝政府战胜敌人。由此可见，中国海盗对于料罗湾海战的战果有着重要的影响。

Chinese Pirates and the Battle of Liaoluo Bay

Michael Wing-hin Kam

Abstract：The Battle of Liaoluo Bay begun on 22 October 1633. It was the first time a military confrontation between the Ming dynasty and the Dutch, one of great European sea powers in the world. In addition to deploy their own fleets, both sides also approached Chinese pirates to participate in this sea battle. This paper argues that Chinese pirates played an important role in this sea battle. The

---

[1]　自 1632 年开始，刘香曾多次与郑芝龙交战。例如在 1632 年 12 月 17 日，双方在福州河激战，刘香战败，其父被俘，而郑芝龙一方也在战斗中损失 800～1000 人。1633 年 7 月，双方在广州对开海面交锋，刘香损失 11 艘战船。详见江树生译《热兰遮城日志》第一册，第 70、79、80～81、103 页。

cooperation between Zheng Zhilong and the Ming court was relatively solid since they shared a common goal of defeating the Dutch in order to maintain their respective interests. It is explained that why the Zheng fleet fought bravely on the battlefield and was able to carry out its tactics precisely. On the other side, the Dutch and their pirate collaborators, Liu Xiang and Li Guozhu, had different expectations between each other and thus affected seriously the latter motivation in the battlefield. It forced the Dutch to put their pirate collaborators in the backup positions instead of taking up the foremost positions as their opponent did. The passive attitude held by Liu and Li also led them become a deserter, fleeing from the battlefield when they saw Dutch defeat likely.

Keywords: The Battle of Liaoluo Bay; Chinese Pirates; Zheng Zhilong; VOC

（责任编辑：周鑫）

海洋史研究（第九辑）
2016 年 7 月　第 230~246 页

明清鼎革之际投郑荷兵雨果·罗珊事略

郑维中*

一　逃离围城

从 1661 年 4 月 30 日起到 1662 年 2 月 1 日止，明遗臣郑成功（当时中外文献咸称为"国姓爷"，因曾被南明隆武帝赐姓之故）对荷兰东印度公司在台基地热兰遮城，展开围城攻略战。郑成功率领先头部队约 1 万人由厦门开拔，横渡台湾海峡，投入此一战场。5 月某日，在郑成功登陆后不久，荷方对城内的守备部队与其余人员曾进行过一次普查。结果显示，约有 1733 名人员，被围困于热兰遮城当中。其人员组成有：35 名炮手，870 名其他士兵与军官，63 名男性市民，218 名妇孺，547 名男、女童仆（奴隶）。

时序进入夏季，郑军部队（除先头部队外，还包括后续登陆的人员）苦于乏粮；而身陷围城中的荷兰守军则苦于缺乏蔬果、医药及每况愈下的卫生环境。热兰遮城位于海边的沙洲半岛之上，故在与陆地的连接被截断后，

---
* 作者系台北中研院人文社会科学研究中心助理研究员。
 本文英文版 "The Dutch Deserter Hugo Rozijn and his Activities in East Asian Waters during the Ming – Qing Conquest" 已收录于萧婷（Angela Schottenhammer）教授主编的《横渡印度洋世界的交换、转移与人类活动》（*Exchange, Transfer, and Human Movement across the Indian Ocean World*），该书即将由 *Palgrave* 出版社出版。

城内设施无法供应足够的淡水。① 7 月中旬，在炙热溽暑的阳光照射之下，有 400 名人员被送入医务所治疗。② 至 9 月初，病员才减少到 200 名。据称，在气温最高的数日，曾有每日 6～8 名人员死亡的记录。③ 由雅可布·卡乌（Jacob Cauw/Cau 1626～卒年不详）率领的救援舰队在 9 月上旬抵达，再投入 712 名士兵入城。同月 16 日，荷军甚至一度发动反击，企图突破郑军封锁。此一行动在损失了 214 名士兵之后（包括阵亡及受俘者）宣告失败。④ 当救援舰队迫于台风脱离台湾沿海后，城中的士兵包括新近投入的仅剩 868 人。其中因为种种原因，必须进入医务所治疗的病员，再度升高到 300 名。⑤

郑军也损失了大量人员，此时正寄望秋收能解乏粮之苦。不过，他们仍有足够实力，阻吓荷军再度尝试突围。⑥ 最后，他们终于在大陆沿海占领区取得粮食补给。⑦ 时局进入深秋之后，困守城中的荷军开始感到薪柴供应短缺。⑧ 此时另有一波普查说明，讫于 1661 年 11 月 20 日前后，已有 378 名军事人员倒卧病榻。但仍有 950 人（其中含有 100 名炮手），在救援舰队被台风吹散后在此镇守。人数只比 1661 年 5 月围城开始时略有增加，情况显然未因增援而有所转圜。⑨ 换言之，镇守部队在防守城堡之余并无人力展开突

---

① Tonio Andrade（欧阳泰），*Lost Colony：The Untold Story of China's First Victory over the West*, Princeton：University of Princeton Press, 2011, pp. 190－191.

② Albrecht Herport, *Reise nach Java, Formosa, Vorder－Indien und Ceylon 1659－1668*, Haag: Martinus Nijhoff, 1669, in S. P. L'Honoré Naber ed. , *Reisebeschreibungen von Deutschen Beamten und Kriegsleuten in dienst der Niederländischen West-und Ost－Indischen Kompanien 1602－1797*, 1930, Vol. 5, p. 71.

③ *Daghregister int Casteel Batavia*, 1661, p. 425, 21 Dec. 1661.

④ *Daghregister int Casteel Batavia*, 1661, pp. 512, 515, 31 Dec. 1661. 卡乌所率领的增援舰队载运了 712 名士兵投入战线。但是在荷方发动北线尾攻势试图突破郑军封锁失败后，整体残存 498 人。就此，可推论反封锁作战前后，荷军约损失了 214 人（阵亡或受俘）。由于这一统计并不包括阵亡或受俘的水手，所以这样推论出来的士兵损失人数，可能略有高估。

⑤ *Daghregister int Casteel Batavia*, 1661, pp. 512, 515, 31 Dec. 1661.

⑥ Tonio Andrade, *Lost Colony*, p. 189.

⑦ Tonio Andrade, *Lost Colony*, p. 238.

⑧ Tonio Andrade, *Lost Colony*, p. 272.

⑨ *Daghregister int Casteel Batavia*, 1661, p. 519, 21 Dec. 1661；VOC 1235, *Vervolg der resolutiën van het Casteel Zeelandia*, Taiwan, 21 Sept. 1661, fo. 541ʳ. 既然在城内剩余的驻卫军数额为 370 名，可以推论约有 500 名士兵于围城期间伤亡。这当中扣除 378 名死亡城中的士兵，122 名士兵可能是在城外阵亡、被俘或是逃亡。

围反攻作战。又因为季风转换的限制，下一波援军不可能在 1662 年夏季之前抵达。在此之前，任何反攻计划都是纸上谈兵。到 11 月中旬，台湾长官揆一（Frederik Coyett, 1615 ~ 1687）下令，让 200 名妇孺、奴仆包括他自己的家人登上海豚（Dolphin）号大船，离开台湾。① 12 月 10 日，下一梯次由 80 名高阶官员及其家人所组成的难民团则登上红狐号（de Rode Vos）大船，航向巴达维亚。②

这样的撤退行动必定被守城士兵看作投降的前奏。总之，台湾长官揆一与增援舰队指挥官卡乌都已经把他们的家人撤离到安全的后方。此举打击了士气，而维系守军团结的手段只剩军纪奖惩：包括违反军纪的体罚与立功升迁的加薪待遇。③

根据欧阳泰（Tonio Andrade）教授的研究，这场战争中逃兵投奔方向的分水岭，可以界定在 10 月底到 11 月初，亦即秋收前后。④ 在秋收之前，多半是郑氏士兵投奔荷军；在此之后，则转而是荷军士兵投奔郑氏为多数。在漫长的围城对峙期间，双方都倚赖投奔者来推测对方残存的战斗力。有三位投奔荷营的郑氏士兵甚至过去本属清军阵营，他们只是在新近清军攻夺厦门的战役里才被郑军俘虏，便迅速再投入此一战场。⑤

这几位原属清军的士兵是从热兰遮城东面的市镇（原先是一般荷、汉市民所居住）投奔到城里去的。他们必定在郑军设置于市镇、面对城堡的封锁线西缘，仰望过热兰遮城的城壁。热兰遮城的上部建置于沙洲地形自

---

① VOC 1235, *Vervolg der resolutiën van het Casteel Zeelandia*, Taiwan, 26 Nov. 1661, fo. 580ᵛ. *Daghregister int Casteel Batavia*, 1661, p. 519, 21 Dec. 1661. Philemeri Irenici Elisii (Martin Meyer) ed., *Diarii Eurpaei*, Frankfurt am Maim: Wilhelm Serlin, 1663, Vol. 9, pp. 94 – 97. Cheng Shaogang (1995) *De VOC en Formosa, 1624 – 1662* (Ph. D diss. Leiden University), 2 vols, Vol. 2, pp. 494, 507.

② Leonard Blussé, Margot E. van Opstall, Ts'ao Yung-ho and Wouter E. Milde eds, *De dagregisters van het kasteel Zeelandia: Taiwan 1629 – 1662*, 's - Gravenhage: Nijhoff, 1986 – 2000, 4 vols, Vol. IV, 1655 – 1662, pp. 610, 612, 617, 10 Dec. 1661, 12 Dec. 1661, 28 Dec. 1661. 之后写成 Dagregister van het kasteel Zeelandia。最后一批撤出的人员则可能由 12 月 28 日出行的哈索（Hasselt）号快船载运。

③ *Dagregister van het kasteel Zeelandia*, IV, pp. 639 – 460, 22 Jan. 1662.

④ Tonio Andrade, *Lost Colony*, pp. 227 – 230, 272 – 273.

⑤ 这些士兵后来乘博特（Balthasar Bort）率领的舰队，于 1662 年 12 月前往华南沿海，向清方寻求结盟。他们也有可能本身就参与策划这样的结盟策略。参见陈云林总主编，中国第一历史档案馆、海峡两岸出版交流中心编《明清宫藏台湾档案汇编》第五卷，九州出版社，2009，第 86 ~ 87 页；Tonio Andrade, *Lost Colony*, pp. 253 – 268。

然突起之处，作为制高点，这里架设的火炮的射程能够覆盖进入潟湖地带的水道。船只通过水道后，在潟湖的边缘，底部水深足够之处，恰好也能躲避各方吹来的强风。荷兰人在这突起处建设了一座城堡，其四角延伸出四座炮台，这就是整个防御工事的核心区。依着突起地形北缘的斜坡，面对着入港水道，荷兰人从平地起造一座大型石建物，以作为长官的居所及货物的储藏处。为了保护这座大楼及其前方的平旷广场，整个区域又由一系列较低矮的房舍环绕起来作为中下级官员的房舍，在外侧则由城墙保护，形成下城建筑群。上城的下缘大致与下城齐平，在其直接下方四面斜坡处，造半圆形炮台。根据《热兰遮城日志》的记载，在 1661 年 12 月 31 日除夕凌晨 3 ～ 4 点钟，上城东面的炮台下方，有一个名为雨果·罗珊（Hugo Rozijn）的士兵在轮值的时候擅自逃离了他的哨所。① 他站哨的位置正好就是郑军士兵从市镇西缘壕沟里面与荷军对峙时整天举枪瞄准的地方。

　　上城建造在那沙丘的隆起处，作为基础的沙丘结构，荷兰人用石灰来加以覆盖。其上的第二层结构和顶上的上城炮台则都是砖造的城墙。罗珊被指派在第二层结构物，最为靠近东南的角落，拿着火枪对准东面距离一中型铁炮射程处的市镇，以狙击敌军。② 这个市镇当时由郑军最强的部队镇守，以阻止荷军由城堡突进港湾。

　　罗珊所在的岗哨从位于北面的下城居住区看较为偏远，在夜幕低垂之际更为隐蔽。这一条件可能诱使他冒险投奔郑军封锁线。根据东印度公司文献的记载，罗珊的立脚处距离平地有 26 荷呎高。第二层结构的砖墙本身有 15 荷呎，其下则是 11 荷呎高的泥土基座。他的身后是上城的城墙，约有 18 荷呎高。③ 据说他将身上皮带解下，运用这工具技巧性的垂降到平地上。假设他身上的皮带有 6 荷呎长（约一个人的身长）的话，加上他的身高，可能不难垂降到泥土基座上。既然他能安全降下这 15 荷呎，泥土基座的 11 荷呎高斜坡也难不倒他。

---

① *Dagregister van het kasteel Zeelandia*, IV, p. 618, 31 Dec. 1661.

② 约 250 米长，参见 Ernest M. Satow ed., *The Voyage of Captain John Saris to Japan 1613*, Nendeln: Hakluyt Society, 1967, p. 7, note 3。

③ VOC 1131, *Rapport aen den gouverneur generael Van Diemen ende raeden van India nopende Couckebacker's besendighe naer Tonckin ende gedaene visite des comptoiren en de verderen ommeslach tot Taijouan gelegen op 't eijlant Formosa*, on the ship *de Rijp*, 8 Dec. 1639, fos. 263 – 264.

投奔到郑军驻扎的市镇之后，他受到对方接待，也完成投降手续。到此时，他仅仅为东印度公司服务了两年半。他是在 1659 年 6 月 25 日乘坐恩克豪森分公司的船只王冠狮子（Gekroonde Leeuw）号由荷兰启程，1660 年 4 月 21 日抵达巴达维亚。① 很可能他属于 1660 年 10 月 6 日抵达台湾补充戍卫的新兵。这一梯次约 600 人的士兵，之所以被送来，正是由于巴达维亚当局听闻郑成功可能入侵台湾后所下的决定。他们从巴达维亚到台湾历经两个半月的航程，当中载运他们的船只两度遭受台风吹袭，后来只有 250 个士兵利用 6 艘小船转运登陆。其余无法登岸的士兵只有原船运返巴达维亚。登陆的这群人也因为身体状况不佳，立即被送到医务所治疗。② 他们大都被诊断患了"脚气病（Beriberi）"，而需休养一段时间。③

除了戍守热兰遮城之外，这一梯次士兵本来也预备要参加由范德兰（Jan van der Laan，1643～1667 年为公司服务，在 1655 年围攻科伦坡之战中声名大噪）指挥官率领的前去征讨澳门的远征任务。巴达维亚当局始终不认为郑成功有真的攻打台湾的打算，反而认定这几年是荷军攻打澳门的黄金时机。罗珊的故乡是位于今比利时的图耐尔（Tournai），当时是西班牙哈布斯堡王朝属地，所以他应该能说西班牙语（与葡萄牙语极为类似），这也可能是他被指派参加这次远征的原因之一。无奈他不仅没有发挥他的语言天赋说服澳门当局投降，反而从荷兰人的麾下逃走，进入郑成功的阵营之中。但他的葡语能力在投郑之后未必完全无用。据称，郑成功手下的翻译人员里有几位葡萄牙混血儿。所以他很可能是使用葡语通过翻译与郑氏当局沟通。④

---

① VOC 11709, *Kopie-generale zeemonsterrollen van de voc-dienaren op de voc-schepen in Indië*, Batavia, 30 June 1693, fo. 29ᵛ; VOC 11711, ibid., 30 June 1695, fo. 115ʳ; Jaap R. Bruijn, Femme S. Gaastra, Ivo Schöffer, eds, *Dutch – Asiatic shipping in the 17th and 18th Centuries*, The Hague: Nijhoff, 1987, Vol. II, p. 132, Voyage, 0910. 3.

② VOC 1235, *Vervolg der resolutiën van het Casteel Zeelandia*, Taiwan, 6 Oct. 1661, fos. 450ʳ – 451ʳ; Albrecht Herport, *Reise nach Java, Formosa, Vorder – Indien und Ceylon*, pp. 37 – 38.

③ VOC 1235, *Vervolg der resolutiën van het Casteel Zeelandia*, Taiwan, 6 Oct. 1661, fos. 450ʳ – 451ʳ; Albrecht Herport, *Reise nach Java, Formosa, Vorder – Indien und Ceylon*, pp. 37 – 38. 根据 Herport 的说法，有 600 名人员当时病倒，需要医疗照护。热兰遮城决议录当中记载，其中 250 名实际上是士兵。当这这批士兵登陆后，守卫城堡的士兵人数仍然少于 900 名。这样的人数其实跟 1661 年 5 月时差不了多少。

④ 江树生编译：《梅氏日记：荷兰土地测量师看郑成功》（*Daghregister van Philip Meij*）"一六六一年九月十六日"条，《汉声杂志》第 132 期，2003，第 61～62、64 页。Philip Meij 与一位葡萄牙混血翻译员见面，此人已经为郑芝龙与郑成功父子工作有 18 年。罗珊可能也受此翻译员的协助，来与郑氏当局沟通。

他也有可能是跟着再下一梯次的军队卡乌的舰队一起于 1661 年 8 ~ 9 月抵达，就像另一位丹麦籍的逃兵杨·史密斯一样。此人大约在罗珊逃走前一个月，就先行投奔到郑成功的阵营去了。①

二　在台湾的日子

1662 年 1 月 25 日，郑成功的军队征服了一个足以让大炮射程覆盖热兰遮城西侧的制高点——乌特勒支碉堡。热兰遮城的下城因而完全暴露于郑军火炮的攻击范围之内。面对不可解的困局，数日后荷方最终争取了有尊严的投降方式，然后交出城池，登船撤退，前往巴达维亚。揆一长官要求郑成功方面必须交回所有在交战期间掳获的荷兰人。虽然郑成功同意了，但显然有些荷兰俘虏最后意外地不得不留在台湾。

荷兰人在大员港湾对面兴建有另一个小型的城堡普罗文遮（Provintia）城。驻守当地的荷军早在 1661 年 5 月就向郑成功投降交城，因为他们的指挥官地方官（Landdrost）雅可布·华伦坦（Jacob Valentijn，1648 年抵达东亚，约 1663 年逝世，汉文称"猫难实叮"）不认为有可能长期困守此地。所以在热兰遮城被包围的同时，普罗文遮城的一些荷兰人家庭已经被郑成功阵营监禁了起来。当卡乌率领救援舰队抵达台湾时，郑成功便将这批人送往厦门监禁，作为人质，以吓阻救援舰队发兵进攻厦门。② 结果，这些被囚禁的荷兰人未能及时加入于 1662 年 2 月 1 日根据投降协定而撤离台湾的荷兰船队。据后来巴达维亚当局统计，大约有 38 名荷兰人因此被留置于郑军手中。③ 1663 年，他们随着郑成功的儿子郑经（1642 ~ 1681）被运送到台湾。而郑成功在荷兰人撤走四个月后便过世了。跟这些被迫留在台湾的荷兰人相比，罗珊宁愿留在台湾，而不愿被交回荷兰当局，因为一旦被交回，将因当逃兵而受到惩处。

1662 年夏季，巴达维亚当局决定再派出一支舰队由博特（Balthasar

---

① *Dagregister van het kasteel Zeelandia*, IV, 598, 22 Nov. 1661; VOC 1328, *Missive van den coopman Jacob Martensen Schagen mitsgaders den raedt uijt de stadt Hocksieuw aende hooge regeringe tot Batavia*, Canton, 2 March 1677, fo. 288ᵛ.

② 江树生编译：《梅氏日记：荷兰土地测量师看郑成功》，第 59 ~ 60 页。

③ VOC 678, *Kopie-resolutië van gouverneur-generaal en raden in de serie overgekomen brieven en papieren uit Indië aan de heren XVII en de kamer Amsterdam*, Batavia, 26 Mar. 1662, fos. 53 – 54. 根据这份清单，应有 38 位荷兰人。

Bort，约 1620～1684，以担任马六甲长官著称）率领前去"光复"台湾。罗珊领命前去福州与清廷人员接触，希望能组建联军来攻击郑氏在金门、厦门、台湾的根据地。他们等了将近一年，总算获得北京方面首肯，获准成立军事联盟。博特率领舰队于 1663 年 8 月再度抵达中国沿海，随即派军登陆攻打金门，却被郑氏军队击退。① 他们的船舰在金门附近碇泊，郑经立即致书，欲说服他们，不应与清军联盟，而应与郑氏政权再度合作。郑经表示，非但华伦坦夫人仍然在世，而且还有 100 名左右的荷兰相关人员（学校教师、妇女儿童）仍然生活在台湾主岛上，安然无恙。②

之后，荷兰东印度公司的军队决定于 1664 年再度占领台湾岛北端的基隆。郑经则于 1666 年派出使节与基隆驻军接触协商。③ 在郑经写给荷兰督察官（commissioner）君士坦丁·诺贝尔（Constantin Nobel，1650 年抵达东亚，约 1678 年过世。汉文资料称"老磨军士丹镇"）的书信中，也企图再度与公司建立贸易上的合作。帮郑经带信的使节也同时携带了由住在台湾的那一群荷兰人所写的信件到基隆。④ 诺贝尔坚拒任何谈判，也不为荷兰俘虏争取任何安排。他也听闻逃兵们受到郑氏军队友善的对待，而且已经被送往厦门，在对抗清军的阵线上提供军事服务。⑤

---

① John E. Wills Jr. , *Pepper*, *Guns & Parleys*: *The Dutch East India Company and China 1662 – 1681*, Cambridge, Harvard University Press, 1974, p. 71.

② François Valentijn, *Oud en nieuw Oost – Indiën*, *vervattende een naaukeurige en uitvoerige verhandelinge van Nederlands mogentheyd in die gewesten*, Te Dordrecht: Joannes van Braam, 1724 – 1726, 5 vols. , Vol. 3 – 1, p. 10; Olfert Dapper, *Gedenkwaerdig bedryf der Nederlandsche Oost – Indische maetschappye op de kuste en in het keizerrijk van Taising of Sina gedenkwaardigheden*, 't Amsterdam: Jacob van Meurs, 1670, p. 322. The Widow of Jacob Valentijn is named Rachel Muller; cf. Leonard Blussé, Natalie Everts and Evelien Frech eds. , *The Formosan Encounter*: *Notes on Formosa's Aboriginal Society*: *A Selection of Documents from Dutch Archival Sources*, Taibei: Shung-ye Museum of Formosan Aborigines, 1999 – 2010, 5 vols, Vol. IV, p. 517. 以下写成"The Formosan Encounter"。

③ J. L. P. J. Vogels, *Het nieuwe Taijouan*: *De Verenigde Oostindische Compagnie op Kelang 1664 – 1668*, Ph. D. Diss. Utrecht University, 1988, pp. 26 – 29.

④ J. L. P. J. Vogels, *Het nieuwe Taijouan*: *De Verenigde Oostindische Compagnie op Kelang 1664 – 1668*, Ph. D. Diss. Utrecht University, 1988, 26. VOC 1264, *Cort berigt voor Sr. Hendrik Noorden gaende van hier voer land naer het dorp Rietsoeck bij den afgesant van Sepoan genaemt Ponpouw*, Jilong, 27 Feb. 1666, fo. 186ᵛ; W. P. Coolhaas, J. van Goor and J. E. Schooneveld – Oosterling eds. , (1960 – 2004) *Generale Missiven van gouverneur-generaal en raden aan Heren XVII der Verenigde Oostindische Compagnie* ('s – Gravenhage: Rijks Geschiedkundige Publicatiën), 11 vols. , Vol. III, p. 541. 以下写成"Generale Missiven"。

⑤ *The Formosan Encounter*, IV, p. 484.

1670 年，巴达维亚当局获知英国东印度公司即将由万丹派遣船只前去台湾。他们要求这些英国商人去侦测这些荷兰俘虏，尝试加以援救，或是将他们赎回。为此列出了 11 个人名，当成救援的目标。① 他们回航之后，英国水手表示曾经遇见两名荷兰男性，其中一名是约 12 岁的荷兰小孩。他们也听说华伦坦夫人跟他的两个孩子都依然健在。② 1673 年，英国商人秘密地从这些荷兰俘虏手中拿到回信，然后把它们送回巴达维亚。③ 关于这些英国商人的联系管道是如何建立的，并没有直接的史料记载。不过，罗珊后来的记载中称，他曾经被英国商人雇用担任翻译员。④ 与他熟识的一名荷兰俘虏亚历山大·房·斯哈芬布鲁克（Alexander van 's Gravenbroek，1685 ~ 1687 年担任公司下级商务员及朝贡使节团人员）也属于意外留在台湾的这一批俘虏，所以他们可能早有联系。而罗珊可能就是这秘密联系管道的核心人物。经过这个管道，1677 年英国商人约翰·达克列斯（John Dacres，1669 年抵达东亚，1672 年后担任台湾商馆馆长）从荷兰俘虏手中转交了两封信件给巴达维亚当局。⑤

由于这些信件当中没有提及任何一位东印度公司的逃兵，所以透过这些资料无法得知，罗珊如何度过他在郑氏统治下的台湾生活。但是，残留的档案中依稀透露了另一位逃兵的概况。杨·史密斯（Jan Smith）出生于哥本哈根，受雇于阿姆斯特丹分公司，于 1660 年抵达东亚。他本来在船上担任海军军官预备生（Adelborst），后来被指派去守卫巴达维亚城的格罗宁根菱堡炮台。他是卡乌率领的舰队所装载士兵中的一员，于 1661 年 8 月抵达台湾。在郑成功围攻热兰遮城时，他比罗珊早一个月投奔到郑氏阵营去。之后，他在厦门当兵，并且在 17 世纪 70 年代某一年随同其他郑氏士兵被调到福州前线去。这是因为当时郑经在清廷宣布海禁及迁界的情况下，仍然在那里进行中日走私贸易。史密斯迎娶了一位来自印度科罗曼得尔海岸的女孩，她有可能是在热兰遮城被包围的时候投奔郑方的女奴之一。史密斯的妻子生下 5 名子女。当荷兰东印度公司的人员于 17 世纪 70 年代在福州遇见史密斯

---

① *Daghregister int Casteel Batavia*, 1672, pp. 151 – 152, 10 June 1672；John E. Wills Jr., (1974) *Pepper, Guns and Parleys*, p. 152.

② VOC 1290, *Missiven van den resident Willem Caaf aen haer Eds. te Batavia*, Bantam, 15 June 1672, fo. 65ʳ.

③ *Daghregister int Casteel Batavia*, 1673, pp. 329 – 330, 27 Nov. 1673.

④ VOC 1415, *Missiven van de Ed. ambassadeur Mr. Vincent Paets en raad aen haer Eds. tot Batavia geschreven*, Canton, 15 Oct. 1685, fo. 965ʳ.

⑤ *Daghregister int Casteel Batavia*, 1677, pp. 74 – 76, 25 Mar. 1677.

的时候，郑经的军队已经被清军击退。无论是出于自愿或强迫，史密斯向清军投降。也因此，他薙发结辫，发式装束与其他清军无异。据他所说，荷兰俘虏们一直都是结伴度日，而且受到郑氏家族的良好照料。[①] 罗珊自己的婚姻可能也是在这个时期建立的。虽然没有史料能证明罗珊太太的身份，她应该要么是荷兰俘虏之一，要么就是遗留下来的女奴。罗珊太太也生了两个儿子。[②]

　　身为翻译人员，罗珊位于各种异质文化交流的旋涡之中。由于要照顾那些日渐衰老、疾病缠身的荷兰俘虏，他必须要接触与汉药相关的专业知识。在一封由荷兰俘虏哈曼奴斯·费必斯特（Harmanus Verbiest，曾任地图测量师）送出来的信中提到，费必斯特的妻子安东尼卡（Antonica，来自孟加拉湾）一度因病疾甚，在缺乏西药的情况下，只好由几位中医来诊疗救治。[③] 当时身为翻译人员的罗珊，很可能就是这类跨文化医疗实践的中介者。

三　担任船上医务员

　　"三藩之乱"爆发之后，郑经与福建的靖南王耿精忠联盟，因而重新占领厦门作为前线的支援港口。[④] 随着清军对沿海各省镇压平乱逐渐取得上风，郑经无法保住厦门，于 1680 年撤出。此后，清军再度建置一支海上武力，并于 1683 年发动远征进攻台湾。郑氏军队于澎湖败战之后，也决定在保证适当尊严的条件下向清廷投降。不久，郑氏政权的高阶人员及其家族均确定要转移到大陆去做后续处置，而荷兰俘虏的去向则仍有待安排。此时远征军司令官水师提督施琅（1621～1696）与一位荷兰俘虏，即前述房·斯哈芬布鲁克联系上，希望借由他的私下介绍，与荷方进一步协商日后双方在贸易上的合作方式。[⑤] 房·斯哈芬布鲁克在被软禁多年之后，已经能够运用闽南语沟通，立即受到施琅重用。[⑥] 这最后一批残存的荷兰俘虏们终于在 1683 年年底重获自由。他们离开台湾到福建海岸，再转往荷兰属地。既然

① VOC 1328, *Missiven van den coopman Jacob Martensen Schagen mitsgaders den raedt uijt de stadt Hocksieuw aende hooge regeringe tot Batavia geschreven*, Canton, 2 Mar. 1677, fo. 288ᵛ.

② VOC 1440, *Acte van securiteijt op den gedeserteerden Hugo Rozijn*, Canton, 8 Oct. 1687, fo. 2301ʳ.

③ *Daghregister int Casteel Batavia*, 1681, p. 182, 2 Mar. 1681.

④ John E. Wills Jr., *Pepper, Guns & Parleys*, pp. 154–157.

⑤ 郑维中：《施琅〈台湾归还荷兰密议〉》，《台湾文献》，第 61 卷第 3 期，第 35～74 页。

⑥ *Generale Missiven*, IV, p. 722.

暹罗国王的船只暹罗号（Syamea）正好停泊在厦门，施琅就签发护照给荷兰俘虏们，让这艘暹罗船在 1683 年 12 月 31 日载他们出航。[1] 包括房·斯哈芬布鲁克在内，共有 7 名成人与 10 名儿童生还。后来这艘暹罗号在满载货物的情况下，无法将所有人一起载走，2 名寡妇（Susanna van Bercheim；Geertruy Totanus）带着她们的孩子，只得等待下一趟南向的船只。[2] 当郑经的势力占领厦门时，英国东印度公司也曾经随同在彼设立商馆。施琅因循旧例，让英国商人继续在同一地点经营事业。后来文献中提及罗珊此时为英国东印度公司所雇用，他有可能帮助这 2 名寡妇与幼子在厦门居住过一段时日。与这 2 名寡妇一道的 3 个孩子里面，有 2 位实际上是在台湾出生的。[3]

　　而那 5 位顺利离开厦门前往暹罗的俘虏中，有 3 位呈现了那个时代各种文化交杂纷呈的特色。地方官雅可布·华伦坦的儿子所罗门·华伦坦（Salomon Valentijn）与一位台湾先住民女性结婚。士官大卫·科腾堡（David Kotenbergh，1661 年在普罗文西亚担任地方官的副手）的遗孀玛丽亚（Maria van Lamey）是出生于小琉球却以荷兰式教育抚养长大的原住民。而前面提到的地图测量师费必斯特的遗孀安东尼卡则是从孟加拉湾即印度而来的。[4]

---

[1]　Chang Hsiu-jung, Anthony Farrington, Huang Fu-san, Ts'ao Yung-ho, Wu Mi-tsa, Cheng His-fu and Ang Ka-im eds, *The English factory in Taiwan*: *1670 – 1685*, Taibei: National Taiwan University, 1995, p. 561.

[2]　J. C. M. Warnsinck ed., *Reisen van Nicolaes de Graaff*, 's – Gravenhagen: Martinus Nijhoff, 1930, p. 179; Anthony Farrington, Dhiravat na Pombejra eds, *The English Factory in Siam 1612 – 1685*, London: The British Library Board, 2007, 2 vols, Vol. 2, pp. 881 – 882. Samuel Baron at Ayutthaya to the President at Madras, 15 Nov. 1684; *Generale Missiven*, IV, p. 722. 根据这份由巴达维亚当局呈送给荷兰母国的报告，当时有两人在船上，即 Joan Brummer 与 Maria van Lamey。

[3]　J. C. M. Warnsinck ed., *Reisen van Nicolaes de Graaff*, 's – Gravenhagen: Martinus Nijhoff, 1930, p. 179; Anthony Farrington, Dhiravat na Pombejra eds, *The English Factory in Siam 1612 – 1685*, London: The British Library Board, 2007, 2 vols, Vol. 2, p. 179. 其中有三个孩子被标示为 "在赤崁出生"（Secamse ingebornen）。荷兰人离开台湾之后，赤崁地区迅速为中国移民发展为市街，是郑氏政权高阶人员家族的居所。这一讯息可能暗示他们是郑氏官员的后嗣，因为在围城期间有部分荷兰籍女性（不一定是欧洲人）受俘后被发配到中国家庭去。这也可能只是要表示他们与围城期间出生于热兰遮城的荷兰孩子有所不同。

[4]　*Generale Missiven*, IV, p. 722. 小琉球（Lamey）位于台湾岛西南近海。17 世纪 20 年代，一艘荷兰船金狮号（Gouden Leeuw）在附近遭遇船难，据传全体人员都被岛民杀害。荷兰东印度公司当局于 17 世纪 30 年代数次对岛民发动报复攻击，屠杀大部分居民。其中有约 40 名女童后来以荷兰方式教育抚养长大，并被安排嫁给公司的员工。Maria van Lamey 必定是这一群人当中的一名。她跟大卫·科腾堡士官在 1659 年 12 月 21 日结婚，不过当时她已经是阿德里安·尤历安·兰巴特森的遗孀了。参见 Pol Heyns and Weichung Cheng（转下页注）

　　1684 年 2 月，5 位生还者抵达暹罗之后，没想到有足够舱位载运他们的荷兰船只已经启程离港前往巴达维亚。他们于是决定在阿瑜陀耶（大城）安顿下来，好好休息一番，直到年底再前往巴达维亚。① 1685 年 2 月，最终抵达巴达维亚。② 5 月，房·斯哈芬布鲁克在商务员约翰尼斯·吕文森（Joannes Leeuwenzoon，约 1674 年抵达东亚，1687 年逝世）的推荐下，受到东印度总督约翰·坎普悠斯（Johan Camphuys，1634～1695）的召见。③

　　房·斯哈芬布鲁克在暹罗休养的时候，康熙皇帝突然决定允许中国沿海各省人民自行到海外进行贸易。虽然施琅作为台湾征服者，立下奇勋，但海疆政策已经交由其他中央官员执行，施琅的主张也无法影响、改变皇帝的海外贸易政策。④ 商务员吕文森将中国海疆新近发生变化的情况，向坎普悠斯总督详细报告。坎普悠斯总督认为房·斯哈芬布鲁克既然与施琅将军有个人交情，这样的优势有可能让荷兰人在这开海变局中争取到更好的通商待遇。他因此将房·斯哈芬布鲁克的职级由助理提升到下级商务员，并且指派他参与新的商务交涉任务。⑤ 房·斯哈芬布鲁克就此加入了由贡使文森·派兹（Vincent Paets，1658～1702，汉文称"宾先吧芝"）所率领的朝贡使节团，在 1685 年的夏季前往福州。⑥

　　荷兰贡使团抵达福州后，房·斯哈芬布鲁克忙于庶务，没有立即前去拜访施琅将军。直到 11 月，他才见到施琅。⑦ 10 月 15 日，房·斯哈芬布鲁克

（接上页注④） eds, *Dutch Formosan Placard-book Marriage, and Baptism Records*, Taibei：SMC Publishing, 2005, p. 252；A general account about the Dutch attack on Lamey Island, cf. Leonard Blussé, "Retribution and Remorse：The Interaction between the Administration and the Protestant Mission in Early Colonial Formosa," in Gyan Prakash ed., *After Colonialism：Imperial Histories and Postcolonial Displacements*, Princeton：Princeton University Press, 1995, pp. 153 – 182。

① VOC 1403, *Missiven van den oppercoopman Aarnout Faa en raet in Siam aen haer Eds. geschreven*, Siam, 15 Feb. 1684, fos. 307^r – 308^v.

② *Generale Missiven*, IV, p. 781.

③ VOC 700, *Kopie-resolutie van gouverneur-generaal en raden in de serie overgekomen brieven en papieren uit Indie aan de heren XVII en de kamer Amsterdam*, Batavia, 8 May 1685, fos. 214 – 216.

④ Ibid.；Frederik Willem Stapel ed., *Pieter van Dam's Beschrijving van Oost-indische Compagnie* [Rijks Geschiedkundig Publikatiën, 63, 68, 74, 76, 83, 87, 96], 's – Gravenhage：Nijhoff, 1927 – 1954, 4 vols, Vol. 2 – 1, p. 760.

⑤ VOC 700, *Kopie-resolutie van gouverneur-generaal en raden in de serie overgekomen brieven en papieren uit Indie aan de heren XVII en de kamer Amsterdam*, Batavia, 8 May 1685, fos. 214 – 216.

⑥ 郑维中：《施琅台湾归还荷兰密议》，第 61～62、69 页。

⑦ VOC 1438, *Rapport van de reijse van assistent Münster ondercoopman en 's Gravenbroeck na Aijmuij*, Canton, 16 Dec. 1687, fos. 738^v – 739^r.

将一封由罗珊署名的信件上呈给派兹。虽然罗珊的情况与那些残存的荷兰俘虏不尽相同，他仍在信中恳求巴达维亚当局能赦免他过去的罪责，让他能偕同家人回到巴达维亚。他又提到，他即将要登上一艘计划前去巴达维亚的中式帆船。① 显然，他根本未曾登船，而是留在厦门等待，因为当稍后房·斯哈芬布鲁克前去厦门拜访施琅将军时，还偕同助理将所携带的礼物寄放在罗珊当地的居所。②

这个消息在 1686 年春季传到巴达维亚。房·斯哈芬布鲁克在报告中强调，让罗珊继续为英国商人服务颇为不智，因为罗珊能流畅地使用当地的语言。巴达维亚当局因此决定不仅颁授一张赦免书给他，还希望能雇用他为荷兰东印度公司服务。③ 这份赦免书由坎普悠斯总督于 1686 年 6 月 29 日签署，附在 7 月 11 日发送出去的文件中，送往福州。④

这个夏季，巴达维亚派出两艘船舰即圣·马坦斯戴克（St. Maartensdijck）号与德雷克斯坦（Deaeckstein）号，前者航向澳门，后者前往厦门。⑤ 后者可能也将这封信转致福州。那时罗珊已带着一家大小前往贡使团的居所，希望能跟使团一同返回巴达维亚。但为了某些理由，他在福州会见一名耶稣会神父，神父见罗珊将再度投奔信仰新教的荷兰，怒不可遏，用极其难听的话数落了罗珊一番。⑥ 罗珊自惭形秽，遂将赦免书退还给福州的荷兰贡使团，举家迁回厦门。但他一抵达厦门，脱离神父的掌握，又马上反悔了。他以极端懊悔的姿态向厦门的荷兰商务人员寻求协助。下级商务员彼得·古实腊（Pieter Goodschalk，于 1687 年抵达东亚，1698 年返欧）知道总督曾经为他

---

① VOC 1415, *Missiven van de Ed. ambassadeur Mr. Vincent Paets en raad aen haer Eds. tot Batavia geschreven*, Canton, 15 Oct. 1685, fo. 965ʳ.

② VOC 1438, *Rapport van de reijse van assistent Müunster ondercoopman en 's Gravenbroeck na Aijmuij*, Canton, 16 Dec. 1687, fo. 739ʳ; *Generale missiven*, V, p. 46.

③ VOC 701, *Kopie-resolutie van gouverneur-generaal en raden in de serie overgekomen brieven en papieren uit Indië aan de heren XVII en de kamer Amsterdam*, Batavia, 25 June 1686, fo. 306.

④ VOC 913, *Acte van Pardon voor Hugo Rozijn*, Batavia, 29 June 1686, fo. 443; VOC 913, *Missiven aan den heer Vincent Paets express ambassadeur, en afgesant aan den grooten keijser van China mitsgaders den opperkoopman Johannes Leeuwenson als hooft der negotie nu derwaarts vertreckende nevens den Raadt aldaar*, Batavia, 11 July 1686, fo. 432.

⑤ W. F. Stapel ed., *Pieter van Dam's Beschrijving van Oost-indische Compagnie*, 2 – 1, p. 767.

⑥ 没有任何文献记载可以确认这一位耶稣会神父的身份。Charles Maigrot 或者 Bernardino della Chiesa 都可算是合理的推测。另一个可能人选则是 Juan de Yrigoyen S. J.，此人曾在 1685 年拜访过荷兰贡使团位于福州的居所。参见 John E. Wills Jr., "Some Dutch sources on the Jesuit China mission, 1662 – 1687," *Archivum Historicum Societatis Iesu*, Vol. 54, pp. 267 – 294。

签署赦免书，就再为他签发一张文书，用以证明他曾获赦免，帮罗珊一家包括他的太太和两个小孩，安排返回巴达维亚的行程。①

1687 年最后一天，德雷克斯坦号由厦门起锭航向巴达维亚。罗珊一家人也随船出发。下级商务员古实腊帮罗珊写信，向巴达维亚当局说明罗珊具备治疗外伤的技能，最好能够重新以下级医务员的职位来雇用。② 罗珊一家在 1688 年 1 月抵达巴达维亚。当月 30 日，巴达维亚当局为他举办了一次特殊考试，借此确认了他所具备的汉药知识。③ 此后，他以每月 20 荷盾的月薪受雇于公司，其薪水大约是一般士兵（9 荷盾）的 2 倍多。罗珊在二十多岁抵达台湾时，担任士兵所领的薪水就是这般微薄的数目。

罗珊的一个儿子留在厦门，因为这个年轻人娶了汉人为妻，应妻子的要求，留在那里。④ 翌年夏季，罗珊乘船前往中国沿海。他在公司的船上担任下级医务员，他的多种语言能力派上用场。1689 年 2 月，他乘坐的圣·马坦斯戴克号碇泊于澳门港外。古实腊商务员命令他前去召回一个原本为荷兰人服务的日耳曼士官法兰斯·芙列汀格（Frans Flettinger，1678~1680 年为公司工作，1685~1687 年则在中国活动）。此人据说在 1688 年被澳门葡萄牙人掳走，芙列汀格通过秘密管道送出一张求救信，要求巴达维亚当局跟澳门谈判，救他脱身。⑤ 罗珊在此一交涉中的翻译工作十分称职，但葡荷双方的谈判还是以破裂告终。圣·马坦斯戴克号迫于澳门要塞大炮轰击，不得不驶出澳门港。不久，巴达维亚当局认定，清廷在沿海各口海关抽取的税额有日渐加重的倾向，而东南亚出口的胡椒在欧洲市场甚受欢迎，没有必要继续向中国出口。他们最终决定不再派船直接到中国贸易。⑥

这段时间内，清廷曾派人鼓励荷兰东印度公司商人前往日本收购红铜，供应中国所需。巴达维亚当局因此派出小型快船外克欧普西号（Wijk op

① VOC 1440, *Acte van securiteijt op den gedeserteerden Hugo Rozijn*, Canton, 8 Oct. 1687, fo. 2301ʳ.

② VOC 1440, *Rapport van den ondercoopman Pieter Goodschalck mitsgaders de boeckhouders Jan Torant en Lucas Munster aen haer Eds. tot Batavia*, Amoy, 31 Dec. 1687, fo. 2299ʳ⁻ᵛ.

③ VOC 1432, *Originele generale missive van den gouverneur generael en raden van Indien aan de vergaderingh der heren seventiene*, Batavia, 13 Mar. 1688, fo. 83ʳ⁻ᵛ.

④ Ibid.

⑤ VOC 1462, *Extracten uijt het daghregister van de voijagie nae de Maccause eijlanden*, yacht St Martensdijk, Canton, 25 Apr. 1689, fos. 43ʳ－44ʳ. 关于芙列汀格此人的生涯及其在贡使团北京的活动中之角色，参见 John E. Wills Jr., "Some Dutch sources on the Jesuit China mission, 1662–1687", pp. 275–277；279–282。

⑥ *Generale Missiven*, V, p. 317.

Zee）尝试开展贸易。① 如果罗珊偏好在中国沿海来服务公司的话，他也可
能曾在此船服务过。另一种可能是他跟随大船恩姆兰号（Eemland），在
房·斯哈芬布鲁克的领导下于 1689 年 7 月 4 号从巴达维亚启程前往厦门。②
外克欧普西号的日本之旅证明，单单依靠中日间的红铜贸易，其利润不足以
让荷兰人占有市场优势。所以外克欧普西号于 1690 年 1 月经由马六甲返回
巴达维亚。③ 1690 年夏季，这艘船被派往印度孟加拉湾，12 月回返巴达维
亚。④ 1691 年夏季，这艘船再度被派往日本。出航前公司统计船上人数，雨
果·罗珊是成员之一，以每月 24 荷盾的薪水继续担任下级医务员。⑤ 1692
年，外克欧普西号再度前往孟加拉湾。⑥ 可能因为 1693 年夏季外克欧普西
号没有再度前往日本，罗珊转到另一艘平底船——瓦伦堡（Walenburg）号
上服务，这艘船此季航向日本。⑦ 1695 年瓦伦堡号被派遣到孟加拉湾，罗珊
仍然在这艘船上服务。⑧ 这是史料最后关于罗珊的记载。

四　台湾民间故事

　　1951 年，有位闽南语歌谣的填词者陈达儒正在为他的歌曲旋律填写歌
词。他前往妻子的故乡台南旅游，找寻灵感。台南市就是 289 年前荷兰人所
建热兰遮城所在地。陈达儒听闻了一些地方流传的民间故事，并依据这些故
事填出一部歌词《安平追想曲》。⑨ 当此新曲唱片发行，随即广受欢迎，传
诵大街小巷。因为对于 20 世纪 60 年代的台湾听众来说，这首歌呈现了本地
的怀旧风味，又具奇特的异国情调。这首歌是以荷兰船医（医务员）所遗
留在台南安平的金发私生女儿为主题，发抒私生女子再度与船员坠入情网的

---

① *Generale Missiven*, V, p. 318.

② *Generale Missiven*, V, p. 318.

③ *Generale Missiven*, V, pp. 319；361.

④ *Generale Missiven*, V, p. 414.

⑤ VOC 11706, *Kopie-generale zeemonsterrollen van de voc-dienaren op de voc-schepen in Indie*, Batavia,
15 Jan. 1692, fos. 119ᵛ – 120ʳ；*Generale Missiven*, V, p. 464.

⑥ Ibid., p. 540.

⑦ VOC 11709, *Kopie-generale zeemonsterrollen van de voc-dienaren op de voc-schepen in Indie*, Batavia,
30 June 1693, fo. 29ᵛ；*Generale missiven*, V, p. 628.

⑧ VOC 11711, *Kopie-generale zeemonsterrollen van de voc-dienaren op de voc-schepen in Indie*, Batavia,
30 June 1695, fos. 104ᵛ – 105ʳ；*Generale missiven*, V, p. 758.

⑨ 郑恒隆、郭丽娟：《台湾歌谣脸谱》，玉山社，2004，第 118 页。

矛盾情怀。歌词哀叹女主角艰辛坎坷的命运。

虽然陈达儒宣称，这一首歌是基于本地的传说写成，故事内容却无法在已知的汉文文献中找到任何痕迹。有人认为这个故事完全是杜撰的。如同下面例子一样，在 18 世纪 40 年代之后，在已知汉文文献完全没有指涉过任何一个荷兰居民。虽然，对荷兰人一般性的模糊印象大概残存到这个时间点前后。台湾知府刘良璧（1708～1747 年任官），曾在 1729 年亲自视察过热兰遮城，附近还有一座驻扎一千名左右中国士兵的兵营。他登上热兰遮城最顶部，发现那里不仅建筑结构完好如初，甚至连官舍厅堂都颇完整。他问道，为何驻军军官不使用这些场所来办公？管理者回答他，这些地方"常有红袍人（疑为闽音红毛人之误）"（鬼怪）出没，所以废弃不用。① 同一时期（1723 年左右）台湾本岛上，平埔原住民聚落里的住屋亦"门绘红毛人像"②。这些飞鸿雪泥在最后一批经历过荷兰人统治的人群于 18 世纪中期逐渐凋零之后，也随之隐没在历史记忆之中。

1687 年研究荷兰东印度地区殖民史著名的先驱史家法兰西斯·华伦坦（François Valentijn，1666～1727），首度前往爪哇与安汶岛，担任驻地牧师。虽然他在巴达维亚城停留不太久，却碰巧遇见了那些从台湾回来的残存的荷兰俘虏。30 年后，他完成巨作《新旧东印度公司志》，花了相当篇幅叙述荷兰东印度公司经营台湾的情况。所罗门·华伦坦即雅可布·华伦坦的儿子，就是这最后一群人中的一位。他的儿子被命名为雅可布（与他的祖父相同），是一位台湾先住民与荷兰人的混血儿，后来则被荷兰东印度公司雇用为下级商务员。1705 年，华伦坦牧师第二次由荷兰前往东印度地区时与他同船。③ 这一位华伦坦在 1711 年担任安汶群岛之艾（Ai）岛的上级商务员，并于 1715 年在当地逝世。④

如此说来，推测存在于台湾本地人中间的荷兰记忆元素，在没有任何其他荷兰人再度拜访的情况下，18 世纪 40 年代以后逐渐瓦解变质，应属合理。而如果陈达儒所听闻的故事真的潜藏于地方的口传文化中达三百年之久，那么原先真实的历史事件在 18 世纪中期以后被转化为传说故事的可能性就颇高。这些类似的故事可能源自于雨果·罗珊或者其他不知名的、被遗留在台湾的荷兰人，这代人至少会存活到 18 世纪初期。身为在船上服务的

---

① 刘良璧：《（乾隆）重修台湾府志》卷七十四，台湾银行经济研究室，1960，第 557 页。
② 黄叔璥：《台海使槎录》卷四，台湾银行经济研究室，1960，第 103 页。
③ Francçois Valentijn，（1724 –1726）*Oud en Nieuw Oost – Indiëen*，Vol. 3 – 1，p. 136.
④ Francçois Valentijn，（1724 –1726）*Oud en Nieuw Oost – Indiëen*，Vol. 3 – 1，p. 104.

医务员，又有留在厦门的儿子与汉人媳妇，雨果·罗珊故事里的许多元素都跟《安平追想曲》相符。只是，传奇故事中最核心的女主角欧亚混血的私生女孩，在罗珊的文献记载中却没有提到。主角的原型不在记录之列，有可能混杂了其他遗留在台湾的荷兰人故事。

罗珊成功地将家人带回巴达维亚的翌年，1689 年，另一位投奔郑成功军队的欧亚混血士兵杨·罗洛夫森·克路克（Jan Roelofzoon Kloek），接踵而至。他恳求赦免，公司慨然允许，并且雇用他当炮手与翻译员，准许他把妻小接到巴达维亚。① 根据现有文献，无法得知他到底因为什么机缘跟台湾的汉人居住在一起，他收到赦免书后，也携眷回到巴达维亚。可是，不知什么理由，他离开时将他 11 岁大的混血女儿托付给施琅将军。1690 年，克路克以东印度公司炮手的身份再度来到厦门，他要求接回女儿，支付了 25 荷盾给施琅将军，如愿以偿。② 父女团圆，踏上归途。在这个例子中，这名 11 岁的女孩至少半年时间必须待在厦门，等待父亲归来。一个欧亚混血女孩在港口等待父亲的奇特景象，可能带给一般人极为戏剧化的印象。这也可能是《安平追想曲》原本故事聚焦欧亚混血女性的一个原因。

不管《安平追想曲》是基于真实的种种事迹，或是碰巧符合已经存在的历史文献记载，这首曲子在台湾大众中引起广泛反响，反映了大众企图回忆荷兰人在台湾活动情景的一种集体心态。历史学研究无法确证这一传说是否真有其人，除非有更明确的事证出土。无论如何，1687 年的真实事件与1951 年的传说之间有如此相似的元素，不能说是完全的巧合。

The Dutch Deserter Hugo Rozijn and his Activities in East Asian Waters during the Ming – Qing Conquest

Zhen Weizhong

Abstract：When the long years of the Ming – Qing conquest in the 17th

---

① VOC 1453, *Rapport van de ondercooplieden Alexander van 's Gravenbroeck, Jan Tarant et cetera wegens haere negotie tot Aijmuij aen haer hoog edelens tot Batavia overgelevert*, Amoy, 8 Jan. 1689, fo. 293ᵛ

② VOC 8361, *Rapport van de ondercooplieden ' s Gravenboek en Goodschalk aan haar Eds. tot Batavia*, on yacht Eemland, 25 Feb 1690, fos. 36 – 37.

century drew to a close, the Chinese coastal resistance force became almost the last active group on the Ming side. Expecting to meet more and more severe pressure from the Manchus, the leader of the resistance forces, Ming loyalist warlord Coxinga, launched an attack on the neighboring Dutch colony on Taiwan in 1661 and laid siege to the Dutch Fort Zeelandia for nine months, intending to grab this colony to support his further ambitions. The Dutch lost the battle and had to surrender the fort in February 1662. The Dutch soldiers who deserted during this battle then continued their careers under the Coxinga (Zheng) regime, while a small group of Dutch officials and families who surrendered during the siege remained in Taiwan. They were stuck there because they missed the monsoon season in 1662, and were again prevented from leaving when the war between the Zheng forces and Dutch resumed in 1663. One of the deserters, Hugo Rozijn, survived under the Zheng regime on Taiwan for more than 21 years. He established a family and was hired as a translator and medical practitioner. When the English East India Company made contact in Taiwan for trade in 1670, he passed messages from the Dutch prisoners to the English merchants. Later when the Zheng regime fell because of the Manchu attack in 1683, the Dutch prisoners were released, and Rozijn applied with the VOC (Dutch East India Company) asking to return with his two sons to Batavia as a ship surgeon. He then served on the Company's ship again, sailing from Batavia to Japan, China and the coast of Bengal in the 1690s. This brief story of Hugo Rozijn, including his acquaintances among the deserting soldiers, those prisoners who were unable to leave, English merchants and Jesuits in China, offers a brief glimpse of cross-cultural encounters in war, trade and marriage across different East Asian waters and to the margins of the Indian Ocean. This story also roughly matches a Taiwanese folk tale that may have lasted in oral form for more than 250 years. This shows how, at a personal level, the trend of globalization since that time had begun to intensify such cross-cultural encounters through maritime interactions, and how such experiences may have been stored in collective local memories, even though the traditional Chinese historiography fell short in this case.

Keywords: VOC; Taiwan; Deserter; An-pêng; Hugo Rozijn; Coxinga

（执行编辑：王一娜）

海洋史研究（第九辑）
2016 年 7 月　　第 247～260 页

17 世纪明清鼎革中的
广东海盗

杭　行[*]

　　17 世纪对于广东沿海地区来说是一个充满变数的时代。明朝的海禁、全球性的经济危机、国际贸易结构的调整以及明清两朝的更替，为海盗活动的崛起与蓬勃发展提供了有利的条件。起初，这些靠走私和掠夺为生的海盗群体组织松散，有的向南明皇室寻求庇护，有的投靠新成立的清朝，有的选择效忠越南，有的甚至自立门户。17 世纪 60 年代中期，随着全球贸易结构的转变，大部分的广东海盗投靠位于台湾、打着反清复明旗号的郑氏家族商业集团，成为其集团的正规军事部队。在郑氏强大而成熟的政治体系和商业网络的支撑下，这些海盗除了从事大规模海外贸易和提供海上通道的保护外，还开始了一股海外华人移民到东南亚的浪潮。他们在人烟稀少的湄公河三角洲地区（今越南南部及柬埔寨）建立忠于郑氏政权的根据地。1683 年，随着郑氏投降清朝，这些根据地变成了高度自治的政治实体。这些海盗的经历一方面凸显了广东作为中国海外贸易大门的重要性在日益增长，另一方面也标志着资源丰富的东南亚逐渐成为中国过剩人口从商和移居的地方，以及后来作为通往西欧庞大消费市场的必经航路。

---

* 作者系美国布兰戴斯大学历史系助理教授。

一　朝代更替与经济危机

早在公元 4 世纪，广东沿岸便一直有海盗掠夺的情况。[①] 1548 年，明朝海禁政策趋于强化，为了远离明朝官军的打击，大批跨国武装走私集团（包括中国人、日本人、欧洲人和东南亚人）从原本位于浙江双屿港的走私中心向南迁徙。这些集团多是精密的商业企业，除了掠夺船只与洗劫村庄外，他们还趁着东亚贸易的兴起参与中国丝绸及其他奢侈品的买卖，以换取来自日本和美洲的银两。[②] 他们利用从这条贸易线路所得的丰厚利润换取东南亚的香料和热带产品。东亚贸易的庞大总额使明代朝廷很难继续严格执行其海禁措施。[③]

16 世纪 50 年代，广东当局默许葡萄牙在澳门建立贸易哨站，此举随后得到中央朝廷的认可。[④] 1567 年，朝廷放宽对海运的禁令，并认可与东南亚进行私人贸易。这些途径虽然有限，但还是渐渐把大部分商业活动带回合法渠道。与此同时，随着德川幕府统一日本和明朝对主要海盗领袖的打击，广东沿岸终于恢复秩序。[⑤]

不过，在经历了将近两百年繁荣之后，东亚于 17 世纪进入了经济大萧条时期。一些历史学家认为这次衰退是全球性的现象，他们称之为"总危机"。历史学家对于此次危机的原因、时间范围、严重性以及普遍性还存在很大争议，但是大部分学者认为东亚很多地区的资源基础和农作物产量同时收缩，导致手工艺品的产量与消费下降，某些地区甚至因饥荒和瘟疫的爆发

---

① 上海中国海航博物馆编《新编中国海盗史》，中国大百科全书出版社，2014，第 40～41 页。

② Robert J. Antony（安乐博），*Like Froth Floating on the Sea: The World of Pirates and Seafarers in Late Imperial South China*，Berkeley: China Research Monograph, Institute of East Asia Studies, University of California, 2003, pp. 25 – 27.

③ 朝尾直弘、Bernard Susser, "The Sixteenth-century Unification," in John Whitney Hall ed. , *The Cambridge History of Japan*, Vol. 4: *Early Modern Japan*, Cambridge: Cambridge University Press, 1991, pp. 60 – 61. William S. Atwell（艾维四）, "Ming China and the Emerging World Economy, c. 1470 – 1650," in Denis Twitchett & Frederick W. Mote eds. *The Cambridge History of China*, Vol. 8: *The Ming Dynasty 1368 – 1644*, Part 2, Cambridge: Cambridge University Press, 1997, pp. 389 – 392.

④ John E. Wills, Jr.（卫思韩）, "Maritime Europe," in John E. Wills, Jr. ed. , *China and Maritime Europe, 1500 – 1800: Trade, Settlement, Diplomacy and Missions*, Cambridge University Press, 2011, pp. 25 – 40.

⑤ 晁中辰：《明代海禁与海外贸易》，人民出版社，2005，第 289～290 页。

导致人口大量死亡。资源短缺触发各种政治危机，如叛乱、政变以及军事侵略等。对于雄心勃勃的人物或集团来说，这恰恰是难得的机会：借机改变现状和消除竞争者，以建立他们自己的统一事业。①

此次"总危机"破坏了东亚地区原有的平衡。它加速了西班牙的衰落，从而大大减少了其殖民地马尼拉的银两供应。② 受到大饥荒和叛乱的困扰，1633 年至 1639 年，日本德川幕府颁布了五道法令，以驱逐西班牙人和葡萄牙人，并禁止臣民离开或返回日本，违法者将处以死刑。这些海禁措施进一步限制了银两的流通。③ 东亚海上贸易量的骤降触发了激烈的海上争霸战。至 1640 年，中国的海盗和福建及广东东部的明朝军队大致处于郑氏家族的主导下，郑氏家族的商业集团成功控制其管辖范围内的对外贸易。与此同时，荷兰东印度公司借着其强大的船舰和武器在台湾设置了前哨站，方便其进出中国与日本的商品和资源市场。1640 年，当德川幕府限制所有私人贸易必须经过中国和荷兰商人在长崎港进行时，郑氏和荷兰东印度公司的地位得到进一步提升。④

白银流量的减少以及两大半官方企业的白银垄断，加剧了明朝面临的经济困难。粮食主产区农业生产的剧降影响广泛。从荒凉的西北地区到资源短缺的东南沿岸，及至最繁荣的长江三角洲中心城市都面临饥荒。朝廷也缺乏收入来有效缓解饥荒或把粮食转移到最有需要的地方。⑤ 这使中国各地爆发了农民起义。1644 年夏天，由李自成率领的起义军占领北京，明朝末代皇帝自尽。明将吴三桂趁政局动荡引领满人入京，把叛军赶走。⑥ 虽然至 1644

---

① Geoffrey Parker & Lesley M. Smith, "Introduction," in Geoffrey Parker & Lesley M. Smith eds., *The General Crisis of the Seventeenth Century*, Second Edition, London: Routledge, 1997, pp. 7 - 17, 19 - 22.

② William S. Atwell, "A Seventeenth-century 'General Crisis' in East Asia?" *Modern Asian Studies* 24. 4 (1990): 669 - 670; W. S. Atwell, "Ming China and the Emerging World Economy," pp. 408 - 409.

③ Ronald Toby, *State and Diplomacy in Early Modern Japan: Asia in the Development of the Tokugawa Bakufu*, Stanford University Press, 1991, pp. 11 - 13. Atwell, "Ming China and the Emerging World Economy," p. 411.

④ Ronald Toby, *State and Diplomacy in Early Modern Japan: Asia in the Development of the Tokugawa Bakufu*, pp. 11 - 13.

⑤ William S. Atwell, "A Seventeenth-century 'General Crisis' in East Asia?" *Modern Asian Studies* 24. 4 (1990): 666.

⑥ Frederic E. Wakeman, Jr. （魏斐德）, *The Great Enterprise: the Manchu Reconstruction of Imperial Order in Seventeenth - Century China: Volume I*, Berkeley: University of California Press, 1985, pp. 818 - 821.

年年底，中国北部已落于满人管治之下，明朝忠臣南移并持续抗争约40年。

经济危机与王朝变更给广东带来极大的影响。1645年至1662年，广东差不多每年都发生洪水、干旱、粮食短缺和饥荒，导致人口由1640年的900万人下降到1661年的200万人。① 在此期间，广东成为四个不同政治势力争夺的区域。明朝遗民方面，1646年首先有本地士绅苏观生在广州拥护朱聿𨬿为绍武皇帝；随后朱由榔在肇庆自立为永历皇帝，并在1648年后获得张献忠旧部李定国和孙可望的支持②；潮州地区则由总部设立在厦门的郑氏商业组织统治。

17世纪40年代后期，清朝也加入广东的政治角逐。清军占领了广州、消灭绍武朝廷，并把永历皇帝及其随从自广州驱逐到更远的西南地区。1649年，清廷任命两名可靠的汉八旗将领（尚可喜和耿继茂）作为半自治的藩王共同管理广东。他们拥有完全效忠于自己的军队，并在其管辖范围内享有广泛的行政特权。不过，在1655年前，清朝还没取得完全的胜利。17世纪50年代初，李定国部队的反击成功把南明势力再次扩进到珠三角。③

持续不断的战乱和管辖权的反复更替造就了更多的地方割据势力，当中包括广东沿岸的海盗群体。他们大都打着反清复明的旗号。最大的海盗群体来自雷州半岛，即今天广东湛江市以及广西钦州和防城港环绕的北部湾一带。由于它是通往东南亚的门户，这个区域具有极大的战略价值。到了17世纪50年代中期，这个区域落入邓耀及其副手杨彦迪之手。他们在钦州附近的龙门镇开设基地。龙门向外有众多海岛（岛上山多且被茂密森林覆盖）延伸进北部湾，把大海切分成蜿蜒狭窄的通道，又名为"七十二径"，为海盗活动提供了完美的藏身之处。与雷州半岛隔着琼州海峡相望的海南岛同样成为各种海盗和被击败的亲明军队的巢穴。④

在粤东，许龙活跃于韩江三角洲周边。他的党羽苏利在陆丰和海丰驻足。

---

① Robert J. Antony, *Like Froth Floating on the Sea*: *The World of Pirates and Seafarers in Late Imperial South China*, p. 30; Robert J. Antony, "'Righteous Yang': Pirate, Rebel, and Hero on the Sino – Vietnamese Water Frontier, 1644 – 1684," *Cross – Currents*: *East Asian History and Culture Review* 11 (2014).

② Lynn A. Struve（司徒琳），*Southern Ming*: *1644 – 1662*, Yale University Press, 1984, pp. 101 – 103.

③ 刘凤云:《清代三藩研究》，中国人民大学出版社，1994，第107～112页。

④ Robert J. Antony, "'Righteous Yang': Pirate, Rebel, and Hero on the Sino – Vietnamese Water Frontier, 1644 – 1684," pp. 12 – 13.

起初，这两人试图建立独立的王朝，可是后来清朝同意授予他们广泛的自主权以换取他们帮忙清除沿海地区的反清势力，所以他们投降归顺清朝管治。在广东东部领土与海外贸易方面，他们是郑氏家族强有力的竞争对手。①

1662 年，为了防止沿海居民向郑氏组织提供贸易商品和物资，清廷下令把居住在广东至辽东漫长的海岸线上的居民全部内迁。为配合此措施，清朝特地在福建给耿继茂安排封地，留下尚可喜独自管理广东。这一政策加上军事攻势，成功迫使郑氏家族转向从荷兰殖民者手中收复台湾。郑氏家族在台湾建立新的基地，并在两年后完全撤出大陆沿岸地区。与此同时，由于苏利试图违抗沿海迁界令，1664 年清朝派军将其消灭，并对许龙施压迫使他撤进内陆。② 然而，这种严苛的逼迁给靠捕鱼、产海盐和其他与大海有关的必需品为生的沿岸居民带来极大的痛苦和混乱。另外，沿海封地的藩臣通过走私、收取保护费和敲诈勒索被撤离的居民积累了大量财富。③

那些拒绝服从迁界令的人聚集在界线外的沿海地区和岛屿。他们很多属于以船为家的疍民。由于他们独特的文化和社会特征，长久以来备受陆上居民以及历代朝廷的歧视。④ 清朝的海禁措施逼使这群人连同沿岸居民拿起武器来捍卫自己的生存空间和生活方式，以致广东沿岸的海盗数量激增。除了走私盐和鱼以及海外商品外，这些海盗还掠夺经过的船只，袭击岸上的村庄。

一大群疍民聚集在绰号"臭红肉"的年轻男子邱辉的指挥下。他们在现今的汕头周围洗劫村庄和城镇，抢夺妇孺并把他们运到单身男子过剩的台湾。另外，邱辉还控制了粤东的渔业和盐业。他的部下公然在位于清朝管制的潮州县城外的广济桥上非法售卖进出迁界区的通行证。⑤ 而在邱辉的势力范围以西，1663 年周玉和李荣带领一群疍家人在珠江三角洲聚集。尚可喜的部队用了一年多的时间才成功平息了这次威胁省府的起义。⑥

---

① 杨英：《从征实录》，《台湾文献丛刊》32，台湾银行经济研究室，1958，第 4 页；Wei-chung Cheng（郑维中），*War, Trade and Piracy in the China Seas, 1622 - 1683*, Leiden: Brill, 2013, p. 167。

② Wei-chung Cheng, *War, Trade and Piracy in the China Seas, 1622 - 1683*, p. 215.

③ Ho Dahpon David, *Sealords Live in Vain: Fujian and the Making of a Maritime Frontier in Seventeenth-century China*, Ph. D., University of California（San Diego），2011, pp. 200 - 297.

④ 陈序经：《疍民的研究》，商务出版社，1946。

⑤ 周守勋编《潮州府志》，竹兰书屋，1893，第 62～63 页。

⑥ 上海中国航海博物馆编《新编中国海盗史》，第 244～245 页。

模糊重叠的管辖权进一步为清廷迁界政策的实施增加困难。虽然澳门位于迁界线之外，但是基于葡萄牙的管辖权而得以免于疏散。澳门自然而然地成了抗清势力的避难所。① 海盗集团亦聚集在靠近郑氏家族的大本营台湾附近的南澳及其他广东与福建交界的岛屿。② 另外，1660 年满州八旗军与尚可喜持续的攻击，终于成功地把邓耀从他的龙门基地逐出，并将其抓获处死。不过，邓耀的下属包括杨彦迪（又称杨二）、其弟杨三和冼彪及其家属逃到越南北部，寻求北圻地方官员潘辅国的保护。1666 年，当清朝要求把他们引渡回国时，潘辅国不但拒绝，还对清朝派来逮捕他们的军队开炮。于是，杨彦迪及其伙伴得以在北部湾放肆抢掠，并夺取了海南岛的几个前哨站。③

二　郑氏家族势力的巩固

自 17 世纪 60 年代中期始，由于全球性的经济变化，位于台湾的郑氏集团开始积极关注广东沿海地区。经济大萧条加上清朝严苛的海禁和迁界使中国逐渐失去其作为丝绸和其他优质奢侈品的主要出口国的地位。另外，作为中国货品最大消费市场的日本面临银矿耗尽的问题。为了减少白银外流，德川幕府制定一系列措施减少奢侈品的进口、鼓励国内手工业生产替代品。④ 与此同时，印度次大陆逐渐成为世界市场的纺织品与其他手工业品的主要生产基地。⑤ 这一新的经济结构增强了东南亚的重要性：一方面它是通往印度洋区域的通道，另一方面它拥有丰富的自然资源（如铜、锡等矿藏和稻米）能供应亚洲地区的需要。⑥

在这种综合环境下，郑氏家族的领导人郑经渐渐发现他无法依靠中国丝绸换取日本白银的老路来维持集团的业务。有别于他的祖先，郑经并不在意

---

① John E. Wills, *Embassies and Illusions*: *Dutch and Portuguese Envoys to K'ang-hsi*, *1666 – 1687*, Harvard University Press, 1984, pp. 86 – 92.

② 《郑氏史料三编》，《台湾文献丛刊》175，1963，第 62 ~ 63、66 ~ 73、74 ~ 87 页。

③ Niu Junkai & Li Qingxin, "Chinese 'Political Pirates' in the Seventeenth – Century Gulf of Tongking," in Nola Cooke, Tana Li & James A. Anderson eds, *The Tongking Gulf through History*, Philadelphia: University of Pennsylvania Press, 2011, p. 139.

④ 中村質：《近世長崎貿易史の研究》，吉川弘文館，1988，第 28 ~ 283 页。

⑤ Om Prakash, *The Dutch East India Company and the Economy of Bengal*, Princeton: Princeton University Press, 1985, p. 126.

⑥ Richard von Glahn (万志英), *Fountain of Fortune*: *Money and Monetary Policy in China*, *1000 – 1700*, Berkeley: University of California Press, 1996, p. 214.

在浙江沿岸和长江三角洲设立基地。他更注重广东一带，因为广东像台湾一样是中国通往东南亚航海路线的必经之地。1665 年后，他趁着清朝武装力量因迁界令而自动向内陆退缩之际，通过与海盗头目结交巩固自己在沿海地区的势力。1669 年，郑经正式把邱辉及其部下收录为他的军事组织里的正规军。他开辟了汕头附近的达濠岛作为海外贸易港口，并把它纳入台湾的司法和行政管理。①

郑经在澳门与葡萄牙当局以及西班牙马尼拉总督的代表进行复杂的谈判。与此同时，由于尚可喜的随从商业代理与郑氏家族进行走私活动，郑经得到尚可喜的纵容。自 17 世纪 70 年代初期，澳门变成不同利益者聚集并进行走私贸易的中立地区。葡萄牙在澳门为一大群郑氏支持者提供庇护，并与台湾派出巡逻珠江三角洲一带水域的海军司令柯贵共享管辖权。1670 年，朝鲜纪录记载一艘郑氏的帆船从澳门出发前往长崎的途中因遇上风暴而被冲上济州岛海岸，并惊讶地指出船上的人有些穿着明代长袍并保留长发，有些则剃头并穿着清朝或日本服装。②

1666 年，在清朝持续的外交压力下，越南北圻的当权者被迫驱逐杨彦迪、冼彪及其一帮雷州海盗。于是他们逃到台湾并归属郑经旗下的军队。借助这批海盗的力量，郑经企图建立一个海上王国。郑经认为湄公河三角洲的边界地区土壤肥沃，虽然属于柬埔寨但该国未能有效地控制该区，这是扩大自己势力范围的理想据点。在此期间，柬埔寨位于乌栋的宫廷正陷于激烈的继位人斗争中。暹罗与位于越南中南部的广南阮氏政权通过支持特定的柬埔寨王位觊觎者进行争夺，而这些王位觊觎者则给予两国柬埔寨的领土以换取他们的支持。③ 荷兰东印度公司则趁着柬埔寨长期的政治危机在乌栋附近设立一个永久的贸易站，并成为柬埔寨主要出口商品鹿皮的独家垄断买主。④

1666 年，郑经派遣冼彪到湄公河三角洲去获得开采资源的新基地，并将其势力范围扩展到乌栋宫廷中。冼彪带领着船队、56 名船员来到湄公河一带水域，并开始掠夺途经船只。次年二月，他们抵达乌栋，获得国王巴隆·拉嘉五世的热烈欢迎。接下来的一年间，数以千计的郑氏支持者从福建

---

① 江日昇：《台湾外记》，《台湾文献丛刊》60，1960，第 239 页。

② 吴晗编《朝鲜李朝实录中的中国史料》，中华书局，1980，第 3968 页。

③ Brian Zottoli, *Reconceptualizing Southern Vietnamese History from the 15th to 18th Centuries: Competition along the Coasts from Guangdong to Cambodia*, Ph. D. thesis, 2011, pp. 282 – 292.

④ Wei-chung Cheng, *War, Trade and Piracy in the China Seas, 1622 – 1683*, pp. 218 – 219.

和广东相继来到柬埔寨，这显然是为了建立一个长久的根据地。由于他们大都在今天的西贡附近进行掠夺，可以断言他们的定居点是在西贡周边范围。冼彪和一些成员被封为新移民的头目（sabandar）。[①] 冼彪的到达为暹罗与越南阮主在柬埔寨的斗争增添了新的政治元素，严重动摇了原本的均势。对于柬埔寨的各派精英来说，冼彪及其部下是能够平衡暹罗和广南势力的强大结盟对象。

通过支持巴隆·拉嘉五世朝廷对抗在湄公河三角洲地区建立了殖民地的越南移民，冼彪对柬埔寨王朝的影响迅速增长。[②] 这些越南移民本来是从越南阮氏政权所资助的柬埔寨王子及王位竞争者拉玛蒂菩提王储那获得保护。1667 年春天，在巴隆·拉嘉五世的默许下，冼彪及其代理人策划了一场大屠杀，超过一千名越南人被杀。虽然他们随后答应不再杀害越南人，柬埔寨国王暂停向广南缴纳贡品并终止所有与广南的贸易。为了答谢这项功德，柬埔寨国王确认了中国头目在其国内所得的占地，允许他们拥有私人的军队，并放任他们在柬埔寨内的活动。[③]

接下来，他们瞄准了荷兰东印度公司在柬埔寨所享有的专有特权。根据荷兰资料的记载，冼彪（荷兰人称他为 Piauwja 或"彪爷"）要求公司支付他几千两银子，声称是替一名住在巴达维亚的中国商人偿还债务。双方为债务的确实数目而产生争议。然后，在 1667 年 7 月 9 日的晚上，冼彪和几百名随从抢劫并烧毁荷兰商馆。他们杀害了头号代理人彼得·凯亭及其几名本地随从，掠夺了停在海港的船只贝壳号（Schelvisch），并带走了大量的白银和丝绸。凯亭的助手逃跑并藏身在湄公河的丛林里，几个星期后才登上船只逃到长崎。从随后巴达维亚的东印度公司当局与乌栋之间的书面交易可看出，在荷兰沉重的压力下，柬埔寨朝廷拘留了冼彪与其他六名同谋，并下令将他们处决。[④] 不过，其后的中国地方志中继续提到冼彪是 17 世纪 70 年代

① Wei-chung Cheng, *War, Trade and Piracy in the China Seas, 1622 – 1683*, pp. 220 – 221.

② Zottoli, "Reconceptualizing Southern Vietnamese History," pp. 283 – 284.

③ Mak Phoeun & Po Dharma, "La Deuxième Intervention Militaire Vietnamienne au Cambodge (1673 – 1679)," *Bulletin de l'Ecole française d'Extrême – Orient* 77 (1988)：233 – 235.

④ W. J. M. Buch, "La Compagnie des Indes Néerlandaises et l'Indochine," *Bulletin de l'Ecole Française d'Extrême – Orient* 37 (1937)：233 – 237；Jacobus Anne van der Chijs (ed.), *Dagh-register gehouden int Casteel Batavia vant passerende daer ter plaetse als over geheel Nederlandts – India*, Den Haag：Martinus Nijhoff, 1897, 1668 – 1669, p. 5.

广东沿岸掠夺活动的主要煽动者。① 由此可见，柬埔寨国王可能哄骗荷兰人，私底下把冼彪等人放掉并送离柬埔寨。

总而言之，荷兰的举动丝毫没有妨碍雷州人日渐增长的影响力。荷兰东印度公司也没有从冼彪的破坏中恢复过来。1670 年，由于销量惨淡，荷兰东印度公司关闭了柬埔寨的商馆。一年后，国王巴隆·拉嘉五世遭其侄子暗杀，这给柬埔寨带来另一轮政治混乱。随后 10 年间，雷州郑氏势力在柬埔寨政坛上保持其影响力。他们与广南势力各自支持王位继承人，相互对立，甚至打过几场大型却无结果的海上战争。②

与此同时，尚可喜及其子尚之信，耿继茂之子新任福建藩主耿精忠，联同平西王吴三桂发起反清叛乱，史称"三藩之乱"。郑经趁机加盟乱党并把基地移回福建海岸。他搁置了建立海上王国的目标，把全部精力再次放到反清复明的事务上。其后，尚之信进一步将东莞以东的所有广东府县和大部分的沿海地区割让给郑经管辖。③

1677 年，郑经允许杨彦迪与陈上川带领千人、乘坐 80 艘船只从台湾起航并收复龙门要塞。在接下来的一年里，他们协助郑经在北部湾和海南岛周边建立行动基地。对这片海域的控制，加上冼彪在湄公河的根据地，让郑氏家族的雷州分支能巡逻南海，并为郑氏商船提供安全航道。他们还得以在广东、台湾与东南亚之间进行有利的商品贸易。④ 据大量属于这一年代的瓷器和其他高档商品等出土文物推测，龙门经历过作为一个熙攘的贸易中心所带来的短暂繁荣。

三　从反清复明到背井离乡

1681 年，清朝成功清除三藩并把郑经驱逐出大陆，迫使他逃回台湾。郑氏的撤离使广东沿岸出现权力真空的状况，再次使沿海地区爆发走私与海盗活动。珠江三角洲变成了跨国非法贸易区域，成为中国（包括长发忠明

---

① 林泰雯、李高魁：道光《吴川县志》卷十，1825，第 29 页。

② Mak Phoeun, *Histoire du Cambodge: de la Fin du XVIe siècle au Début du XVIIIe*, Paris: Ecole Française d'Extrême - Orient, 1995, pp. 350 - 360.

③ 江日昇：《台湾外记》，第 304 页。

④ Robert J. Antony, "'Righteous Yang': Pirate, Rebel, and Hero on the Sino - Vietnamese Water Frontier, 1644 - 1684," p. 20；上海中国航海博物馆编《新编中国海盗史》，第 239 页。

人士和剃发清朝人士）、东南亚、英国、荷兰和伊比利亚船只的聚集地。[①] 在这一地区经营的还有不愿跟随郑经返台湾的郑氏总指挥官刘国轩。为了尝试在大陆建立新基地，刘国轩攻打澳门及附近港口。[②] 曾经在福建协助郑经的邱辉也选择不随之返回台湾，而是返回了达濠。不过，在 1681 年和 1682 年强大海军的攻势下，清朝很快便把刘、邱两人逐出大陆，两人逃回台湾。[③] 次年，在台湾海峡澎湖群岛附近，郑氏海军被大批歼灭，邱辉及其船只一起沉没海底。1683 年 9 月，郑氏政权投降清朝。[④]

　　清朝对广东沿海的攻击对于由杨彦迪、陈上川和冼彪带领的雷州支队来说是个很大的打击。经过 1681 年 4 月发生在海南附近的一场灾难性海战，他们被迫逃离他们在龙门的基地。[⑤] 历史资料对之后发生的事记载互有矛盾。虽然关于冼彪的下场，历史上没有太多的记录，但他们大致同意杨彦迪、陈上川与其他雷州将令最终去了湄公河三角洲避难。根据《大南寔录》的记载，杨、陈带着 50 艘战船和超过 3000 名士兵最先停靠在岘港。他们在阮主面前表示："以明国遗臣义不事清，故来显为臣仆。"阮主回应道："彼异俗殊音猝难任使而穷逼来归，不忍拒绝。"于是他允许杨、陈两人及其部队在东浦以南靠近今天的西贡定居，让他们能依靠那里辽阔而肥沃的土地来自给自足。他还"告谕"柬埔寨国王"以示无外之意"。[⑥]

　　有趣的是，《大南寔录》记录杨、陈等人在 1679 年就到达岘港，这与其他资料来源所提供的事件时间不相符。例如，1683 年一份有关中国帆船从柬埔寨抵达长崎的报告中指出，杨彦迪和陈上川于 1682 年带领 3000 余人和 70 艘战船踏足柬埔寨，这跟阮氏官方记录上的数目相约。[⑦] 此外，《大南寔录》给人的印象是，雷州的将领在抵达越南前从未踏足过湄公河三角洲。可是，证据显示这批人不但对湄公河地区十分熟悉，而且在那里持续活跃了十多年。事实证明，在回顾 200 年前发生的事件时，编写于 19 世纪阮氏统

---

① 郑维中：《施琅"台湾归还荷兰"密议》，《台湾文献》第 61 卷第 3 期，2010，第 43 页。

② *VOC 1362：1011 – 1054v, Fuzhou to Batavia*, 3 and 9 March 1681, at 1011 – 1015v，转引自 John E. Wills, Jr., *China and Maritime Europe, 1500 – 1800：Trade, Settlement, Diplomacy, and Missions*.

③ 上海中国航海博物馆编《新编中国海盗史》，第 238 页。

④ 江日昇：《台湾外记》，第 406 ~ 423 页。

⑤ Wei-chung Cheng, *War, Trade and Piracy in the China Seas, 1622 – 1683*, p. 245.

⑥ 徐文堂、谢奇懿编《〈大南实录〉清越关系史料汇编》，"中央研究院"，2000，第 3 页。

⑦ 林春斋、浦廉一编《华夷变态》第一部，东洋文库，1958 ~ 1959，第 367 页。

一越南后的官方实录难免把事情或时间混淆了。再者，此一实录有审查和重新解释历史事故，以颂扬统治王朝和儒家思想正确性之嫌。[①]

尽管有些修饰渲染，仔细阅读阮氏实录，并同时参考其他文献还是可以大致拼凑出雷州将领的结局。几乎可以肯定，杨彦迪和陈上川是在 1681 年败于清军后逃离中国的。他们意识到郑氏集团已是苟延残喘，无力再为其提供保护。面对他们的龙门基地与海外利益的严峻选择，他们决定永久离开中国，把活动转移到他们在湄公河地带已在经营的根据地。从资料上看来，杨、陈两人在到访岘港前已踏足西贡地区。

他们到达越南中部港口的动机及其随后与阮主的通信似乎是经过深思熟虑的选择，而非在走投无路的情况下所引申的结果。没有郑氏海军的支援，他们无法继续独立行事，因此必须寻找新的靠山。自然地，暹罗与广南这两个在柬埔寨政治上的利益相关者很快也为得到这宝贵的武器、船舶和人力资源而竞相拉拢他们。暹罗国王专门派遣使者前往说服杨彦迪归顺，并告诉他暹罗国王与台湾曾经有深厚的友谊。[②] 不过，到最后，由于阮主允许他们保留在西贡地区的根据地，雷州将领选择归从阮氏并支持广南所选择的柬埔寨国王。[③]

在阮氏军队的协助下，雷州将领很快便把他们在三角洲的领土扩展到包含今越南的三个至四个省份的范围。在此期间出现了一位名为莫玖的人物。他的来历不明。从现有的资料中可以断定他也是来自雷州。虽然不能确实莫玖和雷州主要将领的联系，但从他把女儿许配给陈上川的儿子可见，他与陈上川有密切的关系。[④] 另外，由于陈上川自己也娶了冼彪家族里的一位女性，所以可以推断莫玖和冼彪也有间接的姻亲关系。[⑤] 1680 年，莫玖来到柬埔寨并在乌栋当官员，也许是在冼彪的安排下获得职位，目的是帮助他维持在该国的影响力。到了 17 世纪末，莫玖在位于现今越南柬埔寨边境的河仙获得权力基础，并继续扩展其控制范围。他的领域迅速扩大，包括泰国湾大部分的沿海地区以及富国岛。由陈上川、杨彦迪和莫玖建立的根据地在他们的继承者管制下继续以独立政治实体蓬勃发展至 18 世纪末期。他们的领地

---

①　Zottoli, "Reconceptualizing Southern Vietnamese History," p. 16, 290.

②　林春斋:《华夷变态》第一部，第 398 页。

③　Mak Phoeun, *Histoire du Cambodge: de la Fin du XVIe Siècle au Début du XVIIIe*, p. 370.

④　李庆新:《濒海之地：南海贸易与中外关系史研究》，中华书局，2010，第 341 页。

⑤　田头陈氏家谱。

保留了明代的行政制度与文化特征。因此，他们对于越南明香团体的形成扮
演着重要的角色。直到 20 世纪，这些明香人在越南的政坛仍保持着显著地
位。①

结　语

17 世纪的经济危机除了促使明朝灭亡与满人取而代之建立清朝外，还
导致广东沿岸海盗的崛起。虽然清朝 1662 年至 1683 年严苛的迁界政策在其
实施初期令海上掠夺情况加剧，但长期的危机状态也提供了空前的机遇。随
着印度纺织品与东南亚自然资源和矿产的贸易逐渐取代原本中国、日本和马
尼拉之间的东亚贸易，广东沿海地区的重要性也因靠近新的产品来源地与市
场而得到大大提升。趁着清朝迁界政策所导致的沿海地区权力真空，以台湾
为基地的郑氏商业集团巩固其在该地区的势力，并把主要的海盗组织纳入其
正规军事部门。在广大地区的经济受其影响的基础上，郑经企图借助这些海
盗团体的力量来建立一个海洋王国。即使在郑氏集团瓦解后，这些海盗
（尤其是雷州的海盗）继续在湄公河三角洲建立根据地和积极参与柬埔寨的
地缘政治争夺。

广东海盗的故事从另一个方面体现了广东（特别是珠江三角洲）的港
口逐渐取替福建的港口作为中国重要的海外贸易枢纽的进程。1684 年清朝
实行开海，进一步巩固了广东的地位。尽管到了 18 世纪中期，清朝改变其
宽容的态度而实施更多限制性的商业制度，它还是选择广州作为唯一与国外
交流的主要窗口。东南亚丰富的资源所带来的利润及其作为通往欧洲庞大市
场的海上通道，吸引了大批中国人涌入该地区。来自广东特别是潮州、客家
及雷州的商人和移民是重要的参与者。他们的帆船穿梭于南海的航线并停靠
这片海域的港口，采购大米、药物原料和海鲜，而他们的移民走进偏僻的地
区挖金、锡等矿。著名的东亚海洋史学者包乐史（Leonard Blussé）教授称
这现象为 "中国人的世纪"。② 在 18 世纪现代全球经济的迅速发展中，他们
及其他华人群体所扮演的角色已得到充分的研究。

---

① 李庆新：《濒海之地：南海贸易与中外关系史研究》，第 343 页。

② Leonard Blussé, "The Chinese Century: The Eighteenth Century in the China Sea Region," *Archipel*
58 (1999): 107 – 129.

但是，这些东南亚的广东移民还有一个特征，那就是他们的政治化。正如东南亚历史学家瑞德（Anthony Reid）指出，他们与郑氏集团的隶属关系标志着身在中国境外的独特华人身份首次得以正统化。[①] 这强烈的文化独有主义让陈上川、杨彦迪和莫玖的湄公河根据地以半独立国家的状况蓬勃发展了 60 年至一个世纪。至 18 世纪末，潮州和客家黄金矿工在婆罗洲成立了共和政体，一直持续到 19 世纪 80 年代才灭亡。[②] 一直以来，海外的中国人普遍被认为是被欧洲或东南亚本土政治势力所控制和利用的无国籍人士。广东海盗的故事促使我们重新审视这种旧有观点的准确性。[③] 事实上，这些中国人应被视为独立的政治人物，而且拥有机遇去开拓自己持久与独立的政治实体。

The Seventeenth – Century Guangdong Pirates and Their Transnational Impact

Hang Xing

Abstract：The dynastic disorder accompanying the Ming – Qing transition in seventeenth-century China, together with a global economic crisis, stimulated the rise of piratical activity along the Guangdong coast. During the early 1650s, the pirates operated as mostly independent units, some allied with the Ming and others with the Qing. However, over the course of the following decade, the vast majority joined forces with the Zheng family on Taiwan. This paper explores several reasons for this alliance, including the stringent enforced Qing ban on trade and travel abroad, ideological resistance to Manchu rule over China, and Zheng

---

① Anthony Reid, *Southeast Asia in the Age of Commerce：1450 – 1680*, Volume II, Yale University Press, 1993, p. 314.

② Yuan Bingling（袁冰凌）, *Chinese Democracies：a Study of the Kongsis of West Borneo（1776 – 1884）*, The Netherlands：Research School of Asian, African, and Amerindian Studies, Universiteit Leiden, 1999.

③ Wang Gungwu（王赓武）, "Foreword," in Eric Tagliacozzo & Wen-chin Chang eds, *Chinese Circulations：Capital, Commodities, and Networks in Southeast Asia*, Duke University Press, 2011, p. xiii.

dominance over trade in maritime East Asia. In the long term, the rise of the Cantonese pirates reflected the increasing geopolitical and economic importance of Southeast Asia as a gateway to the Indian Ocean. They played a pioneering role in the settlement of Southeast Asia and the development of its maritime trade.

Keywords: 17th − Century; Ming − Qing Transition Guangdong; Pirates

（执行编辑：罗燚英）

海洋史研究（第九辑）
2016 年 7 月　第 261～281 页

杨彦迪：1644～1684 年中越海域边界的 海盗、反叛者及英雄

安乐博（Antony Robert）[*]

引　言

　　己未三十一年春正月，故明将龙门总兵杨彦迪、副将黄进，高雷廉总兵陈上川、副将陈安平，率兵三千余人，战船五十余艘，投思容、沱㶞海口，自陈以明国遗臣，义不事清，故来，愿为臣仆。时议以彼异俗殊音，猝难任使，而穷逼来归，不忍拒绝。真腊国东浦（嘉定古别名），地方沃野千里，朝廷未遑经理，不如因彼之力，使辟地以居，一举而三得也。上从之。乃命宴劳嘉奖，仍各授以官职，令往东浦居之。

——《大南寔录前编》卷五[①]

　　这是《大南寔录》里关于杨彦迪如何来到越南的记载。杨最终驻扎在湄公河口的美湫（距今天的西贡约 70 公里），在那里他和他的部众受到阮朝的庇护与支持，杨与其部众开始从事商业、农业、渔业，偶尔对过往的船

---

　*　作者系澳门大学历史系教授。
　①　《大南寔录前编》卷五，河内史学出版社，1962，第 136～140 页。杨彦迪到达顺化的日期与中国文献记载的有出入。感谢 Hue - Tam Ho Tai 教授分享、翻译这一文献。文中其他翻译由作者完成。

只进行掠夺。为答谢新主，杨与柬埔寨作战，帮助阮朝巩固控制越南南部。他以明朝遗民的身份拜见阮主，不过在这之前杨彦迪还有着丰富多彩的海盗经历。本文探讨的是这个鲜为人知却极其重要的人物——杨彦迪（也叫杨二，或更通俗的称法杨义）在到达美湫之前的经历。

1644～1684 年是中国和越南历史上混乱无序的时期。中越海域边界成为海盗、叛乱者以及难民的活动场所，也是英雄诞生之地（图 1）。不同形式的海盗在这片区域有着其固有不变的特点，这一重要的活跃力量影响着该地区历史发展。

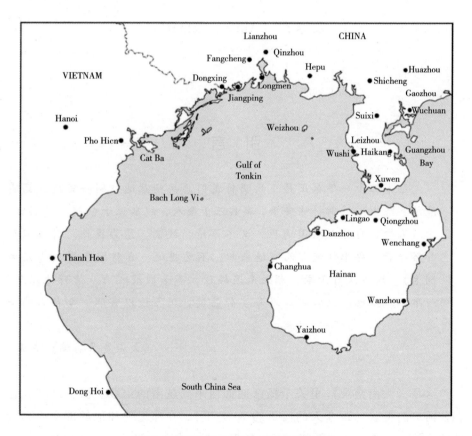

图 1　17 世纪的北部湾（安乐博供图）

杨彦迪是谁？他是如何进入中越海域边界悠久的海盗传统的？在明清易代时期他又发挥了什么样的作用？我们从官方文献和流传了几个世纪的传说中又能了解关于他的哪些事情？尽管我们无法了解杨生于何时，但我们知道他来自广东省西南部，可能就在雷州半岛的遂溪县或在茂名东部的某个邻县。也有人认为他出生在今广西钦州附近。[①] 所有这些地区都声称杨是他们地区的人。在明清政权交替之际，即 17 世纪四五十年代到 80 年代，杨在北部湾地区最为活跃。据说在 17 世纪 60 年代某一时间，他还冒险远至福建和台湾。1682 年（越南文献记载为 1679 年），清军最终将海盗从其基地中国西南沿海驱逐出去。杨彦迪率领部众 3000 余人南渡广南，寻求阮朝的庇护。据《大南寔录》记载，1688 年杨彦迪在一场权力斗争中被其副将黄进所杀。

几个世纪以来，杨彦迪被认为是海盗、反叛者、明遗民和英雄，本文依据历史文献、传说、实地调查，试图初步弄清楚杨彦迪在模糊的海域边界北部湾发生的故事及其所处时代的概况。本文共分为五部分。前两部分是背景介绍，首先简要介绍中越海域边界的概况，接着详细讨论了北部湾动荡的明清政权更替情况。最后三部分是笔者考察的结果。经笔者考察，杨彦迪首先是一名海盗，其次是反叛者，最后是当地的英雄。

一　中越水域边界

在中越水域边界史上，杨彦迪是唯一一个长期以海盗、反叛者、异议分子身份活动的人。这片区域位于广东西部的雷州半岛、海南岛与越南中部北部湾沿海区域之间，涵盖了北部湾整个水上区域。除了雷州半岛平原和江河河口，大部分海湾的狭窄海岸线被崎岖的山脉包围着，这些山将沿海与内陆切断。参差不齐的海岸线上是无数的海湾、海港、沙滩、红树林沼泽和浅湖。这些地理条件使这片区域成为海盗、走私者及其他反叛者活动的理想地带。[②] 该区域的大部分地方尤其是西北部沿海和内陆地带依旧是荒野的边境。边界在变化，陆地上是未开化的"野蛮人"，沿岸是"海盗"。[③] 直到1887 年中法战争结束两年后，才确立了边界。[④] 在这之前，无论是越南还是中国都无法精确指出分隔两国的边界线在哪里。因为两国都利用自然屏障，

①　今天广西沿海的这些地区如钦州、龙门、防城在 17 世纪属于广东省。

②　清后期中越边界情况应放在朝贡体系的背景下看，参看 Wills John，"Functional，Not Fossilized：Qing Tribute Relations with Đại Việt（Vietnam）and Siam（Thailand），1700 – 1820，" *T'oung Pao* 98：4 & 5（2012），pp. 439 – 478。

③　参见林希元纂嘉靖《钦州志》，广西人民出版社，2009，第 70 页。

④　参见防城县志编委会编《防城县志》，广西民族出版社，1993，第 567～568 页。

如山峰、深山老林、河流，作为与另一国分开的边界线，陆地上崎岖的地形遮掩了真正的边界线。在这些地区，边界被简单地标识成一系列军事据点，依据环境的变化而前后移动。沿海地区边界更加模糊，当然海是开阔无边的，中越海域边界已成为两国政府无法管控的麻烦地带。因此，中国人视这片地区为"混乱无序的海域边界"，反叛者、难民、走私者、土匪、海盗都会聚于此。[①]

综观历史的大部分时期，北部湾是一个失控的海域。过去的几个世纪中，这片海湾地区经历了残酷的战争、叛乱、边境冲突，引起政治、经济、社会混乱，导致旷日持久的海盗活动。在这样的环境下，商船必然被全副武装，准备从事贸易或掠夺。除了一小撮本地海盗一直在这片区域活动外，地理偏僻、政治动乱的水域边界还吸引了大量有组织的外来职业海盗。他们来这里寻求安全港，这些岛屿上的港湾被沿海红树林沼泽地掩盖。不断兴起的、相对薄弱的地方政治势力，如越南中南部阮氏政权和台湾郑氏集团，直接或间接地支持这些海盗。他们靠掠夺战利品获得收入，用低廉的军事装备对抗其经济、政治上的对手。海盗们也敏锐地运用政治斗争和有利的武力战争争夺地盘。考虑到狂热、不确定的因素，很难在商人、走私者和海盗之间做一个清晰的划分。[②] 杨彦迪就生活在这动荡不安的17世纪海域边界。

二　明清交替之际的中越水域边界

1644～1684年明清王朝交替时期是中国近代史上的一个分水岭。据历史学家魏斐德（Frederic Wakeman）所说，"明清改朝换代是中国历史上最引人注意的王朝更替事件"[③]。另一位历史学家司徒琳（Lynn A. Struve）描述这个时期为"大变动"和"中国历史上最艰难的一个时期"。[④] 陈舜系见

[①] 参见潘鼎圭《安南纪游》丛书集成初编本，中华书局，1985，第4页。

[②] 关于水域边界与海盗的详细探讨，参看 Antony Robert, "Violence and Predation on the Sino - Vietnamese Maritime Frontier, 1450 - 1850," *Asia Major* 27（2）。进一步的讨论还可参看 Antony Robert, "War, Trade, and Piracy in the Early Modern Tongking Gulf," in Angela Schottenhammer（萧婷）ed., *Tribute, Trade, and Smuggling*: *Commercial, Scientific and Human Interaction in the Middle Period and Early Modern World*, Wiesbaden: Harrassowitz Verlag.

[③] Wakeman Frederic, "Romantics, Stoics, and Martyrs in Seventeenth - Century China," *Journal of Asian Studies* 43: 4（1984）, pp. 631 - 665.

[④] 参见 Lynn A. Struve, *The Southen Ming 1644 - 1662*, New Haven: Yale University Press, 1984。

证了当时社会，他简单称其为"乱离"。陈是广东省西南部吴川县（现为吴川市）的一名学者和医生，将其在 17 世纪 30 年代至 1697 年去世前的所见所闻写成了笔记。① 事实上，在 1644～1684 年这四十年间几乎所有当地社会都受到残酷的战争、土匪、海盗的破坏。尽管历史学家已经写了很多关于明清之际中国南部其他区域的历史，但我们仍然无法了解这段时期中越水域边界的概况。

当时的亲历者陈舜系系统地列举了异象（日食、彗星、蒸汽等）、天灾（台风、洪水、旱灾）、人祸（战争、土匪、海盗）。对于其而言，人、自然、宇宙相交织造成了巨大的混乱。然而"乱"这个词仅接近表述 1644～1684 年几亿中国人的痛苦和损失。在中国南方广东省西南部，这四十年完全是灾难性的。首先，17 世纪 60 年代初期发生了明清王朝战争，接着 1661～1683 年，清朝统治者发布了严厉的迁海令。大约同时，1673～1681 年发生三藩叛乱，战争持续席卷了整个华南地区②。

除了这些大规模的社会动荡，广泛的土匪、海盗、城市暴动、农民和少数民族起义使得屠杀和破坏持续不断。几乎完全无政府的状态迫使当地社会进行武装自保反抗所有入侵者：满族和北方士兵、南明势力、逃兵、军队难民以及流窜的土匪和海盗。混乱之后是天灾人祸引发的大量饥荒和流行病，导致成千上万人流离失所或死亡。根据马立博（Marks Robert）教授推算，1640 年广东人口约 900 万人，到 1611 年减少到 700 万人，造成 200 万人或22% 的巨大人口死亡；1650 年，广东西南部将近 1/4 的耕地被浪费。③

1644 年清军占领北京以后，一些明遗臣继续在中国南方抗击清朝，一直到 17 世纪 60 年代。1640 年，南明政权统治者之一永历皇帝在离广州不远的西江肇庆建立了他的王朝。为了驱逐反对势力，占领广东，清朝在1646 年和 1650 年发动了两场重要战役。第一场战役反抗力量薄弱，大部分南明政权丧失，难民、土匪、海盗人数大量增加。清军 1646 年冬天占领广

---

① 陈舜系：《离乱见闻录》，李龙潜编《明清广东稀见笔记七种》，广东人民出版社，2010，第 1～47 页。

② 关于明清转变的通史，参看 Lynn A. Struve, *The Southen Ming 1644 – 1662*；Wakeman Frederic, *The Great Enterprise: The Manchu Reconstruction of Imperial Order in Seventeenth – Century China*, 2 vols., Berkeley: University of California Press. 1985；顾诚：《南明史》，光明日报出版社，2011。

③ 参见 Marks Robert, *Tigers, Rice, Silk, and Silt: Environment and Economy in Late Imperial South China*, Cambridge: Cambridge University Press, 1998, pp. 158 – 159 及表 4. 1 和表 4. 2。

州后，永历朝廷沿河流上游迁至广西，清将领李成栋兵分三路：一路为李成栋带领的主力军，紧追永历皇帝到广西，另一路移至北江，第三路由徐国栋率领，向西南的高州、雷州、廉州、海南岛进攻。①

清军的过度扩张导致广东省许多地区政治军事空虚，使1647年的骚乱、暴动、土匪海盗活动进一步高涨。就在清廷召回军队镇压珠江三角洲地区叛乱的时候，在西南部的茂名、吴川、遂溪县爆发了一些起义。在吴川，南明首领之一是邓耀。② 潮州海盗黄海如早年投降清朝，之后派去包围雷州，在1647年夏天也开始叛清。黄海如与其海寇同伙与清朝水师交战约有一年，最后逃至潮州，死于1650年的一场海上风暴。③ 同时，清广东总兵李成栋于1648年倒戈，一年后在与清军交战中阵亡。明清战争中，多次倒戈已司空见惯。中途永历朝廷再次迁回肇庆。④

由于清军在广东多次遭受挫折，1649年清廷又派来一批新旗军，在尚可喜的率领下，收复广东省。第二年长期围攻后，广州再次沦陷。随之而来的是士兵对6万~10万名城市居民的大屠杀。⑤ 永历皇帝与其军队再次撤退到广西。邓耀撤退到北部湾龙门。此后10年，他以龙门为基地在整个北部湾发起多次袭击，进行掠夺。最著名的一次袭击是1656年其部下对钦州文庙神的掠夺，卷走了300斤的青铜香炉以及其他各种铜坛碎片，总计1500多斤。据当地传说，邓耀把它们铸造成武器抵抗清军。1659年他再次袭击钦州，但被击退。一年后，尚可喜的军队将他们从龙门驱逐。邓耀逃至越南，据说不久后剃头成为和尚，后溜回中国被逮捕处死。⑥ 邓耀余众逃至海南，继续从事其多年的海盗活动和抗清事业。⑦

明清王朝交战期间，龙门及其邻岛成为臭名昭著的海盗、反叛者的避难

---

① 参见《清史列传》卷80，台北中华书局，1963，第6689~6690页；蒋祖缘、方志钦主编《简明广东史》，广东人民出版社，1993，第320~321页。

② 陈舜系：《离乱见闻录》，第20页。

③ 参见陈昌齐纂嘉庆《海康县志》，岭南美术出版社，2009，第121页。

④ 参看《清史列传》卷80，第6690页；蒋祖缘、方志钦主编《简明广东史》，第321~323页。

⑤ 参见陈舜系《离乱见闻录》，第24页；Marks Robert, *Tigers*, *Rice*, *Silk*, *and Silt*: *Environment and Economy in Late Imperial South China*, pp. 149 – 150。

⑥ 参见黄知元纂《防城县志初稿》，岭南美术出版社，2009，第789~791页；董绍美修：雍正《钦州志》，岭南美术出版社，2009，第328~329页；笔者2011年7月在钦州和防城的田野考察。

⑦ 郑广南：《中国海盗史》，华东理工大学出版社，1998，第295页。

图 2　七十二径（2010 年笔者拍摄）

所。龙门港位于钦江和渔洪江的交汇处，是钦州古城的主要入境口岸。它是中越之间重要的港口。清初学者潘鼎圭在 1689 年《安南纪游》记载，"龙门者，海屿也。地枕交广之间，当钦州正南为外户"。潘描述这片区域为岛屿罗列、湖泊纵横、沼泽密集的"水域边界"，是名副其实的"海盗避难所"。① 有一片巨大的红树林沼泽地，因其海道繁复、植被茂密被称为"七十二径"。至少在宋代开始，它就成为海盗盘踞、走私贩运的理想之地（图2）。船只从龙门出发向东可至合浦、雷州，向西至越南北部，均一日可达。实际上，17 世纪末龙门已成为中国西南地区反清势力重要的活动中心。②

　　17 世纪 50～60 年代的北部湾除邓耀外，还有其他一些臭名昭著的海盗和叛军。随李成栋反正的杜永和 1652 年与其随从逃至海南，后再次降清。雷州海盗反清首领王之瀚带领部众 5000 余人，在随后四年反复骚扰清军，掠夺船只和沿岸村庄。另一名明朝遗臣海盗陈上川因其创建了边和市，成为越南南部颇受欢迎的神话英雄。陈上川生于广东省西南部吴川县，出身广州湾小岛上的商人家庭，几代前从福建迁来。在混乱的明清政权交替期间，他加入反清复明的永历政权，很快就与邓耀以及其他海逆取得联系。1582 年

---

① 潘鼎圭：《安南纪游》，第 3～4 页。
② 潘鼎圭：《安南纪游》，第 3～4 页；嘉靖《钦州志》，第 37 页；李庆新：《濒海之地：南海贸易与中外关系史研究》，中华书局，2010，第 271～272 页；笔者 2010 年 1 月在钦州的田野调查。

失败后与杨彦迪以及千名部众逃至越南南部西贡附近。[①]

　　李定国率领的南明军队在廉、高、雷、琼诸州府，东至珠江新会县作战，造成广东西南部的大部分地区动荡不安。[②] 在交战期间，一些地区政权多次易手，陈舜系记载他的家乡吴川县在 1653 转换了三次，1654 年转换四次，1665 年又转换 4 次。[③] 1655 年年初清军击败李定国后，其军队逃至海上，加入邓耀以及其他海盗集团。1655～1660 年，不仅整个区域出现海盗活动高潮，而且在海南岛和模糊不清的广东广西边界处林山县相继爆发了少数民族山贼起义。旷日持久的战争连同台风、洪涝、干旱、蝗虫引起严重的食物短缺和重大伤亡，一直持续到 17 世纪 50 年代末。[④] 1661～1662 年，清军抓获了邓耀、王之瀚、永历皇帝以及其他通缉犯，并将他们处死。至此，反清的南明势力全部被消灭。[⑤]

　　尽管 1661 年清朝几乎肃清了所有南明势力，但郑成功和若干其他海盗集团依旧给新王朝海上和西南沿岸制造了严重的麻烦。为此，1661～1683 年清政府实施了迁海令，迫使山东至广东沿海百万居民离开家园，放弃生计，内迁 30～50 里。[⑥] 士兵竖起了界石、修筑沟渠、建界柱和瞭望塔，确保居民在界区内。禁止居民进入界外居住、谋生以及出海捕鱼贸易，一旦发现均处死。因为广东的人们继续偷偷出海，1667 年清廷又命大臣至廉属沿海勘边界。[⑦] 只有澳门、海南岛在禁令之外，尽管海南岛人可以留在沿海家园，却被禁止出海捕鱼贸易。[⑧]

---

① 参见许文堂、谢奇懿《大南实录清越关系史料汇编》，中研院东南亚区域研究计划，2000，第 25 页。李庆新：《濒海之地：南海贸易与中外关系史研究》，第 276～277 页。

② 参见中国第一历史档案馆编辑《清代档案史料丛编》第 6 册，中华书局，1980，第 248 页。

③ 陈舜系：《离乱见闻录》，第 29～32 页。

④ 参见陈公佩纂民国《钦县志》，岭南美术出版社，2009，第 229～300、1075 页；周硕勋修乾隆《廉州府志》，岭南美术出版社，2009，第 62～64 页；丁斗柄等纂《康熙澄迈县志（二种）》，海南出版社，2006，第 269、574、576～577 页；樊庶纂修《康熙临高县志》，海南出版社，2004，第 32、162 页。

⑤ 蒋祖缘、方志钦：《简明广东史》，第 327 页。编者注：王之瀚与其弟王之鉴捆明反清，占据西海一带五六年，1656 年，王之瀚就抚降清，并没有被杀害。参见郑俊《海康县志》卷中，康熙二十六年刻本。

⑥ 对福建省的迁海令造成的破坏做了详尽的描述和深刻的分析，参见 Ho Dahpon David，"The Empire's Scorched Shore：Coastal China, 1633－1683"，*Journal of Early Modern History* 17：1 (2013)，pp. 53－74。

⑦ 参见黄知元纂《防城县志初稿》，第 792 页；周硕勋修乾隆《廉州府志》，第 63 页。

⑧ 参见蒋祖缘、方志钦《简明广东史》，第 330～331 页。

严厉的迁海令使大量土地荒废 20 多年。以吴川县为例，到 1664 年 586 个村庄的土地成为荒地。由于几十万人突然失去家园，失去其谋生渠道，许多人成为流民，打算加入土匪和海盗团伙。① 迁海令破坏了海外贸易及整个社会的经济，许多历史学家认为这是造成 1661～1683 年所谓的"康熙萧条"的主要原因。② 尽管 1669 年禁令有所放松，但是到 1683 年清军平定台湾郑氏政权后才被彻底废止。③

同时，"藩王"之一的吴三桂在 1673 年公开声明反抗清廷。这标志着三藩之乱的开始，直到 1681 年才被镇压。这场叛乱开启南中国政治社会动荡另一时期。广东藩王尚可喜依然效忠于新王朝，但他的儿子尚之信不顾其年迈的父亲（不久后去世），于 1676 年春加入吴三桂叛乱。像许多人一样，尚之信在叛乱期间多次倒戈。吴三桂打着新周王朝的旗号，给其部众官衔。④ 在高州，1675～1676 年祖泽清放弃其清军总兵的职衔，响应吴三桂起义，先被封为"信委将军"，之后被封为"靖远侯"。与此同时，雷州和廉州军事要塞也发生起义，祖泽清任命这里的亲信为军政官。1677 年，尚之信薙发，重新效忠清王朝。广东西南部再次处于无政府混乱状态。1678 年，吴三桂死于痢疾，祖泽清被捕押至京城，1680 年与其全家被处死。⑤ 1680 年，尚之信也结束了其在北京的牢狱生涯，自杀以谢其父。⑥ 清军随后在一年内平定叛乱。

在那个混乱无序的无政府时代，很难在清军或南明军队、反叛者、土

---

① 陈舜系：《离乱见闻录》，第 34～36 页。

② 参见 Kishimoto Nakayama Mio（岸本美绪），"The Kangxi Depression and Early Qing Local Markets," *Late Imperial China* 10：2 (1984)，pp. 227－256；Marks Robert，*Tigers*，*Rice*，*Silk*，*and Silt*：*Environment and Economy in Late Imperial South China*，pp. 142－143，153。

③ 参见广东省地方史志编委会办公室、广州市地方志编委会办公室编纂《清实录广东史料》第 1 册，广东地图出版社，1995，第 103、186、189 页；黄知元纂《防城县志初稿》，第 795、799 页。

④ 参见广东省地方史志编委会办公室、广州市地方志编委会办公室编纂《清实录广东史料》第 1 册，第 121～123 页；Frederic Wakeman，*The Great Enterprise*：*The Manchu Reconstruction of Imperial Order in Seventeenth － Century China*，Berkley & Los Angeles：The University of California Press，1985，pp. 1101，1109。

⑤ 参见广东省地方史志编委会办公室、广州市地方志编委会办公室编纂《清实录广东史料》第 1 册，第 127～128、132、135～136、138－139、142、146 页；《清史列传》，第 6658～6659 页；陈舜系：《离乱见闻录》，第 42～46 页。

⑥ Frederic Wakeman，*The Great Enterprise*：*The Manchu Reconstruction of Imperial Order in Seventeenth － Century China*，pp. 1117，1119。

匪、海盗和当地民兵之间做清晰的划分。事实上，如司徒琳所说，"缤纷复杂的活动"极大地模糊了人们的身份。无数来自军营的逃兵加入土匪、海盗集团，他们一直活跃在广东省一带。南明军与清军合作甚至将非法组织纳入自己队伍，这种情况并不少见。如马立博和其他学者所说，大多数情况下，效忠明朝的军队不会吸收民兵入伍，但经常会吸收大量的土匪、海盗及军队逃兵。[①] 在广州战斗的清军也是如此。如上文提及的清廷在 1647 年利用海盗黄海如及其武装力量防卫雷州。1650 年，围攻广州期间，尚可喜在当地海盗协助下海陆两路进攻广州城。三藩叛乱期间，情况更严重。祖泽清的军队沦为由逃兵、流氓、土匪、海盗混合的杂军。陈舜系描述了 1679 年吴川混乱的情景，士兵、乡勇、土匪、海盗彼此攻击，肆意抢掠乡村、城镇。[②]

民团的质量通常是最好的，主要由失业青年、当地恶霸以及文献所称的"光棍"或"烂仔"组成。事实上，以保卫本地区为借口，民兵经常被组织起来与敌对村落争斗，一雪前耻，雷州海口县就发生过类似情况。据当地绅士陈昌齐记载，他家附近有两个村庄：以谭姓家族为主的太平村和以冯氏家族为主的新桥村。在康熙时期（17 世纪 60 年代初期）这两个村庄以抵抗海盗和土匪为理由，雇佣练佣、组织民兵与其他村落发生械斗。[③] 有时当地民兵也会烧杀掠夺其长期敌对的临近村落，绑架妇女小孩，向其勒索赎金。[④]

三　杨彦迪是海盗

杨彦迪整个 40 年的成年生活是在极其混乱的环境中度过的。在这些动乱的年代，杨是一名令人生畏的海盗首领。他和他的哥哥杨三[⑤]很可能是在 17 世纪 50 年代开启他们的非法事业，成为土盗或土贼的，也有可能 10 年前就开始骚扰北部湾附近的船只和村落。首先，他们经营着小型渔船，可能就如现在龙门港图片（图 3）所描述的那样。随着杨彦迪团伙规模变大，力

---

① Marks Robert, *Tigers, Rice, Silk, and Silt: Environment and Economy in Late Imperial South China*, p. 147.

② 陈舜系：《离乱见闻录》，第 45 页。

③ 陈昌齐纂嘉庆《海康县志》，第 264 页。

④ 陈舜系：《离乱见闻录》，第 22 页；樊庶纂修《康熙临高县志》，第 154～155 页。

⑤ 编者注：钱海岳先生著《南明史·杨彦迪传》谓："彦迪，茂名人。迁二，一名杨二。"则杨三为杨二的弟弟，此处及后文有误。

量增强，他的攻击也变得更加明目张胆。1656 年，他发动了对海南岛同溪镇港口的袭击，并且引起政府的关注。他不仅抢掠停泊在港口的商船，而且还掠夺岸上的商铺、住宅，杀死了一些反抗的商人。[①] 1658 年，他拥有 37 只船。两年后，继续对海南沿岸的村庄、船只进行掠夺。1661 年，他的船只增加了 20 艘，杨彦迪袭击了海南南端的下马岭黎村，绑架村庄首领林伍和十余名妇女，向他们勒索赎金。杨与其团伙还掠夺了其他沿岸城镇、村落，绑架了三百多名男女和小孩。1665 年，一帮海盗乘坐 13 艘船与杨彦迪兄弟联合掠夺海南沿岸的澄迈县蛋场，杀死 2 人，绑架 4 人向其勒索赎金，杨彦迪兄弟运营着中越边界基地。[②]

图 3　停泊在龙门港的渔船（2010 年笔者摄）

1656～1665 年，杨彦迪与其兄主要在海南和雷州半岛沿岸进行掠夺。17 世纪 60 年代初期，杨彦迪可能率领约 1000 名部众，发起一阵高效进攻，切断了广州与海南的联系。尽管历史文献中没有清楚记载这一点，但很可能

---

① 潘廷侯纂修乾隆《陵水县志》，上海书店出版社，2001，第 725 页；Niu Junkai & Li Qingxin, "Chinese 'Political Pirates' in the Seventeenth - Century Tongking Gulf", in *The Tongking Gulf through History*, edited by Nola Cooke, Li Tana, and James Anderson, Philadelphia: University of Pennsylvania Press, 2011, p. 139.

② 张嶲纂、郭沫若点校《崖州志》，广东人民出版社，1988，第 231～232 页；康熙《澄迈县志（二种）》，第 257 页；黄知元纂《防城县志初稿》，第 793 页。编者注：据康熙四十一年《澄迈县志》所记，杨彦迪兄弟转掠澄迈县蛋场事当在康熙十九年（1679）、二十年，同前一条康熙四年事并不相连，作者似将前后两条史料误读。

在这个时期杨彦迪兄弟与邓耀、王之瀚、陈上川联系，也以龙门附近的某一岛屿作为其活动基地。① 不管怎样，1661 年清军将邓耀从龙门驱逐，杨彦迪可能逃往越南重整旗鼓。

　　然而随着邓耀遇害，杨彦迪却在北部湾声名鹊起。很快，他和他的军队重新占据龙门，在 1663 年仅一次被尚可喜驱逐。第二次据点丢失后，杨与其部众四周逃散。他的下属黄国琳率领约 1000 人进入广西，继续抢掠村庄，抗击清军，直到同年黄国琳被处死。② 杨彦迪兄弟和几个臭名昭著的海盗黄明标、冼彪等携其家人、部众一起逃至越南海牙港（很可能就在海阳省），并受到海牙州官潘辅国的庇护。他不仅给他们提供基地供其在北部湾继续探险，还资助其粮食、武器、船只。1666 年清军前往海牙镇压杨彦迪与其同伙，潘辅国拒绝交出其客人，并关闭城门向清军开火。在北京朝廷的压力下，河内的越南国王被迫下令逮捕杨彦迪及其团伙。③

　　杨彦迪被迫离开越南，在 1666 年或 1667 年逃往福建和台湾，寻求郑氏政权的庇护。史料中再次提到杨彦迪是在 10 年之后。他和冼彪率舟师数千人，乘船 80 艘，从台湾返回北部湾，再取龙门。④ 五年后，杨彦迪以龙门为基地，多次向钦州、雷州、海南附近的城镇与船只发起袭击，并在这里不断与清军斗争。1678 年，杨彦迪与当地海盗梁羽鹤抢掠雷州东海岸的定居点，封锁南渡河口。第二年，杨彦迪团伙乘坐大约 40 只船，抢劫海南西北沿岸的石礁和森山市，绑架妇孺勒索赎金。1680 年和 1681 年，杨彦迪率领约 100 艘船进入临高县的石牌港进行烧杀抢掠和绑架，之后又在东水港和澄迈沿岸更加肆无忌惮地劫掠。⑤

　　1681 年，清军进攻龙门并最终在第二年初将杨彦迪击败，驱出龙门。杨彦迪率领 3000 部众、70 艘船再次撤退到越南，最终定居在湄公河三角洲美湫南部（离今天的西贡 70 公里），在那里受阮主的庇护。杨与其同伴定

---

① 参见民国《钦县志》，第 300 页；Niu Junkai & Li Qingxin，" Chinese ' Political Pirates ' "，p. 139。

② 参见民国《钦县志》，第 300、1087 页；黄知元纂《防城县志初稿》，第 793 页。

③ 参见广东省地方史志编委会办公室、广州市地方志编委会办公室编纂《清实录广东史料》第 1 册，第 96 ~ 97 页；Niu Junkai & Li Qingxin，" Chinese ' Political Pirates ' "，p. 139。

④ 参见黄知元纂《防城县志初稿》，第 797 ~ 798 页。

⑤ 参见广东省地方史志编委会办公室、广州市地方志编委会办公室编纂《清实录广东史料》第 1 册，第 149、161 ~ 162、165 ~ 166 页；陈昌齐总校嘉庆《雷州府志》，岭南美术出版社，2009，第 233 页；樊庶纂修康熙《临高县志》，第 164、166 页；康熙《澄迈县志（二种）》，第 257 ~ 258 页。

居在他们的新家园，从事商业、农业、渔业，偶尔也会掠夺过往的船只。为答谢阮主，杨彦迪与阮朝政敌柬埔寨作战，帮阮朝巩固控制越南南部。杨彦迪在 1688 年被其部下黄进杀死。[①]

笔者对杨彦迪的动机做了一个小小的推测。当然作为一名海盗，杨彦迪的掠夺出于简单的经济目的，但事实上却另有隐情。1656～1665 年，杨彦迪与其团伙在海南沿岸抢掠活跃时期，正好是钦州附近包括龙门基地不断发生台风、洪涝、干旱饥荒时期。海南是南中国的"粮食基地"，全年生产谷物、蔬菜、水果、家畜，很少出现严重的食物短缺。此外海南岛偏远，疏于防守。因此，对于饥饿贪婪的海盗来说，相对容易攻取。例如1659 年，廉州遭遇严重的饥荒，随之而来的是持续多年的流行病。食物短缺，米价涨到每斗三银币。[②] 就在那年，杨彦迪团伙掠夺了海南岛黎村，饥饿的部众抢取大米、牛及其他家畜。1661 年，杨彦迪抢掠番人塘和其他一些村落，绑架妇孺向其勒索谷物、家畜。也就是说，这是觅食性的袭击。[③]1677～1678 年，广东西部大部分地区出现严重的食物短缺。杨彦迪团伙再次劫掠了海南、雷州沿岸，为了寻求食物甚至封锁了雷州港口。[④] 这说明杨彦迪对城市、港口市镇、集市、村落甚至一些军事基地多次发起攻击，是因为他的军事基地龙门在这段时间出现了严重的食物短缺。这些袭击主要是为了生存。

四　杨彦迪是反叛者

在混乱的 17 世纪 50 年代，杨彦迪作为一名海盗和反叛首领出现，但是什么使他成为反叛者？他反抗的又是什么？在官方文献中，经常用"逆"表示"反叛"或"造反"，"逆贼"和"海贼"也经常被混用。尽管"反叛"这个词至少在英语中表示推翻政府，但在中国不限于此义。事实上"逆"这个词有好几个意思，包括公开对抗政府及其他官员（但不一定表示

---

① 参见黄知元纂《防城县志初稿》，第 798 页；Sakurai Yumio, "Eighteenth – Century Chinese Pioneers on the Water Frontier of Indochina," in *Water Frontier: Commerce and the Chinese in the Lower Mekong Region, 1750 – 1880*, edited by Nola Cooke & Li Tana, MD: Rowman and Littlefield, 2004, p. 40。

② 民国《钦县志》，第 1075 页；周硕勋修：乾隆《廉州府志》，第 64 页。

③ 参见张嶲纂、郭沫若点校《崖州志》，第 232 页。

④ 陈昌齐修嘉庆《海康县志》，第 123 页。

推翻政府），试图刺杀皇帝和王室人员，企图玷污王陵；它还表示叛国潜逃，援助支持国外政权和首领。第一次将杨彦迪与反叛者或造反（逆）联系起来是在《清圣祖实录》的"康熙五年"条。它提到杨彦迪与其他一些海寇藏在越南，受到阮主的庇护。自 1678 年以后，《实录》明确认为杨彦迪是海逆，开始在钦州抢掠。①

　　如何鉴定杨彦迪是反清叛贼？首先我们要弄清楚下以下两个问题：第一，他是否与其他知名叛贼有联系；第二，他有过哪些实际行动。从根本上说，他与三个反清叛贼阵营有联系：龙门的邓耀、台湾的郑氏政权和广东西南部三藩叛乱的支持者祖泽清。尽管近年来有些学者如郑广南、李庆新、顾诚认为杨彦迪是南明将领，是忠实的明末遗臣。② 但是，笔者还没找到任何同时代的证据证明这一点。然而大多数文献提到他是邓耀的团伙或部下，清朝文献将他描述成"臭名昭著的海盗"（海贼或海寇）和"反叛者"（逆贼或海逆）。③ 笔者注意到只有陈舜系一人认为邓耀是 1647 年高州"起义"的首领。高州是邓耀的老家。杨彦迪可能是在 17 世纪 50 年代与龙门的邓耀建立了联系。

　　邓耀被击败处死后，杨彦迪逃至越南，之后又去了台湾，与冼彪一起追随郑经（郑成功的长子）。据民国及之后的一些文献记载，郑经任命杨彦迪为将军，更有文献说杨彦迪举起"反清复明"的大旗，尽管这时广东的南明反清势力几近覆灭。④ 一些大陆学者认为，郑经派杨彦迪回北部湾是为了开辟第二道沿海抗清前线。⑤ 然而假设郑经派杨彦迪至北部湾，那么更有可能是为了保护重要的贸易，确保台湾与越南、暹罗交流畅通。⑥ 另一种可能是郑经并没有派杨彦迪回粤西，仅仅是因为郑经遭遇挫败，杨彦迪主动离开他的阵营。很遗憾，1667～1677 年这十年有关杨彦迪活动的史料十分稀少。这是他在台湾跟随郑经的关键时期。

　　其他一些文献如嘉庆《雷州府志》和杜臻的《粤闽巡视纪略》写道，杨彦迪与其同伙谢昌、梁羽鹤受祖泽清领导。祖泽清在 17 世纪 70 年代追随

---

① 参见广东省地方史志编委会办公室、广州市地方志编委会办公室编纂《清实录广东史料》第 1 册，第 96～97、149 页。
② 民国《钦县志》，第 300～301 页；钱海岳：《南明史》卷 2，中华书局，2006，第 3174 页。
③ 参见嘉庆《雷州府志》，第 133 页；陈舜系：《离乱见闻录》，第 35 页。
④ 参见民国《钦县志》，第 1087 页；黄知元纂《防城县志初稿》，第 797 页。
⑤ 参见李庆新《濒海之地：南海贸易与中外关系史研究》，第 273 页。
⑥ 感谢 2012 年 11 月 4 日私人交流中，杭行教授为笔者指出这种可能性。

吴三桂反抗清朝。[①] 但是与这些知名反清首领有关联，并不意味着杨彦迪是叛贼或举起"反清复明"的旗帜。毕竟，我们必须牢记在明清转换之际，南明郑氏集团以及之后的吴三桂军队是由大量的土匪、海盗组成。他们披着合法的外衣，用"义军"的名义继续其非法活动。

也许就像清政府一样，最好通过杨彦迪的活动来判定。假如杨彦迪是叛贼，那么我们就可以推测出他的攻击目标：清朝当局及其政权——城市军事据点——杀死清朝官员。1663 年攻击雷州白鸽寨，斩守备房星以及其他军官士兵。[②] 两年后在尚可喜的带领下继续与清军作战。1666 年，如上文所提杨彦迪逃至越南受到国外官员的庇护，"背叛了他的国家"（逆）。之后，杨彦迪加入台湾郑经反清势力，并可能在郑经的支持下，重新返回龙门。杨彦迪与其部众再次在北部湾与清军大战。1677～1679 年，据说杨彦迪兄弟、谢昌联合黎人在韩有献领导下举行海南起义。杨彦迪军队从海上袭击琼州、澄迈、定安，韩有献则率领部众从陆上发起进攻。直到 1681 年黎乱得以平息。[③] 1678 年，杨彦迪率军攻击钦州城墙，被清军击退。也就是在此时第一次明确提到杨彦迪是海逆。1679 年，杨彦迪占领清军在雷州、海南的重要驻防要塞。[④] 最终，其在 1680～1681 年撤退广南之前，袭击占领了清军在海口的要塞，并俘获清军首领，之后又掠夺澄迈县。[⑤]

我们有确凿的证据证明杨彦迪与其部众攻击了清朝当局、军事据点，重创甚至杀死了大量的文武官员及士兵，清政府称他为叛贼（逆）。但是，从民国至今一些中国学者认为杨彦迪是反清复明的首领，这一说法难以让人信服。几乎没有证据证明杨彦迪是明朝遗臣。他最活跃的时期是 1650 年以后，但在 17 世纪 60 年代至 70 年代，南明政权已经被击败，复兴明朝仅是一场梦。正如一位学者所说"很少能看到义军。人们对明朝怀有思念，但却无人再开启战争模式"。更重要的是，没有证据证明杨彦迪曾试图推翻清王朝，他与清朝的战斗被视为正当的自卫或者说是为了自己的生存采取先发制人的战略。

① 参见嘉庆《雷州府志》，第 133 页；李庆新：《濒海之地：南海贸易与中外关系史研究》，第 275 页。
② 参见嘉庆《雷州府志》，第 133 页；钱海岳：《南明史》卷 2，第 3175 页。
③ 参见张嶲纂、郭沫若点校《崖州志》，第 232、272～273 页。
④ 参见嘉庆《雷州府志》，第 133 页；广东省地方史志编委会办公室、广州市地方志编委会办公室编纂《清实录广东史料》第 1 册，第 149、161～162、165 页。
⑤ 参见康熙《澄迈县志（二种）》，第 258 页；广东省地方史志编委会办公室、广州市地方志编委会办公室编纂《清实录广东史料》第 1 册，第 177～178 页。

五　杨彦迪是英雄

假如杨彦迪是一名海盗，是什么让他成为"义士"（righteous warrior）？"righteous"汉语为"义"，据汉学家卜德（Bodde Derk）所解，"这种人的行为特征是意识到某些道德义务，努力行动做到最好"①。笔者认为这些都是崇高的理想，在现实生活中很少有人能做到。但是我们在这里将要讨论的是传说中的杨彦迪，以下当代插图（图4）描绘了这位"义士"。我们无法确切知道人们何时称他为"杨义"。尽管有关他的传说在20世纪三四十年代以文字形式出现，但肯定在这之前就以某种方式存在。钦州、城防附近当地人有着口头传说的传统。一些学者已经证明，口头传说通常比文字传说历史悠久，有关杨彦迪的大部分故事是靠世代口耳相传下来的，只有一小部分是用文字记录下来的，即使到今天。很有趣的是，笔者在2010年10月和2011年7月对当地村民的采访中发现，人们通常只知道杨义这个名字，他们完全不知道他的真实姓名为杨彦迪。

图4　英雄杨彦迪现代插图（笔者收集）

---

① Bodde Derk，"Translating Chinese Philosophical Terms," *The Far Eastern Quarterly*，14：2（1955），p. 238.

在杨彦迪活着的时候或去世不久，他的故事就开始流传，地方志和个人笔记都有记载。尽管在早期记录的传说中，大多将其描述成邪恶的海盗，但偶尔也会暗含其正义、高尚的道德情操。这样的记述最早出现在 19 世纪末的海南澄迈县。1681 年，当李朝钦 16 岁时，杨彦迪团伙袭击了他的村庄。据他记述，杨彦迪与其团伙残忍地对待村民，重殴其父，并向其勒索三百银两赎金。李朝钦家境贫苦，无力支付，为了尽孝照顾受伤的父亲，自愿登上海盗的船，进入海盗们的社会，在这里遭遇种种困难和侮辱。他为父亲坚定献身的精神深深打动了海盗首领杨彦迪，并最终在阳江沿岸附近释放了父子俩。尽管这是关于孝子李朝钦的故事，但我们也能从中瞥见杨彦迪的忠义之感与道德责任。① 传说就是从这样的故事中诞生的。②

然而，笔者所看到或听到的大部分传说都将杨彦迪描述成有情有义的反叛者、明遗臣或反清英雄。有关杨彦迪故事的历史记载和口头传说最早出现在民国时期，一直延续至今。我们很难知道现在所流传的爱国主义者杨彦迪版本是否与两个世纪前所讲述的一致。虽然传说在不同时期根据不同的历史环境而变化。但这并不意味着清代的传说没有将杨彦迪描述成一个正义的反清英雄，无论他是否真的如此。毕竟整个清代的南中国暗涌着一种反清复明的情感，主要表现为三合会传说与仪式。③

关于杨彦迪，我们最常听到的传说是他如何建造一座皇城，打造一个宫殿，开凿龙门基地运河。一些故事将他描述成明末将领，在北方被击败后，投靠南方的南明永历政权，并最终在龙门附近建立基地。还有一些传说认为，他是台湾郑成功的部下。另一些故事说，杨彦迪自立为王，当地人称其杨王。今天所有的故事都将他描述成"反清复明"的英雄。其所谓的城堡遗迹被当地人称为"王城"或"皇城"。④

在过去的几个世纪中一直流传着这样一个传说：在废墟中发现了帝王宝藏，包括大型陶制骨灰盒，里面装满铜币或一些传说中讲的银钱、玉块、古

---

① 参见谢济韶修、丁宗增纂嘉庆《澄迈县志》卷七《人物志》，岭南美术出版社，2006，第453～454 页。

② 有趣的是 19 世纪晚期，就在同样的地区（钦州、防城）出现近代英雄刘永福，和杨彦迪一样刘永福之前是海盗和反叛者，因其在此抵抗法国帝国主义而成为一名爱国民族英雄。

③ 参见 Antony Robert, "Demons, Gangsters, and Secret Societies", *East Asian History*, 27 (2004), pp. 71 - 98; Ter Haar Barand, *Ritual and Mythology of the Chinese Triads: Creating an Identity*, Leiden: Brill, 1998。

④ 笔者 2010 年 1 月在钦州、2011 年 6 月在防城的田野调查。

铜镜、纯金猫型雕像、金书。还有人说，金书埋葬在一颗神秘的树下，雨天不会被淋湿，夏季不会变热，冬季不会受冷；这本书由一张或几张写有古体的金页组成。一些人说，这本书实际上是诏旨，作为杨彦迪效忠明王朝的赏赐。还有人说，这出自杨彦迪之手，宣布其称王合法化。尽管这片废墟被认为是风水宝地，在其附近也有一些村庄，却没有人敢在这里居住工作。①

图 5　杨彦迪建造运河旧址（笔者摄）

　　村民们认为杨彦迪在龙门附近至少修了两条运河，分别是杨窖、皇帝沟。还有一些其他称法。据村民说，笔者在 2010 年看到的这条运河（图 5）最初长约 12 千米，一直发挥着作用。二战日本侵略中国的时候，它成为秘密抵抗日寇的一道新屏障。这条运河被认为是杨彦迪为生存与清军殊死战斗而开凿。因为无路可逃，他在其城堡附近最高处建立了一个祭坛，向玉皇大帝、龙王、山地神（在其他故事中他还向天主祷告）祈祷，为其开辟一条逃跑路线。杨彦迪的正义之战——抵抗外来侵略者——感动了上天，他便在夜晚派 40 名天兵下凡开凿运河，之后又下了一场暴雨，帮助杨彦迪及其部下逃往大海。②

① 笔者 2010 年 1 月在钦州、2011 年 6 月在防城的田野调查，文字记载参见《防城县志初稿》，第 1127 ~ 1132 页。

② 笔者 2010 年 1 月在钦州、2011 年 6 月在防城的田野调查。另参见民国《钦县志》，第 1087 ~ 1088 页。1946 年《钦县志》也记载了一种传说，杨彦迪开凿运河不是为了逃避清军，而是方便其通向大海，这样他就可以掠夺船只和村庄；还有一种传说认为，运河非杨彦迪所开，是东汉伏波将军马援为了安抚南粤和越南北部所开。参见《钦县志》，第 946 页。

　　这样的传说揭示了一点：人们共同称杨彦迪为"正义英雄"。他有招来神灵的神奇力量，这些神灵助其成就仁德，抵抗外来侵略。这些金、银、玉宝藏有两种解释，一方面可以视之为南明皇帝赏赐给杨彦迪的宝物，作为其效忠明王朝的回报；另一方面，它们可能只是杨彦迪团伙多年从事掠夺探险的战利品。后一种解释并没有损害杨彦迪在人们心目中的英雄形象。杨彦迪是贫民成为正义海盗英雄的成功典范，也许这位"社匪"是去劫掠有钱有权的人来救济穷人的。

结　论

　　纵观历史，北部湾地区有着"混乱无序的海域边界"称呼，海盗、走私、武装叛乱常年如故。其远离中央王朝，海岸线漫长，有无数的海湾、岛屿及密集的红树林沼泽地，为非法活动提供了地缘政治条件。

　　海盗在这片海湾的政治、经济、社会历史发展中扮演着重要的角色。在政治上，多种政治势力支持着海盗，授予其官职，为他们提供避难所以及供应他们的船只。作为回报，海盗们为其支持者提供军事援助并与其分享战利品。对于南明和台湾的郑氏政权，北部湾成为其抗击满族的第二海上前沿和重要的贸易出口地。在越南，流亡海盗杨彦迪为阮主巩固湄公河三角洲地区发挥了重要的作用。经济上，纵观整个 17 世纪，贸易、走私、海盗经常混杂，难以区分。暴力不仅是海盗的一大特色，通常也是贸易的一个特点。虽然许多人深受其害，但还有一部分人从战争和海禁中获利。在社会上，海盗为改善众多边界人民的社会地位提供了机会，至少在自我认知上发生了变化。政治认可使一些海盗首领身份合法化，拥有目标与责任感，超越了掠夺与杀戮。杨彦迪成为"正义英雄"。17 世纪末，杨彦迪与其他明朝遗臣逃至越南，他们从海盗立即转变为备受尊重的商人和杰出的社会精英。至少在（陈上川）个案中以至于被神化。

　　事实上杨彦迪既是历史人物也是历史传奇。对于清朝作家而言，杨彦迪仅仅是一名暴力罪犯——海盗和反叛者。他和其同党造成了社会动乱。官员们掌控着例如彗星和日食的占星预兆，声言这预示着杨彦迪之类的海盗会垮台。在他们倒台不久后，这些征兆恰证明了清廷受上天的指令。然而在 20 世纪，民国的民族主义作家（1946 年《钦县志》中提到他们）以及之后顾诚、李庆新都将杨彦迪描述成"反清复明英雄"。对于他们来说，日食彗星这些征兆，预示着清朝会灭亡。1946 年《钦县志》作者说，清前期的地方志中仅将邓耀和杨彦迪看成海盗这是不对的，因为他们反抗外来侵略者满族，是一场正义之战，所以应该将他们称为民族英雄。[①] 对于大众来说，传说首先是由讲述者口头传下来，之后被民俗学者和宣传家记录下。它们都是历史的补充，过去诸多关于杨彦迪的版本将其树立成一名正义英雄，根据传说上天支持杨彦迪而非清朝。

杨彦迪生活在多事之秋，他的整个 40 年成年生活是在巨大的社会动荡中度过的——就像司徒琳所说的大变动。我们无法知晓杨彦迪的感受、想法和信念，但我们明白在这样的环境下，很难将海盗、反叛者、英雄做清楚的划分。其身份是模糊的，一直变化的，这并不是说中国文献是不一致的和矛盾的。恰恰相反，像海盗、土匪、罪犯、反叛者（寇、贼、逆）这些传统的中国词汇通常表述相同的意思，可以任意互换。例如，官方称杨彦迪为海寇、将其确定为海盗和反叛者。1678 年，杨彦迪与其同伙在高州、雷州、廉州沿岸抢掠时，官府用逆贼、海贼来描述他们。然而，杨彦迪是不会自称或自视为海盗或反叛者的。尽管，我们无法肯定但可以轻易猜想到，与大多数人的观点一样，杨彦迪自认为是个正义英雄。

"Righteous Yang": Pirate, Rebel and Hero on the Sino – Vietnamese Water Frontier, 1640 – 1688

Robert Antony

Abstract: In Vietnamese history Yang Yandi is known as a Ming refugee who, under the direction of the Nguyen lord of Cochinchina, settled in the Mekong Delta, where he helped to establish the town of My Tho. Prior to taking asylum in Vietnam as a Ming loyalist, he had a colorful career as a pirate, rebel and local hero. This article is a case study of this little known but important figure, known variously as Yang Yandi, Yang Er, and more colloquially as "Righteous Yang" (Yang Yi). My focus is on his multiple identities as pirate, rebel and hero. Born in southwestern coastal China in the early seventeenth century, he

---

① 民国《钦县志》，第 301、1087 页。

made a name for himself during the turbulent Ming – Qing transition in Gulf of Tonkin, a nebulous water frontier separating Vietnam and China. Based on written historical documents, including Qing archives, the Veritable Records of Vietnam and China, and local gazetteers, as well as fieldwork in the region conducted over the past six years, I argue that piracy, in its multiple forms, was a persistent and intrinsic feature of this water frontier and that it was a dynamic and significant force in the region's history and development. Yang Yandi, who began his outlaw career as a local, petty pirate in the 1640s, became the most influential and formidable pirate in the gulf between the 1650s and 1680s. At the same time he also became involved in the anti – Qing resistance movements. In the 1670s, he collaborated with the Zheng regime in Taiwan, and after the latter's demise Yang led several thousand followers back to the gulf where they established bases on Longmen and nearby islands. In 1682, when the Qing military finally drove the pirates from their bases, Yang led about 3, 000 followers to Vietnam, finally settling at My Tho. In 1688 a subordinate assassinated Yang in an apparent power struggle. This was an age of chaos and anarchy, a time when individuals like Yang Yandi could possess many identities and affiliations. In the late seventeenth century the Gulf of Tonkin became a haven for pirates, rebels and refugees.

Keywords: Yang Yandi; Yang Er; Yang Yi; Gulf of Tonkin; Deng Yao; Chen Shangchuan; Zu Zeqing; Shang Kexi; Zheng Jing

（执行编辑：陈贤波）

海洋史研究（第九辑）
2016 年 7 月　第 282～325 页

倭寇与海防：明代山东都司、
沿海卫所与巡检司

马　光[*]

引　言

　　元末明初，山东地区频遭倭寇侵掠，沿海居民多受其扰，苦不堪言。倭患不但对山东的军事、经济和社会有着重要影响，而且对明朝与日本、朝鲜的外交、军事、经贸活动有深远影响。从区域研究上看，嘉靖大倭患主要发生在南方沿海，因而学者们对粤、闽、江浙等地的倭患非常重视，但忽略了北方沿海的倭患情况。事实上，明初山东沿海的倭患非常严重，以至于明太祖在继位之初，第二次派遣使者去日本时，在国书中明确提及山东倭患，要求日本政府配合镇压。明代山东哪些地区遭遇了怎样的倭患？沿海又是如何应对倭寇来袭？山东海防体系有哪些特殊性？这些都是亟待研究的问题。

　　从研究材料上看，学术界对于中国的文献资料，比如官方史书、奏折、文集、宫中档等使用的频率较高，对现存于韩国、日本等地的文献却缺乏相

---

　　[*]　作者系比利时根特大学与奥地利萨尔茨堡大学博士候选人。

　　本文系加拿大社会科学与人文研究委员会（Social Sciences and Humanities Research Council of Canada）与比利时根特大学（Ghent University）资助的大型国际跨学科研究项目 "The Indian Ocean World：The Making of the First Global Economy in the Context of Human‐Environment Interaction" 的子项目 "East Asian Mediterranean"（http：//indianoceanworldcentre. com/Team_3）的阶段研究成果之一。

应的重视。除以上传统文献资料外，我们还应当重视对碑铭、家谱、地方志、文物（沉船、瓷器、铜钱、官印、武器等）、遗址（城墙、墩堡）以及遗俗等资料的发掘、整理和利用，这些资料往往能给我们提供意想不到的切入点。比如，利用官印可以准确判断一些卫所的设置年代；地方志对卫所设置情况有详细的记载，可以补充《明实录》《筹海图编》等书中相关记载之不足。通过研读地方志，可以发现各地的卫所设置并不像《明会典》《明史》等书中记载的那样整齐划一，在兵力配置、驻军地点等方面具有较大的变通性和灵活性。利用家谱，可以追寻军户的来源和当地村落乡镇的形成过程等。

目前学术界对山东的倭患问题研究已有一些成果问世，但不少问题仍有待深化。[①] 鉴于此，本文在广泛利用中、日、韩等文献的基础之上，结合新近的文物考古发现，对明代山东所遭受的历次倭患做详细统计，探讨倭寇的来源、构成、倭船等问题，对山东都司、卫所、备倭都司、海防三营、巡察海道及巡检司等进行系统梳理，并与全国相比较，揭示山东海防体系的特点及不足。不当之处，还请方家批评指教。

一 倭寇对山东沿海的侵扰

山东半岛三面环海，拥有长达约 2500 公里的漫长海岸线。漫长的海岸线及其东突入海的地理环境使山东容易成为倭寇袭击的区域，难于防备。在明朝山东六府中，登州、莱州、济南和青州四府辖有临海区域。诚如《读史方舆纪要》引《广志》所言：

> 山东自兖州、东昌而外，其当大海一面之险者，济南东北境也；当两面之险者，青州府北及府东南境也；当三面之险者，登、莱二府之

[①] 有关明初山东倭寇与海防的主要研究成果有黄尊严：《明代山东倭患述略》，《烟台师范学院学报》（哲社版）1996 年第 3 期，第 12～17 页；王赛时：《明代山东的海防体系与军事部署》，《明史研究》第 9 辑，黄山出版社，2005，第 255～265 页；赵红：《论明初洪武时期的山东海防》，《烟台大学学报》（哲学社会科学版）2005 年第 4 期，第 454～459 页；张金奎：《洪武时期山东沿海卫所建置述论》，《明史研究》第 13 辑，黄山书社，2013，第 130～173 页；赵树国：《明永乐时期环渤海地区的海防》，《山东师范大学学报》（人文社会科学版）2014 年第 4 期，第 100～107 页；马光：《明初山东倭寇与沿海卫所制度考论》，上海中国航海博物馆编《国家航海》第 11 辑，上海古籍出版社，2015，第 73～108 页。

东、南、北皆以海为境也。①

明代山东沿海地区州县分布如下：登州府有招远、黄县、蓬莱、福山、莱阳、宁海州、文登七个州县，莱州府有潍县、昌邑、掖县、即墨、胶州五个州县，济南府有海丰（今无棣）、沾化、滨州、利津、蒲台五个州县临海，青州府有乐安、寿光、诸城、日照四个县。②

明朝沿海的山东、浙江、广东、福建、辽东等地是倭寇侵掠的重灾区。山东沿海倭患，尤以洪武、永乐两朝最为严重（见表1）。

表 1　明代倭寇侵犯中国沿海次数表

年份	1368～1402	1403～1424	1425～1551	1552～1566	1567～1644
次数	46	27	41	259	37

资料来源：范中义、仝晰纲：《明代倭寇史略》，中华书局，2004，第 18、28、33、114、140、158、315、351 页；（日）田中健夫：《倭寇——海上历史》，杨翰球译，武汉大学出版社，1987，第 113～115 页。

洪武元年（1368），"倭寇出没海岛中，乘间辄傅岸剽掠，沿海居民患苦之"③。洪武二年（1369）正月，"倭人入寇山东滨海郡县，掠民男女而去"④。洪武二年（1369）四月：

> 戊子，升太仓卫指挥佥事翁德为指挥副使。先是，倭寇出没海岛中，数侵掠苏州、崇明，杀伤居民，夺财货，沿海之地皆患之。德时守太仓，率官军出海捕之，遂败其众，获倭寇九十二人，得其兵器、海艘。奏至，诏以德有功，故升之……仍命德领兵往捕未尽倭寇。⑤

苏伯衡在《王铭传》中记载翁德等人在海门县之上帮遭遇倭寇，"及其

---

① （清）顾祖禹：《读史方舆纪要》卷30，中华书局，2005，第 1452 页。
② 明代山东各府有变化，其所属的州县也有变化，以上沿海州县统计为明中后期的大体情况。
③ 《明史》卷 130《列传十八·张赫》，第 3832 页。
④ 《明太祖实录》卷 38，台湾"中研院"史语所，1962，第 14 页。以下《明实录》均采用该版本。
⑤ 《明太祖实录》卷 41，第 824 页。

未阵，麾众冲击之，所杀不可胜计，生获数百人以献"①。二者所记史实略同，只是苏伯衡言"生获数百人"，似乎有点夸大。

洪武三年（1370）五月，倭寇掠温州中界、永嘉、青岐、东鹿等地，鲁、辽、闽、浙等处咸设备倭重臣。② 六月，倭寇侵掠山东，转掠温、台、明州傍海之民，又寇福建沿海郡县。福州卫出兵捕之，获倭船一十三艘，擒三百余人。③ 洪武四年（1371）六月，倭寇侵犯胶州，劫掠沿海人民。④ 洪武六年（1373）三月，令指挥使于显为总兵官出海巡倭，倭寇进犯莱、登等地。⑤ 七月，倭寇侵犯即墨、诸城、莱阳等县，沿海居民多被杀掠，诏近海诸卫分兵讨捕之。⑥ 由此可见，洪武初期，山东沿海几乎每年都遭遇倭寇的侵掠，可谓倭寇掠夺的频繁期。这一时期，山东所遭遇到的倭患应明显比其他地区严重，以至于洪武二年明太祖在给日本的第二份诏书中就特别提出山东倭患严重，要求日本禁倭。⑦ 洪武七年之后，终至永乐初，除洪武二十二年（1389）和三十一年（1398）有倭寇侵扰记录之外，其余年份均未见有记载，表明这一时期倭寇已暂时平息。同时，沿海其他地区的倭寇活动也相对平息。⑧

永乐年间，山东遭遇倭寇侵犯的次数虽然不多，但有时规模较大，危害相当严重。例如，永乐六年，倭寇成山卫，掠白峰头寨、罗山寨，登大嵩卫之草岛嘴；又犯鳌山卫之羊山寨、于家庄寨，百户王辅、李茂被杀；不踰月，倭寇又进犯桃花闸寨，郡城、沙门岛一带被倭寇抄略殆尽，百户周盘被杀。⑨

① （明）苏伯衡：《王铭传》，《苏平仲文集》卷3，上海涵芬楼借江宁邓氏群碧楼藏明正统壬戌（1442）刊本景印，《四部丛刊初编》第1532册，第25页。关于翁德，也有史书作"王德"（见（明）吴朴：《龙飞纪略》卷4，北京图书馆藏明嘉靖二十三年（1544）吴天禄等刻本，《四库全书存目丛书》史部第9册，齐鲁书社，1996，第538～539页），当误。

② （明）薛俊：《日本国考略》，明嘉靖四十四年（1565）金骧刻本，姜亚沙、陈湛绮主编《日本史料汇编》第1册，全国图书馆文献缩微复制中心，2004，第84页。

③ 《明太祖实录》卷53，第1056页；《明史》卷2《本纪第二·太祖二》，第24页。

④ 《明太祖实录》卷66，第1248页。

⑤ 《明史》卷322《列传第二百十·外国三·日本》，第8342页；《明史》卷2《本纪第二·太祖二》，第28页。

⑥ 《明太祖实录》卷83，第1487页。

⑦ 《明太祖实录》卷39，第787页。

⑧ 范中义、仝晰纲：《明代倭寇史略》，第18页。

⑨ 施闰章纂康熙《登州府志》康熙三十三年刻本，第3页；光绪《增修登州府志》卷13，清光绪七年（1881）刻本，《中国地方志集成·山东府县志辑》第48～49册，凤凰出版社，2004，第138页；《明史》卷154《列传第四十二·柳升》，第4236页；（明）郑若曾：《筹海图编》卷7《山东事宜》，解放军出版社、辽沈书社，1990，第584页。

倭寇袭破宁海卫，杀掠甚惨，而指挥赵铭等守将却畏葸不前，剿倭不力，之后又虚报杀获贼数，欺诳朝廷。为此，永乐帝大怒，遂将多位守将官分尸示众，以儆效尤。同时规定："守海官员人等常操练军士，葺理战船，于紧闭岛坞湾泊遇有贼船到来，不许四散调开，或三五十只，或百十只成综一处驾驶，并力攻取擒倭。"[1] 十二月，永乐帝命安远伯柳升、平江伯陈瑄率舟师沿海捕倭。[2] 永乐七年（1409）三月壬申，柳升奏率兵至青州海中灵山，遇倭贼，交战，贼大败，斩及溺死者无算，遂夜遁。即同陈瑄追至金州白山岛等处，浙江定海卫百户唐鉴等亦追至东洋朝鲜国义州界，悉无所见。上敕升等还师。[3]

对于这次倭患，朝鲜方面也有记载。永乐七年（1409）三月：

> 庆尚道水军佥节制使金乙两捕倭船二只，兵马都节制使尹子当尽杀之。倭船二只至庆尚道国正岛，乙两捕之。倭自言非为寇也，为贸易而来。乃出宗贞茂所给行状二张，真伪难明。子当羁置之，驰启曰："所获倭二十人，船中所载皆是中国之物，且有大明靖海卫印信，实是贼倭，势必亡去，请悉戮之。"上曰："待辨商船贼船，然后区处。"命未至，倭人果乘间逃去，捕获尽诛之。上闻之曰："皇帝曾有命曰：倭人寇中国边疆，还向朝鲜，可预备捕捉。今将所取兵器，献于天子可也。"大臣以为："中国若曰倭奴亦尔所恶也。我遣舟师以攻之，汝其助之，则其将何以议。"遂寝。[4]

可见，这批倭寇在扰掠山东沿海之后，被柳升等人追捕，逃到了朝鲜庆尚道国正岛。在朝鲜被发现后，他们谎称是从事正当贸易的商人，但他们掠夺中国货物和靖海卫印信，暴露了他们的真实身份，最终这批倭寇被捕获

---

① 嘉靖《宁海州志·建置第三》，嘉靖二十七年（1548）序刊本，《天一阁藏明代方志选刊续编》第57册，上海书店，1990，第771页；（明）郑若曾：《筹海图编》卷7《山东事宜》，第584页。

② 《明史》卷6《本纪第六·成祖二》，第86页。

③ 《明太宗实录》卷89，第1184页；《明史》卷154，第4236页。光绪《增修登州府志》将"白山岛"做"白石岛"，"唐鉴"做"唐锭"，据《明太宗实录》改。《明史》言陈瑄等人"焚其舟殆尽"，有夸大嫌疑，因仍有一部分倭寇逃跑。

④ 《朝鲜王朝实录·太宗实录》卷17，日本学习院东洋文化研究所昭和二十九年（1954）影印本，第14页。

处死。

在随后近一个半世纪里，除了在正统五年（1440）、正德十年（1515）发生过倭寇侵袭事件外，其他年份山东沿海均无相关记录，这一时期的山东可谓安享太平。1540～1566 年，中国沿海大约有 267 次倭寇侵袭事件①，而山东地区在此期间仅约有 8 次②，相较而言，山东倭患并不为重。正因如此，驻守山东的官兵常被调去支援东南沿海靖倭。例如，嘉靖三十三年（1554）山东民枪手 6000 人被征募到嘉定等地抗倭③，嘉靖三十五年（1556）山东与河南等地的 8 个卫的官兵被调往南京护城④。

二　倭寇海上劫掠线路与对象

明初倭寇主要是以对马岛、壹歧岛、平户岛等地的日本人为主，朝鲜史籍常称之为"三岛倭寇"⑤。明中后期，倭寇来源更加广泛。据《日本图纂》记载，侵扰中国的倭寇一向以萨摩、肥后、长门三州之人居多，其次则大隅、筑前、筑后、博德、日向、津州、纪伊、种岛，而丰前、丰后、和泉之人因与萨摩通商也有时随之附行而来。日本之民有贫有富，有淑有慝。"富而淑者，或登贡船而来，或因商舶而来；凡在寇船，率皆贫与为恶者也"⑥。囿于当时的航海技术，普通民众渡海远航来犯中国多有困难，故其背后必有领导与组织者。大内氏便是组织者之一。大内氏控制着周防、长门、安艺、石见、丰前、筑前等地，有时以和平贡使的身份与明朝贸易，有

---

① 范中义、仝晰纲：《明代倭寇史略》，第 114、140、158 页。
② 这 8 次倭寇事件发生在 1544 年、1552 年、1555～1557 年。具体参考乾隆《威海卫志》卷 1，第 58 页；光绪《增修登州府志》卷 13，第 138 页；乾隆《沂州府志》卷 4，第 64 页；《明世宗实录》卷 422，第 7318、7322 页；《明世宗实录》卷 447，第 7615 页；（明）郑若曾：《筹海图编》卷 7《山东事宜》，第 584 页；《明史》卷 18，第 245 页。
③ 《明世宗实录》卷 413，第 7189 页。
④ （清）谷应泰：《明倭寇始末》，中华书局，1985，第 17 页。明代山东所遭受的严重倭患与备倭详情可以参考附录一。
⑤ 《朝鲜王朝实录·定宗大王实录》卷 1，第 12 页；Barbara Seyock，"Pirates and traders on Tsushima Island during the late 14th to early 16th century: as seen from historical and archaeological perspectives"，in Angela Schottenhammer, ed., *Trade and Transfer across the East Asian "Mediterranean"*, p. 94。
⑥ （明）郑若曾：《日本图纂》，明钞本，姜亚沙等编《日本史料汇编》第 1 册，全国图书馆文献缩微复制中心，2004，第 146 页。

时则摇身一变转为海寇，从事贡使、倭寇的双面活动，并以此而成巨富。[①]
大内弘世（1325～1380）在京都期间，曾以数万贯钱币及新得到的中国货
物分赠奉行、评定众等官员。大内义兴（1477～1528）则不时捐款给日本
朝廷。[②]

从日本到中国去的倭船，一般由五岛或萨摩等地出发，渡海至山东、浙
江、福建、广东等沿海区域。倭寇所侵犯的区域与季风密切相关：

> 若其入寇，则随风所之……若在大洋而风歃东南也，则犯淮扬，犯
> 登莱（过步州洋乱沙，入盐城口则犯淮安，入庙湾港，则犯扬州，再
> 越北犯登莱）；若在五岛开洋，而南风方猛，则趋辽阳、趋天津。大抵
> 倭船之来，恒在清明之后，前乎此，风候不常。届期方有东北风多日而
> 不变也。过五月风自南来，倭不利于行矣。重阳后风亦有东北者。过十
> 月风自西北来，亦非倭所利矣。防春者以三、四、五月为大汛，九、十
> 月为小汛。其停桡之处、创焚之权若倭得而主之，而其帆樯所向一视乎
> 风，实有天意存乎其间，倭不得而主之也。[③]

由此可见，倭寇渡海多以清明前后和重阳后来犯，常乘东南风或南风渡
至北方沿海地区，如山东、辽东等地。根据倭寇来犯的规律，明朝政府因时
制宜，以三月至五月为防倭大汛，九月、十月为小汛。嘉靖时期，随着航海
技术的发展，可以通过调整帆的角度来借风行驶，故风向对航行的影响大大
减小。倭寇随时都有可能来犯，这无疑需要海防官兵全天候保持高度警戒状
态。[④]

倭寇所使用的日本船只多与中国船只不同。日本船常用"大木取方，
相思合缝"，不用麻筋桐油，只用短水草来塞罅漏而已。日本造船用钉颇
多，且规制颇细（见表2）。然而，日本对马岛等地缺乏铁器，其造船所需
要的铁片和铁板往往需要从朝鲜获得。[⑤]

---

① 〔日〕寺田四郎：《海贼杂俎》（一），《地政学》第 1 卷第十号，1942 年 10 月，第 50 页。
② 〔日〕竹越与三郎：《倭寇记》（增补版），东京白扬社，1939，第 63～65 页。
③ （明）郑若曾：《日本图纂》，第 144～145 页。
④ （明）慎懋赏辑《四夷广记》，郑振铎辑《玄览堂丛书续集》第 92 册，"国立中央图书
　　馆"，1947，第 132 页；（明）郑若曾：《筹海图编》卷 13《经略·兵船》，第 1231 页。
⑤ 《朝鲜王朝实录·成宗实录》卷 275，第 5～6 页。

表 2　日本造船铁钉使用规制表

船型	铁钉类型	长度	重量
大船	大钉	八寸	二斤
	中钉	六寸	一斤十四两
	小钉	五寸	十一两
	巨末钉	六寸	二斤七两
中船	大钉	七寸七分	一斤十四两
	中钉	五寸七分	一斤七两五钱
	小钉	四寸七分	九两
	巨末钉	五寸七分	二斤五两
小船	大钉	六寸五分	一斤十两
	中钉	五寸	一斤三两
	小钉	四寸	七两
	巨末钉	五寸	二斤

资料来源：〔朝鲜〕申叔舟：《海东诸国记》，朝鲜古书刊行会《海行总载》一，（京城）朝鲜古书刊行会，1914，第 89 页。郑若曾曾言"不使铁钉，惟联铁片"，见（明）郑若曾《日本图纂》，第 158～159 页。1443 申叔舟曾亲访日本且经历过修船之事，其记录比郑若曾记载应更为可靠，故采其说。

日本船"大者容三百人，中者一二百人，小者四五十人、七八十人"①。相比广船和福船而言，日本船显得狭小，遇到中国巨舰难以仰攻，苦于犁沉。日本船常为平底，不能破浪，其布帆悬于桅之正中，不似中国之偏桅帆常活，若遇无风、逆风，皆倒桅荡橹，不能转戗，故只能在顺风下航行，其到中国常需月余。② 日本造船费工甚多，费财甚巨，实属不易，而中国的樟木价格低廉，故日本常借助漳人来造海船。③

倭寇渡海时必须携带淡水与干粮，干粮尚易解决，而淡水则不易补充。据《日本图纂》载，日本来中国渡海时每人带水三四百斤，约八百碗。每日用水六碗，极其爱惜。④ 若按此记载，则所带淡水似乎可用百余日，但是这些淡水数日之后便会变质不能饮用，故需要沿途不断补充淡水。倭寇横渡

---

① 日本使船有三等：25 尺以下为小船，船夫 20 人；26～27 尺为中等，船夫 30 人；28～30 尺为大船，船夫 40 人。〔朝鲜〕申叔舟：《海东诸国记》，第 84 页。
② （明）郑若曾：《日本图纂》，第 158～160 页。
③ （明）慎懋赏辑《四夷广记》，第 122 页。
④ （明）郑若曾：《日本图纂》，第 160 页。

东海来华时，洋山等处是其首选的取水点。① 如果淡水用尽，或遇不到可取淡水之地，倭寇"则必煮海，若烧酒法取汽水而用之"。

船上又是如何获得火种呢？《日本一鉴》记载了船上的三种取火方式：

> 使船行洋，必带火石。火石以击火，或预锅煤，或预草纸而引之。又用干竹取火之法，以竹二片，一中断濠，一急锯之，俟其火发，用煤引也。用干硬之木以为钻用，绳急牵钻杉木，火发煤引，惟桑钻桑取，火易得。②

正是因为船上带有火石，所以才有可能煮海水而得蒸汽水饮用。据传倭寇还有一秘法来延长淡水的保质期，即将泉水煮沸后置之缸缶，这样能比普通淡水保存的时间稍长，但是即使采用这种办法，淡水保质期也超不过半个月。③

倭寇长途跋涉，需备足够食物，故粮食是其重要抢掠目标，此外还有一些稀缺的商品。④《日本图纂》详细记载了各种"倭好"：丝、丝绵、布、绵绸、锦绣、红线、水银、药材、针、铁链、铁锅、磁器、古文钱、古名画、古名字、古书、药材、毡毯、马背毡、粉、小食箩、漆器、醋等。这些商品较为稀缺，在日本可以卖到好价钱。例如，丝在中国每百斤值银五六十两，运到日本之后价格可能高达原来十倍。⑤ 这些贵重商品也是抢掠对象。

倭寇掠夺粮食货物，也掠夺人口。1226 年，倭寇侵犯朝鲜半岛，就有掠夺人口的记录。⑥ 至迟在元末，倭寇开始在中国掠夺人口。1420 年，朝鲜使者宋希璟出使日本，见到一个叫魏天的中国人：

---

① 郑樑生：《明代中日关系研究》，文史哲出版社，1985，第 288～289 页。

② （明）郑舜功：《日本一鉴·穷河话海》卷 7《水火》，民国二十八年（1939）据旧钞本影印，第 16 页。

③ （明）郑若曾：《日本图纂》，第 160～161 页。

④ 有关倭寇与自然灾害、气候变冷等因素的关系，可参考拙文 "The Shandong Peninsula in Northeast Asian Maritime History during the Yuan – Ming Transition"，*Crossroads：Studies on the History of Exchange Relations in the East Asian World*，Vol. 11, 2015。

⑤ （明）郑若曾：《日本图纂》，第 161～163 页。

⑥ 〔日〕佚名：《百炼抄》卷 13，《国史大系》第 14 卷，东京经济杂志社，1901，第 216 页；〔日〕佚名：《吾妻镜·脱漏之卷》，《续国史大系》第 4 卷，东京经济杂志社，1903，第 882 页。

　　魏天，中国人，小时被虏，来于日本，后归于我国，为奴于李子安
先生家，又随回礼使还来日本。江南使适来见之，以为中国人，夺归江
南。帝见而还送日本为通事。天娶妻，生二女。又见爱于前王，有钱财
而居，年过七十。闻朝鲜回而礼使来，喜之，持酒出迎于冬至寺也。能
解我言，与我语如旧识。①

　　魏天小时候被倭寇掳到日本后被卖做奴隶，之后又被送到日本当通事。
魏天凭借自己的才能，颇得赏识，因此积聚了不少钱财，在日本娶妻生子，
生活颇为安乐。宋希璟见到他时，他已经"年过七十"。据此推断，魏天生
于1350年前后，应该是在14世纪50年代被掳走。上面已提及，1366年，
月鲁不花在渤海湾铁山附近被害，而他的妻妾多被倭寇俘虏。②

　　《明太祖实录》中也有倭寇掳人的记录。洪武三年（1370）三月，明太
祖遣莱州府同知赵秩至日本，怀良王随后派遣使臣，于次年十月到京城，日
本使臣"进表笺，贡马及方物"，"又送至明州、台州被虏男女七十余
口"。③可见洪武四年之前倭寇就曾在沿海地区掳掠不少中国人。

　　被掳之人大部分被当作奴隶卖到日本、琉球、澳门、印度，甚至远至
欧洲。被掳之人常被迫"剃发，从其衣号，与贼无异"，"开塘而结舌，
莫辨其非倭，故归路绝"。若逃跑的话，可能"反为州县所杀"，最后被
迫加入倭寇队伍。④有些人被卖到寺院做僧人，或被迫耕地做体力活。还
有一些在日本经商，娶妻生子。⑤被掳妇女处境则更为悲惨，"昼则缫茧，
夜则聚而淫之"⑥。"每掳妇女夜必酒色醺睡"⑦，不仅要辛苦劳作，还饱受
蹂躏。

　　当然，也有一些被赎回到中国，比较幸运。有的被作为外交筹码由日本
或韩国政府送还给中国；有的被委以外交重任，随日本使团回国，得以和家

①　〔朝鲜〕宋希璟：《老松堂日本行录——朝鲜使节所见之中世日本》，〔日〕村井章介校注，
　　岩波文库，1987，第209～210页。
②　（元）戴良：《袁廷玉传》，《九灵山房集》卷27《越游稿》，第20页。
③　《明史》卷322，第8342页。
④　（明）归有光：《备倭事略》，周本淳校点《震川先生集》，上海古籍出版社，1981，第72～
　　75页；郑若曾：《日本图纂》，第168页。
⑤　〔日〕川越泰博：《倭寇、被虏人与明代的海防军》，李三谋译，《中国边疆史地研究》1998
　　年第3期，第107～117页；范中义、仝晰纲：《明代倭寇史略·前言》，第44～46页。
⑥　（明）采九德：《倭变事略》，嘉靖三十七年（1558）刻本，中华书局，1985，第34页。
⑦　（明）郑若曾：《日本图纂》，第165页。

人团圆。但是，对于绝大部分被掳之人而言，一旦被掳就意味着终生不能再回中国，只能在异国他乡度过余生。①

三　山东都司、沿海卫所与巡检司沿革

洪武初期，山东对防倭并不积极，沿海设置的军事防御工事少之又少，并不足以抵御倭寇。倭寇来犯之时，地方官兵只能匆忙抵抗，因此造成了不少人员伤亡。直到洪武十九年（1386）十月，林贤与胡惟庸通倭事发，明太祖彻底放弃对日本的幻想，转而采取积极的防御措施，加强沿海的军事防御力量。

洪武十年之前，山东沿海仅设四个沿海卫。直到洪武三十一年，明太祖才认识到山东海防的重要性和迫切性，在沿海增设了七个卫和两个守御千户所，大大增强了山东海防力量。永乐、宣德间，又增置了备倭都司和海防三营，奠定了山东海防的基本格局。此外，又在各地设巡检司，与沿海卫所互相配合。

明朝地方政权实行都司、布政司和按察司共同管辖、相互制约的"三司"制度。为防止武将专权，明朝又派文官监督，制约武官。初期这些文官多为临时差遣性质，后期则渐成定制。山东沿海则设有巡察海道副使、巡察兵备道等文官来监督和制约沿海卫所武将，他们与卫所武将共同构成了沿海军事力量的指挥者和管辖者。

（一）明代都司、卫所制度

卫所制度是明代中前期军事制度的主体。明朝"自京师达于郡县，皆立卫所。外统之都司，内统于五军都督府"②。卫、所又多设置在要害之地，"度要害地，系一郡者设所，连郡者设卫"③。卫所编制及其职官称谓的出现可以追溯到元代甚至更早。元代的侍卫亲军是以卫为单位编制的，千户就是蒙古军的基本军事单位，以十户—百户—千户—万户的十进制方法编制。

明朝卫所制度显然是在元朝制度基础上，结合本朝经验和实际需要改造

---

① 郑樑生：《明代中日关系研究》，第 292~302 页。
② 《明史》卷 89，第 2175 页。
③ 《明史》卷 90，第 2193 页。

而成。① 朱元璋初掌军权时，军伍编制较为混乱。至正二十四年（1364年），朱元璋称吴王，决定用卫所制编组军队。当年四月，鉴于"招徕降附，凡将校至者皆仍旧官，而名称不同"，决定"立部伍法"，"其核诸将所部，有兵五千者为指挥，满千者为千户，百人为百户，五十人为总旗，十人为小旗"，此即所谓的"甲辰整编"。② 法令中有关卫所的人员编制成为明朝卫所的基本建置。当然，从实际情况看，"有兵五千"只是一种笼统的规定，实际上各卫所建置差别较大。③ 洪武七年（1374），明太祖重定卫所制度，规定每卫设前、后、中、左、右五千户所，大率以 5600 人为一卫，1120 人为一千户所，112 人为一百户所，每百户所设总旗 2 人，小旗 10 人，分别由指挥使、千户、百户、总旗官、小旗官等率领。④

都指挥使司，简称都司，为省级最高军事指挥机构。都司设有都指挥使 1 人，正二品，都指挥同知 2 人，从二品，都指挥佥事 4 人，正三品。其属则有经历司，经历，正六品，都事，正七品；断事司，断事，正六品，副断事，正七品。以上二司各有吏目数人。司狱司，司狱，从九品；仓库、草场，大使、副使各 1 人。"都司掌一方之军政，各率其卫所以隶于五军都督府，而听命于兵部"⑤。卫指挥使司的直接上司是都指挥使司，"凡袭替、升授、优给、优养及属所军政，掌印、佥书报都指挥使司"⑥。卫指挥使司主要掌管屯田、验军、营操、巡捕、漕运、备御、出哨、入卫、戍守、军器等，战时则"率其属，听所命主帅调度"⑦。千户所，设有正千户 1 人，正五品，副千户 2 人，从五品，镇抚 2 人，从六品。其属，吏目 1 人。千户所辖有 10 个百户所，共有百户 10 人，正六品。升授、改调、增置无定员。守

①　Romeyn Taylor, "Yuan origins of the wei-so system", in Charles O. Hucker, ed., *Chinese Government in Ming Times: Seven Studies* (New York: Columbia University Press, 1969), pp. 23 - 40；陈文石：《明代卫所的军》，《中研院历史语言研究所集刊》第四十八本二分，1977，第 177～203 页。

②　《明太祖实录》卷 14，第 193 页。

③　彭勇：《明代班军制度研究——以京操班军为中心》，中央民族大学出版社，2005，第 24～25 页。

④　《明太祖实录》卷 92，第 1607 页；《明史》卷 76，第 1873～1874 页；《明史》卷 90，第 2193 页；Hucker, Charles O., "Ming government", in Twitchett, Denis, Mote, Frederick W., eds., *The Cambridge History of China*, Vol. 8. (New York: Cambridge University Press, 1998), pp. 99 - 102。

⑤　《明史》卷 76，第 1872 页。

⑥　《明史》卷 76，第 1873 页。

⑦　《明史》卷 76，第 1873 页。

御千户所设官与普通千户所相同，却是明朝卫所兵制中的特殊建制，并不隶属于卫，而是"自达于都司"①。为加强各彼此之间的军事联络，卫、所都辖有若干墩堡。

这样，明朝便形成了一整套的军事运作体系：遇有战事，五军都督府下令给都指挥使司，都司再下令给卫，卫再"下于所，千户督百户，百户下总旗、小旗，率其卒伍以听令"，由上至下，军事命令得以有序执行。②

（二）洪武十年以前的山东都司、沿海卫所

山东地区遵循明朝卫所制度，最高军事指挥机构为山东都指挥使司，简称山东都司，隶左军都督府。山东都指挥使司原为青州都卫指挥使司，洪武三年（1370）十二月升杭州、江西、燕山、青州四卫为都卫指挥使司③，治青州④。洪武八年（1375）十月又改青州都卫为山东都指挥使司⑤，次年山东行中书省由益都移治济南⑥，都司治所后来也随迁济南⑦。洪武十三年（1380），"改大都督府为五，分统诸军司卫所"⑧，山东都司隶属五军都督府中的左军都督府，徐辉祖"以勋卫署左军都督府事"⑨。其设官则都指挥使、都指挥同知、都指挥佥事各 1 人，员缺则署都指挥摄焉。又领京操军 2 人⑩、儧运粮储 1 人、登州备倭 1 人、德州守备 1 人，多以署都指挥，或以指挥、以都指挥体统行事。其幕则经历司经历、断事司断事、司狱司司狱。

洪武十年以前，山东沿海共设置 5 个卫，下面分别加以介绍。

乐安卫

明初山东沿海所设第一个卫可能为乐安卫。《明太祖实录》载：洪武元

---

① 《明史》卷 76，第 1873 ~ 1874 页。
② 《明史》卷 76，第 1873 ~ 1874 页。
③ 《明太祖实录》卷 59，第 1164 页。
④ 《明史》卷 41，第 937 页。
⑤ 《明太祖实录》卷 101，第 1712 页。
⑥ 嘉靖《山东通志》卷 2，嘉靖十二年（1533）刻本，《天一阁藏明代方志选刊续编》第 51 册，上海书店，1990，第 115 页。
⑦ 嘉靖《山东通志》卷 11，第 705 页。
⑧ 《明史》卷 90，第 2194 页。
⑨ 《明史》卷 125，第 3730 页。
⑩ 外卫京操军制度始于永乐二十二年。参见彭勇《明代班军制度研究——以京操班军为中心》，中央民族大学出版社，2006，第 68 页。

年（1368）三月，大将军徐达攻下乐安，置乐安卫。① 洪武二十四年至洪武二十六年，乐安卫曾改名为乐安守御千户所。宣德元年，朱高煦乱平，乐安守御千户所原有官兵调往甘州，改为武定守御千户所，仍直隶后军都督府。②

乐安卫及后来的乐安守御千户所的兵力配置，因史料阙如，不得而知。根据武定守御千户所的兵力部署，可以推知大致情况。嘉靖十二年（1533）《山东通志》记载，武定守御千户所设官正千户、副千户、百户；京操军，春戍军201人，秋戍军240人；城守军余195人，屯田军余210人，屯田79顷38亩，屯粮952石5斗6升。③ 而嘉靖二十七年（1548）刊刻《武定州志》的记载，情况略有出入："其设官正千户3人，副千户7人，百户10人，镇抚1人，吏目1人，司吏、典吏各1人；京操军444人（春戍200人，秋戍244人）；团操舍余68人，军余200人，屯田军余210人，屯地70顷63亩有畸，屯粮847石6斗有畸，赡军地71顷5亩。"④

卫所中有京操军，还有军余。按明代军制，正式军役由特定的军户充任。通常每一军户出正军一名，正军携带户下余丁一名，曰"军余"，佐助正军，供给军装。⑤ 驻扎在山东沿海卫所中的既有正规的作战士兵，又有城守军余和屯田军余。永乐二年（1404）《新设威海卫捕倭屯田军记》详细记载了山东沿海"捕倭屯田军"的情况：

> 自登莱之属邑文登抵日照，沿海地方不啻数百万，向者悉被倭寇惊扰。今当险要之处，自威海而抵安东，凡设直隶卫者七；自宁津而至雄崖，凡设直隶所者四；不过埤四万之民，分设各卫所，号"捕倭屯田军"，议耕、议守、议战。海寇闻风远遁，不敢侧目，以安数百万民，无仓卒之惊、无须臾之扰。其用心设法，可谓密矣。斯民也，百谷既成，则荷戈于较艺之场；三农将兴，则负耒于陇亩之地。名虽曰兵，而

---

① 《明太祖实录》卷31，第541页。
② 嘉靖《山东通志》卷11，第712页；嘉靖《武定州志·兵防志》，《天一阁藏明代方志选刊》第44册，上海古籍书店，1963，第29页。乐安卫的设置与名称复杂多变，限于篇幅，本文不能展开详细论证，具体可参考拙文《官印所见明初山东沿海卫所建置时间考——以乐安、雄崖、灵山、鳌山诸卫所为例》（未刊稿）。
③ 嘉靖《山东通志》卷11，第712页。
④ 嘉靖《武定州志·兵防志》，第30页。
⑤ 王毓铨：《明代的军屯》，中华书局，2009，第46页。

实非兵，可见我朝文经武纬之治，似不专尚乎兵，而兼寓乎农矣。[①]

明朝屯田制度从元朝沿袭而来，主要分为军屯、民屯和商屯。[②] 卫所制度下的屯田军在无战事时便从事农耕，农耕之余进行操练，及至倭寇来袭，操起武器便为作战士兵。因其粮食自给自足，不需再从别处调拨，这就大大减轻了朝廷的负担。军屯制度不误农事，又能养兵备倭，一举两得，故在明初的沿海卫所中得以推广。

青州左卫

在府治东。洪武初，置益都卫于府城西北，寻改为青州左卫。洪武八年（1375）十月癸丑，"置青州左、右二卫指挥使司"[③]。永乐十四年（1416）移建府治东[④]。明初军事机构变动频繁，目前学界对青州卫、青州左卫、青州右卫的设置时间、地点及演变过程等问题尚多歧见。青州卫的最早记载，为洪武元年八月癸未。是日，明太祖令徐达置燕山等六卫，改青州卫为永清左卫。[⑤] 可见青州卫实置于此前。青州右卫的早期记载则见于洪武二年四月己卯，"大将军徐达师入安定州，以降将陈宗聚、李克让署州事，调青州右卫官军守之"[⑥]。青州左卫最迟在洪武三年（1370）已经出现。史载，吴元年邱云勋归附，"充权百户。三年除青州左卫百（户）"[⑦]。

青州左卫设指挥使 1 人，指挥同知 2 人，指挥佥事 4 人，以迁叙至者，无定额；经历司，经历 1 人；镇抚司，镇抚 2 人；左、右、中、前、后 5 所；京操军，春成 1497 人，秋成 2105 人；城守军余 729 人，屯田军余 453 人。屯田 270 顷 50 亩，屯粮 3258 石。[⑧]

青州左卫在乐安东北设有塘头寨备御百户所。其设官百户，守备军余百名。[⑨]

① （明）胡士文：《新设威海卫捕倭屯田军记》，乾隆《威海卫志》卷 9，《中国方志丛书·华北地方》第 2 号，成文出版社，1968，第 201～202 页。
② Foon Ming Liew, "Tuntian Farming of the Ming Dynasty（1368～1644）", Ph. D thesis, Hamburg of University, 1984, pp. 5 – 13.
③ 《明太祖实录》卷 101，第 1712 页。
④ 嘉靖《山东通志》卷 11，第 720 页。
⑤ 《明太祖实录》卷 34，第 619～620 页。
⑥ 《明太祖实录》卷 41，第 823 页。
⑦ 《宁远卫选簿》，《中国明朝档案总汇》第 55 册，广西师范大学出版社，2001，第 336 页。
⑧ 嘉靖《山东通志》卷 11，第 719～720 页。
⑨ 嘉靖《青州府志》卷 11，第 5 页。

所有哨兵，食粮于邑，辖有 10 个墩。① 万历《乐安县志》记载：

> 无事则登高以瞭望，有事则驾舟以侦探，而春秋二汛亦属紧急。海上无警，似涉冗食，万一倭信巨测，则此不容缺也。盖弓兵属于巡检司，以备干椒，而民壮有守城之役，此则以备海防云。②

可见塘头寨备御百户所具有瞭望、巡海、防倭等海防功能，是沿海一重要军事机构。

莱州卫

洪武二年（1369）二月，置莱州卫，在府治东南（今莱州市）。③ 设官指挥使 1 人，指挥同知 2 人，指挥佥事 4 人，以迁叙至者，无定额；经历司，经历 1 人；镇抚司，镇抚 2 人；左、右、中、前、后 5 个千户所；京操军，春戍 685 人，秋戍 1043 人；城守军余 193 人，屯田军余 447 人。屯田 319 顷 52 亩，屯粮 3834 石 24 升；演武场，在府城东北。④

是年，又分莱州卫部分官军以备御登州⑤，调莱州卫左卫千户所于宁海州（今烟台市牟平区），置宁海备御千户所⑥。莱州卫所辖的千户所、百户所情况见表 3。

明代对卫所军队的武器装备有明确的配额。洪武十三年正月规定："凡军一百户，铳十，刀牌二十，弓箭三十，枪四十。"⑦ 二十六年规定："每一百户，铳手一十名，刀牌手二十名，弓箭手三十名，枪手四十名。"⑧ 可见，当时正规军每百户应有 10 人负责火铳，占配员的 10%。值得关注的是，洪武初年莱州卫就已经配有大炮筒等火器。

---

① 这 10 个墩为：公母堂、黄种、上泗河、旧寨、宁坟、荆埠、课墩、官台、甜水河、八面河。
② 万历《乐安县志》卷 10，万历三十一年（1603）刻本，马小林等主编《明代孤本方志选》第 5 册，全国图书馆文献缩微复制中心，2000，第 64 页。
③ 《明太祖实录》卷 39，第 799 页。
④ 嘉靖《山东通志》卷 11，第 725~727 页。
⑤ 光绪《增修登州府志》卷 12，第 125 页。
⑥ （明）李贤等撰：《大明一统志》卷 25，天顺五年（1461）御制序刊本，三秦出版社，1990，第 6 页；嘉靖《山东通志》卷 11，第 725 页。有记载称宁海千户所元朝已有，"元置宁海千户所，国朝因之"，见嘉靖《宁海州志·建置第三》，第 764 页，但是这种说法为孤证，存疑。
⑦ 《明太祖实录》卷 129，第 2055 页。
⑧ 万历《大明会典》卷 192，第 1 页。

表3　莱州卫所辖千户所、百户所及其墩堡

千户所、百户所	设官与墩堡
王徐寨备御千户所	设官正、副千户、百户，墩 6[1]
马停寨备御百户所	设官百户，墩 5[2]
灶河寨备御四百户所	设官百户，墩 3[3]
马埠寨备御四百户所	设官百户，墩 3[4]

[1] 这6个墩为：虎口、兹口、庄头、王徐、识会、高沙。万历《莱州府志》卷1所绘图中有7个墩，除以上6个外，还有花儿墩。

[2] 这5个墩为：盐场、零当旺、河口、界首、黄山。

[3] 这3个墩为：单山、三山、本寨。

[4] 这3个墩为：海庙、扒埠、马埠。

资料来源：嘉靖《山东通志》卷11，第725~727页。

1988年4月，山东省蓬莱县马格庄乡营子里村村民在建房挖掘地基时，在地表1.5米深处发现了两门明朝洪武八年铜制大炮筒。营子里村濒临黄海，明初曾有驻军。两门炮用青铜铸造，一门长61厘米、重73公斤，另一门长63厘米、重73.5公斤。两门炮的形制相同，直径26厘米，炮膛呈直筒形，深55厘米，碗口以下内径11厘米，向后逐渐变细，底径9厘米，炮身外壁铸有三周加强箍，箍宽1.5~2.5厘米，药室隆起呈球状，底座加厚至5厘米。大炮筒炮形粗短，管壁厚薄不均，为2.3~3厘米，外壁留有明显的模铸痕（图1）。其中一门炮腰身镌刻有铭文曰："莱州卫字七号大炮筒重壹佰式拾斤洪武八年二月 日宝源局造"，另外一门炮腰身镌刻有铭文曰："莱州卫莱字二十九号大炮筒重一百二十一斤洪武八年二月 日宝源局造"（图2）。因两门炮的炮口略呈大碗口状，所以有学者称之为"碗口炮"①。从编号情况看，莱州卫应该还有其他更多的大炮筒。这两门大炮筒为了解明初山东海防军器提供了难得的实物资料。

图1　洪武莱州卫莱字七号大炮筒（笔者摄）

① 袁晓春：《山东蓬莱出土明初碗口炮》，《文物》1991年第1期。

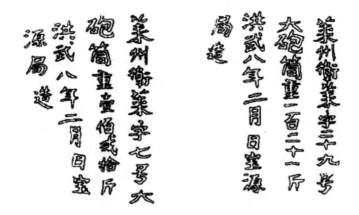

图 2　两门大炮筒腰身镌刻的铭文

说明：图片来自袁晓春《山东蓬莱出土明初碗口炮》，《文物》1991 年第 1 期。

滕县守御千户所在县治西（今滕州市），洪武三年（1370）十二月置。[①]设官正、副千户、百户；京操军，春戍 274 人，秋戍 610 人；城守军余 273人，屯田军余 90 人，屯田 96 顷，屯粮 1152 石；演武场，在县城西北 2 里。[②]

诸城守御千户所在县治西南（今诸城市），洪武四年（1371）十二月置。[③] 设官正、副千户所、百户；京操军，春戍 125 人，秋戍 418 人；城守军余 89 人，屯田军余 88 人，屯田 48 顷，屯粮 576 石；演武场，在县城西。[④]

胶州守御千户所，洪武五年（1372）三月置，[⑤] 为千户申义建，[⑥] 在州治东（今胶州市）。其设官正、副千户、百户；京操军，春戍 89 人，秋戍317 人；城守军余 89 人，屯田军余 77 人，屯田 58 顷，屯粮 696 石；演武场，在州城东；[⑦] 墩 9，[⑧] 每墩军 5 名，赡墩地 50 亩，堡 7，[⑨] 每堡军 4 名，

① 《明太祖实录》卷 59，第 1165 页。嘉靖《山东通志》卷 11，第 715 页，《大明一统志》卷24，第 30 页，皆言其建于洪武四年，盖因批准与实际执行有一段间隔时间。

② 嘉靖《山东通志》卷 11，第 715～716 页。

③ 《明太祖实录》卷 70，第 1311 页。

④ 嘉靖《山东通志》卷 11，第 720～721 页。

⑤ 《明太祖实录》卷 73，第 1340 页。

⑥ 康熙《胶州志》卷 3，康熙十二年（1673）刻本，第 6 页。

⑦ 嘉靖《山东通志》卷 11，第 737 页。

⑧ 即洋河、沙埠、江家庄、塔埠、石河、孤埠、杜家港、沙岭、大埠。

⑨ 即鹿村、柘沟河、八里庄、石河、辛疃、陈村、乐村。

赡堡地 50 亩。[①]

登州卫

　　洪武九年（1376），"上以登、莱二州皆濒大海，为高丽、日本往来要道，非建府治，增兵卫，不足以镇之"，遂改登州为府，置蓬莱县，并将原属莱州府的文登、招远、莱阳三县割隶登州，将原属青州府的昌邑、即墨、高密三县划给莱州府。[②] 之后，登州知府周斌奏改守御千户所升为登州卫。

　　登州卫在府城东北，其设官指挥使 1 人，指挥同知 2 人，指挥佥事 4 人，以迁叙至者，无定额；经历司，经历 1 人；镇抚司，镇抚 2 人；左、右、中、前、后 5 所，中左、中右各 1 所，正、副千户 30 员，百户 70 员；京操军，春戍 1246 人，秋戍 733 人，捕倭军登州营 820 名，城守军余 232 人，守墩军余 18 名，屯田军余 114 人，屯田 183 顷 50 亩，屯粮 2202 石；演武场，在镇海门外；墩 6。[③] 登州卫分中、右所百户于黄县的黄河寨、蓬莱的刘家旺各 3 员，解宋寨（参见图 3、图 4）4 员，俱为百户所。[④]

图 3　解宋营城遗址（笔者摄）

---

① 康熙《胶州志》卷 3，第 10～11 页。嘉靖《山东通志》卷 11，第 737 页，记载有 16 个墩堡，但未将之加以详细区分。

② 《明太祖实录》卷 106，第 1768 页。

③ 即抹直口、教场、王徐、林家庄、田横、西庄。

④ 嘉靖《山东通志》卷 11，第 723～725 页；泰昌《登州府志》卷 10，第 903 页；光绪《增修登州府志》卷 12，第 125 页。

图 4　解宋营西烽火台遗址（笔者摄）

登州府城乃石城，周围 9 里，高 3 丈 5 尺，厚 2 丈。四门：东曰春生，南曰朝天，西曰迎恩，北曰镇海楼。铺 64 座。水门 3：南曰上水门，黑水所入；东曰小水门，密水所入；西曰下水门，黑、密二水合流，由此而出，以赴海壕。池阔 2 丈，深 1 丈，断续不周匝。① 登州卫所辖千户所、百户所情况见表 4。

表 4　登州卫所辖千户所、百户所及其墩堡

千户所、百户所	设官与墩堡
福山备御中前千户所	墩 4，[1]守城军余 114 名，守墩军余 15 名，守堡军余 10 名[2]
卢洋寨备御百户所	属福山所，其设官百户，百户 5 员，守城军余 38 名，守墩军余 15 名。[3]有砖城，围 2 里，高 2 丈 7 尺，楼铺 6，东、西二门，池阔 1 丈，深 7 尺。[4]墩堡 6[5]
刘家汪寨备御三百户所	属登州卫，其设官百户，百户 3 员，守城军余 35 名，守墩军余 15 名。[6]有石城，围 180 丈，高 2 丈 5 尺，阔 1 丈 3 尺，南一门，楼铺 5，池阔 1 丈，深 5 尺，泰昌年间已毁。[7]墩 5[8]
解宋寨备御四百户所	属登州卫，其设官百户，百户 4 员，守城军余 40 名，守墩军余 9 名。[9]有石城，围 240 丈，高 2 丈 5 尺，阔 1 丈 3 尺。南一门，楼铺 5，池阔 1 丈，深 5 尺。[10]墩 3[11]
黄河寨备御百户所	属登州卫，其设官百户，百户 3 员，守城军余 30 名，守墩军余 15 名。[12]墩 5。[13]黄河寨石城，围 138 丈，高 2 丈 5 尺，阔 1 丈 5 尺[14]

[1]这 4 个墩为：芝阳、营后、灶后、福山。嘉靖《山东通志》卷 11，第 724 页。
[2]泰昌《登州府志》卷 10，第 904 页。

① 嘉靖《山东通志》卷 12，第 786 页；光绪《增修登州府志》卷 7，第 74 页。

［3］泰昌《登州府志》卷 10，第 904 页。

［4］泰昌《登州府志》卷 5，第 570 页。

［5］这 6 个墩为：八角、城阴、郭家庄、白石、嶝山、鸡鸣。嘉靖《山东通志》卷 11，第 724 页。

［6］泰昌《登州府志》卷 10，第 904 页。

［7］泰昌《登州府志》卷 5，第 569 ~ 570 页。

［8］这 5 个墩为：缴家庄、弯子口、林嘴、西峰、城儿岭。嘉靖《山东通志》卷 11，第 724 ~ 725 页。

［9］泰昌《登州府志》卷 10，第 904 页。

［10］泰昌《登州府志》卷 5，第 570 页。

［11］这 3 个墩为：虚里、解宋、木基。嘉靖《山东通志》卷 11，第 724 页。

［12］泰昌《登州府志》卷 10，第 904 页。

［13］这 5 个墩为：栾家口、任家、小河口、王灰庄、西高。嘉靖《山东通志》卷 11，第 725 页。

［14］泰昌《登州府志》卷 5，第 569 页。

　　1949 年，山东莱阳城壕沟内发现了一具碗口筒。该炮体长 36.5 厘米，口径 11.0 厘米，重 15.75 千克，炮身中部镌刻有“水军左卫，进字四十二号，大碗口筒，重二十六斤，洪武五年十二月吉日，宝源局造”（图 5）①。从“四十二号”的编号可以看出，该卫应该还有其他更多相同的碗口筒，换句话说，碗口筒已大批量配备于水军左卫。

图 5　洪武五年碗口筒（山东莱阳出土）

　　说明：图片来自郭得河、彭泉生主编《走进中国人民革命军事博物馆》，兵器工业出版社，2003，第 36 页；王兆春：《中国火器史》，军事科学出版社，1991，第 72 ~ 75 页；中国人民革命军事博物馆网站，http：//www. jb. mil. cn/cp/wwjs/qtww/jpgdww/200912/t20091226_ 13932. html。

① 唐志拔：《蓬莱水城出土火炮的沿革初探》，席龙飞主编《蓬莱古船与登州古港》，大连海运学院出版社，1989，第 102 页。

蓬莱水城还出土有两尊铁炮：一尊长约 76 厘米，口径 7.0 厘米，壁厚约 5.0 厘米，重约 110 千克，表面腐蚀严重；另一尊长约 73 厘米，口径 6.5 厘米，壁厚 4.0 厘米，重约 74 千克，炮体中间有四道凸出的铁箍，无瞄准装置。从形制上判断，这两尊炮当为明初的武器（图6）。[①]

图6　蓬莱水城出土的铁炮

说明：图片来自山东省文物考古研究所、烟台市博物馆、蓬莱市文物局编《蓬莱古船》，文物出版社，2006，图版一五。

宁海卫

洪武十年（1377），升宁海千户所为宁海卫。[②] 洪武十一年四月辛未（1378 年 5 月 26 日），置宁海卫指挥使司于山东之宁海州。[③] 宁海卫在州治西，设官指挥使 1 人、指挥同知 2 人、指挥佥事 4 人，以迁叙至者，无定额；经历司，经历 1 人；镇抚司，镇抚 2 人；左、右、中、前、后 5 所，分后所百户 3 员于清泉寨为百户所，又调登州卫中、前所于福山县，正、副千户 5 员，百户 10 员，为福山千户所，内分百户 5 员于芦洋寨为百户所；[④] 京

---

① 唐志拔：《蓬莱水城出土火炮的沿革初探》，席龙飞主编《蓬莱古船与登州古港》，第 104 页。

② 嘉靖《宁海州志·建置第三》，第 764 页；天顺《大明一统志》卷 25，第 6 页。《明太祖实录》卷 104，第 1747 页，有载洪武九年二月，"调扬州卫军士千人补登州卫，高邮卫军士千人补宁海卫"，据此推测洪武九年可能为宁海卫的准备建置期。

③ 《明太祖实录》卷 118，第 1926 页。

④ 光绪《增修登州府志》卷 12，第 125 页。

操军，春戍 538 人，秋戍 1127 人；捕倭军登州营 62 名，文登营 292 名，城守军余 1110 人，屯田军余 391 人，屯田 154 顷 70 亩 8 分，屯粮 1856 石 5 斗；军器局，在卫后；演武场，在州城西南一里；辖有 6 个墩，12 个堡。① 宁海卫所辖的千户所、百户所情况如表 5。

表 5　宁海卫所辖的千户所、百户所及其墩堡

千户所、百户所	设官与墩堡
金山备御左千户所	正、副千户 5 员，百户 10 员，守城军余 28 名，守墩军余 15 名，守堡军余 2 名。[1] 墩 5，[2] 堡 1：邹山，有砖城，围 2 里，高 2 丈 3 尺，阔 5 尺，东、南二门，楼铺 20，池阔 2 丈 2 尺，深 1 丈 8 尺[3]
清泉寨备御百户所	百户 3 员，守城军余 15 名，守墩军余 6 名，守堡军余 2 名（后所千户所分设）。[4] 墩 2：清泉、石沟；堡 1：午台，有砖城，围 2 里，高 2 丈 5 尺，阔 1 丈 5 尺，门一，楼铺 6[5]

[1]泰昌《登州府志》卷 10，第 905 ~ 906 页。
[2]这 5 个墩为：小峰、凤凰山、庙山、骆驼、金山；嘉靖《宁海州志·建置第三》，第 765 页。
[3]泰昌《登州府志》卷 5，第 568 ~ 569 页。
[4]泰昌《登州府志》卷 10，第 906 页。
[5]泰昌《登州府志》卷 5，第 570 页。

上面所述为洪武十年以前山东卫所的基本情况，此后情况有所变化。洪武十九年（1386），日本"屡扰东海上"，明太祖命大将汤和沿海筑城，谓和曰："卿虽老，强为朕行，视要害地筑城增戍，以固守备。"② 汤和之女婿、方国珍的从子方鸣谦熟悉海事，洞悉倭情，汤和请其同行。方鸣谦给明太祖献策曰：

于沿海六十里设一军卫，三十里设一守御千户所，又错间巡检司，

---

① 墩 6：侯至山、小峰山、戏山、貂子窝、草埠、马山；堡 12：峰山、宋家、曲水、管山、板桥、石子现、栲栳、汤西、修福现、杏林、辛安、芜蒌。嘉靖《宁海州志·建置第三》，第 765 页；泰昌《登州府志》卷 10，第 905 页；嘉靖《山东通志》卷 11，第 725 ~ 726 页；光绪《增修登州府志》卷 12，第 125 页。嘉靖《山东通志》将墩堡合记为 18，且有些地名记载有误，如将"汤西"误为"汤四"。
② （明）方孝孺：《大明左柱国信国公赠东瓯王谥襄武神道碑铭》，（明）程敏政编《明文衡》卷 74，上海涵芬楼借印无锡孙氏小绿天藏明嘉靖间卢焕刊本，《四部丛刊》第 2053 册，第 13 ~ 14 页；尹章义：《汤和与明初东南海防》，吴智和主编《明史研究论丛》第 2 辑，台北大立出版社，1985，第 167 ~ 171 页。

以民兵策应，复于海洋三大山设水寨、战船，兵可无虞……但于民间四丁抽一，倘有不足，则于旧时伪将原所报募兵访充，无不足者。①

明太祖甚为赞同，下令汤、方于沿海筑城，籍绍兴等府民四丁以上者，以一丁为戍兵，得兵58750余人，在江南、北，浙东、西等处筑59城，置行都司，用以防止倭寇的侵扰。这项规模宏大的筑城工程一直持续到了洪武二十年（1387）十一月方告竣。②

在汤、方沿海筑城的同时，明太祖于二十年四月命江夏侯周德兴在福建以福州、兴化、漳州、泉州四府民户三丁取一，共选壮丁15000多人在要害之处"筑城一十六，增置巡检司四十有五"，以防倭寇。③

洪武二十三年正月甲申，明太祖根据镇海卫军士陈仁的建议，下令造苏州太仓卫海舟；④ 四月丁酉，又"诏滨海卫所每百户置船二艘，巡运海上盗贼，巡检司亦如之"⑤。

洪武二十五年（1392）十一月，山东都指挥使周房奏言宁海、莱州二卫东濒巨海，途岸纡远，难于防御，于是建议"择莱州要害之处，当置八总寨，以辖四十八小寨。其宁海卫亦宜置五总寨，以备倭夷"，诏从之。⑥ 这13个总寨的设立，无疑大大加强了莱州和宁海卫等地小寨间的协调作战能力。随后又命重臣勋戚魏国公徐辉祖等分巡沿海。⑦

洪武三十年（1397），明太祖下令建置雄崖守御千户所。⑧ 雄崖守御千户所在即墨县东北90里，设官正、副千户、百户；京操军，春戍252人，

---

① （明）瞿汝说辑：《皇明臣略纂闻》卷2，《北京图书馆古籍珍本丛刊》第10册，书目文献出版社，1990，第512页。

② 《明太祖实录》卷187，第2799页；《明史》卷126，第3754页。

③ 《明太祖实录》卷181，第2735页。又有言洪武二十年周德兴经略沿海地方，"设立十一卫，十三所，四十四巡司"，见（明）卜大同：《备倭记》，道光十一年（1831）六安晁氏木活字《学海类编》本，《四库全书存目丛书·子部》第31册，第81页。

④ 《明太祖实录》卷199，第2986页。

⑤ 《明太祖实录》卷201，第3007页。

⑥ 《明太祖实录》卷222，第3244页。《明史》卷91，第2244页，误将周房写作周彦。

⑦ 《明史》卷91，第2244页。

⑧ 万历《即墨志》、《明史》、乾隆和同治《即墨县志》、《雄崖所建置沿革志》等中有关雄崖守御千户所建置年代的记载有误，具体论证可参见拙文《官印所见明初山东沿海卫所建置时间考——以乐安、雄崖、灵山、鳌山诸卫所为例》（未刊稿）。

秋戍 319 人；城守军余 51 人，屯田军余 77 人，屯田 59 顷，屯粮 708 担；墩堡 11[①]；演武场，在所城南[②]。

（三）洪武三十一年山东沿海增设七卫、三守御千户所

洪武三十一年（1398 年）之前，山东沿海设乐安等卫，兵员多不足配额，与东南沿海的浙江、福建和广东等省相比显得非常薄弱。[③] 洪武三十一年二月乙酉（2 月 24 日）倭夷寇山东宁海州，由白沙河口登岸，劫掠居人，杀镇抚卢智。此前，倭夷曾寇山东，百户何福战死。事闻，朝野震惊，明太祖命登、莱二卫发兵追捕。[④] 五月丙寅（6 月 13 日），下令在山东一次性增设了七个卫：曰安东，曰灵山，曰鳌山，曰大嵩，曰威海，曰成山，曰靖海。[⑤] 是年，还设置了奇山守御千户所、宁津守御千户所和海阳守御千户所。

安东卫

在日照县南 90 里（今日照市），设官指挥使 1 人，指挥同知 2 人，指挥佥事 4 人，以迁叙至者，无定额；经历司，经历 1 人；镇抚司，镇抚 2 人，左、前、后 3 所；京操军，春戍 844 人，秋戍 632 人；城守军余 358 人，屯田军余 391 人，屯田 147 顷，屯粮 1764 石；演武场，在卫城东。[⑥]

安东卫辖 19 个墩。[⑦] 安东卫城，石城，周围 5 里，高 2 丈 1 尺，阔 2 丈，四门，楼铺 28 座，池阔 2 丈 5 尺，深 1 丈。安东卫设有石旧寨备御后千户所，所城为石城，周围 2 里有奇，高 1 丈 4 尺许，南、北、西三门，楼

---

① 这 11 个墩堡为：椴村、王骞、王家山、公平山、望山、青山、米粟山、北渐山、陷牛山、朱皋、白马岛。

② 嘉靖《山东通志》卷 11，第 739 页。

③ 邱富生：《试论明朝初年的海防》，《中国边疆史地研究》1995 年第 1 期，第 16～17 页。

④ 《明太祖实录》卷 256，第 3699 页。光绪《增修登州府志》卷 13，第 138 页，记载为洪武三十二年，当误。（清）夏燮：《明通鉴·目录》卷 2，岳麓书社，1999，第 98 页，言"二月倭寇山东，百户何福死之"，根据来回奏折传递所需时间判断，何福之死应在二月之前。

⑤ 《明太祖实录》卷 257，第 3716 页。

⑥ 嘉靖《山东通志》卷 11，第 721～722 页。

⑦ 牛蹄墩、新添墩、焦家墩、蔡家墩、夹仓墩、相家墩、孙家墩、杨家墩 8 个墩堡系安东卫借立民地，夹仓镇巡检代雇民丁看守，每年卫中关送工食；湘子泊墩、董家墩、钓鱼墩、北青泥墩、万匹墩、北石臼墩、小皂墩、涛洛墩、泊峰墩、昧蹄墩、黑漆墩 11 个墩堡系安东卫借立民地，自拨屯丁看守。康熙《日照县志》卷 2，康熙五十四年（1715）刻本，第 7～8 页。嘉靖《山东通志》卷 11，第 721～722 页，记载其墩堡有 15 个：兰头山、鸦高山、大河口、泊风、昧蹄沟、张洛、黑漆子、涛洛、小皂儿、三桥、涛洛、烽火山、昧蹄沟、虎山、闸山。其中有两对是重复的，错误较多，故采县志为准。

铺 15 座，池阔 3 丈 2 尺，深 1 丈。[1] 该千户所辖有 15 个墩堡。[2]

灵山卫

设官指挥使 1 人，指挥同知 2 人，指挥佥事 4 人，以迁叙至者，无定额；经历司，经历 1 人；镇抚司，镇抚 2 人；左、前、后三所；京操军，春戍 505 人，秋戍 708 人；城守军余 208 人，屯田军余 287 人，屯田 143 顷，屯粮 1716 石；演武场，在卫城东；墩堡 30。[3]

灵山卫城在胶州东南 90 里，周围 3 里，高 2 丈 5 尺，厚半之；有 4 门，池深 2 丈 5 尺，广 2 丈。永乐二年（1404）指挥佥事郭崇重修，外包以砖，周方 5 里，四门，加楼铺，舍十余所。弘治元年（1488），分巡副使赵鹤龄檄指挥张某重修一新，名其门，东曰朝阳，西曰阅武，南曰镇海，北曰承恩。[4] 灵山卫辖有夏河寨备御千户所，弘治后置，[5] 墩堡 16。[6]

鳌山卫

在即墨县东 40 里（今即墨市），设官指挥使 1 人，指挥同知 2 人，指挥佥事 4 人，以迁叙至者，无定额；经历司，经历 1 人；镇抚司，镇抚 2 人；右、前、后三所；京操军，春戍 903 人，秋戍 728 人；城守军余 107 人，屯田军余 290 人，屯田 140 顷 25 亩，屯粮 1683 石；演武场，在卫城西；墩堡 26。[7] 鳌山卫城，砖城，周围 5 里，高 3 丈 5 尺，池深 1 丈 5 尺，阔 3 丈 5 尺；门四，东曰镇海，南曰安远，西曰迎恩，北曰维山。鳌山卫辖有浮山寨

---

[1] 嘉靖《山东通志》卷 12，第 785 页。

[2] 这 15 个墩堡是：石旧寨西、孤耆山、温桑沟、南石旧、北石旧、清泥、董家、钓鱼、湘子泊、金绵、石河、古城、滕家、董家、湘水。嘉靖《山东通志》卷 11，第 721～722 页。董家出现了两次，原文如此。

[3] 这 30 个墩堡为：帽子峰、将军台、沙嘴、黄埠、敲尧山、唐岛、安岭、李家岛、西子埠、烽火山、野人埠、黄山、长城岭、臧家疃、捉马山、张家庄、呼兰嘴、沙嘴、孙家港、刘家沟、白塔夼、交义涧、青石山、崇石山、东石山、焦家村、石喇义、鹿角河、花山、大虎口。嘉靖《山东通志》卷 11，第 735～736 页；万历《莱州府志》卷 5，万历三十二年（1604），青岛：赵永厚堂 1939 年重刊，第 11 页。

[4] 乾隆《莱州府志》卷 2，乾隆五年（1740）刻本，《中国地方志集成·山东府县志辑》第 44 册，凤凰出版社，2004，第 49 页；嘉靖《山东通志》卷 12，第 792 页。

[5] 《明史》卷 41，第 950 页。

[6] 这 16 个墩堡是：夏河、沙岭、黄埠、徐家埠、紫良山、海王庄、车垒、大盘、显沟、赵家营、走马岭、封家岭、沙岭、小滩、王家庄、丁家庄。沙岭出现了两次，原书记载如此。

[7] 这 26 个墩堡是：分水岭、石岭、小老山、横担、擘石口、龙口、石老人、栲栳岛、萧旺、捉马嘴、狼家嘴、高山、羊山、走马岭、峰山、猸皮埝、黄埠、石炉山、桑园、石张口、大村、明旺、营前、马山、孙疃、那城。嘉靖《山东通志》卷 11，第 737～738 页。

备御千户所，墩堡 18。①

大嵩卫

在莱阳县东南 130 里（今海阳市东南凤城镇），设官指挥使 1 人，指挥同知 2 人，指挥佥事 4 人，以迁叙至者，无定额；经历司，经历 1 人；镇抚司，镇抚 2 人；中、前、后 3 所；京操军，春戍 745 人，秋戍 746 人；城守军余 358 人，捕倭军即墨营 246 名，守墩军余 27 名，守堡军余 14 名，屯田军余 216 人，屯田 168 顷 50 亩，屯粮 1022 石；② 演武场，在卫城西；墩堡 12。③ 大嵩卫城，洪武三十一年指挥邓清筑，砖城，周围 8 里，高 1 丈 9 尺，阔 1 丈 5 尺；有 4 个门，东曰永安，西曰宁德，南曰迎恩，北曰镇清；楼铺 28；池阔 8 尺，深 1 丈。大嵩卫辖有大山寨备御千户所，正、副千户 6 员，百户 10 员，守城军余 62 名，守墩军余 6 名，守堡军余 6 名，④ 墩堡 4。⑤

威海卫

在文登县北 90 里（今威海市），设官指挥使 1 人，指挥同知 2 人，指挥佥事 4 人，以迁叙至者，无定额；经历司，经历 1 人；镇抚司，镇抚 2 人；左、前、后 3 所，每所千户 5 员，共印 3 颗，军政选贤能千户一员主之；左、前、后三所百户 30 员，每员各印 1 颗；⑥ 京操军，春戍 784 人，秋戍 584 人；捕倭军登州营 126 名，文登营 159 名，城守军余 75 人，守墩军余 24 名，守堡军余 14 名，屯田军余 234 人，屯田 74 顷 50 亩，屯粮 894 石；演武场，在卫城东；墩堡 12。⑦ 威海卫所辖的百尺崖备御后千户所有正、副千户 5 员，百户 10 员，守城军余 35 名，守墩军余 18 名，守堡军余 6 名，⑧

---

① 这 18 个墩堡为：麦岛、错皮岭、双山、塔山、瓮窝头、转头山、狗塔埠、桃村、中村、东城、张家庄、程家庄、程羊、女姑、楼山、孤山、红石、斩山。嘉靖《山东通志》卷 12，第 792～793 页。

② 泰昌《登州府志》卷 10，第 909 页；嘉靖《山东通志》卷 11，第 732～733 页。

③ 这 12 个墩堡为：杨家嘴、小山、麦岛、刘家岭、辛安、草岛嘴、抢虎山、黄山、望石山、青山、管村、界河。

④ 泰昌《登州府志》卷 10，第 909 页。

⑤ 这 4 个墩堡为：大山、虎窝山、双山、黄阳。嘉靖《山东通志》卷 11，第 732～733 页，卷 12，第 788 页；天顺《大明一统志》卷 25，第 6 页；乾隆《海阳县志》卷 4，第 49 页；光绪《增修登州府志》卷 12，第 126 页。

⑥ 嘉靖《山东通志》卷 11，第 727～728 页；乾隆《威海卫志》卷 6，第 132～133 页。

⑦ 这 12 个墩堡为：陈家庄、焦子埠、庙后峰、古陌顶、邋遢、麻子、斜山、磨儿、曹家庄、豹虎、峰山、天都。泰昌《登州府志》卷 10，第 906 页；嘉靖《山东通志》卷 11，第 727～728 页。

⑧ 泰昌《登州府志》卷 10，第 907 页。

墩堡 9。①

威海卫城，永乐元年建成，动用宁海、文登夫役，军三民七。卫城砖石相间，周围 6 里有奇，高 2 丈 7 尺，阔 1 丈 7 尺；有 4 个门，东曰永安，西曰宁德，南曰迎恩，北曰翊清楼；楼铺 20；池阔 1 丈 5 尺，深 8 尺。② 永乐二年（1404）文登教谕胡士文撰文记录了威海卫的创建过程：

> 山东海右之民，间被倭寇窃发之扰，洪武戊寅春正月，特命魏国公徐、都督朱埰集本处之民，置立沿海卫所，以安斯民于仁寿之域。迨至永乐元年仲春，都督朱复奉新君之命练兵，至威海，思昔皇上所以轸念黎元之意，欲刊诸石以垂神功圣德于不朽，请予为之记。③

可以看出，洪武戊寅即三十一年年初，明太祖特命魏国公徐辉祖等人在山东沿海创建卫所，威海等卫即建于是年。弘治二年（1489），巡察海道副使赵鹤龄疏动泰山香钱数百金重修，崇祯九年（1636）又有重修。④

成山卫

在文登县东 120 里（今荣成市），设官指挥使 1 人，指挥同知 2 人，指挥佥事 4 人，以迁叙至者，无定额；经历司，经历 1 人；镇抚司，镇抚 2 人；左、前、后三所；京操军，春戍 767 人，秋戍 589 人；城守军余 261 人，捕倭军文登营 234 名，守墩军余 54 名，守堡军余 22 名，屯田军余 247 人，屯田 87 顷，屯粮 1044 石；⑤ 演武场在卫城西南一里；墩堡 19。⑥

成山卫城，砖城，周围 6 里 168 步，高 2 丈 5 尺，阔 2 丈，有 4 个门，

---

① 这 9 个墩堡为：松里、曹家岛、百尺崖、芝麻岭、窦家崖、转山、老姑、望天岭、蒲台顶。嘉靖《山东通志》卷 11，第 727～728 页；天顺《大明一统志》卷 25，第 6 页；乾隆《威海卫志》卷 1，第 37 页；光绪《增修登州府志》卷 12，第 125 页；光绪《文登县志》卷 1，《中国方志丛书·华北地方》第 368 册，第 122 页。

② 嘉靖《山东通志》卷 12，第 788 页。

③ （明）胡士文：《新设威海卫捕倭屯田军记》，乾隆《威海卫志》卷 9，第 200～202 页。

④ 嘉靖《山东通志》卷 12，第 788 页；乾隆《威海卫志》卷 2，第 64 页。

⑤ 泰昌《登州府志》卷 10，第 907 页；嘉靖《山东通志》卷 11，第 728～729 页；天顺《大明一统志》卷 25，第 6 页；光绪《增修登州府志》卷 12，第 125～126 页。

⑥ 这 19 个墩堡为：狼家顶、北峰头、里岛、固嘴、俞镇、马山、神前、祭天岭、报信口、堆前、歇马神、洛口、石碛、北留村、张家、仲山、高碛、太平顶、夺姑山。嘉靖《宁海州志·建置第三》，第 768 页；嘉靖《山东通志》卷 11，第 728～729 页。

楼铺 24，池阔 1 丈 5 尺，深 1 丈。① 寻山备御后千户所，属成山卫，设有正、副千户 3 员，百户 11 员，所镇抚 1 员，有守城军余 94 名，守墩军余 24 名，守堡军余 14 名，② 墩堡 15。③

靖海卫

在文登县南 120 里（今荣成市），设官指挥使 1 人，指挥同知 2 人，指挥佥事 4 人，以迁叙至者，无定额；经历司，经历 1 人；镇抚司，镇抚 2 人；左、中、后 3 所；京操军，春成 849 人，秋成 744 人；城守军余 101 人，捕倭军文登营 213 名，守墩军余 60 名，守堡军余 12 名，屯田军余 210 人，屯田 118 顷 75 亩，屯粮 1425 石；演武场在卫城西南 1 里；④ 墩堡 26。⑤

靖海卫城，砖城，周围 972 丈，高 2 丈 4 尺，阔 2 丈 5 尺，有东、南、北 3 个门，楼铺 29，周潴水阔 2 丈 5 尺，深 1 丈。⑥

奇山守御千户所

洪武三十一年置，⑦ 在福山县东北 30 里（今烟台市芝罘区），设官正、副千户 8 员，流官吏目 1 员，百户 10 员；京操军，春成 217 人，秋成 281 人；城守军余 113 人，捕倭军登州营 75 名，守墩军余 12 名，守堡军余 6 名，屯田军余 66 人，屯田 67 顷 50 亩，屯粮 810 石；演武场在所城西 1 里；墩堡 7。⑧ 奇山所砖城，围 2 里，高 2 丈 2 尺，阔 2 丈，门 4，楼铺 16，池阔 3 丈 5 尺，深 1 丈。⑨ 根据现存史料，有案可查的最早的该所官员为宣德六

---

① 嘉靖《山东通志》卷 12，第 788 页。

② 泰昌《登州府志》卷 10，第 907～908 页。

③ 这 15 个墩堡为：长家嘴、古老石、黄连嘴、小劳山、杨家岭、马山、葛楼山、青鱼岛、曲家埠、胜佛口、大水泊、老翅、纪子埠、蒸饼山、青山。嘉靖《宁海州志·建置第三》，第 768 页；嘉靖《山东通志》卷 11，第 728～729 页。

④ 嘉靖《山东通志》卷 11，第 730 页；泰昌《登州府志》卷 10，第 908 页；嘉靖《宁海州志·建置第三》，第 769 页；光绪《文登县志》卷 1，第 121 页。

⑤ 这 26 个墩堡为：大湾口、浪浪、峰山窝、姚山头、青岛嘴、明光山、路家马头、长会口、赤山嘴、石脚山、狗脚山、苊蒌寨、起雨顶、胡卢山、店山、标杆顶、坟台顶、望浆山、憨山、孤西山、蒸饼山、唐辰顶、柘岛、铎木山、郭家口、石冈。嘉靖《山东通志》卷 11，第 730～731 页；天顺《大明一统志》卷 25，第 6 页；。

⑥ 嘉靖《山东通志》卷 12，第 788 页。

⑦ 嘉靖《宁海州志·建置第三》，第 765 页；嘉靖《重修一统志》卷 137，第 20 页。

⑧ 这 7 个墩堡为：清泉、现顶、黄务、西牢、木作、埠东、熨斗。嘉靖《宁海州志·建置第三》，第 765～766 页；嘉靖《山东通志》卷 11，第 727 页；泰昌《登州府志》卷 10，第 909～910 页；天顺《大明一统志》卷 25，第 6 页；光绪《增修登州府志》卷 12，第 126 页。

⑨ 泰昌《登州府志》卷 5，第 568 页。

年调守该所的张升副千户。张升父亲张贵永乐年间以靖难功授密云中卫前所副千户，张贵死后，张升袭其职。其后，张显、张忠、张元祯、张铺等人相继袭该职位。①

宁津守御千户所

在文登县东南 125 里，洪武间建，设官正、副千户 7 员，流官吏目 1 员，百户 10 员；京操军，春戍 254 人，秋戍 275 人；城守军余 68 人，捕倭军文登营 68 名，守墩军余 24 名，守堡军余 18 名，屯田军余 66 人，屯田 54 顷，屯粮 648 石；演武场在所城东；墩堡 17。② 宁津所，砖城，围 3 里，高 2 丈 5 尺，阔 2 丈 3 尺，门 4，楼铺 16，池阔 2 丈，深 1 丈。③

海阳守御千户所

在文登县南 140 里，洪武间建，设官正、副千户 5 员，流官吏目 1 员，百户 10 员；京操军，春戍 203 人，秋戍 293 人；城守军余 126 人，捕倭军文登营 74 名，即墨营 28 名，守墩军余 21 名，守堡军余 20 名，屯田军余 66 人，屯田 55 顷，屯粮 660 石；演武场在所城西；④ 墩堡 17。⑤ 海阳所砖城，围 3 里，高 2 丈，阔 1 丈 2 尺，西、南二门，楼铺 29，池深 1 丈，阔 2 丈。⑥

洪武末年，山东的卫所布局基本定型。宣德八年（1433）二月，登州卫指挥佥事戚珪言，明朝初期"山东缘海设十卫五千户所，以备倭寇"⑦。戚珪所言沿海卫所数量并不完全正确，只是约数。至洪武末年，山东沿海地区共有 12 个卫（乐安卫、青州左卫、莱州卫、登州卫、宁海卫、安东卫、

---

① 《张氏谱书》卷 1，宣统辛亥（1911 年）孝恩堂石印本，第 1~6 页；乾隆《福山县志》卷 7，第 494 页。

② 这 17 个墩堡为：孟家山、青埠寨、柴家寨、万口、芝麻滩、帽子山、崮山寨、高楼山、拖地冈、王家铺、大顶山、上现口、龙虎山、慢埠山、龙山、固山、杨家岛。嘉靖《宁海州志·建置第三》，第 769~770 页；嘉靖《山东通志》卷 11，第 731 页；天顺《大明一统志》卷 25，第 6 页；泰昌《登州府志》卷 10，第 910 页；光绪《增修登州府志》卷 12，第 125 页。

③ 泰昌《登州府志》卷 5，第 568 页。

④ 嘉靖《山东通志》卷 11，第 732 页；泰昌《登州府志》卷 10，第 910~911 页。《明史》卷 41，第 952 页，光绪《增修登州府志》卷 12，第 126 页，俱言其建于成化间。

⑤ 这 17 个墩堡为：乳山、帽子山、驴山、窄山、猪港、扒山、桃村、孤山、黄利河、孔家庄、撒雪山、老埠港、汤山、白沙山、峰子山、城子港、小龙山。嘉靖《山东通志》卷 11，第 732 页。

⑥ 泰昌《登州府志》卷 5，第 568 页。

⑦ 《明宣宗实录》卷 99，第 2226~2227 页。

灵山卫、鳌山卫、大嵩卫、威海卫、成山卫、靖海卫），7 个守御千户所（滕县守御千户所、诸城守御千户所、胶州守御千户所、雄崖守御千户所、奇山守御千户所、宁津守御千户所、海阳守御千户所），以及多个备御千户所、寨、巡检司等。

（四）山东备倭都司与"海防三营"建制

山东沿海布置了如此之多的卫所，仍无法阻挡倭寇的侵扰。永乐四年（1406）倭寇侵袭威海卫，六年又大肆杀掠于成山卫、大嵩卫、鳌山卫。之所以如此，主要是山东海岸线漫长，沿海各地卫所事权不一，不便统一调度，从而给倭寇以可乘之机。为此，山东备倭都司和"海防三营"（即墨营、登州营、文登营）便应运而生，统筹山东沿海备倭事宜。

山东备倭都司设立于永乐六年（1408），专门负责山东海防备倭。① 登州营设立于永乐七年（1409），设把总、指挥各 1 员，团练京操军、中军管队官，千、百户 31 员，旗军 1524 名，马 521 匹。十六年（1418）宣城伯卫青镇之。正统间调去京操马 130 匹，余存营，立为马步 30 队。登州营辖登州卫、莱州卫和青州左卫，并多有所、寨、巡检司相互呼应。② 文登营设立于宣德二年（1427），辖宁海、威海、成山、靖海四卫。③ 永乐四年（1406）建即墨营，自大嵩、鳌山、灵山、安东一带南海之险，皆为即墨营控御范围，并与巡检司相互呼应。④

即墨、登州、文登海防三营官兵 3902 人。⑤ 三大营海防各有侧重：登州营管辖地区广阔，独挡山东北面海防之险；文登营凸出入海，独挡山东东

---

① 嘉靖《山东通志》卷 11，第 711 页；（明）王世贞：《倭志》，《弇州山人四部稿》卷 80，明万历五年（1577）世经堂刻本，台北伟文图书出版社，1976，第 3817 页；（明）陈懿典：《天津新造海船记》，《陈学士先生初集》卷 8，明万历四十八年（1620）曹宪来刻本，《四库禁毁书丛刊》集部第 79 册，第 119 页；雍正《山东通志》卷 20，《景印文渊阁四库全书》第 540 册，第 368 页；（清）谷应泰：《明史纪事本末》第 3 册，第 840 页。

② 道光《重修蓬莱县志》卷 4，道光十九年（1839）刻本，《中国地方志集成·山东府县志辑》第 50 册，凤凰出版社，2004，第 54 页；光绪《增修登州府志》卷 12，第 126 页；（明）郑若曾：《筹海图编》卷 7《山东事宜》，第 585～586 页。

③ 嘉庆《重修一统志》卷 173，第 19 页；光绪《文登县志》卷 1，第 119 页。

④ （明）蓝田：《城即墨营记》，乾隆《莱州府志》卷 13，第 288～289 页；万历《即墨志》，第 32～33 页；嘉靖《山东通志》卷 12，第 793 页；光绪《增修登州府志》卷 12，第 126 页。

⑤ 《明英宗实录》卷 101，第 2037～2038 页。

面海防之险；即墨辖区海岸线长，独挡山东南部海防之险。三营归备倭都司管辖调度，军营驻地又设在所控各卫的中心地带，"鼎建相为犄角形胜，调度雄且密矣"，三营能够互相呼应，调度配合，对防倭有一定作用。①

明朝初期因兵事频仍，多专任武臣。为防止武官滥用职权，明廷又设有总督、巡抚、巡察海道和兵备道等的文官来监督武官。这些文官初期只是临时派出的专门督管地方军事的差遣官，后来权利渐大，职务也逐渐固定下来，遂成定制。② 山东巡察海道通常由提刑按察司副使或佥事担任，有时也由布政司参政、参议担任。③ 明正统五年（1440），设山东巡察海道。初期，由于巡察官驻扎在省城济南，"东巡海上而道里辽隔"，导致公务积滞不能及时处理。为提高办公效率，弘治十二年（1499）兵部尚书马文升应登州人崔宗等人的奏请，下令在莱州建立巡察海道公署。正德六年（1511），山东境内发生叛乱，故又令海道兼理登、莱兵备。嘉靖元年（1522）因考虑到巡察海道兵力不足，难以应对突发事件，故又调取登、莱壮快来加强其战斗力，"自是权愈重而责愈艰"④。

明代设置监管地方军务的机构除分巡海道外，还有分巡兵备道。山东境内最早设置的临清兵备道，成化间建，按察司副使领之。后弘治十二年（1499）设曹濮兵备道，正德七年（1512）设武定、青州兵备道，正德十年（1515）设沂州兵备道。⑤ 其中，与山东海防相关的是武定兵备道和青州兵备道。巡察海道和整饬兵备设置之初对于督查整顿山东地区的海防意义重大。然而随着时间的推移，巡察官逐渐开始玩忽职守。成化年间，各地分巡、分守官多驻扎省城，顾恋家人，安于享乐，不肯出外巡察，有些偏僻之地更是经年不见巡察官。这些巡察官即使有时外巡，也经常是暮到朝行走过场，不可能会留意处理地方事情，最终"政令日隳而奸弊滋甚"。针对这些

① （明）郑若曾：《筹海图编》卷7《山东事宜》，第587页。

② 万历《大明会典》卷128《兵部·镇戍三》，第1页。

③ 光绪《增修登州府志》卷25，第252页；万历《莱州府志》卷3，第4～5页；康熙《登州府志》卷5，第2页；（明）毛纪：《分守海防道题名记》，乾隆《莱州府志》卷13，第291页。

④ （明）毛纪：《分守海防道题名记》，乾隆《莱州府志》卷13，第291页；（明）吴昶：《新建巡察海道记》，泰昌《登州府志》卷14，第1310～1311页；嘉庆《续掖县志》卷1，《中国地方志集成·山东府县志辑》第45册，凤凰出版社，2004，第291页；光绪《增修登州府志》卷25，第252页。

⑤ 嘉靖《山东通志》卷11，第708～710页；（明）毛纪：《分守海防道题名记》，乾隆《莱州府志》卷13，第291页。

弊端，弘治元年时任左都御史的马文升规定布政司、按察司分巡、分管官每年春天二月中出巡，七月中回司；九月中再次出巡，十二月中回司，"务要遍历所属"①。这项强制措施对地方巡察工作起一定约束作用。

（五）山东沿海巡检司的布局

明朝卫、所是国家的正规军事机构，地方则又有巡检司。明代巡检司为地方州县属衙，并非隶属于卫。② 巡检司专职缉捕盘诘。巡检制度的起源至少可追溯至南北朝，而巡检常驻地方当以宋代为肇端。元代因袭宋制设巡检司，以掌巡逻稽查之事。元代巡检制度已由军事体系入文官体系，秩从九品，所领正规军亦代以差役弓手为主。

明代巡检制度因袭元制，并对之加以局部调整。巡检司品秩虽低，但其设置变革，亦需皇帝受旨方行。③ 洪武初，亟须加强地方社会治安，巡检司制度也是其重点关注对象。洪武二年（1369）九月，广西行省奏请在靖江等地"关隘冲要之处宜设巡检司，以警奸盗"④，明太祖下令施行。洪武十三年二月丁卯（1380年3月12号），明太祖"特遣使分视各处"巡检司，令功绩显著者来朝受赏。⑤ 八月丙寅（9月7号），明太祖质疑其成效不佳，遂降巡检为杂职。⑥ 十月则又"命吏部汰天下巡检司，凡非要地者悉罢之。于是罢三百五十四司"⑦。次年四月辛巳（1381年5月20号），"复置巡检司三十"⑧。十六年五月甲辰（1383年6月2号），吏部上言"在京及各布政司库、各府仓税课司等衙门宜定为从九品，巡检、驿丞、递运、大使原不给俸者宜月给俸一石二斗。从之"⑨。次年十月庚午（1384年10月20号），复改巡检为从九品。⑩ 至二十六年（1393）巡检遂成制度化、规范化，"凡

---

① （明）马文升：《陈治道疏》，《御选明臣奏议》卷6，台湾华文书局，1968，第330～331页。
② 万历《郧阳府志》卷15，第8页。
③ 吕进贵：《明代的巡检制度：地方治安基层组织及运作》，明史研究小组，2002，第2～7页。
④ 《明太祖实录》卷45，第877页。
⑤ 《明太祖实录》卷130，第2059～2060页。
⑥ 《明太祖实录》卷133，第2107页。
⑦ 《明太祖实录》卷134，第2123页。
⑧ 《明太祖实录》卷137，第2164页。
⑨ 《明太祖实录》卷154，第2401页。
⑩ 《明太祖实录》卷166，第2550页。

天下要冲去处设立巡检司，专一盘诘往来奸细，及贩卖私盐犯人、逃军、逃囚、无引、面生可疑之人"①。

明初山东地区的巡检司既有因袭元朝的，也有新设置的。例如，辛汪寨巡检司、温泉镇巡检司和赤山寨巡检司早在元代就已设置，② 明朝因之，并在洪武二年于辛汪加筑营寨，加强其防倭战斗力。一般的巡检司常筑有营垒、烽台、斥堠等，周围有时还有壕堑，并有公厅、兵房供办公和住宿之用。③

据《姜氏秘史》记载，建文元年（1399）五月二十二日，莱州府掖县柴胡寨、胶州逢猛、即墨县栲栳岛三个巡检司被革除，次日登州府宁海州乳山寨，文登县辛汪寨、温泉镇，福山县孙夼镇，黄县马停镇，蓬莱县杨家店、高山，招远县东良海口，莱阳县行村寨九处巡检司被革除。④ 但是据嘉靖《山东通志》、天顺《明大一统志》和多部地方志等记载来看，这些巡检司后来依然存在。建文帝时这些巡检司是否被革除，后来是否又被恢复，目前尚缺乏相关史料，留此待考。

巡检司设立之初，每司配有"弓兵百人"，用于防御海寇。但是，后来承平日久，各地弓兵被削去三分之一，遂缺人防守。弘治四年（1491）六月山东按察司副使赵鹤龄奉敕巡视山东海道，见海防边备几近荒废，⑤ 遂奏请恢复旧制，补充弓兵。弘治帝命巡抚、都御史、兵部等议之，最终得以批准执行（参见表6）。⑥

除巡检司外，各地还设有寨。寨在元代就已出现，"每三十里设一总寨，就三十里中又设一小寨，使斥堠烽燧相望"⑦。可见，寨是为加强各个斥堠、烽火台之间的联系而设。洪武二十五年（1392）十一月，山东都指挥使周房建议"择莱州要害之处，当置八总寨，以辖四十八小寨。其宁海卫亦宜置五总寨，以备倭夷"⑧，明太祖下令执行。有关寨城的设置，在前述山东卫所制度中已经多有涉及，此处不再重述。

① 《诸司职掌》（下），第166页；万历《大明会典》卷139，第39页。
② 光绪《文登县志》卷5，第375~376页。
③ 《辛汪巡检司创寨记》碑，现藏于威海市博物馆；光绪《文登县志》卷5，第398~401页。
④ （明）姜清：《姜氏秘史》卷2，《丛书集成续编》第277册，新文丰出版公司，1989，第580页。
⑤ （明）毛纪：《重修昌邑县巡检记》，《鳌峰类稿》卷10，嘉靖刻本，《四库全书存目丛书》集部第45册，齐鲁书社，1997，第79页。
⑥ 《明孝宗实录》卷52，第1025页。
⑦ 宋濂等：《元史》卷188《列传第七十五·董抟霄》，中华书局点校本，第4304页。
⑧ 《明太祖实录》卷222，第3244页。

表 6　明代山东沿海地区巡检司表

州县	巡检司	设置年代、城池、墩堡与弓兵等
掖县	海仓巡检司	县西北 90 里,洪武二十三年建,公廨 18 间,设巡检 1 员,攒典 1 名,皂隶 2 名,弓兵 20 名。[1]有砖城,墩 5[2]
	柴胡寨巡检司	县北 50 里,洪武二十三年建,公廨 18 间,设巡检 1 员,攒典 1 名,皂隶 2 名,弓兵 20 名。[3]有砖城,墩 6[4]
沾化县	久山镇巡检司[5]	
利津县	丰国镇巡检司[6]	
昌邑县	鱼儿铺巡检司	昌邑县北 50 里,明初设,[7]有砖城,墩 6,[8]弓兵 26 名
潍县	固堤店巡检司	明洪武初年设,[9]在县东北 40 里,弓兵 20 名[10]
蓬莱县	高山巡检司	旧在沙门岛,洪武二十七年移至在县东 80 里朱高山下,[11]有石城,墩 2:高山、火岩,[12]守城弓兵 24 名,守墩弓兵 6 名[13]
	杨家店巡检司	洪武九年设,[14]在城东南 60 里,有石城,墩 3,[15]守城弓兵 21 名,守墩兵 9 名[16]
黄县	马停镇巡检司	金时设,元因之,[17]洪武三十一年移于白沙社地方,因名白沙巡检司。[18]有石城,墩 5,[19]有守城弓兵 15 名,守墩弓兵 15 名[20]
招远县	东良海口巡检司	在县西 50 里寨城内,有砖城,墩 2:界河、东良,[21]有守城弓兵 24 名,守墩弓兵 6 名[22]
日照县	夹仓镇巡检司	洪武三年由县西七十里的刘三公庄旧巡检司移至夹仓镇,有石城,墩 4[23]
诸城县	信阳镇巡检司	墩 4。[24]有石城,在诸城南 120 里,洪武三年巡检王福以砖石周围 80 丈,门 2[25]
	南龙湾海口巡检司	约洪武九年建,有石城,墩 3[26]
乐安县	高家港巡检司	在塘头寨,有土城,墩 2:石碑、司后。在高家港设有滨乐分司,后废[27]
	乐安巡检司	在石辛镇[28]
海丰县	大沽河海口巡检司	在县东北 180 里[29]
胶州	古镇巡检司	在胶州西南 120 里大珠山前,洪武八年设,有石城,墩堡 3[30]
	逢猛巡检司	在胶州南 40 里,洪武八年设,有石城,墩 3[31]
即墨县	栲栳岛巡检司	有石城,在县治东北 90 里,洪武四年设,知县刘坚建城,墩 3[32]
莱阳县	行村寨巡检司	元时设,明因之,[33]有砖城,墩 3,[34]守城弓兵 22 名,守墩弓兵 9 名[35]
宁海州	乳山寨巡检司	宋时设,元明因之,[36]在州西南 140 里,有石城,墩堡 3,[37]弓兵 21 名,墩兵 3 名,堡兵 4 名[38]

州县	巡检司	设置年代、城池、墩堡与弓兵等
文登县	辛汪寨巡检司	元时已有，[39]在县北70里，洪武二年加固营寨，[40]洪武三十一年置近海口，去县90里，[41]宣德九年二月，因该巡检司靠近百尺崖备御后千户所，故被移至长峰寨。[42]有石城，墩1：辛汪，[43]弓兵27名，墩兵3名[44]
	温泉镇巡检司	金时设，名温水镇，元因之，设温泉镇巡检司。[45]洪武三十一年移于九皋海口，[46]宣德九年二月，因该巡检司靠近百尺崖备御后千户所，故被移至古峯寨。[47]有石城，在县东北90里，墩2：可山、半月，[48]弓兵24名，墩兵7[49]
	赤山寨巡检司	元朝已建，明因之。[50]在县东南120里，洪武三十一年移置石岛海口，[51]有石城，墩1，田家岭，[52]守城弓兵27名，守墩弓兵3名[53]
福山县	孙夼镇巡检司	洪武九年设，在县西北35里，洪武三十一年移置浮栏海口，[54]知县邵元亨筑城，墩堡3，[55]弓兵20名，墩兵9名[56]

[1]万历《莱州府志》卷5，第13页；乾隆《掖县志》卷2，第285页。

[2]这5个墩为：海郑、白堂、土山、后灶、东关。嘉靖《山东通志》卷11，第735页。

[3]万历《莱州府志》卷5，第12页；乾隆《掖县志》卷2，第285页。

[4]这6个墩为：小皂儿、武家庄、上官、柴胡、太原、诸高。嘉靖《山东通志》卷11，第734~735页；

[5]（明）陶承庆校正，（明）叶时用增补：《大明一统文武诸司衙门官制》卷2，万历癸丑（1613）宝善堂刊本，《续修四库全书》第748册，上海古籍出版社，1996，第466页。

[6]《大明一统文武诸司衙门官制》卷2，第466页

[7]嘉庆《重修一统志》卷175，第2页。

[8]这6个墩为：黑沙、河口、韩城、本司、烟火、立鱼河。嘉靖《山东通志》卷11，第735页；万历《莱州府志》卷5，第13页。

[9]乾隆《莱州府志》卷5，第94页。

[10]万历《莱州府志》卷5，第13页。

[11]嘉靖《山东通志》卷6，第435页；泰昌《登州府志》卷5，第577页。

[12]嘉靖《山东通志》卷11，第725页。泰昌《登州府志》卷10记载的2墩为"高山、大山"，第920页。

[13]泰昌《登州府志》卷10，第911页。

[14]泰昌《登州府志》卷5，第577页。

[15]这3个墩为：华石圈、城后、黄石庙。嘉靖《山东通志》卷11，第724页。泰昌《登州府志》卷10，第920页记载的3个墩堡为"黄石庙、城后、石围"。

[16]泰昌《登州府志》卷10，第920页。

[17]光绪《增修登州府志》卷27，第281页。

[18]泰昌《登州府志》卷5，第580页；康熙《黄县志》卷2，康熙十二年（1673）刻本，第4页。

[19]这5个墩为：于里、吕口、瑶家、白沙、杨家庄。嘉靖《山东通志》卷11，第725页。

[20]泰昌《登州府志》卷10，第911页。

[21]泰昌《登州府志》卷5，第587页；嘉靖《山东通志》卷11，第725页。

[22]泰昌《登州府志》卷10，第912页。

［23］这4个墩为：蔡家、焦家、三义口、相家。嘉靖《山东通志》卷11，第722页；光绪《日照县志》卷5，第385页；（清）顾祖禹：《读史方舆纪要》卷35，第1658页。

［24］这4个墩为：西大岭、南黄石兰、南黄、东沙岭。嘉靖《山东通志》卷11，第722页。

［25］嘉靖《山东通志》卷12，第785～786页；乾隆《诸城县志》卷19，第131页。

［26］这3个墩为：陈家贡、胡家、琅邪台。嘉靖《山东通志》卷11，第723页；乾隆《诸城县志》卷19，第131页。

［27］嘉靖《山东通志》卷11，第723页；万历《乐安县志》卷8，第31页。

［28］万历《乐安县志》卷8，第31页。

［29］嘉靖《山东通志》卷15，第905页。

［30］这3个墩堡为：西庄、古积、北青。嘉靖《山东通志》卷11，第736页；康熙《胶州志》卷3，第11页；嘉庆《重修一统志》卷175，第1页。

［31］这3个墩为：户埠、彭家港、鸟儿河。嘉靖《山东通志》卷11，第736页；康熙《胶州志》卷3，第11页；嘉庆《重修一统志》卷175，第1页。

［32］这3个墩为：栲栳岛、丈二山、金钱山。嘉靖《山东通志》卷11，第738页；万历《即墨志·建置·堡镇》，第34页。

［33］嘉靖《山东通志》卷11，第733页。

［34］这3个墩为：高山、田村、灵山。光绪《增修登州府志》卷31，第315页。

［35］泰昌《登州府志》卷10，第912页。

［36］光绪《增修登州府志》卷32，第325页。

［37］这3个墩堡为：里口、长角岭、高家庄。

［38］泰昌《登州府志》卷5，第593页；嘉靖《山东通志》卷11，第733页；嘉靖《宁海州志·民赋第二》，第722～723页。

［39］光绪《文登县志》卷5，第376页。光绪《增修登州府志》等处言辛汪寨巡检司设于洪武九年，当误。

［40］《辛汪巡检司创寨记》碑，洪武八年立，现藏于威海市博物馆。

［41］泰昌《登州府志》卷5，第596页。

［42］《明宣宗实录》卷108，第2426页。

［43］嘉靖《山东通志》卷11，第728页。

［44］泰昌《登州府志》卷10，第912页。

［45］光绪《增修登州府志》卷33，第334页；光绪《文登县志》卷5，第375～376页。

［46］泰昌《登州府志》卷5，第596页。

［47］《明宣宗实录》卷108，第2426页。

［48］嘉靖《山东通志》卷11，第730页。

［49］泰昌《登州府志》卷10，第912页。

［50］光绪《文登县志》卷5，第375页；《辛汪巡检司创寨记》碑记。

［51］泰昌《登州府志》卷5，第596页。

［52］嘉靖《山东通志》卷11，第731页。

［53］泰昌《登州府志》卷10，第913页。

［54］光绪《增修登州府志》卷38，第290页。

［55］这3个墩堡为：岗嵛、塔山、期掌。嘉靖《山东通志》卷11，第727页；泰昌《登州府志》卷5，第582页。

［56］泰昌《登州府志》卷10，第911页。

小　结

　　早在元朝至元年间，山东沿海已受到倭寇侵扰。明洪武、永乐时期，山东沿海的倭寇活动更加频繁，抢财劫粮，掠人伤民，给沿海居民造成了极大困扰，也对中国与日本、朝鲜的外交、军事、经贸活动产生了深远影响。为防御倭寇，山东沿海遍设都司卫所与巡检司，海防力量得到加强。

　　明代山东沿海卫所为全国卫所布局的一部分，制度与全国大体相同。从中央的都督府，到地方的都指挥使司、指挥使、千户、百户、总旗官、小旗官等，构成相对完备的军事管理体系。军屯制度在明初的沿海卫所中得以推广，此外地方上又设置巡检司，墩堡遍布沿海要地，形成了有效的预警、侦察与防御体系。山东设置总督沿海兵马以专门镇压倭寇的备倭都司，协调沿海诸卫所的海防三营，总管青、登、莱等地海防事务的巡察海道和专门负责军事的兵备道等机构。这些机构的设置，无疑有利于加强沿海各卫所的协同配合与机动作战能力，为山东海防提供保障。

　　山东沿海卫所的设置有些特殊。嘉靖年间，山东沿海卫所兵力多不足额，在编制上每卫辖所并不划一，例如安东、鳌山、成山、大嵩、靖海、威海等卫都只辖 3 所，兵力远少于规定的 5600 人。其实，即使部分卫设有 5 所，其总兵额也依然不足，如登州卫领有 5 所，其总兵员却只有 2000 余人，连定额的一半都没有达到。山东海岸线漫长，卫所的设置也没有严格遵循"一郡者设所，连郡者设卫"的规制，而是根据实际情况，灵活变动，从而出现一县境内设有多个卫的情况，例如文登县境内有威海、成山、靖海三个卫。一般情况下，一个州县境内的千户所、百户所都会隶属同一个卫，但是同在黄县境内的马停镇千户所、黄河寨百户所分别属于莱州卫与登州卫。山东沿海诸卫所多有城池，与当地的府州县治不同城。山东沿海卫所的设置还有"爆发性"的特点。洪武早期，山东沿海数卫兵额不足，与沿海的浙江、福建和广东等省相比，海防力量显得非常薄弱，[①] 导致倭患时有发生。洪武三十一年，明太祖下令山东设置七卫、三守御千户所，大大增强了山东的海防力量。山东沿海卫所的这些特殊情况，为我们了解明代地方军事制度具体实施情况提供了一个很有价值的研究实例。

---

　　① 邸富生：《试论明朝初年的海防》，《中国边疆史地研究》1995 年第 1 期。

明中前期山东海防布局有一个突出缺陷，就是水师营和巡海战船不足，无法进行有效的巡海捕倭行动。明太祖和明成祖都对海运舟师兼负捕倭寄予厚望，故不甚热衷营建水师。依靠海运舟师兼负捕倭的确大大降低了巡海成本，也有一定成效，但是这种海上捕倭方式，并非主动出击。永乐十三年（1415）罢海运，山东基本上丧失了海上防倭的主动权，只能依靠沿岸工事被动抗倭。其结果就是：一旦有大批倭寇进犯某处，本地官兵无力抵挡，临近卫所往往也来不及应援；等援军来到，倭寇早已将之洗劫一空，转往他处掠夺，官军被动应对。

附录　元明时期山东倭患与备倭情况表

年份	倭寇活动与防倭、备倭
至元年间（1335～1340）	赵天纲奏称"山东傍海诸郡，奸盗潜通岛夷，叵测上下，数千里无防察之备，请置万户府益都，出甲兵、楼橹以制其要害，凡七十二处"[1]
元至正二十三年（1363）	八月丁酉朔，倭人寇蓬州，守将刘暹击败之。自十八年以来，倭人连寇濒海郡县，至是海隅遂安[2]
至正二十六年（1366）	揭汯等人浮海而北，过黑水，抵铁山，卒遇倭寇，死事者八十余人[3]
明洪武二年（1369）	正月，倭人入寇山东登州、莱州等海滨郡县，掠民男女而去。[4]复寇山东，转掠温、台、明州傍海民，遂寇福建沿海郡县。[5]四月，遣使祭东海神曰："予受命上穹，为中国主。惟图乂民，罔敢怠逸。蠢彼倭夷，屡肆寇劫，滨海郡县多被其殃。今命将统帅舟师，扬帆海岛，乘机征剿，以靖边氓，特备牲醴，用告神知。"[6]
洪武三年（1370）	五月，夷寇掠温州中界、永嘉、青岐、东鹿等，山、辽、闽、浙等处，咸设备倭重臣。[7]六月，寇山东，转掠温、台、明州傍海之民，遂寇福建沿海郡县[8]
洪武四年（1371）	六月戊申，倭寇胶州，劫掠沿海人民[9]
洪武六年（1373）	三月甲子，指挥使于显为总兵官，出海巡倭，倭寇莱、登。[10]七月，倭夷寇即墨、诸城、莱阳等县，沿海居民多被杀掠，诏近海诸卫分兵讨捕之[11]
洪武七年（1374）	六月倭寇胶海。[12]百户许彰追寇于胶东海口，死之。[13]七月倭夷寇胶州，官军击败之。[14]壬申，倭寇登莱。[15]靖海侯吴祯率沿海各卫兵捕倭至琉球大洋，获倭诸人、船，俘送京师[16]
洪武十七年（1384）	正月壬戌，命信国公汤和巡视浙江、福建沿海城池，禁民入海捕鱼，以防倭故也[17]
洪武十九年（1386）	十月，胡惟庸党林贤通倭事发，族诛。[18]既而倭寇海上，帝患之，顾谓和曰："卿虽老，强为朕一行。"和请与方鸣谦俱[19]
洪武二十年（1387）	筑山东、江南、北，浙东、西海上五十九城，咸置行都司，以备倭为名[20]

续表

年份	倭寇活动与防倭、备倭
洪武二十二年（1389）	山东都指挥金事蔺真奏："近者，倭船十二艘由城山洋艾子口登岸劫掠，宁海卫指挥金事王镇等御之，杀贼三人，获其器械，赤山寨巡检刘兴又捕杀四人，贼乃遁去。"[21]
洪武三十一年（1398）	二月乙酉（2月24日）倭夷寇山东宁海州，由白沙河口登岸，劫掠居人，杀镇抚卢智。宁海卫指挥陶铎及其弟钺出兵击之，斩首三十余级，贼败去。钺为流矢所中，伤其右臂。先是倭夷尝入寇，百户何福战死。事闻，上命登、莱二卫发兵追捕。至是铎等击败之，诏赐钞帛恤福家[22]
永乐四年（1406）	倭寇扬帆于刘公岛，声言攻百尺崖，而卒击威海，民众死伤甚重，几无噍类，掌印指挥扈宁督率世职及春秋两班操军、乡城门夫壮丁力死堵截。三日后援兵至，倭寇始息。[23]十月，平江伯陈瑄督海运至辽东，值倭于沙门，追击至朝鲜境上，焚其舟，溺杀死者甚众[24]
永乐六年（1408）	倭寇成山卫，掠白峰头寨、罗山寨，登大嵩卫之草岛嘴；又犯鳌山卫之羊山寨、于家庄寨，杀百户王辅、李茂；不踰月，寇桃花闸寨，杀百户周盘。郡城、沙门岛一带抄略殆尽。命安远伯柳升、平江伯陈瑄率舟师沿海捕倭，升败之于灵山。瑄追至白山岛，百户唐鉴等追至朝鲜界，奏捷还师，始置备倭都司。[25]十二月柳升、陈瑄、李彬等率舟师分道沿海捕倭。[26]袭破宁海卫，杀掠甚惨，指挥赵铭以失机被刑。[27]永乐帝宣喻："近日山东宁海卫指挥赵铭等领军守海，遇贼船数十登岸，并不上前设法擒拿，互相推调，致令伤害军民；又敢虚报杀获贼数，欺诳朝廷。已将各官分尸示众"[28]五年、六年，日本频入贡，且献所获海寇。十一月再贡。十二月，其国世子源义持遣使来告父丧，命中官周全往祭，赐谥恭献，且致赙。又遣官赍敕，封义持为日本国王。时海上复以倭警告，再遣官谕义持剿捕[29]
永乐七年（1409）	三月壬申，总兵官安远伯柳升奏率兵至青州海中灵山，遇倭贼，交战，贼大败，斩及溺死者无算，遂收遁。即同平江伯陈瑄追至金州白山岛等处，浙江定海卫百户唐鉴等亦追至东洋朝鲜国义州界，悉无所见。上敕升等还师[30]
永乐八年（1410）	四月，义持遣使谢恩，寻献所获海寇，帝嘉之[31]
永乐十四年（1416）	五月，敕辽东总兵都督刘江及缘海所备倭寇，相机剿捕。命都督同知蔡福等率兵万人于山东沿海巡捕倭寇。六月，倭舟三十二艘泊靖海卫之扬村岛，命蔡福等率兵合山东都司兵击之。[32]六月丁卯，命都督同知蔡福充总兵官指挥，庄敬为副，率兵万人于缘海山东巡捕倭寇。上面戒之曰："濒海之民数罹寇害，故命尔除寇安民，尔宜严约束，身先士卒，以殄寇为务，无纵下人重为民害。违者并其将皆不贷。"[33]
永乐十六年（1418）	五月癸丑，金山卫奏有倭舡百艘、贼七千余人攻城劫掠。敕海道捕倭都指挥谷祥、张翥，令以兵策应。又令各卫所固守城池，贼至勿轻出战，有机可乘亦不可失，务出万全。又敕福建、山东、广东、辽东各都司及总兵官都督刘江督缘海各卫，悉严兵备[34]

续表

年份	倭寇活动与防倭、备倭
永乐十七年（1419）	六月丁丑，敕山东缘海卫所严兵备，以金山卫奏有倭船九十余艘在海往来故也。[35]戊子，辽东总兵官中、军左都督刘江以捕倭捷闻，[36]自是倭寇不敢窥辽东。[37]乙未，山东都指挥使徐安以疾致仕[38]
正统四年（1439）	八月下诏备倭寇，命重师守要地，增城堡，谨斥堠，合兵分番屯海上，倭盗稍息[39]
正统五年（1440）	倭乘风夜至南岸抹直口，劫掠居民[40]
正统十三年（1448）	十一月庚戌，永康侯徐安备倭山东[41]
景泰二年（1451）	十二月辛未，山东宁海、登州、莱州、鳌山、胶州等卫所城垣墩堡被风雨损坏，总督备倭永康侯徐安请发丁夫修理。从之[42]
天顺五年（1461）	九月丙午，修山东沿海卫城二十三处，从永康侯徐安奏请也[43]
正德十年（1515）	倭焚沙门岛及大竹、龟矶诸岛，火光彻南岸，倭舟至以千计，郡城戒严[44]
嘉靖二十三年（1544）	倭寇至，自胶抵威海栲栳岛洋，为风所阻，泊岸依山嘴，官军不能前，数日持刀出，官军获之[45]
嘉靖三十一年（1552）	倭犯靖海卫，兵民击退之。[46]倭舟犯沂州府东岸，卫官率军御之，始退[47]
嘉靖三十三年（1554）	二月庚辰，官军败绩于松江。三月乙丑，倭犯通、泰，余众入青、徐界，山东大震[48]
嘉靖三十四年（1555）	五月，倭舟一只登夹仓口，约六十余人，各持利刃望屋而食，安东卫官合日照民兵共击之，战于转头山，倭败。南遁至响石村，又击之，终不能剿。命故永康侯徐源子乔松袭爵，[49]己酉，流劫海州、沭阳、桃源等处。至清河阻雨，徐、邳官兵分道蹙之，歼于马头镇民家，斩首四十一级。此贼自日照登岸，不及五十人，流害两省，杀戮千余人，至是始灭。[50]倭船阻风泊威海卫之栲栳岛，官军不能前，数日持刀出，始获之[51]
嘉靖三十五年（1556）	四月，登灵山卫养马岛，犯海阳所，犯靖海卫。官兵讨平之[52]
嘉靖三十六年（1557）	五月癸丑，泰州倭转掠扬州、山东及徐州。官兵御之，皆溃。[53]六月乙酉，兵备副使于德昌、参将刘显败倭于安东。[54]倭舟复至，掌印指挥王道率青州营千户徐光华奋力御之，数日始去[55]
嘉靖三十八年（1559）	正月壬寅，总督浙、直、福建右都御史胡宗宪以倭患未弭，春汛伊迩，请募山东民兵三千，选委谋勇将官，督备苏、松、常镇防守。兵部议覆，从之。[56]甲午，江北海道副使刘景韶破倭于庙湾，江北倭平[57]
万历二十二年（1594）	倭焚沙门岛，沿海戒严，寻乘风遁去[58]

[1]至元二年至五年（1336～1339），赵天纲曾任金山东西道肃政廉访司事，有关山东的建言应在此段时间所奏请。王颋、高荣盛两先生均认为该奏文是在至正三年（1343），当误。（元）虞集：《湖南宪副赵公神道碑》，《道园类稿》卷43，第302页。

[2]《元史》卷46《本纪第四十六·顺帝九》，第964页。

[3]（元）戴良：《袁廷玉传》，《九灵山房集》卷27《越游稿》，第20页。

[4]《明太祖实录》卷38，第781页；（清）夏燮：《明通鉴·目录》卷1，第12页。

［5］《明史》卷322，第8342页。

［6］《明太祖实录》卷41，第825页

［7］（明）薛俊：《日本国考略·补遗》，第84页。

［8］《明太祖实录》卷53，第1056页；《明史》卷2，第24页。

［9］《明太祖实录》卷66，第1248页。

［10］《明史》卷322，第8342页；《明史》卷2，第28页。

［11］《太祖实录》卷83，第1487页。

［12］（清）谷应泰：《明倭寇始末》，第2页。

［13］（清）夏燮：《明通鉴·目录》卷1，第32页。

［14］《明太祖实录》卷198，第5页。

［15］《明史》卷2，第29页。

［16］（清）谷应泰：《明倭寇始末》，第2页；道光《重修胶州志》卷34，《中国方志丛书·华北地方》第383号，成文出版社，1976，第1351页。

［17］《明太祖实录》卷159，第2460页；《明史》卷3，第41页。

［18］《明史》卷308，第7907页；（清）夏燮：《明通鉴·目录》卷2，第70页。

［19］（明）方孝孺：《大明左柱国信国公赠东瓯王谥襄武神道碑铭》，（明）程敏政编《明文衡》卷74，第13～14页；《明史》卷126，第3754～3755页。

［20］（清）谷应泰：《明史纪事本末》第3册，第840页。

［21］《明太祖实录》卷198，第2975页。

［22］《明太祖实录》卷256，第3699页。光绪《增修登州府志》，第138页，记载为洪武三十二年，当误。（清）夏燮：《明通鉴·目录》卷2，第98页，言"二月倭寇山东，百户何福死之"，根据来回奏折传递所需时间判断，何福之死应在二月之前。陶氏原籍凤阳府凤阳县，明初陶洪从太祖起义兵，以战功袭登州卫右所正千户。洪武二十年升宁海卫，世袭指挥金事。洪卒，子铎袭。铎卒，子厂因患骨？疮疾，铎弟钺借袭，是为威海陶氏始袭之祖。陶钺，永乐元年袭淮安卫指挥金事，调威海卫指挥金事，八年海湖江与贼战阵亡，绝嗣。钺卒，陶厂病痊，仍袭父职任。光绪《文登县志》卷8上，第678页。

［23］乾隆《威海卫志》卷1，第57页；光绪《增修登州府志》卷13，第138页。

［24］（清）谷应泰：《明倭寇始末》，第3页。

［25］光绪《增修登州府志》卷13，第138页；《明史》卷154，第4236页；（明）郑若曾：《筹海图编》卷7《山东事宜》，第584页。光绪《增修登州府志》将"白山岛"做"白石岛"，"唐鉴"做"唐锭"，据《明太宗实录》改。《明史》言陈瑄等人"焚其舟殆尽"，有夸大嫌疑，因仍有一部分倭寇逃跑。

［26］《明史》卷6，第86页。

［27］（明）郑若曾：《筹海图编》卷7《山东事宜》，第584页。

［28］嘉靖《宁海州志》，第771页。

［29］《明史》卷322，第8345页。

［30］《明太宗实录》卷89，第1184页；《明史》卷154，第4236页。

［31］《明史》卷322，第8345页。

［32］（清）谷应泰：《明倭寇始末》，第3页；光绪《增修登州府志》卷13，第138页。

［33］《明太宗实录》卷177，第1932页。

［34］《明太宗实录》卷200，第2082～2083页。

［35］《明太宗实录》卷213，第2141页。

［36］《明太宗实录》卷213，第2143页。

［37］《明史》卷322，第8346页；（清）谷应泰：《明倭寇始末》，第4页。

［38］《明太宗实录》卷213，第2144页。

［39］（清）谷应泰：《明倭寇始末》，第5页。

［40］光绪《增修登州府志》卷13，第138页。

［41］《明史》卷10，第137页；光绪《增修登州府志》卷36，第345页。

［42］《明英宗实录》卷211，第4537页。

［43］《明英宗实录》卷332，第6815页。

［44］光绪《增修登州府志》卷13，第138页。

［45］乾隆《威海卫志》卷1，第58页。

［46］光绪《增修登州府志》卷13，第138页。

［47］乾隆《沂州府志》卷4，乾隆二十五年刻本，《中国地方志集成·山东府县志辑》第61册，第64页。

［48］《明史》卷18，第242页；（明）佚名：《嘉靖东南平倭通录》，姜亚沙等编《御倭史料汇编》第1册，全国图书馆文献缩微复制中心，2004，第163～164页。

［49］《明世宗实录》卷422，第7318页；乾隆《沂州府志》卷4，第64页。

［50］《明世宗实录》卷422，第7322页。

［51］光绪《增修登州府志》卷13，第138页。

［52］（明）郑若曾：《筹海图编》卷7《山东事宜》，第584页。

［53］《明世宗实录》卷447，第7615页；《明史》卷18，第245页。

［54］《明史》卷18，第245页。

［55］乾隆《沂州府志》卷4，第64页。

［56］《明世宗实录》卷468，第7882页。

［57］《明世宗实录》卷471，第7919页；《明史》卷15。

［58］光绪《增修登州府志》卷13，第138页。

Wokou and Coastal Defense: A Case Study of Guards, Battalions and Military Inspectorates in Shandong in Ming China

Ma Guang

Abstract: As early as in the Zhiyuan reign (1335 – 1340) in the Yuan dynasty, the coastal regions of the Shandong Peninsula had been raided by *wokou*. *Wokou*'s raiding activities became more frequent and serious during the Hongwu and Yong reigns (1368 – 1424) in early Ming times. *Wokou* not only burned houses and plundered grain and treasures, but also harmed, kidnapped and even killed people, which had a very bad influence on coastal residents, and also diplomatic relations, trade and military in Northeast Asia. In order to fight *wokou*, both the central and Shandong local governments had to fortify and strengthen the coastal defense in Shandong. Although the military system in Shandong was similar to that of the whole China, it has several distinguishing features, which provide us with a good case to understand more details of local military system in Ming China.

Keywords：Shandong；*Wokou*, Coastal Defense in Yuan and Ming China；Guards and Battalions (*wei-suo*) System

（执行编辑：陈贤波）

海洋史研究（第九辑）
2016 年 7 月 第 326～336 页

北宋外国非官方人士入贡问题探析

——以大食商人和天竺僧侣为中心

陈少丰[*]

　　两宋时期，外国使客入华朝贡络绎不绝。如果以使客的身份来划分，大致可以分为三类：一是代表本国来华朝贡的外交使节（官员、王室成员、商人、僧侣等），二是以个人身份来贡的蕃客（商人、僧侣），三是介于使节和蕃客之间的使客（商人、僧侣）。[①] 目前史学界关于宋代朝贡问题的研究甚多，但多侧重于官方外交使节的朝贡问题，而对于非官方人士的入贡则较少关注。[②] 以往研究亦有涉及大食商人、天竺僧侣和高丽僧侣等的入贡问题，然仍未深入发掘其历史线索和价值。本文在前人研究的基础上，以北宋（南宋无非官方人士入贡事件，原因见下文分析）入贡的大食商人和天竺僧侣为主要考察对象，探析宋朝非官方人士入贡问题，以求教于方家。

---

　　[*]　作者系泉州海外交通史博物馆馆员。

　　[①]　宋代中日关系暧昧，一方面双方无正式外交关系，另一方面双方又以宋商（如孙忠）和入宋日僧（如奝然、喜因、成寻）为中介有过多次的外交接触。在这种情形下，笔者认为可将宋商和日僧视为半官方、半民间性质的使客。这种情况比较特殊，微妙复杂，本文暂不予探讨，可参见赵莹波《宋日贸易研究——以在日宋商为中心》，南京大学博士学位论文，2012 年。

　　[②]　代表性成果主要有桑原骘藏的《蒲寿庚考》（陈裕菁译，中华书局，2009），崔凤春的《海东高僧义天研究》（广西师范大学出版社，2005），戴裔煊的《宋代三佛齐重修广州天庆观碑记考释》（《学术研究》1962 年第 2 期），杨富学、陈爱峰的《大食与两宋之贸易》（《宋史研究论丛》第九辑，河北大学出版社，2008），修明的《北宋太平兴国寺译经院——官办译场的尾声》（《闽南佛学院学报》2000 年第 2 期），崔峰的《宋代译经中梵语翻译人才的培养》（《五台山研究》2009 年第 3 期）。

一　宋代朝贡关系中的官方性、非官方性 以及冒贡问题

在宋朝史书中，若为官方性质的朝贡行为，一般会有"某某国来朝"，"某某国遣使入贡"或"某某国王遣使某某来朝贡"之类的记载。比如，建隆元年（960），三佛齐国"其王悉利胡大霞里檀遣使李遮帝来朝贡"①。徽宗崇宁五年（1106），蒲甘国"遣使入贡"②。如果是非官方性质入贡，一般以"某某舶主入贡""某某僧入贡""某某蕃客来朝"之类记载。如雍熙二年（985），三佛齐"舶主金花茶以方物来献"③。又如大中祥符九年（1016），"大食蕃客截沙蒲黎以金钱、银钱各千文来贡，且求朝拜天颜"④。天圣二年（1024）九月，"西印度僧爱贤、智信护等来献梵经，各赐紫方袍、束帛"⑤。

显然，两者存在差别。元丰七年（1084）二月丙戌，朝廷下诏："高丽王子僧统从其徒三十人来游学，非入贡也。其令礼部别定候劳之仪。"⑥ 高丽王子僧统义天私自随宋商船只来华求法，并不是来朝贡的，宋朝对此能够清楚地辨识。但有时候，亦会出现难于分辨的情况。大中祥符四年（1011），三麻兰和勿巡来贡。在《宋会要辑稿·蕃夷》有不同的记载：有记为"三麻兰国主娑兰"和"勿巡国主乌惶"⑦，亦有记为"三麻兰国舶主聚兰"和"勿巡国舶主蒲加心乌惶"⑧。其姓名之不同，起因于音译差异和简化记录，乃属正常，但"国主"和"舶主"之不同，则反映了官方在认知上出现了问题。到底是国主，还是舶主，抑或国主和舶主是同一人呢？⑨

---

① 脱脱等：《宋史》卷489《三佛齐传》，中华书局，1977，第14088页。

② 脱脱等：《宋史》卷489《蒲甘传》，第14087页。

③ 脱脱等：《宋史》卷489《三佛齐传》，第14089页。

④ 徐松辑《宋会要辑稿》蕃夷4之91，中华书局，1957，第7759页。

⑤ 脱脱等：《宋史》卷490《天竺传》，第14106页。

⑥ 李焘：《续资治通鉴长编》卷343，元丰七年二月丙戌，中华书局，2004，第8246页。

⑦ 徐松辑《宋会要辑稿》蕃夷4之95，第7761页。

⑧ 徐松辑《宋会要辑稿》蕃夷7之18，第7848页。

⑨ 当时某些地区如东南亚盛行王室垄断海外贸易，当地商人要么获得王室许可，要么代王室经商，才能出洋贸易，所以使者和商人身份合二为一，如是则国主和舶主的身份也可能合二为一。参见拙文《宋代海外诸国朝贡使团入华之研究》，福建师范大学博士学位论文，2013。

这就给朝贡的官方性和非官方性的定性增加了难度。

这里需要言及宋代的冒贡问题。大中祥符九年（1016），朝廷规定："广州蕃客有冒代者，罪之。"① 南宋建炎二年（1128），宋廷又规定"诸冒化外人入贡者，徒二年"。② 由此可见，宋代存在蕃客冒充进贡现象，而宋廷将此种行为视同犯罪，予以打击。冒贡问题的产生源于宋朝对朝贡贸易和市舶贸易所实施的不同政策。对于使客而言，朝贡贸易不需要纳税，其在华期间从入境到赴京再到出境所需食宿费用都由宋朝政府支付。如果使客的贸易行为属于市舶贸易，则需要纳税。《宋会要》记载：

> 【天禧元年】三司言：大食国蕃客麻思利等回收买到诸物色，乞免缘路商税。今看详麻思利等将博买到真珠等，合经明州市舶司抽解外，赴阙进卖。今却作进奉名目直来上京，其缘路商税不令放免。诏特蠲其半。③

麻思利企图以进贡的名义免去沿路的商税，被宋朝识破，最终仍特许免除一半的税收。因此，某些外商出于利益考虑，进行冒贡。

古代交通和信息往来不甚发达，这也给冒贡者提供了可能。《毗陵集》记载：

> 自来舶客利于分受回扎，诱致蕃商冒称蕃长姓名，前来进奉。朝廷止凭人使所持表奏，无从验实。④

某些外商假冒首领姓名，伪造表章前来进贡。在当时条件下，宋朝往往难以辨别其真伪，这就给冒贡者以可乘之机。

一般而言，涉及国家朝贡的重要事件，不会出现冒贡行为。比如元丰八年（1085），宋神宗驾崩，宋哲宗即位，高丽"遣户部尚书金上琦、礼部侍

---

① 李焘：《续资治通鉴长编》卷87，大中祥符九年七月庚戌，第1998页。
② 谢深甫：《庆元条法事类》卷78，《续修四库全书》第861册，上海古籍出版社，1995，第632页。
③ 徐松辑《宋会要辑稿》职官44之3～4，第3365页。
④ 张守：《毗陵集》卷2《论大食故临国进奉扎子》，《丛书集成新编》第63册，新文丰出版公司，1985，第336页。

郎崔思文如宋吊慰，工部尚书林概、兵部侍郎李资仁贺登极"①。高丽是宋朝的朝贡国，彼此比较熟悉，派出的贡使又是高官，目的是吊唁，或祝贺登基等大事，应该不会出现冒贡。一些距离宋朝较远、单纯以商业目的前来朝贡的国家，则有可能产生冒贡行为。总体而言，宋代冒贡事件不多。②

二　北宋外国非官方人士"入贡"及其内涵

据不完全统计，北宋时期大食商人入贡 12 次③，天竺僧侣共入贡 41 次④，二者占非官方人士入贡的 90% 以上。⑤ 本文以这两类人士入贡为主要考察对象。

古代朝贡是国家外交大事，对于外国正式的官方使节而言，朝贡机会的获取不难，但是对于没有官方背景的商客而言，要获得朝贡机会并且觐见皇帝则有难度。大食商人的入贡主要有如下两种情形。

一是靠在华蕃商的运作。淳化四年（993），大食国舶主蒲希密到达广

① 郑麟趾：《高丽史》卷 29，《四库全书存目丛书》史部 159，齐鲁书社，1996，第 213 页。
② 周辉：《清波杂志校注》卷 6 之《大理伪贡》言："曾祖侍绍圣经筵，至政和五年，以右文殿修撰知桂州。时归明人观察使黄璘措置广西边事，招徕大理国进奉，朝廷疑之，下本路帅臣究实。曾祖抗章言伪冒，忤蔡京意，乃落职宫祠。宣和改元，事白，黄璘得罪。"中华书局，1997，第 255 页。
③ 据《宋史》卷 490《大食传》和《宋会要辑稿》蕃夷 4 之 91～94 的记载，大食商人入贡的年份分别为雍熙元年（984）、淳化四年（993）、至道元年（995）、咸平元年（998）、咸平三年（1000）、景德元年（1004）、大中祥符元年（1008）[两次]、大中祥符五年（1012）、大中祥符四年（1011）[大食勿巡国]、大中祥符九年（1016）、天禧元年（1017）。
④ 据《宋史》卷 490《天竺传》，《宋会要辑稿》蕃夷 4 之 85～90、蕃夷 7 之 18 和 37 以及《佛祖统记》卷 43～45 的记载，天竺僧侣入贡的年份分别为开宝四年（971）、开宝五年（972）[两次]、开宝六年（973）、开宝八年（975）、太平兴国二年（977）、太平兴国三年（978）、太平兴国五年（980）[四次]、太平兴国八年（983）、淳化二年（991）、淳化五年（994）、至道元年（995）、至道三年（997）、咸平元年（998）[两次]、景德元年（1004）[两次]、景德二年（1005）[两次]、大中祥符三年（1010）[两次]、大中祥符四年（1011）[两次]、大中祥符六年（1013）[两次]、大中祥符八年（1015）、大中祥符九年（1016）[五次]、天禧三年（1019）、天圣二年（1024）、天圣五年（1027）、景祐三年（1036）、皇祐五年（1053）、熙宁五年（1072）、元丰四年（1081）。
⑤ 除此之外，还有太平兴国八年（983）的波斯外道来贡（《宋会要辑稿》蕃夷 7 之 11）、雍熙年间（984～987）的波斯外道阿里烟来贡（《宋史》卷 490）、雍熙二年（985）的三佛齐舶主金花茶以方物来贡（《宋史》卷 489）、元丰八年（1085）的高丽僧侣义天来朝（《宋史》卷 487）。

州后因老病不能赴京进贡，将方物托付给大食贡使李亚勿进贡。他之所以能来进贡是因为"昨在本国，曾得广州蕃长寄书招谕，令入京贡奉"①。五代至宋，大食商人在广州经商定居者甚多，形成聚居区域即"蕃坊"。"广州蕃坊，海外诸国人聚居，置蕃长一人，管勾蕃坊公事，专切招邀蕃商入贡，用蕃官为之，巾袍履笏如华人"②。蕃坊首领蕃长财力雄厚，人脉广泛，在宋代海外贸易中扮演着招引蕃商来华贸易的角色。蒲希密通过蕃长的运作获得了入贡的机会。还有一条史料可以作为佐证。绍兴二十六年（1156），三佛齐国遣蒲晋来贡。正使蒲晋"久在广州居住，已依汉官保奏承信郎。今来进奉，可特与转五官，补授忠训郎"③。宋朝为了鼓励海外贸易，册封有贡献的蕃商官职。虽然蒲晋是作为官方正使朝贡的，但是其运作手法与蒲希密异曲同工。

二是大食商人自行申请。大中祥符元年（1008），真宗赴泰山封禅，大食"舶主陀婆离上言愿执方物赴泰山，从之"④。封禅乃国之大事，宋朝对于这种锦上添花的事是不会拒绝的，陀婆离很擅长把握机会。

天竺僧侣入贡也有两种情况。一种是随西游宋僧同来。宋初，许多中国僧侣出游西域天竺取经访学。有一些是宋朝官府选派的，如乾德四年（966）一次性派出以行勤为首的僧侣157人。这些宋僧回国复命，一些天竺僧侣随之前来朝贡。如开宝四年（971），"沙门建盛自西竺还，诣阙进贝叶梵经，同梵僧曼殊室利偕来"⑤。又如太平兴国八年（983），"僧法遇自天竺取经回，至三佛齐，遇天竺僧弥摩罗失黎语不多令，附表愿至中国译经，上优诏召之"⑥。另一种是地方政府或部族首领引荐。太平兴国七年（982），"河中府沙门法进请三藏法天译经于蒲津（蒲州河中府），守臣表进，上览之大说，召入京师，始兴译事"⑦。河中府即今山西省永济市蒲州镇。熙宁五年（1072），"木征进天竺僧二人，诏令押赴传法院"⑧。木征是青海吐蕃

① 脱脱等：《宋史》卷490《大食传》，第14119页。
② 朱彧：《萍洲可谈》卷2，大象出版社，2006，第150页。
③ 徐松辑《宋会要辑稿》蕃夷7之48，第7863页。
④ 脱脱等：《宋史》卷490《大食传》，第14120页。
⑤ 释志磐：《佛祖统记》卷43，《续修四库全书》第1287册，上海古籍出版社，1995，第591～592页。
⑥ 脱脱等：《宋史》卷490《天竺传》，第14105页。
⑦ 释志磐：《佛祖统记》卷43，第596页。
⑧ 徐松辑《宋会要辑稿》蕃夷4之90，第7758页。

部族首领。

宋代史料不乏对非官方人士"来朝""来贡""入贡"等记载。不难发现，大食商人"入贡"主要是商业贸易，天竺僧侣"入贡"主要是宗教交流。

大食商人一般通过进献方物的方式来获取赏赐，以及获取减免商税的特权。如淳化四年（993），大食国舶主蒲希密"因缘射利"①，将方物托付给大食贡使李亚勿进贡。"进象牙五十株，乳香千八百斤，宾铁七百斤，红丝吉贝一段，五色杂花蕃锦四段，白越诺二段，都爹一琉璃瓶，无名异一块，蔷薇水百瓶。诏赐希密敕书、锦袍、银器、束帛等以答之"②。又如咸平三年（1000），大食舶主陀婆离遣使穆吉鼻朝贡，诏赐"银二千七百两、交倚水灌器、金镀银鞍勒马"③。再如天禧元年（1017），宋廷诏："大食国蕃客麻思利等回示（应为"市"，笔者注）物色，免缘路商税之半。"④

天竺僧侣的宗教交流活动则主要有三方面的内容。第一，进献佛教物品。如开宝五年（972），"西天僧苏葛陀以舍利一、水晶器及文殊花来献"⑤。第二，翻译佛经。如上文介绍的太平兴国七年沙门法进请三藏法天译经于蒲津，上召之入京师，令其译经。第三，进献梵夹（梵文佛经），这是三者中最重要的内容。据不完全统计，在天竺僧侣41次入贡中，29次是进献梵夹的。⑥ 如天圣五年（1027），"僧法吉祥等五人以梵书来献，赐紫方袍"。景祐三年（1036）正月，"僧善称等九人贡梵经、佛骨及铜牙菩萨像，赐以束帛"。⑦ 但也有例外。太平兴国五年（980），"中天竺国僧啰护啰来献

---

① 脱脱等：《宋史》卷490《大食传》，第14119页。

② 脱脱等：《宋史》卷490《大食传》，第14119页。

③ 徐松辑《宋会要辑稿》蕃夷4之91，第7759页。

④ 徐松辑《宋会要辑稿》蕃夷4之91，第7759页。

⑤ 徐松辑《宋会要辑稿》蕃夷4之88，第7757页。

⑥ 据《宋史》卷490《天竺传》，《宋会要辑稿》蕃夷5之85~90、蕃夷7之18以及《佛祖统记》卷43~45的记载，天竺僧侣进贡梵经的年份分别为开宝四年（971）、太平兴国二年（977）、太平兴国五年（980）［两次］、淳化二年（991）、至道元年（995）、至道三年（997）、咸平元年（998）［两次］、景德元年（1004）［两次］、景德二年（1005）［两次］、大中祥符三年（1010）［两次］、大中祥符四年（1011）［两次］、大中祥符六年（1013）［两次］、大中祥符九年（1016）［五次］、天禧三年（1019）、天圣二年（1024）、天圣五年（1027）、景祐三年（1036）、皇祐五年（1053）。

⑦ 脱脱等：《宋史》卷490《天竺传》，第14106页。

香药万七千斤"①。这一次的贸易性质很明显，而且物品数量不小。

　　值得注意的是，一旦非官方人士的入贡行为得到朝廷的认可，其接待就要参照官方使节的规格。如至道元年（995），大食舶主蒲押陀黎来贡，朝廷"令阁门宴犒讫，就馆，延留数月遣回"②。又如熙宁五年（1072），天竺僧侣天吉祥回答入宋日僧成寻时说："今年秋天从西天来，从传法院以供奉官为使臣，被送五台山也，十月到着云云。"③ 再如元丰七年（1084），高丽王子义天私自入宋，神宗御批"宜令本州通判引伴赴阙，其待遇礼数，专下马玠依仿王子赴阙已定式，令从僧俗权宜裁定，一面施行讫奏"④。

　　宋朝制定了一系列接待官方使节入贡的条例，特殊的非官方入贡人士接待参酌随宜，既体现招徕远人的恩泽，又能有效管理，防范意外。北宋之所以接受外国非官方人士入贡，首先是因为宋初年朝贡政策比较宽松，外国朝贡一般来者不拒。宋真宗大中祥符八年（1015）云"二圣已来，四裔朝贡无虚岁，何但此也"⑤。这一局面一直持续到大中祥符九年（1016），这里有宋朝统治者的虚荣心理在起作用。另外，北宋对佛教施行扶持和保护政策，以达到安定人心、加强统治的作用，宋初设立译经院，增加了对天竺僧侣的需求。太平兴国五年（980），太平兴国寺西院设立译经三堂，七年（982）设立译经院，翻译佛经，对梵文佛经和翻译人才的需求大量增加，这就促使许多天竺僧侣的到来。雍熙二年（985），宋廷"诏西天僧有精通梵语可助翻译者，悉馆于传法院"⑥。淳化四年（993），朝廷"诏西边诸郡梵僧西来中国，僧西游而还者，所持梵经并先具奏封题进上"⑦。因为宋朝鼓励，开宝后出现"天竺僧持梵夹来献者不绝"⑧ 的盛况。大中祥符九年（1016）前后，"西土梵僧绳绳而来者多矣，至于五竺沙门，竞集阙下"⑨。

---

① 徐松辑《宋会要辑稿》蕃夷 4 之 89，第 7758 页。
② 脱脱等：《宋史》卷 490《大食传》，第 14120 页。
③ 成寻：《新校参天台五台山记》卷 5，王丽萍点校，上海古籍出版社，2009，第 413 页。
④ 李焘：《续资治通鉴长编》卷 343，元丰七年二月丙戌，第 8247 页注。
⑤ 李焘：《续资治通鉴长编》卷 85，大中祥符八年九月庚申，第 1951 页。
⑥ 释志磐：《佛祖统记》卷 43，第 600 页。
⑦ 释志磐：《佛祖统记》卷 43，第 603 页。
⑧ 脱脱等：《宋史》卷 490《天竺传》，第 14104 页。
⑨ 释志磐：《佛祖统记》卷 44，第 613 页。

三　北宋外国非官方人士入贡的阶段性变化

北宋非官方人士的入贡次数、频率存在着明显的阶段性特征，这个时间节点在大中祥符九年（1016）。大食商人 12 次入贡，11 次是在大中祥符九年（含本年）之前；天竺僧侣 41 次入贡，大中祥符九年之前有 32 次。这些变化是受宋朝朝贡条例和译经院运行情况影响而产生的。

先看宋朝朝贡条例。频繁的朝贡给宋朝的财政带来了沉重的负担。《资治通鉴长编》记载：

> ［大中祥符九年七月］庚戌，知广州陈世卿言："海外蕃国贡方物至广州者，自今犀象、珠贝、拣香、异宝听赍赴阙。其余辇载重物，望令悉纳州帑，估直闻奏。非贡奉物，悉收其税算。每国使副、判官各一人，其防援官，大食、注辇、三佛齐、阇婆等国，勿过二十人；占城、丹流眉、勃泥、古逻、摩逸等国勿过十人，并往来给券料。广州蕃客有冒代者，罪之。缘赐与所得，贸市杂物则免税算，自余私物，不在此例。"从之。①

可见，宋朝采取限制使客人数、减少贡物数量、严禁广州蕃商冒贡以及将私人商品纳入市舶贸易体系等措施，加强朝贡贸易管理，特别是严禁广州蕃商冒贡，对大食蕃商天竺僧侣来华朝贡均产生影响。天圣三年（1025），朝廷诏秦州"今后蕃僧进贡止绝，不得发遣"②。

一方面由于宋代译经所处的时期是印度佛教晚期、密宗盛行时代（入宋天竺僧携带的梵夹多为密宗经典），整个印度佛教处于衰微之中，不可能像魏晋南北朝和隋唐时期那样有源源不断的佛经东来，新的经文较少，所以宋代是中国古代官方大规模译经事业的尾声。③译经院断断续续，勉强支撑。天圣五年（1027），译经院出现"近者五天竺所贡经叶，多是已备之文，鲜得新经，法护愿回天竺，惟净乞止龙门山寺"④的情况。另一方面，

---

① 李焘：《续资治通鉴长编》卷 87，大中祥符九年七月庚戌，第 1998 页。
② 徐松辑《宋会要辑稿》蕃夷 7 之 23，第 7851 页。
③ 修明：《北宋太平兴国寺译经院——官办译场的尾声》，《闽南佛学院学报》2000 年第 2 期。
④ 吕夷简：《景祐新修法宝录》卷 17，宋藏遗珍本，北京三时学会，1934。

此时以三藏法护、惟净为代表的主要翻译骨干人员老化，欲离职而新人又难当大任，翻译人员处于青黄不接之中。熙宁四年（1071）被废置，元丰五年（1082）朝廷又罢译经史、润文官，译经亦告终结。①

大食商人入贡纯粹出于商业目的，对市场和利益极其敏感，新的朝贡条例大大地减少了其逐利空间，入贡的积极性自然大为减弱。大食商人在大中祥符九年（1016）新的朝贡条例下达一年后再次入贡，此后销声匿迹。而天竺僧侣入贡主要目的不在于商业，此时译经院译经活动尚未停止，所以大中祥符九年之后还入贡 9 次。

南宋国土萎缩，长期面临金、蒙古的强大军事压力，朝廷财政窘迫，以外夷朝贡来粉饰太平无实际意义。建炎三年（1129），宋高宗认识到"今复捐数十万缗以易无用之珠玉，曷若惜财以养战士"②，于是施行了更加严格的朝贡条例，下令"海舶擅载外国入贡者，徒二年，财物没官"③。朝廷还通过命令使者在入境地点就地交割，免于入京进奉，以此来省去往返京城的接待费用。如淳熙五年（1178）三佛齐来贡，朝廷"诏免赴阙，馆于泉州"④。到了开禧元年（1205），宋朝甚至"仍责委纲首说谕本国（真里富）所遣官海道远涉，今后免行入贡"⑤。在此背景下，南宋海外诸国朝贡的次数大为减少，规模也缩小，而非官方人士入贡则再没有出现。

小　结

宋代官方使节入贡蕴含着多种意图，有经济利益、政治外交意图、文化需求（包括求请宗教书籍）等，其中贸易利益最重要。非官方人士入贡目的单一，谋求贸易利益。此时印度佛教处在衰微之世，僧侣来华有谋求生存发展的意图。

官方使节的朝贡贸易规模普遍较大。例如熙宁十年（1077），宋朝赐予注辇国钱八万一千八百缗，银五万二千两。⑥ 绍兴二十五年（1155），占城

① 崔峰：《宋代译经中梵语翻译人才的培养》，《五台山研究》2009 年第 3 期。
② 脱脱等：《宋史》卷 490《大食传》，第 14122 页。
③ 谢深甫：《庆元条法事类》卷 78，第 634 页。
④ 脱脱等：《宋史》卷 489《三佛齐传》，第 14090 页。
⑤ 徐松辑《宋会要辑稿》蕃夷 4 之 101，第 7764 页。
⑥ 脱脱等：《宋史》卷 489《注辇传》，第 14099 页。

来贡，所贡香药至少达十六万斤。[1] 而非官方人士朝贡贸易的规模普遍较小，较大的仅有三次：分别是太平兴国五年（980）中天竺国僧啰护啰来献的香药万七千斤[2]，淳化四年（993）大食国舶主蒲希密来献的象牙五十株、乳香千八百斤、宾铁七百斤等[3]，以及咸平三年（1000）大食舶主陀婆离被宋朝赐予银二千七百两[4]。

宋朝对外国官方贡使有册封官职行为，对大食商人入贡则未见册封。对于天竺僧侣，宋朝有赐予紫衣（僧侣高级荣誉称号）之举。如天圣二年（1024）的爱贤、智信护和天圣五年（1027）的法吉祥[5]。总的来说，与官方使节入贡相比，非官方人士入贡缺乏组织，也没有固定的贡期，没有形成规范的、固定的制度，但作为宋代朝贡体系的组成部分，仍值得关注与研究。

Research on the Non-official Foreign People' Tributary in Northern Song Dynasty: focus on the Arab traders and Indian monks

Chen Shaofeng

Abstract: In Song Dynasty, the Arab traders and Indian monks were the main bearer of the non-official foreign people' tributary. Their tributary channels were respectively the operation of foreign businessman in China, their own application and gone with Song monk, the recommendation by local government or tribal chief. The main contents of the tributary were respectively commercial trade and religion exchange. The loose tributary policy at the beginning of Song Dynasty, the setup of Translation Institute （译经院） and the need of obtaining foreign information made the Song Court willing to accept the non-official people'

---

① 徐松辑《宋会要辑稿》蕃夷 4 之 76，第 7751 页。
② 徐松辑《宋会要辑稿》蕃夷 4 之 89，第 7758 页。
③ 脱脱等：《宋史》卷 490《大食传》，第 14119 页。
④ 徐松辑《宋会要辑稿》蕃夷 4 之 91，第 7759 页。
⑤ 脱脱等：《宋史》卷 490《天竺传》，第 14106 页。

tributary. The non-official people' tributary mainly concentrated before 1016, which was mainly affected by the operation of the tributary policy of Song Dynasty and Translation Institute. The foreign non-official people' tributary was fragmented and optional, lack of organization and normality.

Keywords: Northern Song Dynasty; Non-official People; Tributary; Arab Traders; Indian Monks

（执行编辑：杨芹）

海洋史研究（第九辑）
2016 年 7 月　第 337～358 页

明代漳州府"南门桥杀人"的地学真相与"先儒尝言"

——基于明代九龙江口洪灾的认知史考察

李智君*

在前科学时代，影响自然科学进步的因素很多，而思想、信仰的影响尤为显著。因为科学的每一次重大进步，首先是思维范式发生转换。而思维范式转换，无一不涉及人们的思想和信仰，特别是宗教信仰。在中世纪欧洲，民众的思想被基督教所禁锢，不能越雷池一步。而在传统中国，由于政治势力的强势，虽然没有出现类似的宗教钳制，但正统学说——儒学的作用绝不下于宗教，因此有学者把中国前科学时代向科学时代的转变过程称为"走出中世纪"。①

在西方，地学无疑是现代科学中的先行科学。"日心说"和"地理大发现"瓦解了基督教信仰的基础，使上帝失去了立足之地。在中国，现代地学完全是舶来品，但并不意味着传统地学与儒教之间没有冲突。当这种冲突在某一地方发生，地方政府的官方文献——地方志的文本撰写，如何在地学真相与"先儒尝言"之间做出选择？如果选择了后者，它们又是如何彰显先儒圣明，并掩盖地学真相的？该问题的解决，有助于我们了解传统中国思维范式向现代科学思维范式转换过程中，传统是如何制约现代的。

---

*　作者系厦门大学历史系教授，加拿大维多利亚大学历史系访问学者（2015 年 8 月～2016 年 8 月）。

本文为国家社会科学基金项目"明清时期西北太平洋热带气旋与东南沿海基层社会应对机制研究（10BZS059）"阶段成果之一。

①　朱维铮：《走出中世纪》（增订本），复旦大学出版社，2007，第 1～50 页。

　　本文选取公共基础设施——桥梁作为研究的切入点，理由有三。其一，桥梁是人与自然的交汇点。众所周知，桥梁是人类与河流斗争的结果，因此通过桥梁的建造与维修，能透视人类与自然的关系，尤其是人类与洪水之间的颉颃关系。其二，桥梁是政治与社会的交汇点。桥梁，特别是城市附属的桥梁，处于要道之上，交通繁忙，一日不可或缺。畅通与否，还涉及治所的安全，因此，桥梁的建造和维护主要由政府负责。而地方志中的《修桥记》，在彰显执政官员政绩的同时，也会记载修桥的故事和意图，作为教化后人的文本。其三，桥梁是世俗与宗教的交汇点。在佛教看来，桥梁是八大福田之一，因此，于官于民，建造和维修桥梁都是功德无量的宗教行为。

一　南门桥洪水杀人与流域环境

　　坐落在漳州府城通津门外，九龙江西溪上的南门桥（即今中山桥），原名"薛公桥"。始建于南宋绍兴年间（1131～1162），是一个多灾多难的古桥。灾难，非一般所言的桥梁毁坏之事，而是指其引发的洪水"杀人之祸"。据《大明漳州府志》转引南宋淳祐三年（1243）《漳郡志》云：

> 　　初，南门临溪流，其上流有沙坂直出，其南岸有大圆石，溪面不甚宏阔。绍兴间，作浮桥，正当圆石。水自沙坂末折入，北汇于南门楼之前。遇潦至，则撤浮桥而杀之，潦不为害。嘉定改元，郡守薛杨祖因其旧址而易以石桥，磊趾于渊，酾为七道，郡人得之，呼为"薛公桥"。侍郎陈谠书石。自薛公桥之既成也，潦水暴至，则沙坂以西田皆浸矣。嘉定壬申，赵守汝说因浚沙坂为港，乃于薛公桥石隄之南作乾桥十间，以杀潦水之势。又以乾桥之南，石隄痹下，每月潮大，人不可渡，复作小桥二十四间，接以石隄二十三丈，以抵于岸。于是桥隄相连属，横亘江中。水日冲射，土日消蚀，旧时南岸圆石，今已在江中矣。累政君子不知杀水，惟求以止水，桥益增大，隄益巩固，洪水无从发泄，遂至漂屋杀人，不可救止，不但沙坂以西田受浸而已也。①

---

①　陈洪谟修、周瑛纂正德《大明漳州府志》卷33《道路志》，中华书局，2012，第708页。

因南门浮桥改建石桥而引发的洪水灾害，“漂屋杀人”，浸没田地，不止发生在南宋。“明三百年间，屡遭水患”[①]，“成化十年，为祸尤甚，毁屋千百区，浮尸蔽江，桥堤冲决”[②]。难道一座桥梁的修建，真的可以引发如此惨重且频发的水灾吗？虽然明清以来的诸多方志作者多持肯定的观点，但问题远非这么简单。

首先，我们从桥梁的选址和建筑结构上来分析是不是桥梁导致了洪水杀人。漳州城初在漳浦，后移徙龙溪县治，龙溪成为漳州的附郭县。因此，有理由相信，南门浮桥修建的时间要早于漳州子城的修筑时间，自然也早于漳州府外城修筑的时间。由“其南岸有大圆石，溪面不甚宏阔”来看，虽然桥之北岸为西溪冲积平原，建筑条件不甚理想，但南岸有大圆石这一天然桥墩，且溪面不甚宏阔，因此，选择在此建浮桥，是比较理想的。如果把浮桥改建为长三十一丈五尺，广二丈四尺，七间石梁桥，则不合理。一方面，原本狭窄的溪流横截面上，多了六个用条石交错叠砌的舰首形桥墩，减少了过流量，在上游形成低流速区，易致泥沙沉积，沙洲发育。另一方面，在洪水淹没桥面时，桥梁类似于拦河坝。两者都在一定程度上影响洪水下泄的速度。

如果说浮桥改建石桥导致洪水泛滥尚属合理，但南门桥经南宋赵汝谠扩建后，还有人称洪涝灾害是石桥使然，则于理不通。史载：“南门溪为桥三，为隄亦三，共长一百五十二丈五尺。第一，宋薛公桥也。……其南为石隄，长一十五丈。第二，宋乾桥也。其桥十间，长三十丈，广二丈一尺。其南为石隄，长二十九丈。第三宋小桥也。其桥凡二十四间，长二十三丈五尺。其南为石堤，长二十三丈五尺。”[③] 八十五丈长的桥，无论桥墩如何宽大，也比三十一丈五无桥河道过水量大。这样浅显的道理，难道明代人真的不明白？还有一种说法为：“北溪尝言：‘南桥盍造于东门下水云馆。’盖水势至此湾，湾环回洑，北溪意欲避其冲而就其缓也。”[④] 所谓“避其冲也”，是指南门桥所在地方，河道收束，“溪面不甚宏阔”，相较于宽阔的河床，流速较大，容易侵蚀桥墩。问题是，南门容易被洪水冲圮，与洪水杀人之祸也没关系。

① 光绪《漳州府志》卷6《规制》，光绪三年刻本，第1页下。

② 正德《大明漳州府志》卷33《道路志》，第708页。

③ 正德《大明漳州府志》卷33《道路志》，第708页。

④ 正德《大明漳州府志》卷33《道路志》，第709页。

如果说南门桥在选址和建筑结构方面，都不是造成洪水杀人之祸的根本原因，那么问题究竟出在哪里呢？我们不妨分析一下漳州平原的地理环境，看能否找到答案。

明人陈天定于《北溪纪胜》一文中，论及九龙江北溪水灾原因时说：

> 自柳营入江，山高水狭，三五里岩壑，绝人居，古名蓬莱峡。上抵龙潭，取道五十里，舟行则信宿。《诗》所谓"溯洄从之，道阻且长"也。两岸俱龙溪治，下为廿二都，上为廿三四都，烟火丛稠，人事耕学，楼堡相望，滨江比庐。每雨潦，辄遭淹没。盖江从宁、岩、平、长发起源，合流而下者，七八昼夜，末又佐以长泰之水。入峡腹大口小，若军持，易盈难泄，势使然也。[①]

其实，九龙江西溪谷地也是"腹大口小，若军持，易盈难泄"的断陷盆地，北部的凤凰山与南部的文山隔江相对，形成了葫芦口。从第四纪环境演变过程来看，末次冰期后，漳州盆地海水内侵，是一个溺谷型河口湾，即厦门湾的一部分。全新世末期，随着海平面下降，漳州断陷盆地缓慢抬升，海水逐渐退出漳州平原，在盆地中心低洼地带，发育成了九龙江西溪谷地。[②] 受狭窄的溺谷型河口湾的制约，潮流的作用要远小于径流作用。因此，九龙江西溪带来的泥沙在下游河谷盆地不断堆积，形成河谷冲积平原。平原一旦形成，受平原地形影响，西溪在下游地带流速更加缓慢，不仅在河口地带堆积成浒茂洲、紫泥洲和玉枕洲，江心地带也多有沙洲发育，可谓"潮汐往来，洲渚出没"[③]。

上文提到的"沙坂"，即并岸的沙洲。由"水自沙坂末折入，北汇于南门楼之前"可知，沙坂位于薛公桥上游的北岸。这些不断浮出水面且向两侧并岸的沙洲，正是漳州平原不断扩大的主要方式。在地质历史时期，当河床越积越高，沙洲让河床越来越弯曲狭窄，径流无法正常通行的时候，便通过自然改道来重建新的河床。周而复始，沉积层越来越厚，平原面积也逐步扩大。随着人类的定居开发，尤其是城市出现后，河流的改道过程便告终

---

① 乾隆《龙溪县志》卷 24《艺文下》，乾隆二十七年刻本，第 56 页。
② 张璞：《福建漳州晚第四纪以来的环境演变》，中国地质大学博士学位论文，2005。
③ 正德《大明漳州府志》卷 7《山川志》，第 138 页。

止。如漳州府漳浦县鹿溪河道被人类固定和占据后发生的环境变化,史载:

> 邑之南门外有石桥曰五凤桥,乃官道之冲,闽广之要会……弘治壬子岁夏秋之交,霖雨时作,潦涨屡兴,邑中之水且没膝上腰,而所谓五凤桥者,沉没无迹,车马不通,道者病焉。邑侯王公喟然叹曰:"天时失序,洪水为灾,小民怨咨,行旅兴嗟,其宰之咎乎?"坊老林璠、徐嵩偕众进曰:"天时虽有适然之运,而人事不可不修也。邑之地势北高而南下,邑城之阳,有大溪焉。溪势潆洄深广,乃暴涨所趋,舟楫所由,而亦风气所关。近因附邑愚民壅水筑陂,鳞次栉比。由是沙泥淤塞,日浅日夷,溪势反高,而视邑斯下矣。以故,稍遇巨雨,即泛滥不收,横流奔决,激射城隅,鼓荡桥道。而居民时有卑湿沮洳之患。舍今不治,后宁有极?而吾民其鱼鳖乎?"①

虽然鹿溪不属于九龙江流域,但环境问题如出一辙,很有借鉴意义。又如明代漳州府"城东南址旧筑土为堤,以捍溪流,然潦至辄坏"。成化九年(1473),"巡抚福建副都御史张瑄命作石堤,城址始固。十八年,知府姜谅复规措木石甃筑外堤,高一丈三尺,长一百余丈,广一十丈。作亭其上,匾曰'保安'"②,这样的"保安"工程,只是保障了府城的安全。随着河道的不断固定,河流的水灾危险性却在潜滋暗长。所以,虽然桥梁建筑规模不断扩大,洪涝灾害却并没有因此而绝迹。

南宋以来,九龙江流域又渐次开发。这种变化由漳州的道路变化可窥其一斑。有载:

> 漳路四出,北抵于泉,南抵于潮,西抵于汀,东抵于镇海。南北为车马往来大路,一日一程,官行有驿,旅行有店舍。其路皆坦平,无宋人日暮途远、四顾荒凉之苦。惟西路自南靖县至龙岩县,山路险峻,行者皆蒙蓬蒿,披荆棘,不见天日。近因开设漳南道,两司巡守官往来,其道路始渐开辟,亦计程而设公馆,其行始无碍。东路至镇海,驿行四日,并行三日。若水行,一潮可至月港,月港登岸,一日至镇海,其路

---

① 赵浐:《新修漳浦五凤桥记》,载正德《大明漳州府志》卷24《艺文志》,第537页。
② 正德《大明漳州府志》卷28《兵政志》,第617~618页。

不甚藉阻。[①]

从宋人"日暮途远、四顾荒凉"，到明人"官行有驿，旅行有店舍"，足见其繁荣。河流含沙量无疑会随着经济开发、田地垦辟乃至生态环境变迁而增加。九龙江口沙洲的增长过程亦能说明河流含沙量逐年增加的趋势，1489 年之前，九龙江口就已经存在许茂洲、乌礁洲和紫泥洲。最晚至 1763 年，乌礁洲与紫泥洲已经合并为一洲，从而奠定了九龙江口沙洲与河流"两洲三港"的分布格局。自 1692 年至今，沙洲前界自西向东大约推移了 5 公里，每年平均推移约 19 米，且沙洲推移的速度是越来越快[②]。

形成洪水灾害的第二条件是河口潮流的顶托。漳州平原是九龙江的河口平原。距今 2500 年前的春秋时期，厦门海湾向西深入今漳州芗城一带，九龙江西溪潮区界远在天宝以西。随着九龙江的进一步开发，河流侵蚀带来的泥沙在江口一带淤积，海水东退，潮区界逐渐东移。[③] 至明代，"潮由濠门、海沧二夹港入，分为三派也。一派入柳营江，至北溪止；一派入浮宫，至南溪止；一派自泥仔、乌礁入于福河，绕郡城过通津门，至西溪止。谚云：'初三、十八流水长至渡头，复分小派，于浦头[④]抵于东湖小港，则龙溪一县实兼而有之。"[⑤] 九龙江口每月潮水大小变化的规律是："其为大小也，各应候而至。如每月初三日潮大，初十日潮小，十八日潮大，二十五日潮小。率八日而一变"[⑥]。南宋绍定三年（1230），漳州府开城门七，明初仍旧。其中东曰朝天门，南曰通津门。元至正二十六年（1366），在外城外浚东、西二濠，与西溪相通。朝天门外东濠一带，即著名的浦头渡，再向东进入东湖。[⑦] 也就是说，每月初三、十八大潮时，潮区界北至浦头渡和东湖小港。向西绕郡城过通津门，至西溪止。这样的潮汐背景，若遇到天文大潮，潮位更高。因此，西溪很容易在漳州府城一带，受潮水顶托，形成高水位，淹没

①　正德《大明漳州府志》卷 33《道路志》，第 706 页。

②　李智君、殷秀云：《近 500 年来九龙江口的环境演变及其民众与海争田》，《中国社会经济史研究》2012 年第 2 期。

③　福建省龙海县地方志编纂委员会编《龙海县志》，东方出版社，1993，第 57 页。

④　"浦头渡，在二十七都"，见正德《大明漳州府志》卷 33《道路志》，第 711 页。

⑤　闵梦得修万历癸丑《漳州府志》卷 3《山川·海》，厦门大学出版社，2012，第 17 页。

⑥　正德《大明漳州府志》卷 7《山川志》，第 155 页。

⑦　"东湖，旧在城东朝天门外，居水千余亩。宋绍兴间，郡守刘才邵、林安宅、赵汝谠、庄夏相继修治。今悉变为田矣"，见正德《大明漳州府志》卷 33《道路志》，第 718 页。

周边低洼地带，导致大量泥沙沉积。

　　无论是从九龙江所处的地貌条件还是从河口潮流顶托的条件，都看不出南门桥是诱发洪水杀人之祸的直接原因。当然，此二者都没有涉及洪灾的主角——洪水以及洪水形成的天气系统。

二　南门桥洪水杀人与天气系统

　　有关南门桥圮于水的史料大多数记载为"洪水暴发"或"洪水复发"。至于是什么样的天气导致洪水暴发，或未明言，或语焉不详。因此，利用史料和现代气象学知识重建明代漳州府水灾的天气，就成了解开桥梁杀人谜团的必要工作之一。也许有人要问，知道是洪水冲毁桥梁即可，非要知道造成水灾的天气吗？答案是肯定的。

　　不同的天气，形成的洪水灾害对九龙江河口地带的影响强度存在较大差异。以成化十年（1474）七月的水灾为例，正德《大明漳州府志》载：

　　　　十年秋七月戊午夜，暴雨不止，山崩裂，洪潦奄至，城垣几没，南门石桥倾圮二间，军民庐舍坏者不可胜计。人民漂溺，浮尸蔽江。[1]

　　洪灾发生的时间点是七月戊午夜[2]。有两点值得注意。其一是初五，距离每月初三的高潮位很近，仍属于天文大潮期。其二是厦门湾初五夜里的潮位"亥时初涨，子时涨半，丑时涨满；寅时初退，卯时退半，辰时退竭"[3]。也就是说，这天夜里24：00～6：00，潮位都涨至一半以上，其中1：00～3：00是高潮位。厦门湾潮型为正规半日潮，平均高潮位5.66米，低潮位1.74米，平均潮差3.96米。[4] 因此，这天夜里恰逢天文大潮，九龙江口的洪水受到高约6米的潮水顶托，排泄极为不畅。

　　"暴雨不止"是造成这次洪水灾害的天气。有学者认为这次暴雨是台风

①　正德《大明漳州府志》卷11《风俗志·灾祥》，第215页。
②　正德《大明漳州府志》卷14《纪传志·张琯传》："成化十年出知漳州府，其年四月到任。……其秋八月，山水大发，坏田庐，人民漂溺不可胜计。""八月"之说有误。
③　道光《厦门志》卷4《防海略·潮信》，鹭江出版社，1996，第96页。
④　阎庆彬、李志高主编《中国港口大全》，海洋出版社，1993，第206页。

天气造成的。其实完全没证据，且把南门桥圮误作虎渡桥圮。[①] 关于这次暴雨灾害，距事发时间最近的正德《大明漳州府志》共有 5 处记载，没有一次提到风。熟悉明代福建《灾祥志》的学者都知道，明代尚没有台风的概念，所有气旋，统统称飓风。即便某一次飓风史料，未明确点明是"飓风"，也会有"大风拔屋"之类的记载，故此次灾害的天气为暴雨天气而非台风天气。当然这只是据史料记载的习惯得出的结论，需要更确凿的证据加以佐证。正德《大明漳州府志》记载的一条史料，能充分证明这一点：

> 成化十年甲午秋七月戊午夜，暴雨不止，龙溪县洪潦奋至，城垣几没，人民陷溺死者不可胜数，而旁县如南靖、长泰、漳浦水祸皆及焉。知府张瓆目及心骇，具船张筏，救援甚多；不待上报，急开库发廪，买官以殓死者，具食与衣以给生者。当道责其擅专，瓆谢曰："事亟矣！待报而发，民死尽矣。某不敢顾一己之罪而缓万民之死。"当道慰免之。其年，奏奉户部勘合，龙溪县免征米一万二千八百六十四石七斗九升六合四勺，漳浦县免征米三百二十四石三斗七升三合七勺，长泰县免征米四百五石七斗四升八合五勺，南靖县免征米六千七百八十七石八斗一升六合。[②]

上述四县免征米的数量，一定跟灾情成正比关系的，即免征米数量多的县肯定比免征米数量少的县灾情严重。通过表 1 可见四县的灾情。

表 1　成化十年漳州水灾免征米统计表

受灾县	龙溪县	南靖县	长泰县	漳浦县
免征米（石）	12864.7964	6787.8160	405.7485	324.3737

如果这次水灾是台风灾害，那么必须从海上登陆，事实上，无论是广东潮州，还是福建厦门都没有灾害发生。唯一的可能是从漳浦县南部的古雷半岛登陆，但这样就无法解释漳浦是这次受灾最低县这一事实。所以，这次水

① 宋德众、蔡诗树：《中国气象灾害大典·福建卷》，气象出版社，2007，第 17 页。
② 正德《大明漳州府志》卷 12《风俗志·恤典》，第 243 页。

灾是暴雨天气引发的，与台风无关。

那么，这次暴雨为什么会引发如此严重的灾害呢？九龙江流域是由西部的玳瑁山、北部的戴云山和南部的博平岭围拢而成的喇叭口地形，地势由河口向北迅速抬升。由于戴云山和博平岭之间的九龙江北溪河谷狭窄，因此华安县城以北的北溪上游流域基本上处在山地的背风坡，受地形雨影响很小，是福建省暴雨最少的地区之一。华安县城以南的迎风坡尤其是长泰县，受喇叭口地形影响，是福建省暴雨最多的三个县之一。① 九龙江中上游各支流的流域略呈扇形，受山地地形影响，河道纵坡比降大，汇流速度快，可谓"坡陡流急"。因此，九龙江流域一旦发生暴雨，往往造成洪水。而这次暴雨波及西溪和北溪中下游等九龙江的全部支流，可谓全流域涨水。

"暴雨不止"，即降水强度大，持续时间长；故洪水流量大，持续时间也长。而这天夜里又恰逢天文大潮，江口的潮位高，排水不畅，因此造成严重的洪灾。类似的暴雨天气引发的洪水灾害，在明朝的漳州府并非个案。如万历四十五年（1617）的暴雨，"六月，大雨连日不止，西、北二溪水涨，城垣不浸者仅尺许，城外沿溪海澄等处，民舍悉漂去，溺死者不可胜数"②。这次暴雨同样没有大风的记载，因此可以肯定不是台风雨。连续的暴雨天气在山区很容易引发崩塌、滑坡和泥石流等地质灾害。这次暴雨也不例外。在平和县，"夏六月，大水，莲叶径后埔，谢家住屋后山崩，一家九人尽压死，遂埋其中，因名九人墓"③。与成化十年暴雨不同，这次暴雨持续时间更长，范围更广，波及诏安、南靖等县。④ 因此九龙江西溪与北溪同时暴发洪水，不仅使处于西溪河口的漳州府城"城垣不浸者仅尺许"，还导致"城外沿溪海澄等处，民舍悉漂去，溺死者不可胜数"。远离江口的海澄被淹，距离较近，且易发生水灾的石码镇，自然也不例外。乾隆《海澄县志》记载这次暴雨发生的准确时间是"六月二十日"⑤。即同样是距离天文大潮十八日很近，江口很容易受天文大潮顶托。

---

① 林新彬、刘爱鸣等：《福建省天气预报技术手册》，气象出版社，2013，第23页。
② 光绪《漳州府志》卷47《灾祥》，光绪三年刻本，第9页。
③ 康熙《平和县志》卷12《杂览·灾祥》，康熙五十八年刻本，第11页。
④ "四十五年六月，大雨连日夜不止，水涨溺者无算"，见乾隆《南靖县志》卷8《祥异》，乾隆九年刻本，第3页下；"水灾大作，淹没多人"，见民国《诏安县志》卷5《大事》。
⑤ "六月二十日大风雨连日不止，洪水涨溢，淹没庐舍"，见乾隆《海澄县志》卷18《灾祥》，乾隆二十七年刻本，第4页上。

表2　明代九龙江流域暴雨洪涝灾情统计表

时间	灾情	范围	桥梁	潮位	资料出处
成化十年（1474）七月戊午夜	暴雨不止，山崩裂，洪潦奄至，城垣几没，南门石桥倾圮二间，军民庐舍坏者不可胜计。人民漂溺，浮尸蔽江	龙溪、南靖、长泰、漳浦	南门石桥倾圮二间	大潮	正德《大明漳州府志》卷11《风俗志·灾祥》
弘治十六年（1503）秋八月	漂没民居	长泰			万历癸丑《漳州府志》卷32《灾祥志》
嘉靖十二年（1533）五月十三日	龙岩大雨	龙岩	东桥西桥坏		同上
嘉靖二十四年（1545）六月	大雨雹并大水漂庐，禾稼伤	长泰、龙岩			同上
嘉靖二十六年（1547）春三月	大雨水涨，败田庐	龙岩			同上
嘉靖四十二年（1563）年夏	大水高三丈余，坏龙溪、南靖民田千余顷……漂流民居百余家	龙溪、南靖	南桥趾俱崩	不详	同上
嘉靖四十三年（1564）秋	复大水，溺男妇五十余口，漂民庐二百余区	南靖			同上
万历四十一年（1613）五月二十六日	大水，民田庐舍，漂损甚多	龙溪、长泰、南靖	城南新桥冲坏	低潮	同上
万历四十五年（1617）六月二十日	大雨连日不止，西北二溪水涨，城垣不浸者仅尺许，城外沿溪海澄等处，民舍悉漂去，溺死者不可胜数	龙溪、平和、诏安、南靖、同安		高潮	光绪《漳州府志》卷47《灾祥》

　　明代九龙江流域因暴雨引发的洪水灾害共计有九次（见表2），从时间上看，大部分应该是春夏锋面雨天气系统所致。其中波及龙溪县者总计四次，与上游的龙岩、南靖和长泰相比，受灾次数不分伯仲，受灾程度却远大于后者。三次大水造成大量民居被冲毁，溺死者不可胜数。有两次府城几乎全部被淹。究其原因，一是暴雨强度大，持续时间久；二是暴雨范围广，几乎覆盖九龙江全流域；三是有两次水灾都发生在厦门湾天文大潮期间，而且都造成众多民众伤亡，低潮期则不然。当然，之所以会造成大量生命和财产

损失，也与下游江口经济发达，人员稠密有关。值得注意的是，四次大水中，南门桥和新桥共计被冲坏三次，其中南门桥两次，新桥一次，可见暴雨洪灾与桥梁冲坏的关联度很高。

引发九龙江流域洪灾的天气还有台风，明代方志称台风为"飓风"。仔细分析史料，会发现此飓风有台风和强对流天气之别。

首先来讨论台风。九龙江流域所处的位置处于登陆或影响我国的热带气旋（包括热带风暴、强热带风暴、台风、强台风和超强台风）的两条主要路径，即西移路径（菲律宾以东洋面——南海——华南、海南登陆）与西北路径（菲律宾以东洋面——台湾和台湾海峡——华南沿海、华东沿海登陆）之间，深受两个方向登陆热带气旋的影响。就每年登陆或影响的台风频率而言，福建省仅次于闽东地区，属于第二个易受台风影响的地区。在九龙江流域内，北溪流域上游地区伸入内地，为群山环抱，台风影响相对较小。西溪流域距海岸较近，受台风影响较大。

与暴雨天气原地形成不同，台风是从菲律宾以东洋面形成，然后在沿海地区登陆。因此，其风雨天气有一个由沿海向内地推移的过程。以隆庆四年（1570）夏六月初六日的飓风为例。万历元年《漳州府志》记载：

> 夏六月初六日，飓风大作连昼夜，暴雨不止，水涨没桥，坏十余梁，漂流田产人畜不计，南门内水没屋脊。[①]

万历癸丑《漳州府志》记载：

> 夏六月初六日，龙溪、漳浦、长泰、南靖、平和五县，烈风暴雨，洪水漂没民居不可胜数，郡南桥坏。[②]

何乔远《闽书》、康熙《漳浦县志》、康熙《漳浦县志》、康熙《平和县志》以及乾隆《龙溪县志》都有这次台风灾害的记载，但基本上都是摘引上述两段文字，无法补充更多的灾害信息。可以确定此次台风是从漳浦登

---

① 罗青霄修、谢彬纂万历元年《漳州府志》卷12《灾祥》，厦门大学出版社，2010，第370页。
② 万历癸丑《漳州府志》卷32《灾祥志》，第2121页。

陆的。从"六月初六"的时间来看，虽然九龙江是高潮位，但灾情主要集中在河流两岸，如"漂流田产人畜"，"漂没民居"。府城也是"南门内水没屋脊"。横跨在河流上的桥梁亦遭厄运，"水涨没桥，坏十余梁"，多灾多难的南门桥也是名列其中。但这次台风中，未见沿海地区海水涨溢的灾害记录，因此，这次台风风暴潮灾害几乎看不出来。万历三十一年（1603）八月初五日的这次灾害则不然。据《明史》载："八月，泉州诸府海水暴涨，溺死万余人。"[①]《明神宗实录》卷387载："福建泉州府等处大雨潦，海水暴涨，飓风骤作，湮死者万有余人，漂荡民居物畜无算。"[②] 正史之所以把这次台风系于泉州，是因同安为台风登陆地点，受灾最严重，但就受灾面积而论，漳州府更大（见表3）。

表3　万历三十一年八月初五日台风风暴潮灾害分布表

府	县	台风风暴潮灾害	资料出处
泉州府	同安县	飓风大作，潮涌数丈，沿海民居、埭田漂没，甚众，船有泊于庭院者，几为巨浸，董水石梁漂折二十余丈	民国《同安县志》卷3《大事记》
	晋江县安平镇	东南风大作，海水暴涨，城外水深六七尺，高过桥四五尺，船逾桥横入埭。漂没人家，各港澳课船破坏殆尽，淹没人口不可胜计	1983年编《安海志》卷9《祥异》
漳州府		飓风大作，坏公廨城垣民房。是日海溢堤岸，骤起丈余，浸没沿海百里，海澄龙溪数千余家，人畜死者不可胜计，有大番船漂冲入石美镇城内，压坏民舍	万历癸丑《漳州府志》卷32《灾祥志》
	龙溪	飓风大作，坏公廨城垣民屋，是日海溢，高堤岸丈余，人畜死者不可胜计，有大番船漂冲入石美镇城，压坏民舍	乾隆《龙溪县志》卷20《祥异》
	海澄	飓风大作，坏公廨城垣民舍，是日海水溢堤岸，骤起丈余，浸没沿海数千余家，人畜死者不可胜数	乾隆《海澄县志》卷18《灾祥》
	漳浦	大水，飓风暴作，滨海溺死者数千人	康熙《漳浦县志》卷4《风土志·灾祥》
	长泰	烈风暴雨，大水漂没民居，沿海地方尤甚，淹死数千人，或以为海啸	乾隆《长泰县志》卷12《杂志·灾祥》
	铜山	大雨飓风暴作，海滨溺死数十人	乾隆《铜山志》卷9

[①]　张廷玉等：《明史》卷28《五行》，中华书局，1974，第453页。
[②]　《明神宗实录》卷387，台湾"中央研究院"历史语言研究所影印国立北平图书馆红格钞本，1962，第7274页。

　　这次遭受台风灾害的府县都是沿海地区①。处于台风中心的同安、龙溪和海澄三县，方志中只有"飓风"记载，却未见暴雨，记载暴雨的是外围的长泰和铜山两县。他们的共同特征是"海水暴涨"，其中同安"潮涌数丈"，同安西部的龙溪、海澄两县"海水溢堤岸，骤起丈余"，东部的晋江县安平镇则"海水暴涨，城外水深六七尺，高过桥四五尺"。显然同安县的潮水涌起更高。同安县城、石美镇和安平镇，有船"泊于庭院"者，有"大番船漂冲入石美镇城，压坏民舍"者，有"船踰桥横入埭"者。台风中心地区的同安、龙溪和海澄，人员死亡"不可胜计"，外围的漳浦、长泰和铜山，则是由"数十人"到"数千人"不等。同安的"董水石梁漂折二十余丈"。可见造成这次损失惨重的灾害，主要是台风引发的"海溢"而非"暴雨"。那么这次"海溢"为何如此严重呢？

　　据万历癸丑《漳州府志》，这次"海溢"发生时间是"八月初五日未时"，初五日距天文大潮初三日，相隔一天，依然是八月的高潮位。而初五这一天潮水又是"未时涨满"②。也就是说，海溢发生时，潮位恰好在天文大潮时期的高潮位。这是引发大"海溢"的原因之一。

　　原因之二是台风引发的风暴潮。风暴潮是指海面在风暴强迫力作用下，偏离正常天文潮的异常升高或降低的现象。其中异常海面升高，亦称"风暴增水"或"风暴海啸"，乾隆《长泰县志》"或以为海啸"，即指风暴海啸，而非通常所指的地震引发的海啸。这次风暴潮与天文大潮叠加，无疑是引发这次海面异常升高的重要因素。

　　据厦门验潮站 1990～2008 年的资料统计，此 18 年风暴潮引发的增水共计 54 次，其中在 100～150 厘米的增水有 18 次，没有高于 150 厘米的增水。③ 考虑到天文大潮 6 米左右的高潮位，两项叠加，高潮位 8 米左右，跟"潮涌数丈"相差甚远。其实，"飓风大作"，不仅引发风暴潮，还会引发风浪。正是烈风巨浪，让处在高潮位的"大番船漂冲入石美镇城，压坏民舍"。这是海溢灾害特别严重的原因之三。另外值得注意的是，此次受灾最重的同安、龙溪和海澄，都处于河口地带，径流起到了推波助澜的作用。

　　综观明代九龙江流域，台风引发的重大洪水灾害共有四次（见表 4），

①　因九龙江北溪潮区界延伸至长泰境内，因此，长泰亦受潮汐影响，称其为沿海地区当不为过。

②　道光《厦门志》卷 4《防海略·潮信》，第 96 页。

③　《福建省天气预报技术手册》，第 82 页。

其中台风引发风暴潮灾害，只有一次。导致九龙江流域桥梁冲毁的灾害有两次，南门桥和柳营江桥各一次。

表4 明代九龙江流域台风灾情统计表

时间	灾情	范围	桥梁	潮位	资料出处
天顺五年（1461）五月戊午夜	风雨大作，拔木走石，洪水发，漂人畜甚众，东门内外谯楼皆圮。龙溪县圆山崩，松木随陷。漳浦县漂人畜尤甚	龙溪、漳浦、云霄		高潮	正德《大明漳州府志》卷11《风俗志·灾祥》
天顺七年（1463）七月	疾风暴雨，北溪洪水涨，平地深五丈	龙溪	柳营江桥亭漂没无遗	不详	
隆庆四年（1570）夏六月初六日	烈风暴雨，洪水漂没民居不可胜数	龙溪	郡南桥坏	高潮	万历癸丑《漳州府志》卷32《灾祥志》
万历十八年（1590）六月二十一日	大风自卯至辰，吹折东门、北门二楼，拔木坏屋不可胜数。	龙溪、长泰、平和		高潮	
万历三十一年（1603）八月初五日未时	飓风大作，坏公廨城垣民房。是日海溢堤岸，骤起丈余，浸没沿海百里，海澄龙溪数千余家，人畜死者不可胜计，有大番船漂冲入石美镇城内，压坏民舍	龙溪、长泰、漳浦		高潮	

明代发生九龙江流域的所谓"飓风"，在没有引发暴雨和风暴潮的前提下，也会导致人员伤亡。如嘉靖二十八年（1549）五月五日，"南河竞渡，城中男妇尽出，妆采莲船游玩，忽午后飓风大作，船覆，溺死者六十余人"[①]。这里的飓风，显然是局部强对流天气，与通常我们所说的台风无关。

至此，大体可以得出一个结论，九龙江西溪之所以会有洪水杀人之祸，是气候、地形、天文大潮、风暴潮和九龙江水系空间分布格局等因素耦合的结果。正如方志记载西溪南门一段时所言："南门溪，在南厢。首受西溪诸水，抱城脚东流，至福河与北溪水合。溪面宏阔，潮汐吞吐。每洪水发，多

① 罗青霄修、谢彬纂万历元年《漳州府志》卷12《灾祥》，第370页。

漂人家。"① 即南门桥有没有，是浮桥还是石桥，是大石桥还是小石桥，都不影响洪水的爆发。那么，南宋时期，所谓南门桥引发洪水杀人之祸的真相又是什么呢？

三　南门桥洪水杀人与方志文本的书写

闽中山溪层累环绕，难以枚举，故多桥梁。而福建河流的共同特征，正如明人所云："溪流溢出，自高而下，云使鸟疾，翻飞湍泻，势若建瓴。秋冬涸泉，丝流稍缓，春夏洪流，轰阗澎湃，响振林木。至若阴云骤兴，午雨滂沛，则浚崖飞瀑，万丈卸倾，平地倏忽，宛若大川，昔之浅波，变为虞渊矣。"② 这样的水文特征，对架设在江河上的众多桥梁，极为不利。因此修建桥梁，是闽中公共基础设施建设和维护的重要组成部分。从宋、明两朝留存下来的大量《修桥记》来看，修建桥梁的资金，主要来自主政官员捐俸。"惠民莫先于为政，作善莫大于修桥"，因此，修桥便成了地方官员行使仁政的重要举措之一。何况还有人给官员在"晋绅冠盖，游旅往来"之处，撰文立碑，彰显其事，可谓青史留名，两全其美。修桥资金的第二个来源是民众捐献。因为佛教认为桥梁普济，为八福田之一，民众捐资修桥，功德无量。

然而，这样的仁政之举，却在南宋漳州城南门桥的改建和扩建中遭遇尴尬。薛杨祖和赵汝说不仅没有因改建和扩建南门桥获得仁政之美誉，反而成了洪水杀人之祸的始作俑者。"累政君子不知杀水，惟求以止水，桥益增大，隈益巩固，洪水无从发泄，遂至漂屋杀人，不可救止，不但沙坂以西田受浸而已也"③。其实，只要九龙江流域发生特大洪水，就会导致大量民众溺死，南门桥存在与否，基本上改变不了这一事实。然而在南宋的漳州，有人却反其道而行，认为是南门桥的改建和扩建，导致了洪水杀人之祸，颠倒因果关系。可见，南门桥导致洪水杀人之祸的认识误区，早在南宋就已形成了。

宋人这样撰写淳祐《漳郡志》的原因是什么？最大的可能性是《漳郡志》的作者确实没搞清楚九龙江洪水频发的自然原因。当然也不能排除有人借此给薛杨祖和赵汝说制造舆论，抹杀其在漳州的政绩的情况。还有一种

---

① 正德《大明漳州府志》卷7《山川志》，第133页。
② 陈良谟：《重建兴龙桥记》，载万历《福州属县志·罗源县志》卷7《艺文志》，方志出版社，2007，第105页。
③ 正德《大明漳州府志》卷33《道路志》，第708页。

可能，是有人用薛杨祖和赵汝谠的执政行为不当，彰显陈淳的言论乃是"恒久之至道，不刊之鸿教"。陈淳（1152～1217），字安卿，号北溪，漳州龙溪人，是朱熹绍熙元年任漳州知州时的弟子。其造诣由"熹数语人以'南来，吾道喜得陈淳'，门人有疑问不合者，则称淳善问"可知，"其所著有《语孟大学中庸口义》《字义详讲》《礼》《诗》《女学》等书，门人录其语，号《筠谷濑口金山所闻》"①。陈淳去世后"配享文公祠下"②。因此当陈淳提出"南桥盍造于东门下水云馆"时，则不仅是一个当地学者的"真知灼见"，而且是"圣人之言"。这样说也许有点夸张，说成"本土圣人之言"当不为过。明清方志中习惯称朱熹和陈淳为"先儒"。

面对记载着"陈北溪尝言"的宋人文本与南门桥杀人的地理真相，明代方志作者，必须在相互矛盾的二者，即在"尊经"与"格物"之间做出选择。处在前科学时代的明清方志作者，共同选择了"尊经"。

针对正德四年（1509）洪水和火灾毁坏的南门桥，主修《大明漳州府志》的漳州知府陈洪谟罗列了自己修复的举措，并意味深长地说："其用心可谓勤，爱民可谓至矣。然以事理度之，水祸疑未□也，盖人力不可与水争雄长。"然后征引"陈北溪尝言"，申说："诚能告于全漳之人共迁桥于彼，不惟风气完聚，而杀人之祸可免矣。谨录鄙见于此，以俟为政者择焉。"陈洪谟只是已坏桥梁的修复者，不是建造者。因此，他有足够的勇气彰显自己的功劳，而质疑前人造桥的选址。其实，九龙江水灾频发，政府官员承受的民众舆论压力，不能说没有：

> 夫灾祥之来，其大系于天下，其小系于一方。考其所自，皆有以召之也。《礼》遇灾而减膳撤乐，遇祥而称贺，不过循古典耳，不足以称天意也。盖天示人以祥，是诱之以修德之劝也；示人以灾，是开之以悔过之门也。故遇灾祥而反诸政治，则德益修而生民蒙福矣。③

按照这样一套灾祥与政治的互动理论，水灾频发当然是官员为政不仁的结果。当新任知府遇到重大水灾时，这种压力更是空前巨大。方志的撰写者

---

① 脱脱等：《宋史》卷430《陈淳传》，中华书局，1977，第12788、12790页。
② 正德《大明漳州府志》卷25《人物传》，第563～564页。
③ 正德《大明漳州府志》卷11《风俗志·灾祥》，第215～216页。

在这个时候当然不能把罪责全推到当政者的身上。知府张瓒的经历颇具代表性，史载：

> 成化十年，（张瓒）出知漳州府，其年四月到任。有大鸟集廷树，举首高丈余，人以为骇。瓒援弓射之，中颈飞去，继而为弩手射死。其秋八月，山水大发，坏田庐，人民漂溺不可胜计。瓒具船张筏，救援甚多。先发赈济，而后上报。上司恶其专，瓒曰："待报而后发，民死尽矣！"十年，奏减六县租有差。城南桥冲坏，来往阻碍，即为修理。港道淤塞，灌溉不便，俱为疏通。又留意学校，以漳学纯《易经》，乃延请莆田《书经》魁郑思亨授以《书经》，后各有成就。解郡，郡人为立去思碑。①

据《国语·鲁语》载：

> 海鸟曰"爰居"，止于鲁东门之外二日。臧文仲使国人祭之。展禽曰："越哉，臧孙之为政也！夫祀，国之大节也，而节，政之所成也。故慎制祀以为国典。今无故而加典，非政之宜也。……是岁也，海多大风，冬暖。②

显然在古人眼里，大鸟的出现是灾害天气的先兆。张瓒下车伊始，就遭遇到不祥之兆和水灾，民间能没有议论吗？况且象征着官员恶政的杀人之桥，又一次被冲毁了。这些难道不是官员为政不仁而遭"天谴"的结果吗？如何在这样的困局中让张瓒走出来，就成了方志撰写者不得不考虑的问题。好在张瓒是一位"善厥职"的知府，他射伤了象征着灾难的巨鸟而不是祭祀，他及时救援赈济灾民而不是坐以待毙。因此，当张瓒"解郡，郡人为立去思碑"。看上去张瓒是用自己努力，消除了民众对知府执政的质疑。然而下面一段"论曰"，还是透露了方志作者有意替张瓒开脱的蛛丝马迹。

> 论曰：瓒遇异鸟而射之，此之为见与臧文仲祀爰居者异矣。遇水灾，先发廪而后申报，此之为心与汲黯矫制以活河南水旱之贫民者类

---

① 正德《大明漳州府志》卷14《纪传志》，第276页。
② 《国语》卷4《鲁语》，上海古籍出版社，1988，第165～170页。

矣。其他若修桥梁、通水利、兴学校，又皆郡政之先务也。若璜也，可谓善厥职矣。①

如果民间没有把大鸟、水祸与张璜到任联系在一起，作者还需用"璜遇异鸟而射之，此之为见与臧文仲祀爰居者异矣"之类的语句来辩解吗？张璜的困境似乎是解脱了，但是桥还在南门外，洪水还会再来，"尊经"与"格物"之间的矛盾并未消除，该怎么办呢？知府韩擢勇敢地站了出来，建造新桥：

> 知府韩擢上采先儒之论，下顺舆情，乃于东门水云馆之前，树址建桥二十八间，长九十丈，广二丈四尺，南接于岸，北建文昌阁，南建观音楼。申请当道，捐俸而佐以锾，士民欢欣输助，不数月而功告成，刻"文昌桥"三大字。②

文昌者，寓文人倡导建桥之意。然而，不幸的是，韩擢"上采先儒之论，下顺舆情"而建立的新桥不仅没有一劳永逸，而且是"会守迁去，桥渐顷圮"。当初"议者以新桥之建，可以缓水势，省民财，接八卦楼以包络元气"，现在该作何解释？这真让人尴尬和沮丧。能说先儒错了吗？当然不能。只能找这样的借口搪塞："惜承委县尉胡宪者，董役鲁莽，致中流柱址稍欹。"更尴尬的是，这样的新桥，还维修吗？如果维修，如何做到理论上的自洽？且看《侯袁公重修桥梁记》载：

> 桥梁载郡乘者五十有奇，惟文昌、虎渡二桥最为吃紧。虎渡桥，三省之通衢也。文昌桥，别名新桥，大宋北溪陈先生与紫阳朱夫子所议建也。万历乙亥，郡守韩即其议处建为桥，而旧时桥据府治上者，亦以昔贤议撤去，韩侯升任，而两桥并峙矣。峙旧桥者，从一方民便也；峙新桥者，从全漳民便也。③

建设新桥，原本是先儒陈淳一人倡导，到这位作者笔下，成了朱熹与陈淳

---

① 正德《大明漳州府志》卷 14《纪传志》，第 276 页。
② 万历癸丑《漳州府志》卷 28《坊里·桥梁》，第 1922～1923 页。
③ 万历癸丑《漳州府志》卷 28《坊里·桥梁》，第 1926～1927 页。

一同"所议建也"。工程的神圣性与合法性提升到了最高档次。既然南门桥是杀人之桥，新桥建成，当然要把罪魁祸首南门桥撤去而后快。事实上，韩守并没有这样做，而是让新旧"两桥并峙矣"，理由是"峙旧桥者，从一方民便也；峙新桥者，从全漳民便也"。相距不过一里的两座桥，服务对象竟然有"一方"与"全漳"民便之别，有谁相信？纯属文字游戏。真相是，领着圣人旨意而建的新桥与旧桥一样很容易被洪水冲毁，保留两座桥，如果冲毁一座还能留一座，更有利于南北交通。那么袁业泗在修复水毁的新桥时，又是怎么想的呢？史载：

> 袁侯自令龙溪时，既割俸资一百二十两，以为民计。四十三年，莅郡之三载也。谓文昌桥不葺且废，复援俸如干，鸠工运石，砌筑之时，巡行劳来，功竣而士若民咸快已。又盼江以东曰："此陈布衣里也。溪水一脉，夫非曩者晦翁所尝味云：'此地有贤人者哉！'"桥制所从来久远，令其石梁没入江，铺以木板，此岂长久计耶？亟命官董其事，匠饩以时给领，盖呼耶许歌欤乃者，甚适也，犹之治新桥然。二桥皆重大之役。当官者际为传舍，畴肯其事，侯于天下犹家也。不惮拮据，务为永久之利，不为一时锲急之图。以故并臻厥成，侯有大造于漳，漳民世世戴侯之功勿朽。宁独漳哉，晋绅冠盖，游旅往来，并志侯德云。①

字里行间彰显的是袁业泗在圣人故里修桥的自豪感和敬业精神，以及双桥通行时从漳州民众到往来过客对其的感恩戴德，只字不提桥梁杀人之祸。可见，《重修桥梁记》纯粹是地方官员从政的功德碑。方志中大量收入各种《记》，表扬当事人只是其功用之一，更大的功用在于教化后来者。

当事人可以邀功请赏，文过饰非，但当新桥一再被洪水冲毁时，方志作者也难免质疑：

> 陈北溪尝言："南桥盍造于东门下水云馆。"意以水势至此，湾环回洑，当避其冲而就其缓。但重大之役，未可以轻议也。以今观之，如嘉靖甲子至隆庆庚午，未及数年，桥已两坏，费财动踰千万，为政者变而通之可也。②

---

① 万历癸丑《漳州府志》卷28《坊里·桥梁》，第1927~1928页。
② 万历癸丑《漳州府志》卷28《坊里·桥梁》，第1923页。

但这种质疑仅仅落在为政者身上，是他们不善于变通，而不是先儒有错，更不会把注意力转移在洪水杀人之祸的地学本质上。其实，在当时的孕灾环境与桥梁建造技术条件下，"为政者"已经没有其他的变通之道可供选择了。所以，无论是旧桥还是新桥，只能是毁了修，修了毁。在这样的舆论压力下，漳州官员还有谁敢毫无顾虑地捐俸修桥呢？

古者修理桥梁多出于官，今也多出于民。如近者南门桥二次修理，实召僧行钦、智海主之。二僧果能广乞民财以集厥事，书之以见漳民之好义，而浮屠氏致人有如此云。①

这条按语论及漳州民风、信仰，大体没错。但政府官员不再捐俸修桥，多少折射出了官员心态的变化。无论谁来出资修理南门桥，九龙江洪灾易发的事实基本没变。无论是旧桥还是新桥，易被冲毁的事实没变。而南北两岸交通一日不可或缺的事实也没变。要变的只能是方志撰写者的文本了。乾隆《龙溪县志·南桥》载：

> 按陈北溪谓南桥当水之冲，上闭水势，于民不便，亦形势所忌也。古记屡云："南桥宜断。"或秋汛啮决石梁，则是年甲乙榜必多占数人，屡试皆验。然苟水不为灾，是利涉者，亦岂可废耶？②

至清代，被洪水频频冲断的南门桥竟然与漳州科举上榜人数挂上钩，真让人忍俊不禁。这样的胡乱联系其实是相当危险的。如果十数年九龙江不发洪水，或者发了洪水，桥却没毁，那漳州举子应试，不成了年年都是小年吗？这是玩笑话。但桥梁冲断之频繁、方志撰写者之执拗，还是让人印象深刻。可见，清人宁可用这样的幽默来化解先儒之言的虚妄，也不愿意直言洪水杀人之祸的真相。

那么说出真相会有什么后果呢？首当其冲的恐怕是陈淳，即本土先儒的神圣形象受损。这在"尊经"时代，绝非小事。其次，恐怕是漳州府治的神圣性受损。原本在漳浦的府治因瘴气太多，徙至"两溪合流，四山环胜，科第浡兴，硕儒迭出"的龙溪县，现如今却是洪水频发，"人民漂溺，浮尸蔽江"，不正说明漳州府治选址不合理吗？那么，罪魁祸首能推给谁呢？只

---

① 万年元年《漳州府志》卷2《规制志》，第70页。
② 乾隆《龙溪县志》卷6《水利·津梁》，第16页。

能是南门桥了。否则有谁愿意说家乡的首善之区，竟然是一个为官不仁，屡遭"天谴"的地方呢？

结　论

如果说南宋嘉定年间，薛杨祖把漳州城南门桥由浮桥改建为石桥，还有可能导致九龙江西溪洪水淹没两岸农田，冲毁庐舍，溺毙人民。至赵汝说把石桥扩建为原桥近三倍长时，还有人说是桥梁引发洪水杀人之祸，则于理不合。

其实，九龙江之所以会发生洪水杀人之祸，是气候、区域地貌、天文大潮、风暴潮和水系时空分布等因素耦合的结果。漳州断陷盆地在第四纪以来以冲击海积为主，河道沙洲发育不利于行洪。九龙江上游又多山地，水系呈扇形分布，流程短，落差大，流速快，流域强降水很容易在河口汇集形成洪水；九龙江流域春季的暴雨天气和夏秋台风天气本来就容易产生强降水，受流域喇叭口地形汇聚和抬升，进一步增加了暴雨的强度。如果在洪水期间，河口海水又处于天文大潮，或在此基础上叠加了风暴潮和风浪，洪灾便不可避免。加之自明代以来，九龙江流域溯源开发，水土流失导致河流含沙量增加，河床更趋不稳定，而河口和两岸的人口密度、城市面积和经济规模又都在增加。因此，洪灾是一次重于一次，且频率越来越高。

这样的地学真相，明清两代漳州本土修志作者难道真的不明白吗？非也。淳祐《漳郡志》所言的南门桥引发洪水杀人之祸，很可能就是指浮桥改建为石桥之初的情况。然而，当本土圣人陈淳质疑了南门桥选址的合理性之后，形成于南宋的"南门桥杀人"之说就被其巨大的影响力所绑架，成为定论。这样，后人修志就要面对两个定论：一是桥梁杀人；二是"陈北溪尝言"。所以，方志作者在不断质疑当政者反复维修杀人之桥的同时，也质疑当政者为什么不按"陈北溪尝言"建造新桥。在他们看来，"陈北溪尝言"是唯一能免除漳州洪水杀人之祸的先儒指示。即便面对新桥建造后，洪水杀人之祸并没有消失，而新桥却屡屡被洪水冲毁这样的尴尬局面，他们仍然认为"陈北溪尝言"没错，是当政者不会变通。

仅就漳州南门桥梁而言，方志文本如此迷信"陈北溪尝言"，而不愿意深入探究洪水杀人的地学真相，充其量是蒙蔽那些不明真相的读书人，不会造成更严重的损失，因为南门桥本非罪魁祸首。而这样的"迷信"一旦成为知识分子的主流价值观，就会从精神层面扼杀民众追求自然真相的愿望。

这与以探索自然真相为目的的现代地学精神完全相悖。中国现代地学之所以是舶来品，与这样的方志书写理念脱不了干系，其影响可谓深远。

The Geoscience Truth of "South Gate Bridge killings" in Zhangzhou Prefecture of Ming Dynasty and Confucian Views
—*Based on the cognitive history of the flood of Jiulong River Estuary in Ming Dynasty*

Li Zhijun

Abstract：In the geo-scientific process of reconstruction of the Jiulong River of Ming Dynasty, the author found that the real "Killing Curse" of Jiulong River flood was the coupling result of various factors, such as climate, regional topography, astronomical tide, storm surge and the distribution of water systems, etc. which was irrelevant with the reconstruction of South Gate bridge in Zhangzhou. However, when the "local saints" Chen Chun questioned the reasonableness of the site of South Gate bridge, the saying-killing of South Gate Bridge, had been kidnapped by his enormous influence since the Southern Song Dynasty, so that the Records in Ming and Qing Dynasty protected the saying in every possible way. For Zhangzhou South Gate Bridge, local records were convinced of Chen Chun's remarks rather than delve into the truth of the killing flood. At best, the saying could fool the people who were unaware of the truth only. It wouldn't cause more serious consequences, because the South Gate Bridge wasn't the culprit at all. However, once such "superstition" became the intellectuals' mainstream values, it would kill people's desire to pursue the truth from the spiritual level. This was not only completely contrary to the spirit of exploring the truth of nature in modern geo-science, but also restricted the origination and development of modern geo-science in traditional China.

Keywords：Jiulongjiang; Flood Disaster; Modern Earth Science; Text of Difangzhi

（执行编辑：杨芹）

海洋史研究（第九辑）

2016 年 7 月　　第 359～369 页

关于清代香山基层建置的属性

——兼向刘桂奇、郭声波两先生请教

邱　捷*

刘桂奇、郭声波两先生在《清代香山县基层建置及其相关问题》一文中［《海洋史研究》（第八辑）］提到我一篇文章中的几句话。本来我对建置沿革没有做过专门研究，但因为从事孙中山与辛亥革命研究的缘故，一直关注晚清民国的香山，郭、刘两先生的文章引起我讨论的兴趣，故撰写本文对自己的观点作些说明，并提出一些问题请教两位先生。

一　再讨论一下清末香山县的“都”

刘桂奇、郭声波两先生在《清代香山县基层建置及其相关问题》一文的第三部分“基层组织之属性”，在引用王颋教授明代“‘都’以上的基层组织‘乡’当为虚设，‘都’才是县以下基层行政区划的第一层级”[1] 的观点后，引用了我《清末香山的乡约、公局——以〈香山旬报〉的资料为中心》［《中山大学学报》（社会科学版）2010 年第 3 期］的几句话作为另一种看法的代表，并做了引申：

> 关于香山县“都”这一基层区划类型，邱捷先生为我们提供了另

---

* 作者系中山大学历史系教授。

[1] 刘桂奇、郭声波：《清代香山县基层建置及其相关问题》，《海洋史研究》第八辑，社会科学文献出版社，2015，第 256 页。

一种判断，"民国的《香山乡土志》称本县'分为十乡十四都'，列举出来的'都'是'仁都、良都、隆都、得能都、四字都、大字都、谷字都、恭常都（附场都）、大榄都、黄旗都（附圉都）、黄梁都'，并没有 14 个。'都'只是一个大致的地理概念，并非严格按'都'设立了权力、管理机构。"邱先生似乎认为，各"都"仅是一个地域单位而非沿革意义上的政区单位，并且其边界可能不太明确。①

王颋教授和我的文章都没有专门研究香山基层建置。王教授是研究澳门开埠问题时，利用嘉靖《香山县志》讨论明代香山县的乡、都；我的文章则主要利用 1908～1910 年的《香山旬报》讨论清末香山县的公约、公局。两篇文章都只是顺带提到乡、都等基层区划（我只提到都）。王教授的文章同我的文章研究时段相差三个半世纪还多。据民国《香山县乡土志》，香山县在宣统元年（1909）有 163315 户、822218 口；而据嘉靖《香山县志》，嘉靖二十一年（1542）香山全县只有 6054 户、18090 口。清末香山县很多村落甚至某些圩镇，在嘉靖年间还是滩涂或汪洋大海。几百年间香山县的社会发生了巨大的变化，岂能不顾年代把我有关清末香山"都"的几句话同王教授研究明代香山建置的观点作为两种对立的观点？

两位先生把我的观点归纳为"各'都'仅是一个地域单位而非沿革意义上的政区单位，并且其边界可能不太明确"，也有点不符合学术讨论的惯例。我的文章根本没有用过"沿革""政区单位"等词语，也没有谈过各都边界是否"明确"，我的文字不难明白，两位先生何必再作引申？

我觉得，两位先生在我整篇文章中只注意他们抄录的那一段，其他内容则全部忽略了。为便于说明我的观点，我把他们所引那段话连同前后文引录如下：

《香山旬报》提及的有"局"字的士绅基层权力机构有附城总局、恭都局、隆都局、谷都局、黄梁都防海局、东乡局、榄乡局、卓山局、平山局、榄边局、南朗局、南门局、峰溪局、港口局、官塘乡局、界涌乡局、南屏乡局、濠头分局、牛起湾分局、张家边分局、东海护沙局、七堡团局等等（有时也称"某某公局"）。但很多时候士绅权力机构则

---

① 刘桂奇、郭声波：《清代香山县基层建置及其相关问题》，第 256 页。

是以"公约"为名，如：附城公约、隆都公约、（黄梁都）防海公约等。乡村一级的乡约则称为某乡乡约（没有"公"字）。

民国的《香山乡土志》称本县"分为十乡十四都"，列举出来的"都"是"仁都、良都、隆都、得能都、四字都、大字都、谷字都、恭常都（附场都）、大榄都、黄旗都（附圃都）、黄梁都"①，并没有14个。"都"只是一个大致的地理概念，并非严格按"都"设立了权力、管理机构。

晚清的方志记载了附城总局、员峰张溪公约、东乡公约、隆都公约、恭谷两都公约、黄梁都防海公约、小榄公约、大黄圃公约、小黄圃公约②，以上的公约《香山旬报》都提到过，但《香山旬报》提到的其他公局、公约之名称则不见于方志。③

我说"'都'只是一个大致的地理概念"，不等于否定"都"也是一个区划概念，因为"区划"本身就是地理概念；如果按区划建立了行政管理机构，那么就成了"行政区划"。嘉靖志把"坊都"与"建置"并列编入"风土志"卷，康熙志把"都图"列入"建置"卷，乾隆志把"坊都"与"建置"并列归入卷一，道光志把"都里"归入"舆地"卷而不入"建置"卷，光绪志、民国志维持道光志的做法，民国《香山县乡土志》则把"乡都"归入"地理"卷。从上述各种香山县志可见，前人既把坊都视为地理概念，也视为区划概念。嘉靖志、康熙志的做法，证明王颋教授明代"'都'才是县以下基层行政区划的第一层级"的观点是有根据的。道光以后的方志，则显示出"坊""都"首先不是建置概念而是地理概念，因为经过几百年香山县基层区划的情况同明代已有很大不同，当时实际上的行政管理机构并非严格按"坊""都"设立。两位先生论述清代香山县县丞、巡检等佐杂官属地、驻所时所引的同治《广东图说》，提到常都由县丞和淇澳司巡检分管、四字都由典史和淇澳司巡检分管。④ 如果"都"是县以下一级行

---

① 民国《香山县乡土志》卷10《地理》，中山市地方志编纂委员会办公室，1988，第1～2页。

② 光绪《香山县志》卷8《海防》，《广东历代方志集成》，岭南美术出版社，2007，第157页。

③ 拙文：《清末香山的乡约、公局——以〈香山旬报〉的资料为中心》，《中山大学学报》（社会科学版）2010年第3期，第69～82页。

④ 刘桂奇、郭声波：《清代香山县基层建置及其相关问题》，第260～261页。

政区划或者沿革意义的行政单元，就不可能出现一个都"瓜分"给两个官员管辖的情况。

我主要根据香山县方志和《香山旬报》认为，晚清香山县普遍设立了士绅掌控的乡村基层权力机构公约、公局（两者其实是同一种机构，往往既称公约，又称公局）。它们有知县颁发的权责凭证"局戳"，与知县往返的文书参照官府公文格式，约绅、局绅由知县任免，在知县的授权下有一定征收、缉捕、司法等权力，通常还拥有武装。所以，公约、公局成为虽非法定但实际存在的县以下的乡村基层权力机构。在两位教授所引的那段文字中，我主要是想强调：在晚清的香山，并非严格按"都"设立了权力、管理机构，但不是说每个"都"均无权力、管理机构。实际上，有的公约、公局是按"都"设立的，并以都名命名，如隆都公约；有的虽按都建立，但命名与都名不同，如黄粱都的公约叫防海公约；有的是跨都的，如恭谷两都公约、附城公约（管辖县城外仁、良两都的地域）、四大两都公局等。①公约、公局不按所在的地名命名者，在晚清的广州府并非特例。如番禺县沙湾的公局叫仁让公局，南海县九江的公局叫同安公局，南海县西樵的公局叫同人公局等。顺德县著名的士绅掌控的乡村基层权力机构东海护沙局，是由容桂公约演化而来的，容桂公约也是跨都、乡②设立的。

在这里，我想就刘、郭两先生归纳的"两种相左的看法"明确一下自己的观点。一、我完全赞同王颋教授关于明代香山县基层区划"乡虚都实"的论点，并相信他明代"'都'是县以下基层行政区划实在的第一层级"之说是有根据的。二、由明代到清代几百年间乡、都的变化过程，笔者没有研究，不敢轻率发表意见。然而，根据自己见到的史料，可以这样说：到了清末，王教授所说的"乡虚"之说仍能成立，"都实"则有些变化。其时"都"不是法定的基层行政区划，士绅主持的非正式行政管理机构也并非严格按"都"设立，但公约、公局实际上覆盖了县以下的第一层级区划的"都"。三、我没有看到过在香山县"都"以下的"图"建立行政机构的史料，所以不知道清末香山的"图"是否实在的区划单位或行政区划单位；

---

① 据道、咸年间香山县著名绅士举人林谦的文书，洪兵起事以前"两都向无公约巡丁"（见广东省文史研究馆、中山大学历史系合编《广东洪兵起义史料》中册，广东人民出版社，1996，第888页）。当然四字、大字都也不可能有法定的权力机构。为抵御洪兵，林谦等士绅建立了四大两都公局，但这个公局是否维持到清末，笔者不敢肯定。

② 本文提到的"乡"，如果不是"乡都"并称，是指"都"以下层级的乡村。

但资料显示，在都以下的乡、村普遍设立了由士绅主持的公局或乡约，它们都有行政管理的职能。四、我的观点不仅没有同王颋教授相左，在某种意义上甚至可说同他的看法相通，或者可看作王教授观点的补充。

郭、刘两位先生在文章中提出，香山的"乡""都""图""村"，"这类基层组织为何种属性，以及它们之间为何种关系，它们是否属于政区单位，彼此之间是否属于政区关系"等问题，并认为问题的解决"可以为考察清代整个广东至少是珠江三角洲其他基层组织类型及彼此之间的关系提供一定参考"。这些话无疑是正确的。遗憾的是，我细读两位先生的文章，找不到对以上问题的明确答案，同时对两位先生的论证思路也有点困惑。

两位先生在引述我的话，并把我的论点再次改造为"认为，各'都'仅是一个地域单位"后，紧接着便针对他们归纳的所谓邱先生的论点，引录嘉靖《广东通志》之"舆地志"和康熙《香山县志》的"建置"关于都、图的记载，做出如下结论：

> 从上述记载中可以看出，在明清时人的认知中，"乡"、"都"、"图"等毫无疑问属于一种基层区划单位，有较为明确的区划边界。彼此间构成有一定的层级关系。"乡"管"都"或"都"属"乡"，而"都"领"图"与"村"。①

两位先生所引我的那段话说的是清末香山县的都，两位先生文章讨论的是清代香山县基层区划，为什么要引用 350 多年前的明代方志和 200 多年前的清初方志作论据？"边界可能不太明确"是两位先生替我归纳出来的观点，所以他们有针对性地提出"有相对明确的边界"。既然两位先生的论文研究清代的基层区划，引用民国《香山县志》用近代方法绘制的各都、镇的地图来论证边界不是更合适吗？

两位先生所引用的嘉靖《广东通志》和康熙《香山县志》的记载，只反映了乡、都的"管辖"以及乡、都、里的大致方位，并没有提及边界，无法证明明清基层区划单位"有相对明确的边界"。民国《香山县志》的"县境全图"画有都、镇界线，但这是一幅没有标明比例的示意图，也不足以作为都、镇有"明确界线"的依据。各都、镇地图是 1/200000 到

---

① 刘桂奇、郭声波：《清代香山县基层建制及其相关问题》，第 257 页。

1/100000 比例较精细的地图，但各幅地图与相邻都、镇的交界处只写有"某某都界"字样，没有标明界线。这反映了清末编撰这部续志时，编撰者只能标出各都、镇的大致界线，却画不出"明确边界"。我相信，在多数情况下，何村何乡（指都以下的小乡）属于何都，居民们大抵上是清楚的。不过，在清代，"都"并非缴纳赋税的区划单位，又没有严格按"都"设立法定行政机构，"乡""都"界线只是历史上自然形成，看来没有经过严格勘界。我不知道是否有史料可以证实香山的"都"界是明确的。而且，清代香山县好几个都是以海为界的，我无法想象未经勘测如何在海上画出"明确边界"。我看到的一些零散资料则反映香山某些乡村对村界有争议，也有资料反映同一案件或纠纷的两造分别投不同的公局"理处"。既然村与村的界线有争议，上一级区划"都"的边界就不可能很明确；案件或纠纷的两造分投不同公局，也反映某些公局管辖的边界并非十分清晰。我也注意到两位先生说的是"较明确"，如果两位先生的意思也是"大抵""基本"明确，那么，我们之间就没有什么重大分歧。

两位先生所说的"'乡'管'都'或'都'属'乡'，而'都'领'图'与'村'"之说，则同他们后面的论述略有矛盾。因为他们在后面说"乡"是虚级，"都"才为实级；[1] 再隔几段又说，因为没有行政机构的设置，"很难说香山县基层区划是一种行政区划"。[2] 虚级的"乡"如何管实级的"都"呢？如果没有行政机构，不是行政区划，那么，"乡""都"、"图""村"之间又怎样逐层"管""属""领"呢？两位先生论文的摘要称乡—都—图—村"维系着整个基层社会的正常管理与运转"，如果没有逐级行政机构或组织的设置，又如何对基层社会正常管理与维持其运转呢？

两位先生对所谓王颋教授和我的"两种相左的看法"说了半天，除了对"乡虚"这一点有明确表态外，对自己提出的"它们是否属于政区单位"和"彼此之间是否构成政区关系"问题，始终没有前后一致的明确说法。两位先生似乎是赞同王颋教授观点的，但王教授认为"'都'才是县以下基层行政区划实在的第一层级"，两位先生则认为"很难说香山县基层区划是一种行政区划"，这岂不是与王颋教授的观点相左吗？

---

① 刘桂奇、郭声波：《清代香山县基层建置及其相关问题》，第 258 页。
② 刘桂奇、郭声波：《清代香山县基层建置及其相关问题》，第 260 页。

二 就"佐杂分防制"请教刘、郭两位先生

两位先生在文章中提到，"清代，广东地方各县普遍实行佐杂分防制"[①]。对清代的佐杂，需要研究的问题很多，两位先生提及的论点应该具有启发性，但我对是否存在这样的"制度"抱有怀疑。

清朝的职官设置很难支撑这样一个"制度"。据《光绪会典》，全国共有县 1314 个，分别设置县丞共 345 缺、县主簿共 55 缺、县典史共 1307 缺、县巡检共 908 缺。[②] 从上面的数字可知，每县设立的行政佐杂官平均不到 2 缺，如何能建立"分防"制？当然，有的县设立的佐杂官会多一些，尤其是广东的县（如广府六大县番禺、南海、顺德、香山、东莞、新会分别设立巡检 3~6 缺），但有的县就只有 1 名佐杂。而且，广东以外的省份，县丞、典史多与知县同城甚至同衙，协佐知县管理钱粮、监狱等事务，所以县丞被称为"左堂"，典史被称为"右堂"。像香山县丞另驻前山这样的事例在广东虽不算罕见，但也不占多数，在外省就更少。有独立衙署、管治乡村地区的是巡检，但全国看，每县平均不到一个巡检缺。所以，靠这数量有限的佐杂官，无论如何做不到全国"地方各县普遍实行佐杂分防制"。朝廷的典章并没有"佐杂分防制"，知县通常对分权都很警惕，因为权力背后是实实在在的利益。而且按制度，佐杂出了问题，责任还是知县负。既然清朝法制禁止佐杂官征收、理讼，知县又有什么必要实行"佐杂分防制"，让佐杂官独当一面呢？从资料看，佐杂确实在维持地方秩序方面起一定"分防"作用，但并没有普遍形成县以下的佐杂区划管治层级。

一些清末的史料使我觉得县丞、典史衙署和巡检司不像是知县与乡村基层区划之间的一级行政管治机构。在笔者看过的 1908~1910 年的《香山旬报》中有几百条资料反映知县同约绅、局绅的文书往来，但其中提及县丞、典史、巡检者极少。那么，会不会因为是《香山旬报》只刊登知县的"牌批"，约绅、局绅同佐杂打交道的文书在上面得不到反映？这样想不是没有道理。相信在一些情况下，约绅、局绅是受县丞、典史、巡检管辖的。佐杂

---

① 刘桂奇、郭声波：《清代香山县基层建置及其相关问题》，第 260 页。
② 刘子扬：《清代地方官制考》，紫禁城出版社，1994，第 110~113 页。属州（散州）的地位以及佐杂员缺的设置情况同县相近，没有另作讨论。

经知县授权有时会管辖都一级的公约、公局。但香山全县只有 1 名县丞、1 名典史、4 名巡检，并非每个都的公约、公局都驻有佐杂。而且，大量"牌批"反映知县是直接管治约绅、局绅的，即使在驻有巡检的都也是如此。居民有纠纷、案件如果不通过公约、公局就到县衙打官司，知县会视其为越诉而要求当事人先投到公约、公局"理处"，但我没有看到过知县要求当事人必须先投佐杂的例子。

黄粱都离县城较远，交通特别不便，黄粱都巡检司又只管这一个都。所以，要讨论知县、佐杂以及公约、公局之间的关系，黄粱都便很有个案价值。下面以《香山旬报》① 刊登的"牌批"涉及黄粱都的若干案件作些分析。

宣统元年（1909），知县沈瑞忠把一宗案件"札饬黄粱都司确查"。过了一年，"该巡司固未禀复，而该氏（按：即告状人）亦未续呈"。但一年以后，诉讼再起，新任知县包允荣乃再次札饬黄粱都巡检查复。② 看来这个案件并不重要，黄粱都巡检过了一年都没有完成知县"确查"的任务。本案是知县札饬巡检查案，没有命令巡检再往下督促公约、公局调查处理。像本案那样知县命令巡检查处的在《香山旬报》中很少见。

下面的案例都是知县同黄粱都的防海公约直接打交道的。

光绪三十四年（1908）十月，防海公约汇解了 1000 两沙捐，知县在批示中说："所有短缴前项银两，着即赶紧补缴足数以凭转解，毋再拖延，切切！"③ 同月，县民余锦德控告：雇用何贻章的船载运稻谷，何贻章途中"登岸回家，串匪抢劫"。防海局绅接案后已将何贻章的船扣留，知县乃"谕饬该局绅查明，并饬差严缉赃贼，务获究办"④。当年，防海公约局绅赵泰病故，知县接到公局增补局绅的禀后批"黄粱都防海局绅收取沙捐、捕费，疲玩异常"，"故缺额必须实心办事之人始行谕饬入局"⑤。

宣统二年（1910）早稻即将成熟时，防海公约局绅禀请知县出告示晓

---

① 《香山旬报》是清末广东香山县的地方刊物，创办于 1908 年，该刊物刊登的知县对状纸以及公约、公局禀文的批语，还有"论说""本邑新闻"等，有大量涉及乡村基层权力机构的内容。我看到的 1908～1911 年的《香山旬报》，主要是中山市翠亨孙中山故居纪念馆收藏的电子版，少部分是北京大学图书馆的藏本。

② 《香山旬报》第 77 期，第 38 页，"县批·黄盛德批"。

③ 《香山旬报》第 8 期，第 46 页，"县批·梁都公约批"。

④ 《香山旬报》第 8 期，第 51 页，"县批·余锦德批"。

⑤ 《香山旬报》第 9 期，第 44 页，"县批·黄显成批"。

谕业佃人等把所有捐、费清缴始准收割，知县以"沙捐固关国饷，联、捕各费亦为勇粮所系"予以批准。① 同年，知县对一个借口欠项强割田禾的控告呈批："究竟如何纠葛，候谕饬防海公约绅士会同原处绅士理妥，免生枝节。"② 宣统二年十月，县民欧文盛等"白日驾艇纠众抢劫"稻谷 500 多石，知县乃"谕饬防海公约绅董查明禀复"。③

从宣统元年到二年，县民谭赓尧与郑福亨等打了一场涉及土地的钱债官司。知县沈瑞忠对钱债做出了判决，两造均已具结，但判决并未提到涉讼禾田晚稻的归属，到了宣统二年晚造收割时，郑福亨呈请知县"谕局护割"，而谭赓尧则"请谕饬局约各绅准现佃收割晚禾"。此时的知县已经换成包允荣，包知县对此案作了几次批示，最后一次批："究竟该田本年晚造田禾系属某人耕种，本届晚造禾稻应归何人收割，候再谕隆都、黄粱都各绅确切详查，妥为办理。如果互相争执，则由局约先代割存，禀复本县，以凭传集讯断。"④

以上案例，分别涉及征收沙捐、查缉抢劫、增补约绅、批准收割、钱债官司等，其中的缉捕还是巡检司的本分职责，但知县都是直接向防海公约局绅下谕，中间似乎没有黄粱都司巡检的事。

巡检虽然有查缉盗贼、盘究奸宄之责，但直接掌握的武力有限。黄粱都司原设巡船两只，每只巡兵 12 名，但后来"抽出一只给县丞管驾巡缉"⑤。相比之下，公约、公局武力要更多。黄粱都防海公局有练勇 80 名⑥，谷都下属的神湾公约有巡勇 50 名⑦。各乡、村也会募勇，通常还有局丁、更练。直接掌握武力是公约、公局得以行使职权的保证。所以，知县会更为重视士绅控制的公约、公局。光绪以后任黄粱都司巡检者先后有 12 人⑧。但其时

---

① 《香山旬报》第 63 期，第 28 页，"县批·黄粱都约批"。

② 《香山旬报》第 69 期，第 30 页，"县批·赵耀批"。

③ 《香山旬报》第 80 期，第 21 页，"县批·梁曜垣批"。

④ 《香山旬报》第 73 期，第 28 页，"县批·谭赓尧批"；《香山旬报》第 75 期，第 44 页，"县批·谭赓尧批"；《香山旬报》第 77 期，第 43 页，"县批·谭赓尧批"。

⑤ 乾隆《香山县志》卷 4《职官》，《广东历代方志集成》，岭南美术出版社，2007，第 104 页。

⑥ 《香山旬报》第 24 期，第 61~62 页，"广告"栏，谭志福的鸣冤广告。

⑦ 《香山旬报》第 76 期，第 40~41 页，"县批·神湾公约批"。

⑧ 民国《香山县志》卷 8《职官》，《广东历代方志集成》，岭南美术出版社，2007，第 447 页。

黄粱都斗门土城的巡检署"已圮"，"巡检常侨寓县城"①。黄粱都司巡检不仅没有衙门，而且经常不在黄粱都，如果说巡检司是县以下的行政区划，这种情况是无法解释的。

其他都也有类似例子。宣统二年，香山谷都50余乡绅耆向知县控告谷都总局郑宗惠、郑宗德、张振声等局绅账目不清。知县"谕五十余乡公举绅商赴局，及派委淇澳司陈澂甫监督公同核算，造册禀复"；但局绅诸多刁难，甚至威胁要把算账的麦念初斩首，把陈倬云磨为肉酱，"置司算人于死地"，"各人不敢与校，只将禀复邑令请示办法而已"。②按同治《广东图说》，本来谷都应为典史所属，但从报纸报道的语气看，谷都50余乡绅耆并没有通过典史就直接向知县投诉，而知县也没有谕令典史处理而临时委派淇澳司巡检去监督查账。虽然巡检在场，谷都总局局绅却不怎么把他放在眼里，50余乡绅耆和巡检最后仍然要向知县请示解决办法。同年，隆都卓山学堂开学，知县无暇，特派淇澳司巡检为代表出席，与会的还有一位"隆都驻局委员李缵"③。按说隆都也是典史所属，为何新闻报道没有提典史，却提到"驻局委员"（笔者看到过番禺县沙茭局也有"驻局委员"④，应是候补佐杂充任）？因为报道太简单，笔者无法做出更多解读。但觉得"分防"各都的佐杂职权都是比较虚而不实的，不像有一个"分防"的制度。

因为看过的史料有限，加上没有做过深入研究，笔者的怀疑和判断未必正确。如果郭、刘两位先生能提供香山县的佐杂在他们"明确的分属地"经常性地行使职权的更多具体史料，那么笔者当然没有理由坚持自己的看法。

历史上的乡里制度虽有很多学者探讨，但因为问题太多太复杂，现有的成果尚难令人满意，需要和值得研究的问题还有很多。梁方仲先生说过，明太祖建立的粮长制度，后来虽有很多变化，但"直至清代仍然有些地方保留着这一制度，它至少有三百年的历史。后来尽管粮长的名义已被取消了，但变相的粮长制度事实上一直保留到清代以至民国"⑤。梁先生的话对研究

① 光绪《香山县志》卷6《建置》，第69页。
② 《香山谷都总局之风潮》，《香港华字日报》1910年1月1日。按：查民国续志"职官"，光绪、宣统年间淇澳司巡检无姓陈者，但也有可能这位陈姓巡检本任是淇澳司，但其时不在任上。
③ 《香山旬报》第64期，第49页，"本邑新闻"：《卓山学堂开幕纪事》。
④ 《改良沙茭清乡》，《安雅报》（广州）1908年4月15日。
⑤ 梁方仲：《明代粮长制度》，上海人民出版社，2001，第6页。

明清基层建置沿革以及乡村基层权力机构和权势人物无疑具有指导意义。明清州县官为亲民之官，州县以下不设法定的权力机构，但制度规定的几名官员绝对不可能对本州县实行有效管治，在州县以下的区划必须有协助"官治"的机构与人物，这大概是很多学者的共识。笔者研究晚清香山县的公约、公局，只是花些"盲人摸象"的功夫，想为研究晚清乡村基层社会提供一个案例，但关注点不在乡里制度建置的沿革。如果有人以香山县为研究对象，广泛收集各种资料，认真解读认真分析，把明代到清代香山基层建置、乡村基层权力机构的沿革真正搞清楚，相信对"县以下基层社会建置沿革"这个大问题的研究会有较大意义。

About the property of the Grass-roots Establishment of Xiangshan in Qing dynasty：conferring with Guo Shengbo and Liu Guiqi.

Qiu Jie

Abstract：Guo Shengbo and Liu Guiqi quoted and extended some of my arguments, in the article "The Gross-roots Establishment of Xiangshan County and its Relevant Issues in the Qing Dynasty" (*Studies of Maritime History*, Vol. 8), deviated from my intention. I explore the *gongyue* and *gongju* of Xiangshan County, just provide a case for the study of the rural communities in the late Qing years, rather than specialize in Gross-roots Establishment. As the conceptions of "Zuo za fen fang zhi（佐杂分防制）" mentioned by Guo Shengbo and Liu Guiqi in their article, according to Qing laws and some materials of Xiangshan County in the late Qing years, I doubt whether such a system really exists.

Keywords：Qing dynasty; Xiangshan; Grass-roots Establishment; Zuo za fen fang zhi

（执行编辑：王一娜）

学术述评

海洋史研究（第九辑）
2016 年 7 月　第 373~376 页

《正德〈琼台志·禽之属〉译注》
阅后感言

金国平[*]

　　2014 年，德国威斯巴登的哈拉索维兹出版社出版了一部有关中国的专著——《正德〈琼台志·禽之属〉译注》（The Earliest Extant Bird List of Hainan, *An Annotated Translation of the Avian Section in Qiongtai zhi*）。该书第一作者罗德里希·普塔克（Roderich Ptak）为德国慕尼黑大学汉学研究所教授，当代欧洲著名汉学家，以中西交通、郑和下西洋、妈祖及澳门学等为主要研究领域。他著作等身，且质量上乘，久为中国学术界所推崇。第二作者胡宝柱是他的博士生。

　　在海上亚洲范围内研究海南岛，必然会涉及该岛动植物的自然史。该书即是对唐胄（1471~1539）所著明代正德《琼台志》"禽之属"的英文译注。唐胄居家 20 余年，广泛搜集地方文献，撰成此一巨著。《琼台志》是海南当前保存完善、时间最早的一部地方志书，其体例完备，为海南诸志之典范，也是今人研究海南历史引用最多的史书之一。1964 年收入《天一阁藏明代方志丛刊》，2003 年再次辑进洪寿祥主编的《海南地方志丛刊》。

　　与类似方志相同，《琼台志》收入了本地动植物的名录。在《禽之属》中，总共罗列了 52 种鸟类，大部分配有简要的说明。普塔克和胡宝柱两位作者除了将每种词条英译外，还做了篇幅远超译文的详细解释，给人一种

---

* 作者系北京外国语大学中国海外汉学中心教授。

"小题大做"的感觉。例如，第三条目"麻雀"，汉语仅仅8个字，却配了30行的评注和5个注释。主要提供了两个方面的信息：一是鸟类的识别；二是它在当地文化、文学、宗教、贸易、医药等典籍中出现的情况。注释的特点是考辨翔实，阙疑有度。

作为一名职业译者，本人认为，《正德〈琼台志·禽之属〉译注》一书的英译方式也很有特色，可以说是一种创新。他们用方括号标出了主体词，使读者直观地看到原文的结构。

此类研究最难莫过于为古代名称找到现代动物学的科学名称。为了妥善地翻译和注释，两位作者不仅查阅、梳理了各种古籍中的资讯，而且还查阅、参考了大量现代动物学资料包括中国尤其是海南的鸟类名目，以便正确和准确识别每种鸟类。所开列参考书目之多可见其努力之巨。有时根据不同的记载，一种鸟类有可能被鉴别为不同的物种；有时只能给出归入的属或科；有时即便费尽周折，穷搜遍查，有些鸟类也不免未得到明确的鉴定。无论如何，我们应该感谢两位作者所做的巨大努力和所提供的详尽研究信息。

有些鸟类是从大陆引入海南的，例如喜鹊，《琼台志·土产·禽之属》条目四对此鸟有所描述，在翻译与注释过程中，二位作者围绕海南喜鹊之来源进行了详尽的研究。评论文字的本身便构成了一篇独立的小论文。某些出现在著名作家笔下的鸟类，例如苏轼所称赞的五色雀，二位作者通过翔实的考证，相当令人信服地指出，应该是指某种太阳鸟。

此外，从篇幅不小的评论文字来看，一般来说，当时广东和其他地区所通用的传统称谓适用于海南的动物名称。这说明海南岛是中国动物界整体的一部分。但也有例外，有些鸟类为海南所特有，不见于大陆，著名的海南山鹧鸪（拉丁学名"Arborophila ardens"）即为其中一种。对此，二位作者在评论中提供了详细至极的解释。

一般来说，《琼台志》会引用更早的海南方志，如王佐的《琼台外纪》。因此，二位作者也查考了此书，同时还参考了许多不同版本的方志，如《广东通志》《广东新语》，数部古本《本草》以及许多明清时期的海南方志。在广征博引、分析比勘的基础上，他们提供了如何缩小正确识别鸟类范围的例子。但有时某种鸟类的来源实在令人困惑，例如鸳鸯（拉丁学名"Aix galericulata"）。《琼台志》列有此名，现代鸟类著作却下定论说，海南不产鸳鸯。二位作者正确解释到，在这种情况下，鸳鸯可以指一种类似的鸟。另一个有趣的例子是关于剪刀雀、带箭鸟及乌凤等名。它们是指卷尾科内的不同禽类。每种名字均见于《岭表录异》和《岭外代答》等关于南中国和海洋世界著作的正文或注解中。

海南的历史和自然史犹如有待发掘的百宝盒。对《禽之属》的译注便是一种很好的尝试。注重细部研究，这是《正德〈琼台志·禽之属〉译注》一书最大的特点和显著贡献。无论是翻译，还是评论均精益求精，达到了很高的学术造诣。尤其是书中所开列的汉语和西文的参考书目穷尽无遗，使人对它的科学性深信不疑。此外，作者编制的禽类中外传统名称与现代科学名称的详细索引更增加了该书的学术性。我们热切希望，此书对中国沿海及其他地区未来的类似研究能起到一个抛砖引玉的作用。因此，我们建议，鉴于其学术价值，应该受到中国学术界尤其是海南方面的重视。此书应尽快汉译，嘉惠士林。可以相信，它必将成为今后研究海南地方志和古代鸟类史引用最多的书籍之一。

本书给我的启迪良多，因而略抒粗疏之见，聊作读书心得与新得。最后我要补充的是，第一作者普塔克教授发表过大量关于宋、元、明航海史和动物史方面的专著和论文，其中有关海南岛的重要专题论文有：

1. 《广州葡囚信中的海南》（Hainan in the Letters by Cristovão Vieira），载于 Roberto Carneiro 与 Artur Teodoro de Matos 编，*D. João III e o Império. Actas do Congresso Internacional Comemorativo do seu Nascimento（Lisboa e Tomar，4 a 8 de Junho de 2002）*（里斯本：Centro de História de Além - Mar und Centro de Estudos dos Povos e Culturas de Expressão Portuguesa，2004），第 485～499 页。

2. 《从郑和下西洋到平托时代的记载看明初之海南岛》，载于江苏省纪念郑和下西洋 600 周年活动筹备领导小组编《传承文明、走向世界、和平发展：纪念郑和下西洋六百周年国际学术论坛论文集》（北京：社会科学文献出版社，2005），第 458～475 页。

3. 《海南及其国际贸易：港口、商人和商品（宋至明中期）》（Hainan and Its International Trade：Ports，Merchants，Commodities（Song to Mind - Ming），载于汤熙勇编《中国海洋发展史论文集》第十辑（台北：中研院人文社会科学研究中心和海洋史研究中心，2008），第 25～63 页。

4. 《从郑和下西洋到平托时代的记载看海南岛》（Hainan：From Zheng He to Fernão Mendes Pinto），载于 Jorge M. dos Santos Alves 编 *Fernão Mendes Pinto and the Peregrinação*，第一册（里斯本：Fundação Oriente，2010），第

207～232 页。

5.《海南与国际马匹贸易（宋至明初）》 （Hainan and the Trade in Horses: Song to Early Ming），载于 Roderich Ptak 编 *Birds and Beasts in Chinese Texts and Trade*, *Lectures Related to South China and the Overseas World*（威斯巴登：Harrassowitz，2011），第 57～73 页。

6.《罗明坚中国地图集注：关于海南的某些产品》（Notes on Ruggieri's Chinese Atlas: Some Observations on the Products of Hainan），载于姚京明、郝雨凡主编《罗明坚"中国地图集"学术研讨会论文集》（澳门：澳门文化局，2014），第 8～29 页。

（执行编辑：徐素琴）

海洋史研究（第九辑）

2016 年 7 月　　第 377～393 页

卜正民《塞尔登的中国地图
——重返东方大航海时代》评述

张丽玲[*]

2009 年，一幅罕见的中国地图在牛津大学博德利图书馆（Bodleian Library，Oxford）重新面世。记录显示，这幅地图于 1659 年辗转至牛津，后被遗忘数个世纪，汉学家和制图专家都无缘得见。这幅看似偏离中国古代制图传统的地图，甚至引起一场真伪之辩。让人们更感兴趣的是，究竟是谁绘制了这幅地图？它如何漂洋过海来到此处？时人又是如何解读它的？

加拿大汉学家卜正民（Timothy Brook）教授为此专著《塞尔登的中国地图：重返东方大航海时代》（*Mr. Selden's Map of China：The Spice Trade，a lost Chart and the South China Sea*，以下简称"卜著"，塞尔登，亦译作雪尔登）一书，以其大胆的猜想和详尽的考证，试图还原这幅地图所在时代与历史全貌。作者强调，本书讲述的"不单单是地图本身，而且是它所绘制的那个时代的世界，是与地图密切相关的那些人的故事"[①]。

卜著 2013 年由英国 Profile Books Ltd 首次出版，中文版则于 2015 年由中信出版社发行。[②] 全书共有九个章节，分别是：第一章"超乎想象的地图"，介绍地图在博德利图书馆的重新发现；第二章"海洋封闭论"，讲述

---

* 作者系广东省社会科学院历史与孙中山研究所 2015 级明清史硕士研究生。

① 卜正民：《塞尔登的中国地图：重返东方大航海时代》，中信出版社，2015，第 16 页。

② 本文以下征引页码均出自中信出版社中文本。

地图收藏者塞尔登所处的航海时代，他与时代相互影响，对海洋的看法启发今人；第三章"在牛津大学阅读中文"，讲述明朝士人沈福宗和博德利图书馆馆长海德在牛津大学共同研读地图；第四章"约翰·萨利斯与中国船长"，讲述地图所呈现的海域里汇集的东西方各色商人、民众及官府人物，他们之间的贸易联系和细节；第五章"罗盘图"，探讨地图中的罗盘，叙及航海地图的演变；第六章"从中国启航"，以中国为出发点，沿寻塞尔登地图的各条航线，考证图注和地名；第七章"天圆地方"，指出无论东西方，人们的绘图技术影响地图的精确性，世界观则决定地图的呈现方式；第八章"塞尔登地图的秘密"，试图破解和释读塞尔登地图的六个异处；书末以"长眠之地"为结语，评介塞尔登地图和收藏者塞尔登，穿插了另一幅藏品的奇异传说。

藏图的人和读图的人

这个试图通过一幅地图展现其绘制时代历史全貌的故事，从与"塞尔登地图"有相似命运的"瓦尔德泽米勒地图"（The Waldseemuller map）开始。后者于1507年绘制，是第一幅以"亚美利加"（America）一词表示美洲的地图，由此被称为美国的出生证明，2003年美国政府郑重收之于国会图书馆。塞尔登地图则不能称为中国的诞生证明，卜著强调，它不同于任何一幅古代亚洲地图，因为"这幅地图以一片海洋为中心"，"把陆地放在次要的地方"[①]。

塞尔登地图长160厘米，宽96.5厘米，近乎其所在时代最大的壁挂式地图，它以南海为中心，"西抵印度洋，东接香料群岛，南邻爪哇，北望日本"[②]，图上陆地、山脉、海浪、植物均以不同颜色绘出，城市和港口用黑点注明，并在旁边以带圆圈的汉字标识名称，且以笔直线条"连通各个港口"，"表明船只航行过的一条条航线"[③]。如将此图与其地理信息系统坐标进行比对，不难发现它与东亚的地理轮廓非常吻合，显示出它在同时代罕见的精确性。不仅如此，它蕴含的空间意识与今天人们看世界的方式也近

①　卜正民：《塞尔登的中国地图：重返东方大航海时代》，第11页。
②　卜正民：《塞尔登的中国地图：重返东方大航海时代》，第4页。
③　卜正民：《塞尔登的中国地图：重返东方大航海时代》，第9页。

乎一致，人们可以毫不陌生地读懂地图，显示出绘图师对世界超越时空的理解。

卜正民在第二章告诉读者，此图之所以命名为"塞尔登地图"，是因为它是由英国律师约翰·塞尔登遗赠给牛津大学博德利图书馆的。藏书甚多加上中间颇有波折，所有捐赠书目及资料直至塞尔登去世后四年的1659年才到位。在汗牛充栋的藏书中，他独提到这幅中国地图，专有遗言，意为留给能晓东方语言之人。一位300多年前的英国律师何以收藏一幅古代中国地图，是一件值得推究的事情。

塞尔登所处的英国斯图亚特时代，内政外交皆发生重大变化，而他有意无意也被卷入其中。他出身寒微，聪颖有才，一路念书至牛津大学，于1615年取得律师资格。1618年，塞尔登所著《什一税的历史》广为流传，影响甚大。书中对教会征税的合法性见解存疑，招致英王詹姆士一世的质询，由是他虽免牢狱之灾，但书被禁止出版，且本人不得参与关于什一税的讨论。塞尔登没有就此收敛，他继续参与1621年上议院对违法官员的弹劾活动，并在1629年参与拟写《权利请愿书》，要求限制国王权利，为此两度入狱，彼时其实已是塞尔登参与1640年英国资产阶级革命的前奏。与此同时，大航海时代带来的各国利益在海上的冲突也逐渐凸显。荷兰东印度公司为应对与葡萄牙、英国的贸易争端，尤其是后者，雇佣荷兰奇才格劳秀斯（Hugo Grotius，1583~1645）著《海洋自由论》一书，为荷兰的利益扩张提供理论依据。该书主张海洋无主，"任何国家的船只，出于开展贸易的需要，可以在所有海域中自由航行"①。塞尔登受此触发，著《海洋封闭论》，中有迂回，终至1635年出版此书。书中观点与格劳秀斯大相径庭，它主张海洋为私有财产，国家可以占有。上述两种观点是两位伟人各事其主而提出的，但为现代国际海洋法奠定了基础，即"既承认海洋自由又允许合理管辖"②。至此，卜著指出，一幅以海洋为中心的亚洲地图为一位积极参政且关注海洋的学者所收藏，仿佛有了合理的解释——他可能需要这幅地图来认知各国贸易海域的状况，参考写作。

如果考虑到塞尔登时代东方学盛行的背景，上述解释就更顺理成章了。

---

① 卜正民：《塞尔登的中国地图：重返东方大航海时代》，第31页。
② 卜正民：《塞尔登的中国地图：重返东方大航海时代》，第41页。

卜正民认为，这一时期"东方学研究改变着历史学和法学所有领域研究的准则"，"掌握亚洲语言成为知识分子的前沿技能，乃至越来越多欧洲国家将之列为必修课"①。博学的塞尔登通晓拉丁文、希腊文和希伯来文，但不通中文，不过一份蕴含着东方知识的图稿显然是值得收藏的，可由旁人或后人来解读。

在卜著第三章中，能读懂地图的人出现了。这是一位来自中国南京的士子沈福宗，他随耶稣会士柏应理（Philippe Couplet，1623～1693）自澳门起航，一路游历荷兰、意大利、法国和英国等欧洲六国，分获法王路易十四、教皇亚历山大八世、英王詹姆士二世的亲自接见，轰动欧洲社会。沈福宗还协助耶稣会士翻译中国的"四书"，合为《中国哲学家孔子》一书出版，亦引起巨大反响。游历期间，沈福宗约在1687年到达牛津大学博德利图书馆。他在此停留约六周，与馆长托马斯·海德共同研读塞尔登地图，沈为地图用中国官话注音，海德则在后以拉丁文翻译。毫无疑问，这些至今仍若隐若现的图注显示了当时东西方学者交流之盛景。

当时西方社会的普通大众对遥远东方的好奇则可以通过卜著结语中文身的人皮的故事表现出来。这件布满文身的人皮在博德利图书馆与塞尔登地图共处一角，据说是来自某个太平洋岛国的吉奥罗王子。满身文身的王子在沈福宗离开博德利图书馆五年后来到，引起了伦敦社会轰动，蒙英王召见，并有实时书籍《著名的吉奥罗王子口述记》，讲述其奇特的冒险经历，著者正是精通古代亚洲宗教的海德馆长。不过，这位王子很快被自己身边的人揭穿身份，他既不是王子，经历也无甚传奇处，海德馆长不免有伪造记述之嫌。这也从侧面说明了当时西方社会对东方的好奇与向往使东方故事有极大的市场空间，以致海德馆长特意迎合之。后吉奥罗死于天花，牛津大学保留其人皮以作科研之用，遂与塞尔登地图同置一角数百年。

惜盛景转瞬即逝，至海德暮年的17世纪末，"东方的东西已沦为装饰，只有作为国王茶余饭后的谈资之时才有意义"②，对于飞速发展的西方社会而言，它不再具有指导意义。唯有海德肖像中他自己手写的几个歪斜汉字，表明那曾是个对中文具有极大热忱的人，以及他所处的时代曾对东方国度怀有极大兴趣。

---

① 卜正民：《塞尔登的中国地图：重返东方大航海时代》，第45～46页。
② 卜正民：《塞尔登的中国地图：重返东方大航海时代》，第68页。

从"天圆地方"到波多兰地图

　　大航海时代开始至塞尔登地图出现之前，来自中国的地图常常引起西方航海家的重视，他们觉得，自家出产的航海地图好像不甚准确。比如英国东印度公司的萨利斯船长几次在日记中提到航海地图，抱怨它们不准确。[①] 中国是航海家们非常向往的地方，来自东方的地图，出于实用目的抑或是商业目的，都会被好好研究。于是，在中国航海地图传入西方时，中国人关于绘制地图的传统想法也一并传入，加之中西方看世界的角度不同，中国地图在西方经历了有趣的演变。

　　在卜著第七章，作者认为，中国人有"天圆地方"的世界观，这种世界观影响了所有的中国绘图师。中国古人因此发明了"计里画方"的地图绘制法。此实乃在网格上绘制地图，制图师借助帮助定位的网格，往四个方向添加相同数量的方形。他举例说，明朝罗洪先即采用"计里画方"绘图法，加上自己的实地勘察，于1555年出版了一本涵盖45个省和地区的地图集和一副题为《广舆图》的全国地图，"这是中国有史以来第一幅全面翔实的国家地图集"[②]。稍晚于罗洪先，章潢编有《图海编》一书，开篇插图即书"天圆地方"四字。书中收录《四海华夷总图》，地图也是"采用典型的中国式绘图法"[③]，第一次将欧亚大陆刻画进中国地图中。在这幅地图中，欧亚大陆四面环海，中国居欧亚大陆东南部，北部边界为长城，但中国以外的部分多出于想象，地名亦属虚构。[④] 英国人帕克斯收集的地图参照罗洪先绘图，可以看出，"除了东南沿海的确是弧形的，以及渤海湾让东北沿海的海岸线嵌入内陆，中国整体形状基本上是方形的"[⑤]，制图师尽力将中国画成方形。

　　在欧洲人看来则并非如此，他们没有天圆地方的先入之见，绘图师根据他们的航海经验知道中国有曲折的海岸线，于是将底部的海岸线画得圆一

　　① 卜正民：《塞尔登的中国地图：重返东方大航海时代》，第105页。
　　② 卜正民：《塞尔登的中国地图：重返东方大航海时代》，第153页。
　　③ 卜正民：《塞尔登的中国地图：重返东方大航海时代》，第157页。
　　④ 卜正民：《塞尔登的中国地图：重返东方大航海时代》图23，图说。
　　⑤ 卜正民：《塞尔登的中国地图：重返东方大航海时代》，第158页。

些，这些被改动过的中国地图被收录进欧洲出版商的各种世界地图里①。阿姆斯特丹地图出版商洪第乌斯于 1608 年出版的世界地图，将中国向右旋转了 90 度，使图上方即是西方，便于受众群体阅读。1627 年詹姆士一世时代伦敦地图出版商约翰·斯皮德出版了《世界知名地权全览》，将洪第乌斯的中国地图旋转到上北下南的方向。

1625 年，英国文学家塞缪尔·帕克斯在著作《帕克斯世界旅行记大成》中收入两幅中国地图，英文读者由此第一次见到中国地图。一副是洪第乌斯的地图，另一幅据说是英国东印度公司萨利斯船长得自中国商人的真正的中国人自己画的地图。这幅地图名为《皇明一统方舆备览》，校正了前者的旋转度数，使图片上方方向重为北方，据说原图"4 英尺高，5 英尺宽"②，四周有方框标注每省的实用信息。帕克斯不通中文，故把地图上的地名去掉，只保留省会名称，且翻译得不甚精确。他与传教士庞迪我多有往来，而后者向其传递了中国人"天圆地方"的观念，因是来自第一手资料，帕克斯坚信不疑地在著作中称中国"几乎是一个正方形"③，以前绘图师传递的中国形象全都弄错了。

幸运的是，帕克斯所吸纳的来自中国的"天圆地方"之观念并未影响同时代的西方地理学。16 世纪后，随着环球航行的成功，地球是球形的观念在西方深入人心，地球仪出现。但如何将曲面和平面结合起来，以提供更详细准确的航海地图，成为一道新难题。荷兰制图师墨卡托发明了投影法，解决了这个问题。他在球体表面画出罗盘方位线（即经纬线），"沿特定的罗盘方位线标示航线"④，再以相应的曲率向两极拉伸陆地，投射为平面，如此罗盘方位线最终为平面地图上的直线，这样得出来的地图航线可以保证船只到达目的地。此法较好地保证了地图航线的精确性，但拉伸陆地时以圆周率的比率向两极增加，导致越往两极，陆地面积越膨胀变形。即便如此，墨卡托投影法"契合了航海时代航海家们对可靠地图的极度依赖和迫切需求"⑤，成为 16 世纪末制图行业之标准方法，并影响至今。

而就在海德馆长和沈福宗为塞尔登地图做注解时，欧洲绘图已经进入以

---

① 卜正民：《塞尔登的中国地图：重返东方大航海时代》，第 159 页。
② 卜正民：《塞尔登的中国地图：重返东方大航海时代》，第 149 页。
③ 卜正民：《塞尔登的中国地图：重返东方大航海时代》，第 148 页。
④ 卜正民：《塞尔登的中国地图：重返东方大航海时代》，第 161 页。
⑤ 卜正民：《塞尔登的中国地图：重返东方大航海时代》，第 162 页。

波兰多地图为代表的新阶段。① 波兰多地图是沿着航线延伸方向绘制海岸线，至转换区域时参考罗盘图来保持一致的大小比例和方位，图有十六个大型罗盘图，作为地图上每个点的参照节点，若图上所有点的磁角可以通过罗盘图进行校准，则说明地图精准。② 1640 年，阿姆斯特丹地图绘制师琼·布劳为荷兰东印度公司绘制出一副更为精确的航海图，意味着欧洲人从此以后可以依靠自家版本的中国海图出航，塞尔登地图过时了。

读塞尔登地图

这幅来自 300 多年前的航海地图该如何解读，在卜著第五章"罗盘图"、第六章"从中国起航"及第八章"塞尔登地图的秘密"，作者引领读者遍观全图，从微小的罗盘标尺到所有航线，循疑答惑，一一考证。

罗盘和标尺　图上约北京附近有一罗盘，为标准的 24 方位中国式罗盘，罗盘中心的小圆圈内有"罗经"二字。图下有标尺，侧有空白的长方形方框，标尺长 37.5 厘米。③ 作者指出，塞尔登地图上出现的罗盘是中国的风水罗盘而不是航海罗盘，且中国绘图师在 20 世纪后才会把罗盘画到地图上，倒是 17 世纪之前的欧洲航海地图上罗盘比较常见，由此推断，绘制者至少见过欧洲航海地图。

星座　卜正民指出，塞尔登地图中的中国部分有两个显著特征，其一是用一种蛇形通道同时表示河流和省界两种事物；其二，以带黄色边框的图注标注十几个城市，省会城市则以带锯齿状红色边框来标注，边框内是二十八星宿名称，如箕、胃、房、危、壁、井等，这与《二十八宿分野皇明各省地舆总图》是相一致的，后者出自明朝出版商余象斗于 1599 年出版的家用黄历《类聚三台万用正宗》。还有个细节，塞尔登地图在中国东北角独以一个葫芦形的小圈中标注"金元上都"，在同样的方位上，《图海编》中《四海华夷总图》和《类聚三台万用正宗》中的《二十八分野皇明各省地舆总图》均将此处图标画成水滴形，与各自的地图上其他地方的画法和标注也迥然不同。这表明，三者在绘图流派上可能是一脉相承的。图有两对红日白

① 卜正民：《塞尔登的中国地图：重返东方大航海时代》，第 115 页。
② 卜正民：《塞尔登的中国地图：重返东方大航海时代》，第 116 页。
③ 卜正民：《塞尔登的中国地图：重返东方大航海时代》，第 97 页。

月，一对位于北京正上方，另一对分布图上方，左日右月。太阳和月亮被认为是至高无上的天体，绘制在地图上，意在以宇宙的力量保护航行。①

比例尺和航速 塞尔登地图约以 1∶4750000 比例画成，有着令人惊叹的精确性，尤其在海洋轮廓方面，绘图师的视角令人好奇。研究员不经意发现的图背面的线条揭示了这个谜团，绘图师是依据海图中的航线数据，先绘制航线，次后在周围填充海岸轮廓。所以塞尔登地图其实是一个航海路线图。经过计算，图中比例尺约为 1∶6400000，图的真实比例与图中的比例次数值是不相符的，如果把图的真实比例缩小以对应比例尺，需要调慢船的航行速度，则船的航行速度应为 4 节，即 100 海里（160 千米），这与向达先生为《劳德针经》（中文原名《顺风相送》）所做的注解相符。②

磁偏角和航线 17 世纪初，东亚地区的磁偏角为偏西 6 度。塞尔登地图的绘制师将此表现在罗盘图和航线上，罗盘图上的正北指针向左偏了 6度，但在航线表现上比较复杂。沿海的高速航线基本准确，而在次要的航道上，事实航线如果按照标示的罗经点位航行，则多有偏差，与图示航线不符。作者认为，由于曲率问题地图无法精确，绘图师自然无法按照磁场特征准确描绘所有航线。于是在保证最重要的航线准确之前提下，绘图师唯有牺牲全图航线的统一精确性，才能让其他航线在预定交汇点看似合理地交汇。③ 换言之，航线数据是准确的，但部分航线是掺了假的。

南海 南海岛屿中，东沙礁在图中标注为"南澳气"；西沙群岛的宣德群岛有注"帆船形万里沙洲"，其南有红色岛屿，名"赤屿"，以下又有彗星尾状阴影线，似为永乐群岛，注"万里礁"。南海东部的南沙群岛则未有体现。作者认为，如以现代科技将地图分成数块置入真实的地理信息坐标中，图中的南海部分有裂缝，这表明，在塞尔登地图中，南海面积是缩小了的。④

绘制时间 这幅地图很有可能是英国东印度公司的萨利斯船长在 1604～1609 年在万丹期间，从某位在万丹做生意的中国商人手中获得的。而图中"万老高"（即特尔纳特）的"红毛住"标注，真实事件来自 1607 年荷兰与

---

① 卜正民：《塞尔登的中国地图：重返东方大航海时代》，第 173～177 页。
② 卜正民：《塞尔登的中国地图：重返东方大航海时代》，第 178～181 页。《顺风相送》由向达先生校注，与《指南正法》一并收入《两种海道针经》，1961 年由中华书局出版。
③ 卜正民：《塞尔登的中国地图：重返东方大航海时代》，第 182～184 页。
④ 卜正民：《塞尔登的中国地图：重返东方大航海时代》，第 184～186 页。

西班牙在岛上冲突导致的划界分治事件。卜正民由此认为，这个图注出现的时间为 1607～1609 年，折中取值 1608 年更有可能是塞尔登地图绘制的时间。[①]

航线　如何在深海区沿着预定航道航行，以准确到达目的地，是东西方航海家都关心的问题。明张燮著《东西洋考》收录中国东海和南海海域的所有航线，记载航行中领航员使用航海罗盘辨认方向及船速。张燮收集和整理了使用航海罗盘所获得的航道指南，并称之为《针经》（即罗盘手册），其包含的信息是：每条航道由特定港口出发，以一系列罗盘方位和钟表数字标明航向，指向最后目的地港口。[②] 在这一方面，牛津大学博德利图书馆收录的明代《劳德针经》则进一步记述了中国航海罗盘的使用过程。航海罗盘以八卦、十天干和十二地支为基础，省去两天干、四卦象，将 360° 分为 24 点位，两点位之间夹角 15°，以罗盘针指向的点位信息来确定航海方向。欧洲航海罗盘则又有十六个方位的简易罗盘和三十二点位的精细罗盘之分，前者两点位夹角为 22.5°，后者对前者进行二次划分，则两点位之间夹角为 11.25°，工作原理与中国罗盘类似。中西方的领航员都需熟练掌握点位名称，将"连续罗经读数"倒背如流。[③]

塞尔登航线即如张燮记载的航道指南，每条航线均有具体的航海数据，以罗经点位的形式标明，下有示例，此不再赘述。在第六章中，卜正民先生认为，全图主要可分为北洋、西洋、东洋三个方向的航线，航线没有具体的出发点，笼统言之，就是从中国出发。航线具体如下。

北洋航线

1. 径直往九州。

2. 福建沿海—琉球群岛南端—"野故门"（有注释，意为注意东向洋流）—日本南端—九州东海岸—"兵库"（神户—海运码头）。

图注"兵库"以南，有城市注名"亚里马王"（阿里马），再南有"杀身湾子"（应为鹿儿岛）、"杀子马"（应为萨摩国）；长崎标为"笼仔沙

---

① 卜正民：《塞尔登的中国地图：重返东方大航海时代》，第 187～191 页。

② 张燮《东西洋考》，现在能见到的版本有北京图书馆藏明万历刻本，厦门大学南洋研究所藏明刻本，北京图书馆藏文津阁四库全书本，商务印书馆据清"惜阴轩丛书"排印"丛书集成"本及"国学基本丛书"本；1979 年由谢方先生据明万历刻本点校、1981 年由中华书局出版、收入《中外交通史籍丛刊》的版本最为翔实完备。

③ 卜正民：《塞尔登的中国地图：重返东方大航海时代》，第 101～114 页。

机"，音类似葡语发音；平户港标为"鱼鳞岛"，亦类葡语音。

西洋航线

3. 漳州/泉州—台湾海峡—海南七洲岛—越南东京（河内）—主航道继续向南，越南东南沿海分四条支航线：

（1）径直往巴达维亚；

（2）向南，沿婆罗洲向东偏转；

（3）新加坡海峡入口；

（4）马来半岛北大年。

其中，（3）新加坡海峡为图上最繁忙的海峡，此处发出的航线有：

①向东，穿过南海到文莱；

②向东南方，绕过婆罗洲南端—爪哇岛东端的苏腊巴亚；

③向南，苏门答腊东海岸的巴邻—万丹及巴达维亚；

④向西北，马六甲海峡—苏门答腊的亚齐—印度洋—印度西海岸的古里。有注释三："古里往阿丹国去西北计用一百八十五更"，阿丹国即也门；"古里往法儿国去西北计用一百五十更"，法儿国即阿曼；古里往忽鲁谟斯。最后一个注释给出了详细的罗经点位，如下："古里往忽鲁谟斯用乾针（315°）五更，用乾亥（322.5°）四十五更，用戌（300°）一百更，用辛戌（295°）十五更，用子癸（7.5°）二十更，用辛酉（277.5°）五更，用亥（320°）十更，用乾亥（322.5°）三十更，用子（360°）五更"。①

这三者有特别注释的阿丹、法儿及忽鲁谟斯，是中世纪伊斯兰贸易的三大港口，但并非中国货船的最终目的地，古里才是中国商船能到的最远西界。卜正民推测，这大概只是对明郑和在 15 世纪到过这三个地方的记录。

东洋航线

4. 月港—台湾岛—马尼拉—佛得岛海峡出海口，自此又分三条支航线：

（1）向东，圣贝纳迪诺海峡—太平洋，此航线没有之间画出，但有短注"化人经此抛锚处出入吕宋"；

（2）西侧，婆罗洲西北海岸的文莱—婆罗洲西角的两个岛屿—马来半岛；

（3）东南，苏禄（？）—"万老高"（特尔纳特），图注"红毛住"和"化人住"。

---

① 卜正民：《塞尔登的中国地图：重返东方大航海时代》，第 139～140 页。

在（3）航线中，绘图师的笔触古怪又随意，大约知道马尼拉到苏禄这条航线，但显然不熟悉航线，倒是两个图注连接了一个历史事件，即荷兰人和西班牙人曾在此地起冲突，并且划地为界，分界而治。

皇家领地和御倭禁海

正如卜著所言，在整个 17 世纪上半叶，塞尔登地图堪称当时最精确的南海航海图，然而没有迹象显示，收藏者及其他看过地图的人对它加以利用。① 1640 年，阿姆斯特丹地图绘制师琼·布劳为荷兰东印度公司绘制出一幅更为精确的航海图，意味着欧洲人从此以后可以依靠自家版本的中国海图出版，而不必再参考像塞尔登地图那样的中国地图时，塞尔登地图已然失去实用价值，变成了博德利图书馆一幅无足轻重的异域奇图。塞尔登地图留有遗憾，即从未在正确的时间、地点发挥应有的作用。在这个遗憾的背后，则是东西方统治者上层截然不同的海洋观。

在卜著第四章，作者指出，大约就在塞尔登地图绘制的年代，英国在东方的贸易进展维艰。它面对来自商业敌手荷兰的强势竞争，而试图打开交易方市场如日本、中国的努力又多付诸流水。东印度公司的萨利斯船长在香料群岛遭遇荷兰人排斥，一无所获，驻守日本平户商馆的考克斯馆长在中日官民的巧取豪夺之下，更是颗粒无收，至 1623 年商馆关闭时，其负债多达 12 万两白银以上。② 这一切似乎指向一点，即塞尔登地图描绘的海域里，唯有在帝国强权的保护下，自由贸易才能实现。

英王詹姆士一世很早就领会到这点。1604 年，荷兰在英国沿海可视范围内攻击西班牙，为了回应这一事件，英王发明了"皇家领地"这一概念。他令人带着罗盘，划定北至霍利岛、东到北福兰特、南抵多佛、西至兰兹角的海域为皇家领地，这些皇家领地分为七块，在此领域内，"任何国籍的军舰和商船都享有安全行驶、安全通过及平等保护的权利，同时禁止这些船只在该区域内相互抢掠"③。同一年，英王也将格劳秀斯的《海洋自由论》列为英国禁书。詹姆士一世的继任者查理一世继续强化英国海权。他把触角伸

---

① 卜正民：《塞尔登的中国地图：重返东方大航海时代》，第 195～196 页。
② 卜正民：《塞尔登的中国地图：重返东方大航海时代》，第 76～94 页。
③ 卜正民：《塞尔登的中国地图：重返东方大航海时代》，第 117 页。

到了北海，因为那里的荷兰人垄断了鲱鱼捕捞业，查理一世想将其驱逐出去。他发明了船只税以建造海军，还令当时尚在软禁中的塞尔登提供法律支持，出版《海洋封闭论》。[①]

与此同时，英国一直想要打开的中国市场却呈现截然不同的一面。明朝向来以"上国"自居，将他国使者视为朝贡者，不管他们是来自陆地还是来自海上，来华只有朝贡与赏赐，相互之间没有贸易。自有倭患，禁海更甚，以致英国东印度公司驻日本平户商馆的考克斯馆长为了叩开中国贸易之门，选择相信"中国船长"李旦、李华宇兄弟，源源不断地为他们提供各种"取悦中国官员"[②]的经费。这位后来造成巨额亏空的馆长可能不知道，李氏兄弟是在禁海政策下钻空子谋取暴利的，且他们被明廷视为海寇。

明之禁海还造成一个奇特现象，即在明"海军巡逻范围之外的海域，任何人可以自由通航"[③]。如此一来，通行在海上的中国船只便形同弃儿失去保护，因而，萨利斯船长可以任意侵扰中国船只，让他们的领航员为自己服务，如果日本藩主允许，这位在荷兰人手里遇挫的船长甚至想劫持中国货船卖到日本市场。1614 年，万历皇帝削减了抗倭船只的预算资金，他不愿意为与其帝国相邻的海域支付管理资金。也许在明朝最高统治者看来，西方正当其时的自由贸易和海上帝国强权，明廷既不需要也没必要有，抑或是这位长达数十年不上朝的皇帝压根就不知道这事。

令人唏嘘的是，在西方已经失去实用价值的塞尔登地图，在它的母国，在以后的很长一段时间里，仍然代表了对海洋认识的最高水平。有研究指出，16 世纪至 17 世纪，中国对南海诸岛的地理位置认识是较为精确的，这在塞尔登地图上也可反映出来。可惜这种认识不是随时间日益精进。政府和民间彼此隔阂，信息分离。反之，19 世纪英国政府令每只往返亚欧航线的船只航行后绘制航线上交给国家。塞尔登地图实来自民间，它是当时最精确的航海地图。明廷当局掌握的是否如民间详尽，我们不得而知，然而，塞尔登地图如果传至清朝当局，会不会传承并增进他们对海洋的认知，会不会改变中国近代历史？如果是这样，塞尔登地图大概又是一个另外的传奇了。

---

① 卜正民：《塞尔登的中国地图：重返东方大航海时代》，第 35 页。
② 卜正民：《塞尔登的中国地图：重返东方大航海时代》，第 88 页。
③ 卜正民：《塞尔登的中国地图：重返东方大航海时代》，第 186 页。

塞尔登地图的研究现状

塞尔登地图于 2008 年被发现后，引起了国内外学者的广泛兴趣。

2011 年，香港大学钱江教授得塞尔登地图电子版，研读和考量后，于《海交史研究》发表《一幅新近发现的明朝中叶彩绘航海图》[①]，对地图做了介绍，推测绘制者可能是转向海上经商又通画技的中国士子，因图中东西洋起点均靠近漳州、泉州地区，推测绘制地点可能在漳泉地区，绘制年代约在福建民间海外贸易最为兴盛的 16 世纪末至 17 世纪初。

接着，同年《海交史研究》另一期继续刊登了两篇有关塞尔登地图的研究文章。陈佳荣先生的《〈明末疆里及漳泉航海通交图〉编绘时间、特色及海外交通地名略析》[②]，录各省府名，究域外地名，实方便后来者对此图的研究。陈先生认为地图编绘年份约为 1624 年，理由如下：其一，地图采用了 1602 年后刊布的西式绘图成就；其二，图注台湾两地名"北港"和"加里林"，此二词出现时间在 1602 年后，后者在成书于 1618 年的《东西洋考》一书中方有较为明确的记载，所以"加里林"一词出现甚至可能在 1618 年后；其三，图载的东北地名仅有"五国城"和"金元上都"，很有可能是因为 1616 年后，后金兴起，连年征战，致使东北面目全非，绘制者不甚了之，故图绘制时间应在 1616 年后金建立后；其四，图中"万老高"有注"红毛住，化人住"，明史以"佛朗机"和"红毛番"分称葡萄牙人和荷兰人，"万老高"先为葡萄牙人所据，《顺风相送》中即载"佛朗"曾居"万老高"一带，后荷兰人于 1621 年占领"万老高"，因而塞尔登地图载"红毛住"，实反映了此间变化，故地图绘制又应在 1621 年后；其五，荷兰人于 1624 年据台湾后，即勘地形，于次年 1625 年刊布新图，首次将台湾绘成完整岛屿，而此前的地图均将台湾绘成几个小岛，塞尔登地图是其中之一。综述之，陈佳荣先生认为此图约绘制于 1624 年，作者则需同时满足几个条件：通东亚、东南亚地理；知晓明政区和地图；熟悉东洋航线；精通《顺风相送》等针经；掌握《东西洋考》；漳泉人氏。

[①]　钱江：《一副新近发现的明朝中叶彩绘航海图》，《海交史研究》2011 年第 1 期。

[②]　陈佳荣：《〈明末疆里及漳泉航海通交图〉编绘时间、特色及海外交通地名略析》，《海交史研究》2011 年第 2 期。

　　郭育生、刘义杰两位先生在《〈东西洋航海图〉成图时间初探》[①]一文中，认为此图中航线，东西洋航线记载最详，航向指示最明确，北洋航线到"古里"只用文字记录，不具备航海指南功能，故图可命名为《东西洋航海图》。图中航线以实线描绘，记航海数据及相应的岛礁位置，集合了明代地图所有特点，绘制年份应在万历年间。明嘉靖年间，人们对台湾与琉球认识混淆模糊，塞尔登地图有进步，台湾位置载有"北港"和"加里林"两个地名，但仍然将琉球部分画得比台湾大，直至利玛窦于1602年绘制《坤舆万国全图》，才把台湾和琉球大小之分区别清楚。故成图年限约为1566～1602年。

　　北京大学林梅村教授在《〈郑芝龙航海图〉考——牛津大学博德利图书馆藏〈雪尔登中国地图〉名实辩》[②]中提出，地图于"万老高"处有图注"红毛住"与"化人住"，分明是1607年荷兰人与西班牙人起冲突后分界而治之记录，故成图应在1607年后，此说与卜正民颇为一致。不过林先生接着提出，在图长城以北有注"（食）人番或居于此"，"食人番"一词乃是对满族人的蔑称，故成图应在1644年清军入关前；又张燮著《东西洋考》成书于1617年，书中不见有"化人"称谓，可见"化人"一词在此前没有。综述之，地图约绘制于1617～1644年，而郑芝龙海上帝国正兴起于这一时段，且图中航线正是为郑氏所掌控的贸易航线；郑的家乡在泉州，比较有可能解释为何起点多在漳泉地区；又地图显然有借鉴欧洲地图的迹象，郑芝龙通晓葡萄牙语、西班牙语、日语等多种语言，手下有其他国家的战俘和番兵，由此可顺理成章解释借鉴之迹。综合考虑，此图可能为《郑芝龙航海图》。

　　厦门大学周运中先生《牛津大学藏明末万老高闽商航海图研究》[③]一文，推测该图绘制时间为1610～1640年，作者可能是一个活跃于中国、香料群岛和日本之间的闽南商人。后又有《"郑芝龙航海图"商榷》[④]一文，对林梅村先生提出的观点颇有异议，认为郑芝龙崛起年代当在1625年后，而非自1617年始，且图中西洋地名多有谬误，郑芝龙往来西洋经商，谬误实属不该。图中菲律宾、香料群岛一带描绘最详确，恰符合李旦在马尼拉经商这一经历，他又与欧洲人多有往来，比较好地解释了何以地图有参考欧洲

①　郭育生、刘义杰：《〈东西洋航海图〉成图时间初探》，《海交史研究》2011年第2期。
②　林梅村：《〈郑芝龙航海图〉考——牛津大学博德利图书馆藏〈雪尔登中国地图〉名实辩》，《文物》2013年第9期。
③　周运中：《牛津大学藏明末万老高闽商航海图研究》，澳门《文化杂志》第87期。
④　周运中：《"郑芝龙航海图"商榷》，《南方文物》2015年第2期。

地图迹象，以及最后为英国人收藏这一事实。故地图绘制者应为李旦及其国内代理人许心素。

香港海洋博物馆的史蒂芬·戴维斯先生则在《雪尔登地图的绘制》① 重点探讨了图中航海罗盘、比例尺和长方形的空白方框。他认为比例尺倾斜，而长方形框与图四边平行，反映了图中隐藏的磁偏角，比例尺应可以计算航线速度。这一观点为卜正民在书中证实，卜著还进一步计算出了航速为 4 节，与向达先生的推算相符。

不过，最早于 2008 年在牛津大学图书馆中重新发现此地图的美国学者巴契勒（Pobort Batchelor） 显然不同意卜正民关于塞尔登地图绘制地点的推断，他于 2014 年紧跟其后出版《伦敦：雪尔登地图及全球化城市的形成，1549～1689》（London: The Selden Map and the Making of Global City, 1549 – 1689）② 一书，认为绘制地点可能在马尼拉，时间约在 1610 年代后期。

宁波大学龚缨晏教授撰有《国外新近发现的一幅明代航海图》③ 一文，与林梅村和卜正民一样，也指出图注“万老高”之“红毛住，化人住”为甄别绘制年代的重要指证，地图绘制年份应在 1607 年后，绘制者应为菲律宾漳泉籍人氏，与陈佳荣先生观点有契合处。后来龚先生还和许俊琳合作《雪尔登地图的发现与研究》一文，对塞尔登地图发现以来中外学者的相关论文和观点进行了阶段性梳理，为研究者提供研究参考的最佳目录。④

需要特别介绍的是，越南学者范黄军（Pham Hoang Quan）关于塞尔登地图的研究成果《耶鲁大学图书馆藏 1841 年航海图：翻译与注解》，2016 年 2 月胡志明市文化与文艺出版社出版⑤，是国外学者研究塞尔登地图又一新成果。

卜著的存疑处与可借鉴处

塞尔登地图藏博德利图书馆一角数个世纪后，由卜正民来挖掘、书写它的前世今生。卜先生善于从纷乱如麻的历史事件梳理出清晰的脉络，还原出本来面目，重绘成引人入胜的全景式历史画卷，尤其是对历史细节的生动描

---

① 转引自龚缨晏、许俊琳《雪尔登地图的发现与研究》，《史学理论研究》2015 年第 3 期。
② 转引自龚缨晏、许俊琳《雪尔登地图的发现与研究》，《史学理论研究》2015 年第 3 期。
③ 龚缨晏：《国外新近发现的一幅明代航海图》，《历史研究》2012 年第 3 期。
④ 龚缨晏、许俊琳：《雪尔登地图的发现与研究》，《史学理论研究》2015 年第 3 期。
⑤ 此条信息系中山大学历史系牛军凯教授提供，特此致谢。

绘，与地图有着千丝万缕联系的人和事跃然纸上。由这样的历史学家来为塞尔登地图道出它的来龙去脉、迂回曲折，确是这幅图的不幸之幸。卜先生尤以大胆的推断和计算，得出准确航速，又以现代科技分析地图描绘的精确度，得出令人信服的结果，此皆足为后来者引为研究范例。

不过，卜著对于地图本身的考据，仍有不足以说服所有研究者之处。

首先是绘制时间。卜著推断，此图和《皇明一统方舆备览》一样来自英国东印度公司船长萨利斯，他至迟于 1609 年获得，后流传到英国文学家塞缪尔·帕克斯手中，经由中间人，塞尔登获得这幅航海地图。但这很难解释，帕克斯得到《皇明一统方舆备览》一图便如获至宝，在自己书中用大量篇幅著述该图，为何对这幅从尺幅到内容与前者相比都有过之而无不及的孤本地图只字不提？来源存疑，自然绘制的时间下限 1609 年也存疑。卜著又言，从图注"万老高：红毛住，化人住"，可知此反映 1607 年荷兰人和西班牙人冲突时间，故绘制时间上限为 1607 年。然陈佳荣谓明人称荷兰人为"红毛"，荷兰于 1621 年占据"万老高"，"红毛住"乃反映这一事件。林梅村先生则言，"化人"一词乃是明人对满族人蔑称，至张燮的《东西洋考》于 1617 年成书时，仍然不见"化人"一词。因而卜著所言绘制时间上限为 1607 年亦存疑。

其次是绘制地点。卜著认为可能是爪哇岛一带的万丹或雅加达，他较倾向前者。因为地图在爪哇一带画得较为细致准确，而万丹又曾为贸易胜地，会集了拥有不菲财富的华商。钱江也指出，在卜著所言的绘制时间 1607～1609 年，卜著所言的可能之绘制地点雅加达其时尚未作为贸易胜地兴起，相较而言，万丹的可能性确实较大。但卜先生也承认，"马尼拉被描绘得非常逼真，沿着吕宋岛西侧的一串地名标注得十分详细"[①]。前引巴契勒就据此认为马尼拉更有可能是绘制地点。又本书中第六章章名即为"从中国起航"，既然航线多由中国起航，从漳泉地区辐射全图，那么绘制者也有可能是立足中国看世界，从立足点绘制地图。钱江、陈佳荣、林梅村、周运中等诸位先生皆明示这一点。

再次是制图者。塞尔登地图有借鉴欧洲地图的迹象，制图者或组织制图的人应有商人身份，此为诸位学者共识。卜著认为，地图为中国商人花费巨款请人绘制，目的是"看见自己的商业帝国被画出来挂在墙上"，这位画师可能是中国人，通航海图文献，有在南海海域尤其是西洋航线的航海经验。卜之推断较为谨慎，但范围也比较广，难以聚焦，证据也似有不足。

---

① 卜正民：《塞尔登的中国地图：重返东方大航海时代》，第 187 页。

　　事实上，关于塞尔登地图，学者各有研究。正是异见纷呈，才有亮点迭出，组成了塞尔登地图研究的广阔云图，以飨后来研究者及广大读者。卜著开篇即言，本书的分析"始终以 17 世纪为背景"，揭示"过去与现在之间存在千丝万缕的联系：中国周围海域历史上发生的事情，与现代民族国家的形成、全球经济的公司化和国际法的产生"① 等广袤的历史场景，从这一角度而言，作者出色地完成了写作目的，但全书在叙述上广博有余，专深则似有不足，在援例举证时略显单薄，可能主要考虑的是普通读者的阅读习惯和趣味。

附：塞尔登（Selden）地图

---

① 卜正民：《塞尔登的中国地图：重返东方大航海时代》，第 16 页。

海洋史研究（第九辑）

2016 年 7 月　第 394～400 页

中国周边国家历史研究

——第五届全国社会科学院世界历史研究联席研讨会综述

王一娜[*]

　　近年来，周边国家在我国对外关系中地位不断上升。中国在和平发展过程中，与周边国家关系也是影响中国发展的重要因素。为鼓励全国社会科学院系统历史工作者之间就有关问题进行交流合作与资源整合，中国社会科学院世界历史研究所举办年度会议"全国社会科学院世界历史研究联席研讨会"，致力于搭建一个长期的良好的学术交流平台。该研讨会自 2011 年首次举办以来，已成功举办了四届，并在国内世界史学界产生了良好影响。

　　在延续前四届会议主题的基础上，为将中国与周边国家关系中的历史与现实问题的研究引向深入，2015 年 5 月 7～8 日，中国社会科学院世界历史研究所与广东省社会科学院联合主办，广东海洋史研究中心承办的"第五届全国社会科学院世界历史研究联席研讨会"在广州召开。中国社会科学院世界历史研究所所长张顺洪、副所长饶望京，广东省社会科学院党组书记蒋斌、院长王珺、副院长周薇和章扬定，河南省社会科学院党委书记魏一明，黑龙江省社会科学院副院长刘爽，山西省社会科学院副院长杨茂林，五邑大学副校长张国雄等出席大会。全国各社科院、国家文物局、广东省博物馆、中山大学、暨南大学、五邑大学的 50 余名专家学者参加了研讨会，提交、宣读会议论文共 30 篇。与会专家学者从世界史、海洋史、中外关系史

* 作者系广东省社会科学院历史与孙中山研究所、广东海洋史研究中心助理研究员。

等视角，就中国与周边国家历史与现状、中国与周边国家关系、"一带一路"战略等问题，展开热烈的讨论交流，现将研讨会情况介绍如下。

历史上中国与周边国家关系

在中外交流的研究领域，华人华侨研究、中朝宗藩关系、共产国际与苏区关系一直都是比较重要的讨论议题。李庆新（广东省社会科学院广东海洋史研究中心）的《15～19世纪东南亚华人建立的"非经典政权"》一文，为东南亚华人研究、东南亚政治实体研究，提供了新视角。文章梳理了15世纪前后东南亚华人建立的马六甲海峡区域以华人为主体的海上武装集团，16世纪中叶以后东南亚形成的类似"港口国"的华人政治武装势力，以及17世纪中叶明清鼎革期间反清复明势力、不愿接受清朝统治的华人流亡至东南亚所建立的河仙政权（"港口国"）、"兰芳公司"等华人政权。通过对这三类"非经典政权"的研究，揭示了近世东南亚地区不同于传统的以大陆国家为代表的"经典政权"的"非经典政权"政治实体的差异性。张静（河北省社会科学院历史所）的《大院朝鲜君被囚保定与中朝宗藩关系的变化》一文，认为1882年朝鲜"壬午兵变"，清廷派兵镇压并羁禁朝鲜大院君直至1885年才释放回朝的历史事件，反映了近代中朝宗藩关系从"以夷制夷"向全面干涉的转变。尽管当时中朝宗藩关系表面看似强化，实质却日趋瓦解。在甲午战争中日本通过军事侵略占领朝鲜，给近代中朝宗藩关系画上了句号。易风林（江西省社会科学院历史所）在《共产国际、苏俄与中国苏区教育》的发言中，分析了苏区时期苏俄、共产国际有关中国苏维埃教育的思想及其影响，认为苏俄、共产国际关于中国苏区教育的思考始终未脱离"左"的思想藩篱，错误与正确的思想在正反两方面影响着中国革命的进程和苏区教育的实施。

对于历史上的中外交流，不少专家学者，着眼于历史上中国与周边国家关系对当下的借鉴意义，就具体问题入手，发表了自己的看法。薛正昌（宁夏社会科学院历史所）在《中国的海洋文化——兼论海洋文明的"分享"》一文中对中国历代海洋文化的情况、特点进行了介绍，尤其针对明代海洋文化做了详细论述，介绍了明永乐帝的海洋战略与海权思想，认为明代中国在分享海洋文明的同时也赋予了海洋文明的公平性，郑和七下西洋是建立在不侵占别国领土与权益、以传播中华文明和追求国际和平秩序为交往基础的价值取向上的，这在今天仍具有现实意义。施由明（江西省社会科学院历史所）的《和合：中国古代与周边国家两千多年的外交智慧》一文，肯定了历代中国以"和合"为标志的外交智慧对世界文明的发展所做出的巨大贡献。李建华（江西省社会科学院历史所）在《试论明清时期儒家文化视域下的中朝关系》的发言中，认为中国古代程朱理学正统论和华夷观对朝鲜王朝政治文化的影响造成了朝鲜"尊明贬清"的态度反差，这种文化观念对于今天中国如何在亚太关系中实现和平崛起具有借鉴意义。

历史上中外贸易与中西交通

有关中国与东南亚贸易问题的研究，钱江（暨南大学丝绸之路研究院）的《商贾与朝贡使节：清中叶中国帆船在苏禄群岛的贸易》一文，利用欧洲商人和航海探险家留下的记录结合中国古代史籍，对清中叶福建与苏禄群岛的直航贸易、在马尼拉的福建商人与苏禄群岛之间的岛际贸易、苏禄王国与清王朝之间的官方朝贡贸易三种情况进行了细致分析，然后对民间帆船贸易和官方朝贡贸易的商品、特点进行了比较，并对当时的帆船贸易的利润率与贸易额做出了分析，由此得出结论：清中叶中国与苏禄群岛之间的海上贸易基本上是福建与苏禄之间的海上贸易；这种帆船贸易持续时间很长，直至19世纪40年代末才开始走向衰微；帆船贸易客观上促进了两地之间的政治与商品经济交流，拉近了两地之间的官方、民间关系。

丝绸之路是历史上中外经济文化交流的重要通道。贾丛江（新疆社会科学院历史所）的《古代丝绸之路对世界经济的重大贡献及启示》文章认为，古代丝绸之路对沿线各地的商业发展起到了巨大的推动作用，它将亚欧大陆及北非地区沿线各地串联成一个统一的国际市场，最大限度地实现了不同地理单元之间的商品交换，使古代各种技术实现了跨区域传播，改变了沿线众多地区的社会经济结构，促进了各种作物品种的跨地区传播，对世界经济具有重要贡献。他指出，古代丝绸之路的繁荣，有赖于当时中国政治军事、经济实力的强大，认为今天中国仍具备这种实力优势，因此当下正是推动丝绸之路经济带发展的大好时机。文章还指出，中国在实施丝绸之路经济带战略时，必须树立互利共赢的基本理念。高春平（山西省社会科学院历史所）聚焦山西与丝绸之路的关系问题，在《丝绸之路与山西：关于山西在"一带一路"发展战略中的地位与建议》一文中指出，山西是丝绸的重要产地，也是丝绸之路的东源地，魏晋南北朝时期成为丝绸之路的中心。与此同时，他还指出明清时期晋商率先开辟了中欧（俄、蒙）万里国际茶叶之路，这是继汉唐宋元"丝绸之路"与"茶马古道"之后的又一条连接欧亚大陆、在中外贸易和文化交流史上发挥过重要商业动脉作用的陆上国际通道。基于上述考察，他再次明确了山西在"一带一路"战略中的重要地位，呼吁地方政府制定相应的发展跟进战略。

中国周边国家历史研究

部分学者着眼于中国周边国家的历史与政治问题，并对一些传统问题提出了新的看法。钟建平（黑龙江省社会科学院俄罗斯研究所）的《俄国歉收年份的粮食救济制度》一文，认为在歉收年份，俄国政府及地方自治机构通过直接救济和实施公共工程，增加市场粮食供给，稳定民众生活，最大限度地降低了灾害的影响。组织社会工程尤其值得提倡，以工代赈一方面使灾民获得了必要的收入和基本生活保障；另一方面通过建设公共工程，为当地经济的复苏和长远发展奠定了物质基础。邢媛媛（中国社会科学院世界历史研究所）在《"到达俄国的首位日本人"的历史地理学分析》文章中，运用历史地理学的分析方法，对首位到达俄国的日本人尼古拉·奥古斯丁的生平及其在俄罗斯的经历进行梳理，以此考察 17 世纪初欧亚大陆上的帝国活动和宗教竞争，并揭示出"大混乱"时代外国对俄国事务的高度干涉。她还指出，宗教与农民战争的关系问题是我国学界相关研究领域的薄弱之处。陈伟（中国社会科学院世界历史研究所）在《伊藤博文政党观的演变及政党实践的变迁》的发言中认为，日本明治时期伊藤政党观的演变及政党实践的变迁推动了近代日本由藩阀政治向政党政治的转变，为近代日本政党政治的形成和发展奠定了基础。许亮（中国社会科学院世界历史研究所）在《驻韩美军起源探究》一文中称，"驻韩美军"政策不是美国的初衷，而是美国的"冷战"战略和朝鲜政策同朝鲜战争与李承晚外交手腕碰撞下的产物，具有先天缺陷。蔡欣欣（河北省社会科学院历史研究所）的《日本借鉴美国违宪审查制度的启示》一文，对日本成功借鉴美国违宪审查制度进行了细致分析，试图为我国法律体制的完善和有中国特色的社会主义现代法治体系的建立提供一些参考。

当代中外关系的新动向

东南亚地区是中外关系研究关注的重点区域。贺圣达（云南省社会科学院）的《缅甸形式发展态势（2014～2015）与中国对缅外交》一文，分析了缅甸自 2011 年 6 月以来新政府顺利推行政治改革的原因，2014 年、2015 年缅甸政治形势，以及中缅关系的现状、趋势、内外影响因素，并针对未来中缅关系的发展，提议中方在继续发挥现有有利条件主动、有为地开展对缅外交的同时，要更加注重对缅工作的全面性，不急不躁，稳步推进。古小松（广西社会科学院）在《中越关系 65 年回顾与反思》的发言中，回顾了二战以来中越两国的交往历程，从总体上肯定了两国的合作关系，认为两国交流合作的积极因素远远超过了南海争端的消极因素。

针对中日关系的未来走向，刘树良（天津社会科学院日本研究所）在《中日海权争端与危机管理机制刍议》的发言中认为，中国加快建设海洋强国的步伐与日本解禁集体自卫权后急欲拓展海权之间的战略竞争态势，是现阶段中日安全关系结构性矛盾的重要外在表现之一，认为两国从建立海洋危机管理机制出发，通过协商与对话消除争端，构建中日海权的共赢模式，才是改善中日安全关系的正确途径。田庆立（天津社会科学院日本研究所）的《难以终结"战后"的日本与 2015 年的中日关系走向》一文认为，日本陷入了循环往复的"永久战败"状态，终结"战后"的梦想难以实现；"安倍谈话"基调呈现历史修正主义本质，不免破坏中日政治互信的根基，进而加深中国对日本的战略疑虑，从而给中日关系的未来发展投下阴影。

梵蒂冈、中东"伊斯兰国"问题，也是时下中外关系研究关注的热点问题。包来军（河北省社会科学院新闻与传播学研究所）的《从越南政府与梵蒂冈的关系看中国与梵蒂冈的关系》一文，认为虽然越南和梵蒂冈交流的"越南模式"提供了一种有益的参考，但基于中梵、越梵情况的差异性，要处理好中梵关系，还需要继续沟通、摸索方法，最终实现中国国家繁荣富强和中国天主教徒更大的福祉。朱泉钢（中国社会科学院世界历史研究所）在《"伊斯兰国"兴起对"一路一带"建设的影响》一文中认为，中东从政治、经济文化上是支持"一带一路"倡议的，但奉行萨拉菲主义的"伊斯兰国"兴起后，对中国的海外利益、新疆局势的稳定都会有重大影响，中国需谨慎应对这种局势，积极参与中东事务，量力而行，重点经营。

"一带一路"建设新认识

　　张国雄（五邑大学教授）在大会发言中对目前"海上丝绸之路"申报世界文化遗产工作中遇到的诸如"海上丝绸之路"文化概念的开创者、"海上丝绸之路"的起止时间等热点问题进行了介绍，并指出应从研究视角、研究领域方面加强对民众社会史观的重视。刘爽（黑龙江省社会科学院研究员）的《发挥新型智库作用，创新周边国家历史研究》一文指出，深入开展中国周边与"一带一路"沿线国家历史与现实问题的研究，对于当前"一带一路"战略建设十分必要，强调研究中应突出智库功能，并为拿出有分量的相关学术成果提出了集中力量申报重大课题、出版刊物、举办研讨会三点对策建议。余建华（上海社会科学院世界史研究中心）在《万隆精神昭引下的中国亚非外交与"一带一路"建设》一文中，回顾了万隆会议的伟大意义与深远影响，对新形势下继续弘扬万隆精神进行了思考，提出借力"一带一路"建设，深化亚非新型战略伙伴关系，打造相互依存、利益交融的命运共同体，推动建立合作共赢的世界新秩序的建议。王征（济南社会科学院经济研究所）在《山东半岛与韩国经济合作的战略路径探究》一文中，通过对山东与韩国的自然历史、经贸发展的分析，建议以中韩自贸区的设立为契机，推进鲁韩经济合作，将山东打造成中韩经贸合作的前沿阵地、中韩自贸区建设的试验田和东北亚经济一体化的先行区。

　　侯艾君（中国社会科学院世界历史研究所）在《"新丝绸之路经济合作带"构想：实质、问题的再认识》的发言中，梳理了高加索、中亚新独立国家、欧盟，以及日本、美国、俄罗斯等国对于复兴"丝绸之路"的构想，逐一分析了丝绸之路沿线国家及美国对于复兴"丝绸之路"的政治立场、外交倾向，认为高加索和中亚新独立国家最早支持、倡导"丝绸之路"构想，但在新"大牌局"条件下，新独立国家自身无力推动此项目，需要依赖外部，只有中国既有能力又有诚意推进此项目，中国提出的"新丝绸之路经济合作带"是当下最佳方案。胡越英（成都市社会科学院历史文化研究所）在《从B－29航线到"一带一路"：透过美国看现代中国地缘战略发展空间》的文章中认为，美国自"一战"以来就具有的全球战略思想有其合理性和可行性，对于中国"一带一路"建设而言具有重要的学习和借鉴价值，并在参考美国战略思想的基础上，提出了寻找出海口，加强军事、政治、文化领域综合配套行动，保持亚欧空中链接融合，缓和对日关系四点建议。樊为之（陕西省社会科学院）在《美国中东政策对地区形势和中国西亚北非经贸的影响》的文章中认为，中国与西亚、北非地区重点致力于发展经贸合作，通过实施"一带一路"战略可促进中东地区经济和社会发展，改善当地人民生活，为地区长久稳定发展创造良好条件，有利于进一步推动中国与西亚、北非国家的关系。

针对国际上流传的将中国"一带一路"视为亚洲版"门罗主义"的言论和观点，冯玮（江西省社会科学院历史所）在《"一带一路"是亚洲版的"门罗主义"？——美、中大国崛起战略之比较》的发言中进行了指正，明确指出"一带一路"只是恢复了世界历史上的贸易路线常态，重申其目的是实现欧亚非各国的互联互通、利益共享，打破海权国家对世界贸易的垄断，并认为"一带一路"势必会得到欧亚大陆多数国家的拥护与支持，也有利于中美新型大国关系的构建。

文献与史实考证的新成果

牛军凯（中山大学历史系教授）在《〈大越史记全书〉"续编"初探》的发言中，对《大越史记全书》的编修与刊印、《大越史记全书》"续编"的十多种手抄本的情况、越南吴时任父子与"大越史记续编"的关系、阮朝对《大越史记全书》"续编本"的态度、阮朝重修后黎朝历史的情况，都做了详细的考证。周鑫（广东省社会科学院广东海洋史研究中心）在《光绪三十三年中葡澳门海界争端与清末中国的"海权"认识》的文章中，通过对光绪三十三年广东以"胡兆兰饷渡""湾仔渔船"两事件为核心的中葡澳门海界争端史实的考证，认为晚清广东官员士绅与知识界的"海权"认识是在处理该争端问题中通过切身政治实践逐渐形成的，而非源于美国海军上校阿尔弗雷德·赛耶·马汉的"海权"概念及其理论的直接流布，以此说明有关"海权"的思想认识过程，实际情况与思想史描述的差异性。王潞（广东省社会科学院广东海洋史研究中心）在《国际局势下的"九小岛事件"》的文章中，通过对国内外有关1930～1933年法国将中国南沙"九小岛"强占的国际历史背景、占领经过及当时国人对该事件的认识的史料的爬梳，认为在各国对海域主权划分尚未有共识的情况下，法国自定准则、先行强占，是非法程序下的蓄意侵占。在事件发生之初，由于中国官方对南沙群岛认识的匮乏，中国各界声势浩大的海权维护运动收效甚微。

后　记

　　15 世纪以后，大西洋—波罗的海国家相继进行全球性海上扩张，葡萄牙人、西班牙人以及荷兰人在东亚海域展开贸易竞争与殖民活动，荷兰人终于在 17 世纪确立起东亚海洋贸易的霸权。19 世纪以后，以英美为代表的新兴西方国家开启新一轮的霸权竞逐，世界历史舞台中心转移到亚太地区，日本、澳大利亚等国急起直追，一个带动世界进入"海洋世纪""全球化"的"太平洋时代"（the Pacific Age）终于来临。20 世纪 70 年代以来，随着中国改革开放与和平崛起，中国和美国两个经济体在很大程度上决定着全球经济的未来，"太平洋时代"已经成为现实。本辑刊发芬兰世界政治学家贝卡·科尔霍宁（Pekka Korhonen）1996 年发表的《世界史上的太平洋时代》，从世界史、海洋史、世界政治学等相结合的宏观视野，梳理总结了近百年来东西方对亚太地区政治、军事、经济关系发展之各种构想与观念变化，展现了 19 世纪到 21 世纪人类历史上出现的一个新时代——"太平洋时代"，是研究这一时代亚太地区海权竞争、地区政局、经贸格局大势的代表性成果。相关的两篇论文，分别由东亚海洋史名宿普塔克教授、包乐史教授撰写，深入探索了早期全球化时代葡萄牙人经营的澳门与望加锡贸易、荷兰东印度公司经营的巴达维亚与中国之间瓷器贸易之微观实态，资料宏富，观点精到。

　　大航海时代中国与东南亚环抱的南海某种意义上可视为一个内湖，周

边国家和地区通过海洋有了更直接的接触、交流，海域史与地区历史发展
更紧密地联系起来。本辑另一组专题论文中，孙来臣教授结合越南出土的
考古材料、东南亚其他国家沉船考古出水资料和历史文献，探讨了 14 世
纪末至 16 世纪中国火器技术在越南和东南亚地区的传播与影响，对东南
亚早期军事文物的研究具有开拓性贡献。前辈学者陈荆和先生在越南与东
南亚史研究方面有精深造诣，40 多年前他以英文发表的《会安历史》
（Historical Notes on Hoi – An Faifo）一文是相关领域的拓荒性经典之作，至
今仍有相当的参考价值，本专题特刊发其中文译稿，以飨读者。韩周敬同
学从历史地理角度探讨在近世东亚海洋史上占有重要地位的广南国的疆域
政区历史，颇有新意。

　　同一个时代，东西方地理学与地图学交流留下诸多珍贵的地图、海图，
成为研究东西方交通非常重要的图像资料，受到中外学人的热切关注，成果
颇多。本辑发表台湾成功大学郑永常教授对《耶鲁藏山形水势图》的最新
研究成果，对时下诸家说法提出商榷，指出该海图地名用语有别于一般的针
路用语，唐船基地在越南中部赤坎，而不是广东的南澳，东亚海域也可能是
它航海的范围。台湾“清华大学”历史所李毓中、吕子肇二先生关注的西
班牙海军博物馆所藏 18 世纪末至 19 世纪初武吉斯海图，为世间稀有之物，
甚少学者进行研究，二先生的精湛研究，不仅有助于我们理解武吉斯人的历
史及其在传统马来海域的海洋贸易重镇地位，更可协助我们理解武吉斯人建
构马来海域地理知识的贡献。

　　16 世纪以后，中国东南沿海流民运动与海上走私、海盗抢劫以及倭寇、
西方武装势力相交织，辽阔的海洋成为各种海洋力量尽兴表演的舞台。明清
之际，大批中国民众流亡海外，各色反清复明武装力量以海洋为基地，以海
外为奥援，加重了海洋力量的复杂性与多样性。承蒙澳门大学安乐博教授的
热情组织，本辑刊发安乐博教授本人和郑维中、杭行、甘颖轩、马光等海外
青年学人撰写的关于明末中国海盗与料罗湾海战、明清鼎革时期的广东海
盗、投郑荷兵雨果·罗珊（Hugo Rozijn）与杨彦迪事迹以及明代山东海防
研究等论文。这一时期南海海洋势力历史的复杂性与研究难度远超想象，这
组论文，为我们提供了从海外看中国“海盗”与东亚海洋势力的独到视角
和有价值的研究参考。

　　本辑其他文章，厦门大学李智君教授利用地学原理解释明代闽南九龙江
口洪灾史的认知等问题，有助于我们了解传统中国思维范式对现代科学思维

范式的制约。中山大学邱捷教授对清代香山基层建置属性的商榷，陈少丰先生对宋代外国非官方人士入贡问题的思考，金国平教授、张丽玲同学等对时贤新著的书评、会议综述等，均有精到见解。

编　者

2016 年 3 月 12 日于广东省社会科学院

征稿启事

《海洋史研究》是广东省社会科学院广东海洋史研究中心主办的学术辑刊，每年出版两辑，由社会科学文献出版社（北京）公开出版。

广东海洋史研究中心成立于 2009 年 6 月，以广东省社会科学院历史研究所为依托，聘请海内外著名学者担任学术顾问和客座研究员，开展与国内外科研机构、高等院校的学术交流与合作，致力于建构一个国际性海洋史研究基地与学术交流平台，推动中国海洋史研究。本中心注重海洋史理论探索与学科建设，以华南区域与南中国海海域为重心，注重海洋社会经济史、海上丝绸之路史、东西方文化交流史、海洋信仰、海洋考古与海洋文化遗产等重大问题研究，建构具有区域特色的海洋史研究体系。同时，立足历史，关注现实，为政府决策提供理论参考与资讯服务。为此，本刊努力发表国内外海洋史研究的最近成果，反映前沿动态和学术趋向，诚挚欢迎国内外同行赐稿。

凡向本刊投寄的稿件必须为首次发表的论文，请勿一稿两投。

来稿统一由本刊学术委员会审定。

来稿不拘中、英文，正文注释统一采用页下脚注，优秀稿件原则上不限字数。

来稿请直接通过电子邮件方式投寄，并务必提供作者姓名、机构、职称和详细通信地址。编辑部将在接获来稿两个月内向作者发出稿件处理通知，其间欢迎作者向编辑部查询。

本刊刊载论文已经进入"中国知网"、发行进入全国邮局发行系统、征稿加入中国社会科学院全国采编平台，相关文章版权、征订、投稿事宜按通行规则执行。

本刊暂不设稿酬，来稿一经采用刊登，作者将获赠该辑书刊 2 册。

本刊编辑部联络方式如下：

中国广州市天河北路 369 号　　广东省社会科学院广东海洋史研究中心

邮政编码：510610

电子信箱：hysyj@ aliyun. com

联系电话：86 – 20 – 38803162